동의보감 속의
야생 산약초
대백과

동의보감 속의
야생 산약초 대백과

2021년 10월 25일 1쇄 발행
2023년 8월 25일 3쇄 발행

저   자 | 성환길 박사 지음
발 행 인 | 이규인
발 행 처 | 도서출판 창
교   정 | 이은우
편   집 | 정종덕·뭉클
등록번호 | 제15-454호
등록일자 | 2004년 3월 25일
주   소 | 서울특별시 마포구 대흥로4길 49, 1층(용강동 월명빌딩)
전   화 | (02) 322-2686, 2687 팩시밀리 | (02) 326-3218
e - m a i l | changbook1@hanmail.net

ISBN : 978-89-7453-469-1 (13480)
정가 48,000원

동의보감 속의

야생 산약초
대백과

성환길 박사 지음

창
Chang
Books

　이 책은 《동의보감》에 등장하는 식물성 약재를 기본으로 하여 우리 생활 주변이나 산과 들에서 만날 수 있는 약초로 이용되는 풀(초본), 나무(목본), 버섯류 등을 200종 이상 선별하여 사진과 함께 설명한 '야생 약초 대백과'이다. 우선 식물체 전체를 대표할 수 있는 사진을 맨 앞에 실었으며, 그 외에 식물체를 지상부, 꽃, 열매 등으로 분류하고 가공 후의 약재까지 수록하여 약초 감별에 도움이 되도록 하였다. 게다가 혼동하기 쉬운 식물들과 비교한 사진도 실어 언제 어디서나 약초를 찾아 확인하는 데 큰 도움이 되도록 편집하였다.

　일반인은 물론 야생화나 음식, 한의약을 전공한 전문가들까지 충분히 활용 가능하도록 식물 형태와 생육 특성을 상세하게 기록하였으며, 채취 시기와 방법, 수확한 후 가공법을 설명하였다. 그리고 주요 성분, 성질과 맛(성미) 및 작용 부위(귀경), 효능주치, 약용법과 용량을 기록하였으며, 사용상의 주의 사항을 실어 오남용에 따른 부작용을 예방하는 데도 주의를 기울였다. 또한 각 식물체를 이용한 특허자료를 인터넷과 각 기관을 통하여 검색하고 수록하여, 제품개발 등 응용연구에 참고자료로 활용할 수 있도록 하였다.

　이 책의 구성을 살펴보면 일반인들도 쉽게 찾아 활용할 수 있도록 식물명을 '가나다'순으로 정리하고 식물명 앞에 대표적인 적용질환을 부제로 넣어 이해를 돕도록 하였다. 제목(식물명) 바로 아래에는 생약명을 비롯한 특성을 간단히 정리하여 활용도를 높였다. 용어는 최대한 쉽게 풀어 설명하고, 중요한 부분에는 한자를 병기하여 이해하기 쉽게 하였다.

식물명과 학명은 국가생물종지식정보시스템(http://www.nature.go.kr : 약칭 '국생종')에 따랐으며, 공정서의 학명이 국생종과 서로 다른 경우에도 '국생종'의 학명을 기준으로 정리하였고, 생약명은 '식품의약품안전처 생약정보시스템(http://www.mfds.go.kr)을 기준으로 하였다.

한편 독자들로부터 가장 많이 듣는 질문이 있다. "모르는 식물을 찾아 확인하고 싶은데 약초도감을 어떻게 활용해야 하는지 막막하다."라는 질문이다. 사실 전문적으로 식물을 분류하시는 분들도 쉽지 않은 일이다. 그러니 산이나 들로 나갈 때 약초 이름 세 가지만 먼저 익히고 출발해 보자. 그러면 산과 들을 찾을 때마다 머릿속엔 어느덧 여러 가지 약초명이 들어서고, 눈에 들어오는 약초도 점차 많아질 것이다. 이렇게 자연은 작은 지적 호기심을 만족시키는 것과 동시에 우리에게 더 많은 것을 베풀어준다. 자연과 밀접할수록 행복함을 느끼는 건 물론이고, 건강은 덤으로 얻게 된다. 이 책이 그런 삶의 좋은 길잡이가 되어 유용하게 활용되기를 바란다.

2021년 7월 성환길

5

차례

골담초 · 070

곰취 · 073

관중 · 075

광나무 · 078

광대수염 · 082

구기자나무 · 084

구름송편버섯 · 088

구릿대 · 091

구슬붕이 · 094

구절초 · 097

굴거리나무 · 100

궁궁이 · 103

금불초 · 106

기린초 · 108

까마중 · 111

깽깽이풀 · 114

꽃송이버섯 · 117

꽃향유 · 120

꾸지뽕나무 · 123

꿀풀 · 128

모과나무 · 246

모란 · 249

목련 · 252

목이 · 255

목질열대구멍버섯 · 258

묏대추나무 · 261

물레나물 · 264

물푸레나무 · 267

미치광이풀 · 270

민들레 · 273

ㅂ

바위솔 · 277

박새 · 280

박주가리 · 283

반하 · 287

배롱나무 · 290

배암차즈기 · 293

배초향 · 296

백선 · 299

백작약 · 302

쇠뜨기 · 429

쇠무릎 · 432

쇠비름 · 435

수리취 · 438

수양버들 · 441

쉽싸리 · 444

시호 · 447

실새삼 · 450

쑥부쟁이 · 453

ㅇ

약모밀 · 456

어수리 · 459

엉겅퀴 · 462

연꽃 · 465

오갈피나무 · 468

오미자 · 471

옻나무 · 474

용담 · 478

원추리 · 481

으름덩굴 · 484

찔레꽃 · 549

ㅊ

참나리 · 552

참느릅나무 · 555

참당귀 · 558

천궁 · 562

천남성 · 566

천마 · 569

천문동 · 572

청미래덩굴 · 575

층층둥굴레 · 578

칡 · 581

ㅋ

큰뱀무 · 584

큰엉겅퀴 · 586

큰조롱 · 588

ㅌ

택사 · 592

탱자나무 · 596

투구꽃 · 600

동의보감 속의 **야생 산약초 대백과**

야생 산약초 풀·나무·버섯

약초에 관하여

01 약초의 명칭

한약학에서 약초를 본초라고 한다. 약학에서는 약용식물학 또는 생약학이라고 한다. 그리고 십중팔구의 한약재가 식품공전에도 수록되어 있으므로 식품학자들은 식품, 건강식품, 한방식품으로도 표현한다. 약초의 명칭은 주로 중국의 명칭을 사용함으로써 우리나라 고유의 명칭이 차츰 사라져가고 있는 아쉬움이 있다. 예를 들어 '너삼'이 '고삼(苦蔘)'으로, '묏미나리'가 '시호(柴胡)'로, '족도리풀'이 '세신(細辛)'으로 불린다. 그렇지만 중국에서 사용했던 약초의 명칭은 한문으로 풀이하면, 약초의 맛과 성질, 효능, 산지, 약용부위 등이 내재되었음을 알 수 있다. 그래서 이름만 잘 이해해도 약초의 맛과 성질, 효능, 산지, 약용부위 등을 이해할 수 있는 장점도 있다.

1 산지(産地)에 의한 명칭
① 천궁(川芎) : 천궁이라는 약초는 원래 '궁궁(芎藭)'이라고 했는데, 중국의 사천성에서 생산되는 것이 최상품이기 때문에 지금은 사천성의 '川'자를 넣어 천궁(川芎)이라고 부른다.
② 촉초(蜀椒) : 촉초라는 약초는 촉(蜀)나라였던, 중국의 사천성에서 생산되었다고 하여 촉초(蜀椒) 또는 천초(川椒)라고 부른다.
③ 감송(甘松) : 감송이라는 약초는 사천의 송주(松州) 지방에서 생산되고 있고, 그 맛이 달아서 감송(甘松)이라고 부른다.

2 성질(性質)과 형색(形色)에 의한 명칭
① 황기(黃耆) : 황기의 색이 황색이고, 맛이 달고 성(性)이 화평(和平)하므로 약 중에서 장로(長老)와 유사하다고 해서 붙은 이름이다. 기(耆)는 60~70세가 넘은 어른과 스승 또는 장로라는 의미가 함축되어 있다.
② 감초(甘草) : 감초는 맛이 달기 때문에 사용되는 이름이다.
③ 우슬(牛膝) : 우슬은 지상부의 마디마디가 소의 무릎처럼 울퉁불퉁하게 생겼기 때문에, 붙은 이름이다.

④ 세신(細辛) : 세신의 뿌리는 맛이 맵고, 길고 가늘어서 붙은 이름이다.

⑤ 산조인(酸棗仁) : 열매가 대추[大棗]와 유사하면서 맛이 시큼하기 때문에 지은 이름이다.

⑥ 구기자(枸杞子) : 가시가 헛개나무[枸]와 비슷하고 줄기는 버드나무[杞]와 비슷하여 구기자라고 하였다.

3 생태(生態)에 의한 명칭

① 하고초(夏枯草) : 하고초는 절기로 하지(夏至) 이후가 되면 꽃이 말라서 떨어지기 때문에 붙은 이름이다.

② 차전자(車前子) : 차전자는 마차의 수레바퀴 자국 사이에서 자생하기 때문에 붙은 이름이다.

③ 인동(忍冬) : 인동은 추운 겨울에도 잎이 시들지 않기 때문에 붙은 이름이다.

4 효능에 의한 명칭

① 방풍(防風) : 방풍은 풍사(風邪)를 치료하고, 중풍의 예방에 효과가 있다고 해서 붙은 이름이다.

② 원지(遠志) : 원지를 복용하면 익지(益智), 강지(强志)의 효과가 있기 때문에 사용되는 이름이다.

③ 위령선(威靈仙) : 효능이 강하고[威] 신선처럼 영험(靈仙)하다는 의미가 있기 때문에 사용되고 있다.

5 전설(傳說)과 고사(故事)에 의한 명칭

① 음양곽(淫羊藿) : 음양곽은 장양작용(壯陽作用)이 있어 양(羊)이 이 약초를 먹으면, 음욕(淫慾)이 발동되어, 하루에 백 번 교미를 할 수 있다고 해서 사용되는 이름이다.

② 두충(杜冲) : 두충은 고대에 두중(杜仲)이라는 사람이 이 약초를 복용함으로써 득도(得道)하였다는 의미로 사용되는 이름이다. 원래는 두중(杜仲)이었는데 두충(杜冲)으로 부르고 있다.

③ 사상자(蛇床子) : 사상자는 뱀이 이 약초 밑에서 많이 살기 때문에 사용되는 이름이다.

6 약용 부위에 의한 명칭

① 꽃을 사용하는 약초의 명칭 : 괴화(槐花), 갈화(葛花), 홍화(紅花)

② 씨앗을 사용하는 약초의 명칭 : 치자(梔子), 오미자(五味子), 소자(蘇子), 창이자(蒼耳子), 토사자(菟絲子)

③ 잎을 사용하는 약초의 명칭 : 소엽(蘇葉), 측백엽(側柏葉), 애엽(艾葉), 상엽(桑葉)

④ 뿌리를 사용하는 약초의 명칭 : 갈근(葛根), 삼칠근(三七根), 노근(蘆根)

⑤ 껍질을 사용하는 약초의 명칭 : 진피(陳皮), 계피(桂皮), 오가피(五加皮), 백선피(白鮮皮)

02 약초의 채취

약초의 채취시기도 약효에 영향을 주기 때문에 중요하다. 시기가 너무 이르거나 너무 늦으면 약의 효과가 떨어지거나, 간혹 역작용이 생기는 경우도 있다. 다음은 채취시기에 대한 《동의보감》의 설명이다.

"무릇 약초를 채취하는 시기를 흔히 음력 2월과 8월로 잡는 이유는 이른 봄에 물이 올라 싹트기 시작하나 아직 가지와 잎으로는 퍼지지 않아서 뿌리에 있는 약기운이 아주 진하기 때문이고, 가을에는 가지와 잎이 마르고 진액(津液)이 아래로 내려오기 때문이라고 한다. 그러나 지금까지의 실제 경험에 비추어보자면, 봄에는 차라리 일찍 캐는 것이 좋고, 가을에는 차라리 늦게 캐는 것이 좋으며 꽃, 열매, 줄기, 잎은 각각 그것이 성숙되는 시기에 따는 것이 좋다. 또한 절기가 일찍 오고 늦게 오는 경우가 있으므로, 반드시 음력 2월이나 8월에 채취할 필요는 없고 융통성있게 채취하면 된다."

1 약초의 역사는 인류의 역사

약초의 역사는 거의 인류의 역사와 엇비슷하다고 할 수 있다. 원시시대에서부터 병이 생기면 특정한 풀이나 나뭇잎, 나무껍질 등을 씹으며 치료했으며, 이것이 약용식물로 발전하게 된 것이다. 이렇게 해서 거의 5천 년 전부터 약용의 개념이라는 것이 생겼다고 볼 수 있다. 기록에 의하면 중국 신화에 등장하는 신농(神農)이라는 의자(醫者)가 이를 최초로 집대성하고 분류에서 본초의 기틀을 마련했다고 한다. 이때가 선사시대인 5천여 년 전이었다.

현대적인 개념에서 약초(藥草, medicinal herb)에는 식물류뿐만 아니라 동물류, 광물류도 포함된다. 중국에서 발행된 《중약대사전(中藥大辭典)》에는 식물본초 4,773종, 동물본초 740종, 광물본초 82종이 소개되어 있다. 이들 중 대다수가 식물이어서 한방약물학에서는 모든 약초를 흔히 본초(本草)라 부르고 있다. 이러한 한약재를 우리나라에서는 한약(韓藥), 중국에서는 중약(中藥)이라 부른다. 한편 영어권에서 약초를 나타내는 허브(herb)에는 식물류 본초 외에 찻잎이나 향신료 등도 포함되어 있기 때문에 약용으로 사용되는 종류는 별도로 메디컬 허브(medical herb)라고 불러서 구분하기도 한다.

한자로 약(藥)은 '艸 + 樂'을 합친 것으로서, 풀이나 식물을 나타내는 '艸'와 풍류 또는 즐긴다는 뜻을 지닌 '樂'이 더해진 것이다. '樂'을 더 분해하면 어리다는 뜻을 지닌 요(幺)와 흰 백(白), 그리고 나무 목(木)이 나온다. 여기에서 '木'은 동양사상의 오행(五行)인 목화토금수(木火土金水)의 목에 해당하는 것으로서 하늘을 향해 뻗는 나무의 성질을 나타내며, 토(土)는 땅을 나타내는 것으로, 이들을 종합해 볼 때 약(藥)은 대지의 기운인 지기(地氣)와 하늘의 기운인 천기(天氣)를 모두 받아들인 치료제가 된다. 이뿐만 아니라 약을 통해 천상과 지상이 조화를 이룬다는 의미도 포함된다.

약초는 앞에서도 밝혔듯이 식물, 동물, 광물을 모두 아우르는 개념이다. 그리고 식물일 경우 봄·여름·가을·겨울 사계절 어느 때에라도 채취해서 사용할 수 있다. 게다가 신선한 것뿐만 아니라 오래 묵힌 것, 그리고 식물일 경우 뿌리에서부터 꽃에 이르기까지 골고루 사용할 수 있다. 즉 우리 주변의 모든 자연이 계절이나 종류에 무관하게 약이 될 수 있는 것이다.

이들 중에서 우리가 흔히 사용하는 식물 본초에 대해 간략하게 살펴보기로 한다.

① 수피(나무껍질)과 근피(뿌리껍질)를 사용할 때

일반적으로 수피는 1년 중 봄 혹은 여름의 5~7월에 채취하는 것이 좋으며, 또한 개화 직후에 채취하는 것이 좋다. 이 시기가 되면 수액이 비교적 많으며, 약효도 가장 크다고 볼 수 있다. 식물의 생장시기가 가장 왕성할 때 약효 또한 최상에 이르기 때문이다. 그러나 근피는 가을 이후에 채취하는 것이 좋은데, 이때부터 모든 성분이 뿌리에 저장되기 시작하므로 성분도 풍부하고 품질이 좋다.

例 두충, 오가피, 해동피, 황백, 후박 등.

② 잎을 사용할 때

일반적으로 여름철에 식물이 충분히 성장하여 대부분 꽃봉오리가 막 피어나는 시기 또는 꽃이 활짝 피었을 때가 가장 좋다. 이 시기가 생장의 최고점에 달한 시기로서 유효성분의 함량이 가장 높으며 또한 가장 왕성한 생명의 기운을 품고 있기 때문이다. 그러나 예외적인 경우도 있다. 비파나무 잎은 가을에 채취하고, 사철쑥은 봄에 어린싹을 채집하는데 이러한 약물들은 이때가 유효성분의 함량이 최고로 높아 효과도 높기 때문이다. 例 자소엽, 죽엽 등.

③ 꽃잎과 꽃가루를 사용할 때

일반적으로 꽃잎이 아직 피지 않은 시기인 개화가 막 시작되려고 할 때나 꽃잎이 활짝 피었을 때 채취하며, 이때 향기가 발산되지 않도록 하고 꽃잎이 떨어져 나가지 않게 조심하는 것이 좋다. 하루 중에서도 맑은 날 이른 아침에 이슬이 맺혀 있을 때 하는 것도 이런 이유이다. 특히 홍화는 화관이 황색에서 홍색으로 바뀔 때가 채집의 최적기이며, 선복화는 막 개화할 때 채취하는 것이 좋고, 송홧가루, 부들은 꽃이 활짝 피었을 때 채취한다. 그리고 신속히 서늘한 곳에서 건조하여 곰팡이 등이 피는 것을 막아야 한다. 대부분의 꽃은 개화시기가 다르고 기간도 짧으므로 시기를 나누어 채취해야 한다. 例 금은화, 홍화, 갈화, 부들 등.

④ 줄기 및 전초류를 사용할 때

보통 지면 가까이 부분의 줄기를 자르거나 혹은 뿌리째 뽑는데 이물질이 없도록 깨끗이 해야 한다. 이때는 가능한 한 땅 가까이에서 줄기를 잘라내는 것이 좋은데, 잎이나 꽃잎 등이 하나도 떨어져 나가지 않게 조심해서 절단해야 한다. ㉠ 형개, 향유, 포공영 등.

⑤ 씨앗과 과실을 사용할 때

씨앗과 과실은 식물체에 따라서 성숙시기 등이 다르기 때문에 완전히 익은 다음에 따는 것이 원칙이지만, 매실이나 복분자와 같은 경우에는 조금 덜 익은 것을 따는 것이 좋다. 흑임자는 성숙되면 곧 벌어져 종자가 흩어지므로 성숙하기 시작했을 무렵에 채취하는 것이 좋다. 또 하루 중에도 구기자같이 액이 많은 과실은 문드러지기 쉬우므로 새벽이나 저녁때 채취하면 좋다. ㉠ 구기자, 매실, 복분자 등

⑥ 뿌리(根)와 뿌리줄기(根莖)를 사용할 때

보통 식물의 휴면시기에 채취하는 것이 일반적이다. 즉 늦가을이나 겨울 혹은 이른 봄에 식물이 단단해져 발아할 때이므로 봄과 가을에 캐내는 것이 좋다. 이 시기가 식물의 약효성분이 가장 충만하게 저장되어 있기 때문이다. 뿌리 약재는 식물의 생장 년한에 유의해야 한다. 일반적으로 1년 이상 식물은 모두 이용되나 어떤 것은 2~5년이 되어야 약력이 생긴다. 백작약은 3~4년은 자라야 하고, 인삼은 5~7년은 자라야 한다. ㉠ 길경, 작약, 백지, 강활 등.

❷ 채취방법에 대한 주의사항

정확한 채취방법은 좋은 품질을 채집할 뿐만 아니라 채집량도 높일 수 있다. 부위별 채취법을 알면 쉽게 이용할 수 있다.

① 나무껍질과 뿌리껍질을 사용할 때 수피는 뿌리껍질을 캐낸 다음 바깥껍질을 벗겨내고 타격법(껍질과 목질 분리)과 추심법(목심 제거)을 사용해서 채취한다. ㉠ 지골피, 백선 등.

② 꽃잎을 사용할 때 흔히 모두 채취하거나 가위로 꽃가지를 잘라 채취하는데 일반적으로 꽃가지는 버리고 꽃부분만 채취한다. 꽃은 식물 중에서 가장 약한 부분이므로 채취할 때 조심스럽게 다루어야 한다. ㉠ 금은화, 국화 등.

③ 열매를 사용할 때 특히 즙을 많이 함유하고 있는 열매를 채취할 때는 눌러서 파괴되는 일이 없어야 한다. ㉠ 오미자, 구기자 등.

④ **뿌리와 뿌리줄기를 사용할때** 뿌리를 캐낼 때 뿌리와 뿌리줄기가 뻗어나간 방향과 생장의 심도를 살펴 절단하여 중간에 절반만을 캐내는 일이 없도록 해야 한다. ⑩ 천남성, 천마, 백합 등.

03 약초를 말리는 방법

대부분의 약초는 저장과 유통의 편리를 위해서, 채취한 후에 즉시 말려야 한다. 계절과 지역에 따라 나오는 약초가 다르기 때문에, 건조시켜서 오랫동안 보관하면서 사용해야하기 때문이다. 다음은 약초의 건조에 대한《동의보감》의 설명이다.

" 폭건(暴乾)은 햇볕에 쪼여 말리는 것이고, 음건(陰乾)은 볕에 노출시키지 않고 그늘에서 말리는 것을 말한다. 그런데 약초를 채취하여 그늘에 말리면 나빠지는 경우도 있다. 녹용(鹿茸)의 경우에도 그늘에 말려야 한다고 되어 있지만, 그늘에 말리면 썩어서 훼손되므로 건조기에 말리는 것이 쉽게 마르고 약의 품질도 좋아진다. 풀이나 나무의 뿌리와 싹도 그늘에서 말리면 다 나빠진다. 음력 9월 이전에 채취한 것은 햇볕에 말리는 것이 좋고, 대략적으로 음력 10월 이후에 채취한 것은 그늘에서 말리는 것이 좋다. "

《동의보감》의 설명대로 음력 9월 이전에 채취한 것은 상할 우려가 있기 때문에 햇볕이나 건조기에 신속하게 말려야 한다. 반면 음력 10월 이후에 채취한 것은 계절적으로 상할 가능성이 낮기 때문에 그늘에서 말려도 좋다.

■ 약초의 건조시기

약초는 제대로 채취하는 것뿐만 아니라 말리는 시기도 아주 중요하다. 그렇지 않으면 약초에 포함된 성분이 변하거나, 더 나아가 분해되기도 하기 때문이다. 물론 생약 그대로 사용하는 예도 종종 있기는 하다. 그러나 약초는 대개 오래 보관해 두기 때문에 이를 소홀히 하면 약의 성질이 변하거나 약화하기도 하고, 심지어 부패하는 예도 있다. 특히 방향성이 있는 약재의 경우에는 보관에 세심한 주의를 기울여야 한다. 게다가 약초마다 약성이 달라서 건조를 잘못하면 변질하기도 하는 것이다.

이와 같이 약물의 종류 및 특성에 따라 건조 방법과 온도조절에 많은 신경을 써야 한다. 즉 고온건조는 보통 70~90℃에 보관하는 것이 좋으며, 이는 즙이 많은 약재에 적용한다. 그리고 저온건조는 방향성이 있는 약재의 경우에는 비교적 저온인 25~30℃가 적당하다.

이러한 건조에는 다음과 같은 여러 가지 방법이 있다.

② 약초의 건조방법

① 양건법(陽乾法) ; 견과류를 건조할 때는 직사광선 아래가 가장 좋다. 그러나 잎은 누렇게 변할 수도 있기 때문에 그늘에서 천천히 말리는 것이 바람직하다.

② 음건법(陰乾法) ; 창고와 같은 실내에서 외부의 빛이 닿지 않고 공기가 잘 순환되는 곳에서 말리는 것이 좋다. 이는 잎이나 꽃의 경우에 적당하다.

③ 증건법(蒸乾法) ; 수증기로 쪄서 말리는 것을 증건법이라고 하며, 인위적인 기법이라 하여 인공증건이라고도 한다. 이는 주로 전분이 많은 뿌리 또는 뿌리줄기 등에 적용하기 좋다.

④ 화건법(火乾法) ; 인공가온건조법(人工加溫乾燥法)이라고도 하며, 불에 볶아서 건조하는 방법을 말한다. 기후와 같은 외부의 조건에 큰 영향을 받지 않아서 편하기는 하지만, 이와는 반대로 설치비용이나 보수유지 면에서 번거롭기도 할 뿐만 아니라 경제적이지 않다고도 할 수 있다. 하지만 최근에 새로운 기술을 이용한 기법들이 계속 개발되고 있어서 여러 면에서 효율이 좋은 편이다.

04 약초의 저장법

한약재는 식물, 동물, 광물 등 범위가 무척 다양하므로 그에 알맞은 방법을 찾는 것이 중요하다. 그러나 한약재는 주로 식물이 많기에 여기에서는 그에 대한 부분만 간략하게 소개하도록 한다. 물론 현대에는 각종 최신기법이나 시설 등을 동원하지만, 이에 대해서는 생략하고 한방 고서(古書)에 소개된 전통적인 방법만 언급하도록 하겠다.

천금요방(千金要方) : 평소에 잘 사용하지 않는 약재들은 햇볕에 잘 쬐어서 바싹 말린 다음 토기에 넣어 공기가 새지 않도록 꼼꼼하게 밀봉해서 보관하라고 되어 있다. 이때 공기가 통하거나 습기가 차지 않게 하면 꽤 오래 보관할 수 있다고 나와 있다. 환제(丸劑)나 산제(散劑)의 경우에는 땅속 1m 정도에 묻으면 습기의 영향도 잘 받지 않아 30년 가까이 지나도 변질하지 않고 온전하다고 한다.

본초몽전(本草蒙筌) : 약재를 보관할 때는 음건(陰乾), 폭건(暴乾), 화건(火乾) 등의 기법을 사용할 수 있으며, 이때 철저히 밀봉하지 않으면 벌레가 먹거나 곰팡이가 나기도 해서 못 쓰게 되는 경우가 많기에 조심해야 한다고 기록되어 있다.

약재는 시중에서 유통될 경우 수분이 10~20% 함유되어 있어서 습기가 많고 날씨가 뜨거운 여름철에는 특히 세심한 주의를 기울여야 한다. 따라서 수분이 10% 이하가 되도록 하는 것이 중요한데, 홍화나 금은화처럼 꽃잎으로 된 약재, 그리고 형개나 자소엽처럼 잎인 경우, 또한 세신처럼 잔뿌리가 많은 약재들은 아주 조심해서 다루어야 한다. 반면에 기온이 10°C 아래로 내려가면 벌레들이 제대로 활동하지 못하기 때문에 다소 안심할 수 있지만, 그래도 늘 주의를 기울여야 한다. 그리고 한약재는 특히 햇빛을 받으면 변질하기 쉽기 때문에 무엇보다도 직사광선을 받지 않도록 하는 것이 중요하며, 항아리나 유리병에 넣어서 꼼꼼히 밀봉하여 보관하는 것이 좋다. 해충은 보통 실외 기온이 15~35°C, 그리고 습도는 60%일 때 많이 발생한다. 여기에 약재의 수분 함량이 11% 이상 된다면 벌레들이 꼬이기엔 더욱 좋은 조건이 되기 때문에 이러한 환경이 되지 않도록 세심한 주의를 기울여야 한다.

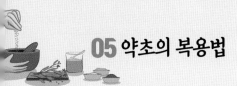

05 약초의 복용법

한약을 복용할 때도 제조할 경우와 마찬가지로 세심한 주의를 기울여야 한다. 나이와 성별, 그리고 질병의 종류나 상황 및 경중 등도 고려해야 한다. 한약은 주로 달이는 방법을 택하지만, 이외에도 가루나 환으로 만들어 복용하기도 하고 또 일부는 환부에 바르는 예도 있다. 또한 최근에는 정제나 캡슐로도 많이 제조되어 나와 있기 때문에 이 경우에는 그 복용법에 따라야 한다.

여기에서는 주로 동의보감에 나와 있는 포제(炮製)의 방법에 대해 소개하도록 하겠다.

동의보감의 탕액편에는 약의 채취에서부터 건조법과 수제법(修製法), 배합법은 물론 탕약과 가루약, 그리고 환약 만드는 방법까지 세세히 기록되어 있다. 이것을 12제(劑)라고 하는데, 동의보감의 내용을 그대로 옮기면 다음과 같다.

선제(宣劑) : 몸의 기가 막혔을 때 이를 열어주는 약으로서 생강, 귤피 등.

통제(通劑) : 소변이 막혔을 때 나가게 해주는 약으로서 통초, 방기 등.

보제(補劑) : 몸이 약할 때 쓰이는 약으로서 인삼, 양고기 등.

설제(泄劑) : 대변이 막혔을 때 나가게 해주는 약으로서 정력자, 대황 등.

경제(輕劑) : 과도하게 실한 것을 제거해 주는 약으로서 마황, 갈근 등.

중제(重劑) : 기가 심하게 떠오를 때 이를 가라앉혀 주는 약으로서 자석, 철분 등.

삽제(澁劑) : 몸에서 너무 많이 빠져나가는 증세에 쓰이는 약으로서 모려, 용골 등.

활제(滑劑) : 꽉 막혀 있어서 이를 없애주는 약으로서 동규자, 유백피 등.

조제(燥劑) : 습한 경우 이것을 없애주는 약으로서 상백피, 적소두 등.

습제(濕劑) : 지나치게 건조한 경우 이를 없애주는 약으로서 자석영, 백석영 등.

한제(寒劑) : 열이 많을 때 이를 내려주는 약으로서 대황, 박초 등.

열제(熱劑) : 한증일 때 따뜻하게 해주는 약으로서 부자, 육계 등.

① 탕제(湯劑: 달여먹는 약)

가장 많이 응용되는 방법으로 약물을 알맞은 크기로 잘라 물을 넣고 오랜 시간 열을 가하여 액체의 유효한 성분을 복용하는 방법이다.

- 장점 : 병증에 따라 민첩하게 대처할 수 있는 편리함이 있고 약효 발휘가 빠르다.
- 단점 : 달이는 데 시간을 소모하며, 휴대와 저장에 불편한 점이 있다.

② 산제(散劑: 가루약)

산제에는 내복과 외용의 두 가지가 있다. 만드는 방법은 보통 처방 중의 모든 약물을 건조시킨 뒤 혼합하여 분쇄하는 것인데, 한꺼번에 가루를 내기보다는 여러 번 반복함으로써 가능하면 극세말하여 복용하는 방법이다.

- 장점 : 저장·휴대·복용이 간편하고 효과도 비교적 빠르며 외용에 간편하다.
- 단점 : 보편적인 환자에 응용되기 때문에 환자 개개인의 적응을 고려하기 어렵다.

③ 환제(丸劑)

약물을 아주 곱게 가루를 빻은 후 물이나 꿀 또는 밀가루풀 등과 혼합하여 환(丸)을 만드는 것을 총칭한다. ⑨ 우황청심환

- 장점 : 장기간 복용하고 휴대·저장에 편리하다.
- 단점 : 탕제에 비해 환자에 따라 적절하게 대처할 수가 없으며, 흡수가 완만하여 약효가 비교적 늦다.

④ 4) 고제(膏劑)

내복과 외용 두 가지가 있다. 약재를 오랫동안 달여 찌꺼기는 버리고 농축하여 만드는 것으로, 상온에서 고체·반고체 또는 반유동체의 모양을 나타낸다. ⑨ (내복)경옥고, (외용)자윤고

- 장점 : 쉽게 변질되지 않아 장기 보관이 가능하다.

⑤ 주제(酒劑)

약재를 일정시간 동안 술에 담가두었다가 용출된 액즙을 복용하거나 끓여서 복용하는 방법으로, 술의 역사와 더불어 다양한 형태를 나타내고 있다. ⑨ 인삼주, 매실주

- 장점 : 장기 보관이 가능하고 복용이 간편하다.

6 세제(洗劑)

약재를 달인 물로 전신 또는 신체 일부를 담그거나 씻는 방법으로 대체의료수준에서 응용되고 있으며, 최근에 자연요법에서도 많이 활용되는 방법이다.

7 시럽제

근래들어 개발된 방법으로, 주로 약물에 대한 강한 거부감을 가지고 있는 소아 등에 응용되는 대표적인 방법이다. 이는 고농도의 자당(蔗糖)을 첨가하여 약물을 끓여서 찌꺼기를 제거한 뒤 남은 용출액을 농축하고 적당량의 자당을 혼합한 것이다.

● 장점 : 맛이 달아서 복용하기 좋다.

06 약초의 복용량

약초는 대부분 천연물로 약성이 비교적 화평하고 안정하다고 인식되어 있으며, 일정부분 사실이다. 따라서 안정성 면에서 상당히 높고 용량의 폭도 비교적 넓다. 그러나 성질이 강하거나 혹은 치명적인 독물의 경우, 용량을 반드시 엄격하게 지킴으로써 의외의 사고가 발생하지 않도록 해야 한다. 즉 한약의 특성상 약물용량의 많고 적음에 대한 정확한 표준설정이 아직 부족한 것은 사실이지만, 용량의 결정은 신체적 조건과 질병의 상태, 그리고 기후의 조건 등 복잡한 상황을 종합하여 결정되어야 한다.

약초는 천연물이고 부작용이 강하게 나타나지 않기 때문에 복용량의 폭이 넓은 편이다. 복용의 최대량과 최소량에 표준이 있는 것은 아니며, 다음에 설명되는 조건들을 참고하면서 복용량을 결정해야 한다.

1 약초의 맛과 성질에 따라

약물의 맛과 성질에 따라 사용 약물의 용량을 결정해야 한다. 모든 한약재는 맛을 가지고 있으며 이러한 맛의 차이를 용량의 다소에 반영해야 한다. 맛이 약하고 무독한 약물의 용량은 비교적 많이 써야 하고, 맛이 강하고 작용이 강력한 유독한 약물의 용량은 소량에서 점차적으로 용량을 늘리는 법을 적용한다. 한편 신선한 약물의 경우는 수분을 많이 함유하고 있으므로 약간 많아야 하고 건조된 것은 비교적 적게 사용한다.

2 약물 배합에 따라

일반적으로 한 가지를 쓰는 단미제나 단방처방의 약물은 비교적 많은 용량을 쓰며, 같은 약물이라도 처방에서 다른 약물과 함께 사용할 때는 용량을 줄이도록 한다. 또한 한 처방에 있어서도 주약의 용량은 비교적 많고 보조약의 용량은 상대적으로 적게 쓴다.

❸ 질병에 따라

약물의 용량은 질병의 성질과 변화에 따라 다르다. 병세가 가벼운 만성질환은 마땅히 사용약물의 용량이 적어야 하며, 중증 급성질환은 용량이 많아야 한다. 그러므로 약물의 용량은 질병의 증상에 따라 구체적이고 적당한 변화를 주어야 한다.

❹ 체질에 따라

약물의 용량을 결정함에 있어 체질의 강약은 필수적인 참조사항이다. 일반적으로 체질이 튼튼한 사람은 허약한 사람보다 용량이 많아야 되며, 노인과 아동의 용량은 청장년에 비해 적어야 하고, 여자의 용량은 남자보다 적어야 한다. 이와 같이 용량의 결정은 환자를 대하는 시점에서의 정황과 체질 등을 종합하여 판단하는 것이 중요하다.

❺ 계절과 지역의 다름에 따라

약물의 용량은 계절의 기후 변화나 주거지역의 환경조건과 밀접한 관련을 가지고 있다. 인간은 살고 있는 지역의 특성과 이에 따른 생활 습관이 다르므로, 약물의 용량은 이러한 조건의 변화에 따라 구분되어야 한다. 예를 들면 여름철에는 더운 약을 적게 사용하고 겨울철에는 많이 사용해야 한다. 지역적으로는 따뜻한 지역에서는 차가운 약의 양을 증가시키고 추운 지역에서는 차가운 약의 용량은 적게 한다. 또 체질적으로 왜소한 남방지역에서는 약물의 양은 적게 하고 체질이 비교적 강한 북방지역에서는 약물의 용량은 비교적 많게 한다.

07 약초 복용시 금기할 음식

약물을 복용하는 기간 중에는 약물의 효력에 영향을 끼칠 수 있는 음식물이나 약물은 피하거나 절제해야 한다. 사용 약물의 성능과 치료효과 발현에 영향을 끼칠 수 있는 음식과 약물에 대한 내용을 말한다. 위 사항이 지켜지지 않을 경우, 당연히 약효는 감소되어 증상에 영향을 끼치며, 심지어 부작용이 발생하기도 한다.

한약은 식품이 아닌 약품으로 질병치료에 활용된다. 그러므로 치료약물을 선택함에 있어 일반적으로 밀가루 음식이나 소기름, 닭기름, 식물성 기름으로 요리한 음식은 피하는 것이 좋다. 소화를 방해하기 때문이다. 그리고 가공육류나 과자, 소시지, 인스턴트 식품 같은 간편식이나 탄산음료, 패스트푸드 및 햄을 비롯해서 각종 인공첨가물 들어간 음식 역시 소화에 도움이 되지 않는다. 각종 건강보조식품도 피하는 것이 좋다. 이들의 과도한 영양으로 인해 한약의 약성이 약해질 수도 있기 때문이다. 영지버섯이나 상황버섯 등을 달인 물도 마찬가지로 삼가는 것이 좋다. 과자 등을 과식하는 것도 소화에 방해가 되며, 너무 맵고 짠 음식 역시 피해야 한다. 인삼차 등은 절대로 금지해야 한다. 한약 자체가 이미 강한 약성을 지니고 있기 때문에, 여기에 더해서 이러한 것들이 몸에 과도하게 들어가면 좋을 리 없다.

너무 자극적인 음식 역시 소화에 지장을 줄 수 있다. 이와는 반대로 평소 즐겨먹는 신선한 채소나 과일 등은 상관없다.

1 배합에서 보는 경우

지황과 하수오는 파, 마늘, 무를 금하고, 박하는 자라고기를 금하고, 별갑은 비름나물을 금하였다. 복령은 식초, 신맛음식을 금하고 감초는 돼지고기를 금하고 보혈약을 복용할 때는 차를 금하였다.

2 증상으로 보는 경우

열이 있을 때는 맵고 기름기가 많은 음식을 금하고 차가울 때는 생수, 찬음식물을 금하였다. 위장이 약할 때는 위산의 부족으로 식초를 금하였고 소화불량인 경우는 기름기와 가루음식을 금하였다.

3 기본적으로 보는 경우

약물 복용중에는 닭, 개, 돼지고기 등과 생채 과실을 금하였다. 대개 생채 음식은 소화가 안될 뿐만 아니라 설사를 일으킬 수 있으므로 복용한 약효를 상실할 수 있다. 또한 약물 복용중에는 음주를 금한다. 요컨대 약물 복용시의 금기는 소화되기 쉬운 음식물을 섭취하도록 하여 비위를 상하지 않도록 주의할 것이요, 또는 약물의 효력에 영향을 끼칠 수 있는 식품과 약물의 배합을 견제함으로써 약물의 효력을 극대화해야 할 것이다.

가시오갈피

진통, 항염, 면역 증강, 강장

Eleutherococcus senticosus (Rupr. & Maxim.) Maxim.
= [*Acanthopanax senticosus*]

사용부위 뿌리껍질, 나무껍질, 잎, 열매

이명 : 가시오갈피나무, 민가시오갈피, 왕가시오갈피, 왕가시오갈피나무,
　　　자화봉(刺花捧), 자노 아자(刺老鴉子), 자괴봉(刺拐捧), 자침(刺針)
생약명 : 자오가(刺五加), 오가엽(五加葉), 오가피(五加皮)
과명 : 두릅나무과(Araliaceae)
개화기 : 7월

열매 약재　　　　　　　　　　약재 전형

생육특성 : 가시오갈피는 낙엽활엽관목으로, 높이는 2~3m로 자란다. 가지는 적게 갈라지며 전체에 가늘고 긴 가시가 밀생하며 회갈색이다. 잎은 손바닥 모양 겹잎에 서로 어긋나고 잔잎은 3~5장이고 거꿀달걀 모양 또는 타원형이며 가장자리에는 뾰족한 겹톱니가 있고, 잎자루는 3~8개인데 가시가 많이 나 있다. 꽃은 자황색으로 7월에 산형꽃차례로 가지 끝에서 1송이씩 피거나 밑부분에서 갈라져 핀다. 열매는 둥글고 10~11월에 달린다.

지상부 꽃 열매

 채취 방법과 시기 : 뿌리껍질은 가을 이후, 나무껍질은 봄부터 초여름, 열매는 가을(11월), 잎은 여름에 채취한다.

성분 많은 종류의 배당체가 함유되어 있는데 그중에는 시린진(syringin), 다우코스테롤(daucosterol), 세사민(sesamin), 다당류도 함유되어 있다. 그 밖에 강심 배당체, 사포닌, 베타-시토스테롤(β-sitosterol), 글루코시드(glucoside), 정유, 4-메틸 살리실 알데히드(4-methyl salicyl aldehyde), 타닌(tannin), 팔미트산(palmitic acid), 리놀렌산(linolenic acid), 비타민 A·B, 사비닌(savinin), 시린가레시놀(syringaresinol), 아칸토사이드 B, D(acantoside B, D), 엘류테로사이드(eleutheroside) E, I, K, L, M, B1, 안토사이드(antoside), 캠페리트린(kaempferitrin), 캠페롤-7-람노사이드(kaempferol-7-rhamnoside), 이소쿼시트린(isoquercitrin), 클로로겐산(chlorogenic acid), 코니페린(coniferin), 코니페릴 알코올(coniferyl alcohol), 카페인산(caffeic acid) 등이 함유되어 있다.

가시오갈피나무 새순

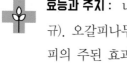 **성미** 나무껍질과 뿌리껍질은 성질이 따뜻하고, 맛은 맵다.

귀경 심(心), 비(脾), 신(腎) 경락에 작용한다.

효능과 주치 : 나무껍질과 뿌리껍질은 생약명을 자오가(刺五加)라 한다(생규). 오갈피나무는 대한약전에 오가피(五加皮)로 수재되어 있다. 가시오갈피의 주된 효과는 강장작용이며 이 효과는 인삼이나 오갈피나무보다 큰 것으로 알려져 있다. 그리고 심근경색을 예방하고 혈당강하작용을 하여 당뇨병의 혈당을 조절하며 면역증강작용으로 질병에 대한 저항력을 높여준다. 그 외 항염, 해열, 진통, 보간, 보신, 어혈(瘀血), 강정, 중풍, 고혈압, 항암, 강심, 진경(鎭痙), 진정, 신경통, 관절염 등을 치료한다. 열매는 생약명을 오가과(五加果)라고 하여 차로 끓여 마신다. 잎의 생약명은 오가엽(五加葉)이라고 하는데 종기, 타박상, 종통(腫痛) 등을 치료한다.

 약용법과 용량 : 말린 나무껍질 및 뿌리껍질 20~30g을 물 900mL에 넣어 반이 될 때까지 달여 하루에 2~3회 나눠 마신다. 외용할 경우에는 생잎을 적당량 짓찧어 환부에 붙인다.

 응용과 특성 :

가시오갈피는 오갈피속 식물 중 약효가 가장 좋다고 하여 인삼을 능가하는 약효로 사용되고 있는데 러시아의 약리학자 브레크만 박사는 연구논문에서 강장작용은 물론 피로와 스트레스를 줄여주고 면역력, 지구력을 높여주며 육체와 정신의 회복을 돕는다고 했다. 그래서 가시오갈피는 1984년 모스크바 올림픽에서 러시아 운동선수들이 즐겨 먹어 강장제로서의 역할을 톡톡히 했다고 한다.

가시오갈피나무와 오갈피나무

가시오갈피는 가지가 적게 갈라져 올라가고 전체에 가늘고 긴 가시가 아래 방향으로 밀생하며, 꽃은 자황색이다. 오갈피나무는 뿌리 근처에서 가지가 많이 갈라져서 사방으로 뻗치고 가지에는 약간의 가시가 드문드문 나 있으며 꽃은 자주색이다. 성분은 오갈피나무나 가시오갈피가 거의 같고 약효도 같은 용도로 사용되고 있으나 작용부위(귀경)가 다르다. 오갈피나무속 종류 중에서는 가시오갈피 효과가 가장 좋은 것으로 알려져 있다.

가시오갈피 나무

오갈피나무

 기능성 및 효능에 관한 특허자료

▶ 가시오갈피 추출물을 함유하는 당뇨병의 예방 및 치료용 조성물

본 발명은 가시오갈피 추출물을 함유하는 당뇨병의 예방 및 치료용 조성물에 관한 것으로, 본 발명의 가시오갈피 추출물은 고지방식이 유도 고혈당 마우스에서 혈당상승 억제 활성, 인슐린 저항성 개선 활성 및 경구 당부하 실험에서 혈중 포도당(glucose) 및 혈중 인슐린 농도를 떨어뜨리는 활성을 나타내므로, 당뇨병의 예방 및 치료용 의약품 및 건강기능식품으로 사용할 수 있다.

– 공개번호 : 10–2005–0080810, 출원인 : (주)한국토종약초연구소

지혈, 항균, 항알레르기

가죽나무

Ailanthus altissima (Mill.) Swingle

사용부위 뿌리, 나무껍질, 열매, 잎

이명 : 가중나무, 개죽나무, 까중나무, 취춘피(臭椿皮), 봉안초(鳳眼草)
생약명 : 저근백피(樗根白皮), 저엽(樗葉), 저목엽(樗木葉), 봉안초(鳳眼草)
과명 : 소태나무과(Simaroubaceae)
개화기 : 6~8월

뿌리 껍질

약재 전형

생육특성 : 가죽나무는 전국 각지에서 야생으로 자라거나 심어 가꾸는 낙엽활엽교목으로, 20m 전후로 자란다. 나무껍질은 회갈색인데 작은 가지는 황갈색 또는 적갈색으로 털이 나 있으나 없어지는 것도 있다. 잎은 서로 어긋나는데 홀수깃꼴겹잎이며 잔잎은 13~25장이고 바소꼴 달걀 모양에 잎끝은 날카롭고 거친 톱니가 있다. 꽃은 녹색으로 줄기의 맨끝이나 꼭대기에서 원뿔꽃차례로 피는데 길이는 10~20cm로 한 나무에서 양성화와 단성화가 모두 피는데 그 수가 적다. 꽃받침은 짧고 5개로 갈라지며 꽃잎은 5장인데 수꽃에는 수술이 10개 있고 암술은 없다. 열매는 날개열매로 긴 타원형에 옅은 녹황색이며 8~9월에 달린다.

지상부

꽃

열매

 채취 방법과 시기 : 뿌리껍질은 봄·겨울, 나무껍질은 봄, 열매는 가을, 잎은 봄·여름에 채취한다.

성분 뿌리껍질에는 멜소신(mersosin), 타닌(tannin), 플로바펜(phlobaphene) 등이 함유되어 있고, 나무껍질에는 아일란톤(ailanthone), 콰시인(quassin), 아마롤라이드(amarolide), 아세틸아마롤라이드(acetylamarolide), 네오콰시인(neoquassin) 등이 함유되어 있다. 열매에는 아일란톤, 아일란토라이드(ailantholide), 차파리논(chaparrinone), 콰시인 등이 함유되어 있고, 잎에는 쿼시트린(quercitrin), 비타민 C가 함유되어 있다.

성미 뿌리껍질과 나무껍질은 성질이 차고, 맛은 쓰고 떫으며, 독성이 조금 있다. 열매는 약성이 차고, 맛은 쓰고 떫다. 잎은 성질이 따뜻하고, 맛은 쓰고, 독성이 조금 있다.

 귀경 심(心), 위(胃), 대장(大腸) 경락에 작용한다.

효능과 주치 : 뿌리껍질과 나무껍질은 생약명은 취춘피(臭椿皮) 혹은 저근백피(樗根白皮)라 하며 청열(淸熱: 차고 서늘한 성질의 약을 써서 열증을 제거하는 일), 지혈, 살충, 조습(燥濕: 습사를 말리는 작용)의 효능이 있고 만성 하리(下痢: 이질. 변에 곱이 섞여 나오며 뒤가 잦은 증상인 법정 전염병), 장풍혈변(腸風血便: 장내 풍사로 인해 피똥을 눔), 유정, 대하, 소변백탁, 구충병을 치료한다. 열매의 생약명은 봉안초(鳳眼草)라 하는데 세균과 질 트리코모나스에 대한 항균작용이 있고 이질, 장풍혈변, 혈뇨, 자궁 이상출혈, 백대하를 치료한다. 잎의 생약명은 저엽(樗葉)이라 하며 습진, 피부 가려움증을 치료한다. 가죽나무의 추출물은 천식 또는 알레르기 질환의 예방 또는 치료용으로 사용한다.

 약용법과 용량 : 말린 뿌리껍질과 나무껍질 20~30g을 물 900mL에 넣어 반이 될 때까지 달여 하루에 2~3회 나눠 마신다. 술을 담가서 마셔도 좋다. 말린 열매 10~30g을 물 900mL에 넣어 반이 될 때까지 달여 하루에 2~3회 나눠 마신다. 말린 잎 10~20g을 물 900mL에 넣어 반이 될 때까지 달여 하루에 2~3회 나눠 마신다.

사용시 주의사항 : 약간의 독성이 있기 때문에 전문가의 도움을 받아 용법과 용량을 주의해서 사용해야 하며 장기간 복용하지 않는다.

기능성 및 효능에 관한 특허자료

▶ 가죽나무 추출물을 포함하는 천식 및 알레르기 질환의 예방 또는 치료용 조성물

본 발명은 천식 또는 알레르기 질환의 예방 또는 치료용 조성물에 관한 것이다. 천식 질환의 예방 및 치료용 약학조성물 및 건강보조식품에 유용하게 사용될 수 있다.

— 공개번호 10-2006-0130830, 출원인 : 영남대학교 산학협력단

수종복만(水腫腹滿), 이변불통(二便不通)

개감수

Euphorbia sieboldiana Morren & Decne.

사용부위 뿌리

이명 : 감수, 능수버들, 산감수, 산개감수, 산참대극,
　　　 좀개감수, 참대극

생약명 : 감수(甘遂)

과명 : 대극과(Euphorbiaceae)

개화기 : 4~6월

ㄱ

뿌리 약재

생육특성 : 개감수는 전국의 산과 들에서 자라는 여러해살이풀이다. 생육환경은 양지 혹은 반그늘의 토양이 비옥한 곳인데 큰 군락을 이룬 곳은 없지만 많이 뭉쳐서 자라는 경우가 쉽게 관찰된다. 키는 30∼60cm이고, 잎은 긴 타원형이며 앞쪽은 녹색이지만 뒤쪽은 홍자색이다. 꽃은 녹황색으로 4∼6월에 한 줄기에 1송이의 암꽃이 피는데 나머지는 모두 수꽃이다(목본류에서 수꽃과 암꽃이 따로 피는 경우는 많이 볼 수 있지만 초본류에서 암꽃과 수꽃이 따로 피는 경우는 드문 편이다). 개

어린잎

감수가 다른 식물과 구별되는 가장 큰 특징은 꽃이 잎 색과 거의 유사하고 꽃 모양이 별 모양이라는 점이다. 열매는 9월경에 달린다. 잎을 자르면 흰 유액이 나오는데 독성이 강하므로 식용하지 않는다.

 채취 방법과 시기 : 늦가을이나 이른 봄에 땅속에 있는 굵은 뿌리를 채취하여 그대로 또는 유황으로 훈제 후 햇볕에 말린다.

 효능과 주치 : 몸 안의 덩어리인 적취를 깨트리는 파적취(破積聚), 대변과 소변을 통하게 하는 통이변(通二便) 등의 효능이 있어서 몸이 붓고 배가 부풀어오르는 수종복만(水腫腹滿), 수종이 쌓여 흩어지지 못하는 증상인 유음(溜飮)과 그로 인해 생기는 병증인 흉곽부와 복부가 부풀어오르고 아픈 결흉(結胸), 전간(癲癎: 간질), 복부에 병 덩어리가 뭉쳐 있는 복부병괴결집(腹部病塊結集), 대소변을 못 보는 이변불통(二便不通) 등을 치료한다.

 약용법과 용량 : 말린 뿌리 1.5∼3g을 물 1L에 넣어 반이 될 때까지 달여 하루에 2∼3회 나눠 마시거나, 가루나 환으로 만들어 복용하기도 하는데 가루로 만들어 복용할 경우에는 0.3∼0.6g을 사용한다.

문둥병, 중풍, 진통
개다래
Actinidia polygama (Siebold & Zucc.) Planch. et Maxim.

사용부위 뿌리, 가지, 잎, 열매

이명 : 개다래나무, 묵다래나무, 말다래, 쥐다래나무, 개다래덩굴,
천료목(天蓼木), 천료(天蓼), 등천료(藤天蓼),
생약명 : 목천료(木天蓼), 목천료근(木天蓼根), 목천료자(木天蓼子)
과명 : 다래나무과(Actinidiaceae)
개화기 : 6~7월

ㄱ

벌레집 (충영)

약재 전형

생육특성 : 개다래는 전국의 깊은 산 계곡 및 산기슭에서 자생하는 낙엽덩굴성식물로, 높이 5m 전후로 뻗어나간다. 작은 가지에는 연한 갈색의 털이 나 있고 오래된 가지에는 털이 없는 회백색의 작은 껍질눈이 있다. 잎은 넓은 달걀 모양 또는 달걀 모양인데 서로 어긋나고 막질이며 상단부의 잎 일부 또는 전부는 흰색이나 황색으로 변한다. 잎의 길이는 8~4cm, 너비는 3.5~8cm로 잎 끝은 날카로우며 밑부분은 둥글거나 일그러진 심장 모양이며 가장자리에는 잔톱니가 있다. 꽃은 흰색으로 6~7월에 잎겨드랑이에서 1송이 또는 3송이가 피는데 비교적 크고 향기가 난다. 꽃받침은 5장으로 달걀 모양 타원형이고, 꽃잎은 5장으로 거꿀달걀 모양이다. 열매는 귤홍색으로 물열매이며 긴 달걀 모양에 끝이 뾰족하고 9~10월에 달린다.

지상부   꽃   열매

 채취 방법과 시기 : 가지와 잎은 여름, 뿌리는 가을·겨울, 열매는 9~10월에 채취한다.

성분 잎과 열매에는 이리도미르메신(iridomyrmecin), 이소이리도미르메신(isoiridomyrmecin), 디하이드로네페타락톨(dihydronepetalactol), 마타타비올(matatabiol), 액티니딘(actinidine), 알로-마타타비올(allo-matatabiol), 네오마타타비올(neomatatabiol), 마타타비락톤(matatabilactone), 네오네페탈락톤(neonepetalactone)이 함유되어 있다. 잎에는 3,4-디메틸벤조나이트릴(3,4-dimethylbenzonitrile), 3,4-디메틸(dimethyl) 안식향산(benzoic acid), 베타-페닐 에틸 알코올(β-phenyl ethyl alcohol)이 함유되어 있고, 벌레집(충영

개다래 열매 벌레집

蟲癭)이 있는 열매에는 열매의 성분 외에도 마타타빅산(matatabic acid)이나 이리도디올(iridodiol)의 다종 이성체가 함유되어 있다.

[성미] 가지와 잎은 성질이 따뜻하고, 맛은 맵고 쓰고, 독성이 약간 있다. 뿌리는 성질이 따뜻하고, 맛은 맵다. 열매는 성질이 약간 덥고, 맛은 쓰고 맵고, 독성이 없다.

[귀경] 간(肝) 경락에 작용한다.

? 혼동하기 쉬운 약초 비교

| 개다래_꽃 | 개다래_잎 | 개다래_열매 |
| 다래_꽃 | 다래_잎 | 다래_열매 |

개다래와 다래

개다래와 다래는 모두 덩굴성 식물로 다래는 개다래보다 덩굴 길이가 길게 뻗어나가고, 잎은 둘다 막질인데 개다래 잎의 상반부는 흰색에서 미황색으로 차츰 변화되어 잎 위에 새가 흰 똥을 싸놓은 모양처럼 보인다. 개다래 열매는 긴 달걀 모양인데 익으면 귤홍색이 되고, 다래 열매는 달걀 모양인데 익으면 녹색이 된다.

 효능과 주치 : 가지와 잎은 생약명을 목천료(木天蓼)라 하며 한센병을 치료한다. 또한 배 속이 단단하게 굳은 상태를 풀어주고 복통, 진통, 진정, 타액 분비 촉진작용도 한다. 신경통, 통풍의 진통 소염의 치료에도 효과적이다. 뿌리는 생약명을 목천료근(木天蓼根)이라 하여 치통을 치료한다. 벌레집이 붙어 있는 열매는 생약명을 목천료자(木天蓼子)라 하여 보온, 강장, 거풍 등의 효능이 있고 요통, 류머티즘, 관절염, 타박상, 중풍, 안면 신경마비를 치료하고 복통, 월경불순에도 효과가 있다.

 약용법과 용량 : 말린 가지와 잎 40~60g을 물 900mL에 넣어 반이 될 때까지 달여 하루에 2~3회 나눠 마신다. 말린 뿌리 30~50g을 물 900mL에 넣어 반이 될 때까지 달여 하루에 2~3회 나눠 마신다. 외용할 경우에는 달인 액을 치통이 있는 쪽 입에 머금었다가 통증이 사라지면 뱉는다. 말린 열매 20~30g을 물 900mL에 넣어 반이 될 때까지 달여 하루에 2~3회 나눠 마신다.

 기능성 및 효능에 관한 특허자료

▶ 진통 및 소염 활성을 갖는 개다래의 추출물을 함유하는 조성물

본 발명은 진통 및 소염 활성을 갖는 개다래의 추출물을 함유하는 약학 조성물 및 건강보조식품을 제공하는 것으로, 본 발명의 개다래 추출물은 진통 및 소염효과를 나타내므로 진통 및 염증 치료제로서 사용할 수 있다.

− 공개번호 : 10−2004−0021716, 출원인 : (주)한국토종약초연구소

신경통, 두통, 설사, 피부진균

개발나물

Sium suave Walter

사용부위 뿌리

이명 : 당개발나물, 가는개발나물, 가락잎풀
생약명 : 산고본(山藁本), 토고본(土藁本), 고본(藁本)
과명 : 산형과(Umbelliferae)
개화기 : 8~9월

ㄱ

뿌리 약재

생육특성 : 개발나물은 중부 이남 지방에서 자라는 낙엽활엽 덩굴성 식물이다. 생육환경은 물 빠짐이 좋고 토양 비옥도가 높은 곳의 반그늘 혹은 양지이며, 키는 1m 정도이다. 잎은 길이가 5~15cm, 너비 0.7~5cm로 끝이 뾰족하고 가장자리에 예리한 톱니가 있으며 위로 올라갈수록 잎이 작아진다. 꽃은 흰색으로 8~9월 모여 있는 줄기 10~20개가 각각 작게 퍼진 줄기로 갈라지는데 원줄기 끝과 가지 끝에서 각 10여 송이씩 핀다. 열매는 10~11월경에 달리는데 길이는 0.3cm 정도로 작고 둥글다.

 채취 방법과 시기 : 이른 봄에 어린순을 채취하고, 가을에 전초를 채취하여 햇볕에 말린다.

 효능과 주치 : 표사(表邪: 몸의 겉부분에 머무는 차가운 사기)를 흩어지게 하고 풍을 제거하며 통증을 멈추게 하는 효능이 있다. 신경통, 풍사(風邪)와 한사(寒邪: 추위나 찬 기운이 병을 일으키는 사기가 된 것)로 인하여 오는 두통인 풍한두통(風寒頭痛), 정수리가 아픈 두정통(頭頂痛), 한사와 습사가 원인이 되어 생기는 복통, 설사, 가려우면서 아픈 풍습통양(風濕痛痒), 머리가 아프고 눈에 생기는 각종 부스럼인 두통목종(頭痛目腫)에 사용하고, 달인 액은 피부진균의 억제작용을 한다. 민간에서는 전초를 신경통 치료에 사용했다.

 약용법과 용량 : 말린 약재 3~9g을 물 1L에 넣어 1/3이 될 때까지 달여 하루에 3회 나눠 마신다.

 사용시 주의사항 : 맵고 따뜻하여 온조(溫燥)한 성질이 있으므로 혈허(血虛) 또는 열증(熱症)에 속한 두통에는 사용할 수 없다.

위하수, 자궁하수, 만성 장염

개승마

Cimicifuga biternate (Siebold & Zucc.) Miq.

사용부위 뿌리

이명 : 승마, 큰개승마, 황새승마, 왜승마, 산승마
생약명 : 승마(升麻)
과명 : 미나리아재비과(Ranunculaceae)
개화기 : 7~8월

ㄱ

뿌리 약재

45

생육특성 : 개승마는 제주도, 거제도, 지리산의 산지에서 자라는 여러해살이풀로, 생육환경은 물 빠짐이 좋고 토양 비옥도가 높으며 햇빛이 잘 들어오는 곳이다. 키는 30~100cm이고, 잎은 길이 7~20cm, 너비 6~18cm이고 단풍잎과 유사하게 5~9갈래로 갈라지며 끝이 뾰족하고 불규칙한 톱니가 있다. 잎 앞면에는 잔털이 나 있고 뒷면에는 맥 위에 잔털이 드물게 나 있다. 꽃은 흰색으로 7~8월에 뿌리에서 자란 줄기에서 위쪽으로 올라가면서 길게 달리며 핀다. 열매는 9~10월경에 긴 타원형으로 달린다.

 채취 방법과 시기 : 가을부터 겨울까지 채취한 뿌리를 적당히 잘라서 2~3일간 햇볕에 말린다.

 성미 **성미** : 성질이 약간 차고, 맛은 맵고 달다.

귀경 **귀경** : 비(脾), 위(胃), 폐(肺), 대장(大腸) 경락에 작용한다.

 효능과 주치 : 민간에서 사용하는 약초로 열을 식히고 독을 풀어주며 발진이 잘 나오도록 해주고 양기가 잘 올라가도록 하는 승양(升陽)의 효능이 있다. 비장, 위장 기허 및 기허에 의한 각종 출혈성 질환을 다스린다. 전신강장작용, 건위 소화작용, 지사작용이 있다. 따라서 위하수, 자궁하수, 탈항(脫肛 : 직장탈출증. 항문 및 직장 점막 또는 전층이 항문 밖으로 빠져나오는 증상)을 비롯한 내장하수, 만성 장염에서 오는 설사, 땀을 지나치게 많이 흘리는 다한, 여름 타기, 만성 출혈성 질환, 영양실조, 암 등에 효과가 있다.

 약용법과 용량 : 말린 뿌리 1.5~6g을 물 1L에 넣어 1/3이 될 때까지 달여하루에 3회 나눠 마시거나, 가루나 환으로 만들어 복용한다. 피부염이나부스럼 등에는 말린 뿌리를 가루로 만들어 상처 난 곳에 뿌리거나, 말린뿌리를 물에 끓여 그 물로 환부를 닦아낸다. 말린 뿌리 5~10g을 1컵 분량의 물에 넣어 반이 될 때까지 달여 식힌 후에 수시로 목 양치질을 한다.

사용시 주의사항 : 기운이 위로 상승하는 성질이 있으므로 음기가 허하여양기가 상승하는 증상, 발진이나 발적(發赤 : 피부나 점막에 염증이 생겼을 때그 부분이 붉게 부어오르는 증상)이 이미 피부를 뚫고 나온 경우에는 사용하면 안 된다.

소염작용을 하고 하혈, 월경과다, 신경통

개질경이

Plantago camtschatica Cham. ex Link

사용부위 전초

이명 : 갯질경이
생약명 : 보혈초(補血草), 금시엽초(金匙葉草)
과명 : 질경이과(Plantaginaceae)
개화기 : 5~6월

ㄱ

전초 약재

생육특성 : 개질경이는 전국 각처의 해변이나 들에서 자라는 여러해살이풀로, 생육환경은 해변의 돌 틈이나 물기가 많으며 사람 왕래가 많고 햇빛이 잘 드는 곳이다. 키는 15~30cm이다. 잎은 길이가 5~20cm, 너비는 2.5~5cm로 긴 타원형이고 흰 털이 많이 나 있는데 뿌리에서 뭉쳐 나와 비스듬히 자란다. 꽃은 흰색으로 5~6월에 잎 사이에서 줄기가 나와 조밀하게 꽃줄기를 따라 올라가며 핀다. 열매는 8~9월경에 타원형으로 달리는데 안에는 흑갈색 종자가 4개 정도 들어 있다.

 채취 방법과 시기 : 여름부터 가을에 걸쳐 채취하는데 진흙을 털어내어 햇볕에 말린다.

 효능과 주치 : 습을 제거하고 열을 내리며 지혈작용이 있다. 치질로 인한 하혈, 탈항, 혈열 등에 의한 월경과다나 대하 등을 치료한다. 출혈을 멈추고 어혈을 흩어지게 하는 지혈산어(止血散瘀), 통증을 멎게 하는 지통(止痛), 소염, 보혈(補血)에 효능이 있다. 자궁출혈, 신경통, 월경 감소, 산모의 젖이 잘 나오지 않는 유즙불통(乳汁不痛), 이명 등에도 사용한다.

 약용법과 용량 : 말린 전초 15~20g을 물 1L에 넣어 1/3이 될 때까지 달여 하루에 2회 나눠 마신다. 술을 담가 마시기도 한다.

 사용시 주의사항 : 성질이 약간 차기 때문에 속이 냉한 사람은 지나치게 많이 마시지 않도록 주의한다.

지상부

꽃

열매

위통, 복통, 류머티즘성 관절염, 각기병

개회향

Ligusticum tachiroei (Franch. & Sav.) M. Hiroe & Constance

사용부위 종자

이명 : 돌회향, 산회향
생약명 : 회향(茴香), 야회향(野茴香)
과명 : 산형과(Umbelliferae)
개화기 : 7~8월

ㄱ

씨앗 약재

생육특성 : 개회향은 각처의 깊은 산에서 자라는 여러해살이풀로, 생육환경은 주변습도가 높고 반그늘이고 주변에 물기가 많은 바위틈이다. 키는 10~30cm이고, 뿌리는 굵고 깊이 파고들며, 줄기는 곧추선다. 잎은 뿌리에서 자라는데 길이는 20cm 정도이며 잎몸은 3~4회 깃털 모양으로 갈라진다. 꽃은 흰색으로 7~8월에 원줄기나 가지 끝에서 여러 송이가 뭉쳐서 핀다. 열매는 9~10월경에 타원형으로 달리는데 날개 같은 능선이 있다.

개회향꽃

 채취 방법과 시기 : 가을에 종자를 채취하여 햇볕에 말린다.

 효능과 주치 : 신(腎)을 따뜻하게 하고 진통작용이 있으며 위를 튼튼하게 하고 풍을 제거한다. 또한 소화기능을 촉진하며 풍을 치료하는 구풍(驅風), 가래를 없애는 거담, 구토, 복부냉감 및 냉통, 한산(寒疝: 한사로 인하여 허리 또는 아랫배가 아픈 증상), 구역질, 복통, 류머티즘성 관절염, 신허요통[腎虛腰痛: 신장의 기능이 쇠약하거나 지나친 방사(房事)로 인해 허리가 아픈 증상], 산기(疝氣), 옹종, 위통, 건성과 습성의 각기병, 소변실금 등에 사용한다.

 약용법과 용량 : 말린 종자 6~12g을 물 1L에 넣어 1/3이 될 때까지 달여 하루에 3회 나눠 마신다. 가루나 환으로 만들어 복용하기도 한다. 차로 만들어 마시면 갱년기 증상이 줄어들고, 산모의 모유량이 많아지며, 스트레스 해소와 숙면에도 효과가 있다.

 사용시 주의사항 : 성질이 따뜻하고 맛이 맵기 때문에 열증에는 신중하게 사용해야 한다.

갯기름나물

감기, 중풍 치료 및 해열, 진통

Peucedanum japonicum Thunb.

사용부위 뿌리

이명 : 개기름나물, 목단방풍
생약명 : 식방풍(植防風)
과명 : 산형과(Umbelliferae)
개화기 : 6~8월

ㄱ

뿌리 채취품

약재 전형

51

생육특성 : 우리나라에서는 같은 과(科)에 속한 방풍[*Ledebouriella seseloides* (Hoffm.) H. Wolff]과 기름나물[*Peucedanum terebinthaceum* (Fisch.) Fisch. ex DC.]의 뿌리도 각각 '방풍', '석방풍'이라 부르며 약용하고 있다.

● 식방풍(갯기름나물) : 갯기름나물은 바닷가 또는 냇물 근처에 사는 숙근성 여러해살이풀로, 지상부는 가을에 시들지만 뿌리는 살아남아서 이듬해 다시 싹이 난다. 키는 60~100cm로 곧추 자라고 끝부분에 짧은 털이 나 있으며 그 밖의 부분은 넓고 평평하다. 뿌리는 굵고 목질부에 섬유가 있다. 잎은 어긋나고, 잎자루는 길고 회록색인데 마치 흰 가루를 칠한 듯하고 2~3회 갈라진 깃꼴겹잎이다. 꽃은 흰색으로 6~8월에 가지 끝과 원줄기 끝에서 겹산형꽃차례로 달리는데 꽃차례는 10~20개의 작은 우산 모양으로 갈라져서 꽃차례 끝부분에 각각 20~30송이의 꽃이 핀다.

● 방풍 : 방풍은 여러해살이풀로 전국 각지의 고산에서 자생하는데 주로 재배한다. 키가 1m에 달하며, 원뿌리는 가볍고 질은 잘 부스러지며, 껍질부는 옅은 갈색으로 빈틈이 여러 개 보이고, 목질부는 옅은 황색이다. 줄기는 단일하나 밑으로부터 많은 가지를 내어 전체가 둥근 모양을 이룬다. 잎은 어긋나고 긴 잎자루의 밑부분이 잎집이 되며 겹잎은 깃 모양인데 부채 모양으로 3회 갈라지고 끝이 뾰족한 편이다. 꽃은 흰색으로 7~8월에 원줄기 끝과 가지 끝에서 겹산형꽃차례로 많이 핀다.

지상부

꽃

열매

채취 방법과 시기 :

● 식방풍(갯기름나물) : 봄과 가을에 꽃대가 나오지 않은 전초를 채취하여 수염뿌리와 모래, 흙 등 이물질을 제거하고 햇볕에 말려 사용한다.

● 방풍 : 봄과 가을에 꽃대가 나오지 않은 전초를 채취하여 수염뿌리와 모래, 흙 등 이물질을 제거하고 그 위에 물을 뿌린 부직포를 하룻밤 정도 씌워두는 방법으로 수분을 흡수시켜 뿌리 조직이 부드러워지면 얇게 잘라 말린 다음 약재로 사용한다. 사용하는 용도에 따라서 사용 전에 전처리, 즉 포제(炮製: 약재를 이용 목적에 맞게 가공하는 방법으로 찌고, 말리고, 볶아주는 등의 처리과정)를 해주어야 하는데 가려움증이나 종기 등을 치료하는 데에는 꿀물을 흡수시켜 볶아주고[밀자(蜜炙)], 두창에는 술로 씻어서[주세(酒洗)] 사용하며, 설사를 멈추고자 할 때에는 볶아서 사용한다[초용(炒用)].

성분 뿌리 50g에는 0.5mL 이상의 정유가 함유되어 있고, 퓨신(peucin), 베르갑톤(bergapton), 퍼세다롤(percedalol), 움벨리페론(umbelliferone), 아세틸안젤로일켈락톤(acetylangeloylkhellactone) 등이 함유되어 있다.

성미

● 식방풍(갯기름나물) : 성질이 따뜻하고, 맛은 쓰고 매우며, 약간의 독성이 있다.

● 방풍 : 성질이 따뜻하고, 맛은 맵고 달며, 독성이 없다.

귀경

● 식방풍(갯기름나물) : 간(肝), 폐(肺) 경락에 작용한다.

● 방풍 : 간(肝), 비(脾), 방광(膀胱) 경락에 작용한다.

효능과 주치 :

● 식방풍(갯기름나물) : 발한, 해열, 진통의 효능이 있어 감기 발열, 두통, 신경통, 중풍, 안면신경마비, 습진 등에 응용할 수 있다.

● 방풍 : 피부 표면 아래에 머무르는 사기인 표사를 흩어지게 하고, 풍을 제거하며, 습사를 다스리고, 통증을 멈추게 하며, 풍한으로 오는 감기인 외감풍한(外感風寒)과 두통을 치료한다. 또한 눈이 침침한 증상인 목현(目眩), 뒷목이 뻣뻣한 증상인 항강(項强), 풍한으로 오는 심한 통증인 풍한습비, 관절의 통증인 골절산통(骨節痠痛), 사지경련, 파상풍 등의 치료에 응용한다.

 약용법과 용량 : 말린 뿌리 5~10g을 물 600~700mL에 넣어 끓기 시작하면 약하게 줄여 200~300mL가 될 때까지 달여 마시거나, 물 2L에 넣어 끓기 시작하면 약하게 줄여 2시간 정도 끓이고 난 뒤에 걸러 기호에 따라 꿀이나 설탕을 가미하여 차로 마신다. 민간요법에서는 방풍과 구릿대[백지(白芷)]를 1:1 비율로 섞어 가루로 만든 뒤 적당량의 꿀과 함께 콩알 크기의 환으로 만들어 한 번에 20~30알씩을 하루에 3회, 식후 1시간에 따뜻한 물과 함께 복용해 두통을 치료하기도 한다.

● 식방풍(갯기름나물) : 말린 뿌리 6~12g을 물 600~700mL에 넣어 끓기 시작하면 약하게 줄여 200~300mL가 될 때까지 달여 하루에 나눠 마신다. 또는 말린 뿌리 6~12g을 물 2L에 넣어 2시간 정도 끓여 거른 뒤 기호에 따라 꿀이나 설탕을 가미하여 하루에 나눠 마신다.

● 방풍 : 말린 뿌리 2~12g을 물 600~700mL에 넣어 끓기 시작하면 약하게 줄여 200~300mL가 될 때까지 달여 하루에 나눠 마신다. 또는 말린 뿌리 2~12g을 물 2L에 넣어 2시간 정도 끓인 뒤 걸러 기호에 따라 꿀이나 설탕을 가미하여 하루에 나눠 마신다.

 사용시 주의사항 : 풍을 흩어지게 하고 습사를 다스리는 효능이 있으므로 몸 안의 진액(津液: 피, 임파액, 조직액, 정액, 땀, 콧물, 눈물, 침, 가래, 장액 등 몸 안의 체액을 통틀어서 말함)이 고갈되어 화기가 왕성한 음허화왕(陰虛火旺)의 증상, 혈이 허하여 발생된 경기에는 사용을 피한다.

결핵성 해수, 기관지염, 피부소양증

갯방풍

Glehnia littoralis F. Schmidt ex Miq.

사용부위 뿌리

이명 : 갯향미나리, 북사삼, 해사삼(海沙蔘)
생약명 : 해방풍(海防風)
과명 : 산형과(Umbelliferae)
개화기 : 6~7월

ㄱ

뿌리 채취품

약재 전형

생육특성 : 갯방풍은 여러해살이풀로, 전국의 해안가 모래땅에서 자생하거나 재배한다. 키는 10~30cm이며, 원뿌리는 원기둥 모양으로 가늘고 길다. 줄기 전체에 흰색 털이 빽빽하게 나 있다. 뿌리에서 나는 잎(근생엽)은 잎자루가 긴데 삼각형 또는 달걀 모양의 삼각형이고 깃꼴로 2~3회 갈라진다. 꽃은 흰색으로 6~7월에 겹산형꽃차례로 피고, 열매는 7~8월에 달린다.

지상부   꽃   열매

 채취 방법과 시기 : 늦가을에 뿌리를 채취하는데 이물질을 제거하고 씻어 말려 사용한다. 더러는 약한 불로 프라이팬에 노릇노릇하게 볶아서 사용하기도 한다.

성분 정유, 소랄렌(psoralen), 임페라토린(imperatorin), 베르갑텐(bergapten) 등 14종의 쿠마린(coumarin) 및 쿠마린 배당체가 함유되어 있다.

성미 성질이 시원하고, 맛은 달고 맵다.

귀경 폐(肺), 비(脾) 경락에 작용한다.

효능과 주치 : 폐의 기운을 맑게 하는 청폐(淸肺), 기침을 멈추게 하는 진해, 가래를 제거하는 거담, 갈증을 멈추게 하는 등의 효능이 있어서 폐에 열이 생겨 나타나는 마른기침, 결핵성 해수, 기관지염, 감기, 입안이 마르는 증상인 구건(口乾), 인후부가 마르는 증상인 인건(咽乾), 피부의 가려움증 등을 치료한다.

갯방풍 전초

 약용법과 용량 : 말린 뿌리 10~15g을 물 600~700mL에 넣어 끓기 시작하면 약하게 줄여 200~300mL가 될 때까지 달여 하루에 나눠 마신다. 또는 말린 뿌리 10~15g을 물 2L에 넣어 2시간 정도 끓여 거른 뒤 기호에 따라서 꿀이나 설탕을 가미하여 하루에 나눠 마신다. 환이나 가루로 만들어 아침저녁으로 한 숟가락씩 따뜻한 물과 함께 복용하기도 한다.

종자결실

 사용시 주의사항 : 성미가 차기 때문에 풍사와 한사(寒邪)로 인한 해수에는 사용을 금하며, 비위가 허하고 냉한 사람이 사용하면 좋지 않다.

일부에서는 갯방풍을 방풍의 대용으로 사용하는 사람들도 있으나 이것은 잘못된 것이다.

기능성 및 효능에 관한 특허자료

▶ **갯방풍 추출물을 유효성분으로 포함하는 관절염 예방 또는 치료용 조성물**

본 발명에 따른 갯방풍 추출물은 염증성 사이토카인 IL-17, IL-6 또는 TNF-의 활성을 감소 또는 억제시키는 활성이 우수하고, 파골세포 분화를 감소시키는 효과가 우수하여 관절염 또는 골다공증의 예방 또는 치료할 수 있는 조성물로 유용하게 사용할 수 있다. 또한 세포독성이 일어나지 않으며, 약물에 대한 독성 및 부작용도 없어 장기간 복용 시에도 안심하고 사용할 수 있으며, 체내에서도 안정한 효과가 있다.

— 공개번호 : 10-2014-0089315, 출원인 : 가톨릭대학교 산학협력단

겨우살이

Viscum album var. *coloratum* (Kom.) Ohwi

사용부위 줄기, 가지, 잎

이명 : 겨우사리, 붉은열매겨우사리, 동청(凍靑), 기생초(寄生草)
생약명 : 곡기생(槲寄生), 상기생(桑寄生)
과명 : 겨우살이과(Loranthaceae)
개화기 : 4~5월

채취품   약재 전형

생육특성 : 겨우살이는 중부·남부 지방의 높은 산에서 자라는 큰 나무에서 기생하는 상록소저목으로, 높이가 30~60cm이며, 참나무, 팽나무, 물오리나무, 밤나무, 자작나무 등에 기생한다. 줄기와 가지는 약간의 다육질인데 원기둥 모양이고 황록색 또는 녹색으로 2~3갈래로 갈라지며 가지가 갈라지는 곳이 점차 커져 마디가 생긴다. 잎은 가지 끝에서 나오는데 잎자루는 없고 잎은 두터우며 다육질에 황록색 운채가 나고 마주난다. 꽃은 미황색으로 4~5월에 가지 끝 두 잎 사이에서 암수딴그루로 핀다. 꽃자루는 없고 수꽃은 3~5송이, 암꽃은 1~3송이이다. 열매는 물열매로 둥글고 황색 또는 등황색으로 10~12월에 달린다. 뽕나무에 기생하는 것을 상기생이라 하여(생규) 최상품으로 취급하나 요즘은 구하기가 어렵다.

지상부 꽃 열매

 채취 방법과 시기 : 가을부터 봄 사이에 참나무에서 기생하는 겨우살이 전초를 채취한다.

성분 줄기 또는 가지와 잎에는 플라보노이드(flavonoid) 화합물의 아비쿠라린(avicularin), 쿼세틴(quercetin), 쿼시트린(quercitrin), 올레아놀릭산(oleanolic acid), 알파-아미린(α-amyrin), 메소-이노시톨(meso-inositol), 플라보노이드(flavonoid), 루페올(lupeol), 베타-시토스테롤(β-sitosterol), 아그리콘(agricon) 등이 함유되어 있다.

성미 줄기는 성질이 평범하고, 맛은 달고 쓰다.

59

겨우살이 나무모양

 귀경 심(心), 간(肝), 신(腎) 경락에 작용한다.

효능과 주치 : 줄기는 생약명을 곡기생(槲寄生), 또는 상기생(桑寄生)이라
하며 고혈압과 동맥경화, 암 치료에 사용하는데 그 외 종기, 어혈, 심장
질환, 노화방지, 항산화 활성, 항비만, 지방간, 타박상 등에도 효과적이며
신경통, 부인병, 진통, 치통 등도 치료한다.

 약용법과 용량 : 말린 줄기 40~50g을 물 900mL에 넣어 반이 될 때까지 달
여 하루에 2~3회 나눠 마신다. 외용할 경우에는 짓찧어 환부에 바른다.

🧬 기능성 및 효능에 관한 특허자료

▶ 항노화 활성을 갖는 겨우살이 추출물

본 발명은 항노화 활성을 갖는 겨우살이 추출물에 관한 것으로, 본 발명에 따른 겨우살이 추출물 또
는 이를 함유하는 기능성식품 또는 약제학적 조성물은 생명을 연장시키는 효과가 있으며 전반적인
건강을 향상시키는 효과를 나타내는 바 기능성 식품 또는 의약 분야에서 매우 유용한 발명이다.

– 공개번호 : 10-2010-0102471, 출원인 : (주)미슬바이오텍

▶ 항산화 활성을 이용한 겨우살이 기능성 음료 및 그 제조 방법

본 발명은 겨우살이 추출물의 항산화성분을 주성분으로 하고 당귀 추출물, 황기 추출물, 감초 추출
물, 대추 추출물, 벌꿀, 올리고당, 구연산(citric acid), 비타민 C를 첨가하여 항산화 기능성을 갖는 겨우
살이 추출물 음료의 제조 방법에 관한 것이다. 따라서 생리활성이 뛰어난 겨우살이의 항산화성분과
다양한 영양소를 함유한 겨우살이 음료의 제조 방법을 제공한다.

– 공개번호 : 10-2011-0021544, 출원인 : 한국식품연구원

충수염, 장염, 이질, 치질

고들빼기

Crepidiastrum sonchifolium (Bunge) Pak & Kawano

사용부위 뿌리, 어린순

이명 : 참꼬들빽이, 빗치개씀바귀, 씬나물, 좀두메고들빼기,
　　　애기번줄씀바귀
생약명 : 포엽고매채(抱葉苦買菜), 고매채(苦買菜), 가우본초(嘉祐本草)
과명 : 국화과(Compositae)
개화기 : 7~9월

ㄱ

전초 채취품

생육특성 : 고들빼기는 전국의 산과 들에서 자라는 두해살이풀로, 식물명이 유사한 왕고들빼기(*Lactuca indica*)와는 속(屬)이 다른 식물이다. 생육환경은 양지 혹은 반그늘이고, 키는 20~80cm이다. 잎은 길이가 2.5~5cm, 너비는 1.4~1.7cm로 앞면은 녹색, 뒷면은 회청색인데 끝부분은 빗살처럼 갈라진다. 꽃은 연황색으로 7~9월에 머리 꽃이 가지 끝에서 펼쳐져 뭉치며 피는데 길이는 0.5~0.9cm이고, 꽃줄기는 2~3개이다. 열매는 검은색으로 9~10월경에 달리는데 길이는 0.3cm 정도로 편평한 원뿔형이며, 흰색의 갓털은 길이가 0.3cm 정도이다.

 채취 방법과 시기 : 이른 봄에 어린순을 채취하고, 가을에 뿌리를 채취한다.

 효능과 주치 : 충수염, 장염, 이질, 각종 화농성 염증, 토혈, 비출혈(鼻出血), 건위, 치통, 흉통, 복통, 황수창(黃水瘡: 피부에 생기는 일종의 전염성 질병), 치창(痔瘡: 치핵이나 치질) 등에 사용한다.

 약용법과 용량 : 어린순은 나물로 먹고, 뿌리는 채취하여 떫은맛을 없앤 뒤에 먹는다. 최근에는 전초로 김치를 담가 먹기도 한다.

 사용시 주의사항 : 속이 냉한 사람은 지나치게 많이 먹지 않도록 주의한다.

전초

꽃

두통, 오한, 발열, 설사

고 본

Angelica tenuissima Nakai

사용부위 뿌리

이명 : 고번
생약명 : 고본(藁本)
과명 : 산형과(Umbelliferae)
개화기 : 8~9월

ㄱ

뿌리 채취품

생육특성 : 고본은 가야산, 대둔산, 지리산, 제주, 경기(광릉, 천마산), 평북, 함남, 함북 일대의 깊은 산과 산기슭에서 자생하는 여러해살이풀이다. 생육환경은 공중습도가 높은 곳의 바위틈이나 경사지의 반그늘과 물 빠짐이 좋고 부엽질이 많은 곳이다. 키는 30~80cm이고, 뿌리는 복수초근이라 불리고, 줄기는 전체에 털이 없고 향기가 강하다. 뿌리에서 나온 잎과 밑부분의 잎은 잎자루가 긴데 깃꼴 모양으로 3회 갈라지며 가늘게 갈라진 부분은 부채꼴 모양이다. 8~9월에 원줄기 끝과 가지 끝에 난 꽃대 끝에서 흰색의 많은 꽃이 바큇살 모양으로 피는데 끝마디에 1송이씩 붙어 달린다. 꽃받침잎은 끝을 잘라낸 것처럼 밋밋하고 꽃잎은 5개로 거꿀달걀 모양인데 안으로 굽고 씨방은 녹색이며 길이는 0.5~1.5cm의 타원형이고 수술은 5개, 꽃밥은 자주색이다. 열매는 9~10월경에 길이 0.4cm 정도의 편평한 타원형으로 달리는데 가장자리에는 날개가 있다.

 채취 방법과 시기 : 봄부터 가을까지 뿌리를 채취하여 말려 사용한다.

 효능과 주치 : 표피 아래 차가운 사기가 머무르는 표사를 흩어지게 하고, 풍을 제거하며, 통증을 멈추게 하는 효능이 있다. 신경통, 풍사와 한사로 인한 풍한두통(風寒頭痛), 머리 정수리에 오는 두정통(頭頂痛), 한사와 습사로 인하여 배가 아픈 한습복통(寒濕腹痛), 설사, 풍사와 한사가 하초에 뭉쳐서 생기는 산가(疝瘕: 전립선염), 풍사와 습사로 인하여 아프고 가려운 풍습통양(風濕痛痒), 머리가 아프고 눈에 종기가 나는 두통목종(頭痛目腫)에 사용하고, 달인 액은 피부진균 억제작용을 한다. 민간에서는 전초를 신경통 치료에 사용한다고 한다.

 약용법과 용량 : 말린 뿌리 3~9g을 물 1L에 넣어 1/3이 될 때까지 달여 하루에 3회 나눠 마신다. 외용할 경우에는 뿌리를 달인 액으로 환부를 씻는다.

 사용시 주의사항 : 맵고 따뜻하여 온조한 성질이 있으므로 혈허 또는 열증에 속한 두통에는 사용할 수 없다.

피부소양증, 혈변, 적백 대하, 옴

고삼

Sophora flavescens Aiton

사용부위 뿌리

이명 : 도둑놈의지팡이, 수괴(水槐), 지괴(地槐), 토괴(土槐), 야괴(野槐)

생약명 : 고삼(苦蔘)

과명 : 콩과(Leguminosae)

개화기 : 6~8월

약재 전형

생육특성 : 고삼은 전국 각지에서 자라는 여러해살이풀로, 키가 1m까지 자란다. 약재로 사용하는 뿌리는 긴 원기둥 모양으로 하부는 갈라지는데 길이가 10~30cm, 지름은 1~2cm이다. 뿌리의 표면은 회갈색 또는 황갈색으로 가로 주름과 세로로 긴 피공(皮孔: 가지나 줄기의 단단한 부분을 말하는데 호흡작용을 한다)이 있다. 외피는 얇고 파열되어 반대로 말려 있으며 쉽게 떨어지는데 떨어진 곳은 황색이고 모양은 넓다. 단면은 섬유질로 단단하여 절단하기 어렵다. 꽃은 연한 노란색으로 6~8월에 원줄기 끝과 가지 끝에서 총상꽃차례(모여나기 꽃차례)로 많은 꽃이 핀다. 꽃잎은 기판의 끝이 위로 구부러진다.

지상부   꽃   열매

 채취 방법과 시기 : 뿌리를 봄과 가을에 채취하는데 이물질과 남아 있는 줄기를 제거한 다음, 흙을 깨끗이 씻어 버리고 물에 적셔 수분이 잘 스미게 한 다음, 얇게 잘라서 햇볕이나 건조기에 말려 사용한다.

성분 알칼로이드류인 마트린(matrine), 옥시마트린(oxymatrine), 트리터피노이드(tritepenoids)류인 소포라플라비오사이드(sophoraflavioside), 소이아사포닌(soyasaponin), 플라보노이드류인 쿠라놀(kurarnol), 비오카닌(biochanin), 퀴논(quinones)류인 쿠쉔퀴논(kushenquinone) 등이 함유되어 있다.

성미 성질이 차고, 맛은 쓰며, 독성이 없다.

귀경 심(心), 간(肝), 위(胃), 대장(大腸), 방광(膀胱) 경락에 작용한다.

효능과 주치 : 열을 식히고, 습을 제거해주며, 풍을 제거하고, 벌레를 죽인다. 소변을 잘 나가게 하고, 혈변을 치료하며, 적백 대하를 다스린다. 피부소양증(가려움증), 옴 등을 치료한다.

약용법과 용량 : 고삼(苦蔘)은 이름에서 알 수 있듯 매우 쓴 약재이다. 따라서 고삼을 사용할 때에는 먼저 찹쌀의 진한 쌀뜨물에 하룻밤 동안 담그고 이튿날 아침 비린내와 수면 위에 뜨는 것이 없어질 때까지 여러 차례 깨끗한 물로 잘 헹구어 말린 다음 얇게 썰어 사용한다. 말린 뿌리 5~10g을 물 600~700mL에 넣어 끓기 시작하면 약하게 줄여 200~300mL가 될 때까지 달여 하루에 2회 나눠 마시거나, 가루나 환으로 만들어 복용한다. 맛이 쓰기 때문에 차로 마시기에는 부적합하다.

사용시 주의사항 : 성미가 쓰고 차서 비위가 허하고 냉한 사람은 사용을 삼가고, 여로(黎蘆: 박새)와는 상반(相反: 두 가지 이상의 약재를 함께 사용할 때 약성이 나빠지거나 부작용이 심하게 나타나는 현상)작용을 하므로 함께 사용하면 안 된다.

🌿 기능성 및 효능에 관한 특허자료

▶ **고삼 추출물을 유효성분으로 포함하는 면역 증강용 조성물**

본 발명은 화학식 1 내지 8로 표시되는 화합물 또는 이들을 포함하는 고삼 추출물, 이의 분획물을 유효성분으로 포함하는 인터페론 베타 발현 유도를 통한 면역 증강용 조성물, 이를 포함하는 사료 첨가제, 사료용 조성물, 약학적 조성물, 식품 조성물, 의약외품 조성물 및 상기 조성물의 투여를 통한 면역 증강 방법에 관한 것이다.

– 공개번호 : 10-2012-0031861, 출원인 : 한국생명공학연구원

기침, 가래, 어혈

고추나무

Staphylea bumalda DC.

사용부위 뿌리, 열매

이명 : 개절초나무, 고치때나무, 까자귀나무, 넓은잎고추나무,
       둥근잎고추나무, 미영꽃나무, 미영다래나무
생약명 : 작고유(雀沽油)
과명 : 고추나무과(staphyleaceae)
개화기 : 5~6월

뿌리 약재 채취품

고추나무 꽃

 생육특성 : 고추나무는 전국 각지의 산골짜기 및 개울둑에서 자라는 낙엽활엽관목 또는 소관목으로, 높이가 3~5m이다. 잎은 서로 마주나고 잔잎은 3장으로 타원형 또는 타원형 달걀 모양에 잎 양 끝이 좁고 윗면에는 털이 없으나 뒷면에는 맥 위에 털이 나 있으며 가장자리에는 날카로운 톱니가 있다. 꽃은 흰색으로 5~6월에 가지 끝에서 원뿔꽃차례로 피는데, 수술은 5개, 암술은 1개이다. 열매는 튀는열매로 8~9월에 달리는데 고무베개처럼 부푼 반원형으로 윗부분이 2개로 갈라진다.

 채취 방법과 시기 : 열매는 가을, 뿌리는 가을부터 이듬해 봄에 채취한다.

 효능과 주치 : 열매 또는 뿌리는 생약명을 작고유(雀沽油)라 하여 진해, 거담제로 사용하는데 천식으로 인한 마른기침을 진정시키며 부인들의 산후어혈도 치료한다.

 약용법과 용량 : 말린 열매 또는 뿌리 30~50g을 물 900mL에 넣어 반이 될 때까지 달여 하루에 2~3회 나눠 마신다.

골담초

신경통, 관절통, 항염증

Caragana sinica (Buc'hoz) Rehder

사용부위 뿌리, 꽃

이명 : 금계아(金鷄兒), 황작화(黃雀花), 양작화(陽雀花), 금작근(金雀根),
　　　　백심피(白心皮)
생약명 : 골담근(骨擔根), 금작화(金雀花)
과명 : 콩과(Leguminosae)
개화기 : 4~5월

뿌리 채취품

약재 전형_뿌리

생육특성 : 골담초는 중부·남부 지방의 산지에서 자생 또는 재배하는 낙엽활엽관목으로, 높이가 1~2m이다. 줄기는 곧게 뻗거나 대부분 모여나는데 작은 가지는 가늘고 길며 변형된 가지가 있다. 잎은 짝수깃꼴겹잎이며 잔잎은 5장으로 거꿀달걀 모양에 잎끝은 둥글거나 오목하게 들어가고 돌기가 있는 것도 있다. 꽃은 황색으로 4~5월에 단성(單性: 암수 어느 한쪽의 생식기관만 있는 것)으로 피는데 3~4일 지나면 적갈색으로 변한다. 수술은 10개에 암술이 1개로 씨방에는 자루가 없고 암술대는 곧게 선다. 열매는 콩과로 꼬투리 속에는 종자 4~5개가 들어 있으나 결실하지 못한다.

지상부   꽃   꼬투리

 채취 방법과 시기 : 꽃은 4~5월, 뿌리는 연중 수시로 채취한다.

성분 뿌리에는 알칼로이드(alkaloid), 사포닌, 스티그마스테롤(stigmasterol), 브라시카스테롤(brasicasterol), 캄페스테롤(campesterol), 콜레스테롤, 스테롤(sterol), 배당체, 전분 등이 함유되어 있다.

성미 꽃은 성질이 평범하고, 맛은 달다. 뿌리는 성질이 평범하고, 맛은 맵고 쓰다.

귀경 심(心), 비(脾), 폐(肺) 경락에 작용한다.

 효능과 주치 : 꽃은 생약명을 금작화(金雀花)라 하여 자음(滋陰), 화혈(和血), 건비(健脾: 약해진 비장의 기능을 강하게 하는 치료법), 소염, 타박상, 신경통

골담초 꽃가지

으로 인한 통증, 저림, 마비 등을 치료한다. 뿌리는 생약명을 골담근(骨膽根)이라 하여 청폐, 활혈, 신경통, 관절염, 해수, 고혈압, 두통, 타박상, 급성유선염, 부인백대 등을 치료한다. 뿌리와 꽃은 식혜를 만들어 신경통, 관절염을 치료한다

 약용법과 용량 : 말린 꽃 20~30g을 물 900mL에 넣어 반이 될 때까지 달여 하루에 2~3회 나눠 마신다. 외용할 경우에는 꽃을 짓찧어 환부에 바른다. 말린 뿌리 50~80g을 물 900mL에 넣어 반이 될 때까지 달여 하루에 2~3회 나눠 마신다. 외용할 경우에는 뿌리를 짓찧어 환부에 바른다.

 기능성 및 효능에 관한 특허자료

▶ 골담초를 포함하는 천연유래물질을 이용한 통증 치료제 및 화장품의 제조방법 및 그 통증 치료제와 그 화장품

본 발명에 따른 골담초를 포함하는 천연유래물질을 이용한 통증 치료제 및 화장품의 제조방법은 현미 또는 백미와 누룩과 미생물과 미네랄 농축수가 혼합된 제1용액을 발효하는 단계, 골담초를 포함하는 천연유래물질의 생약원료와 미생물이 혼합된 제2용액을 상기 제1용액에 혼합 후 발효하는 단계, 상기 생약원료를 가열 및 가압하여 열수를 추출하는 단계, 상기 발효된 제1용액 및 제2용액과 상기 추출된 열수를 혼합하여 증류시키는 단계 및 상기 증류된 용액을 여과하는 단계를 포함하는 것을 특징으로 한다. 이에 의하여 부작용이 없고 단기간에 탁월한 통증치료의 효과를 발휘할 수 있으며, 통증 치료제와 함께 화장품의 제조도 가능하다.

— 공개번호 : 10-2014-0118173, 출원인 : (주)파인바이오

관절통, 백일해, 해수, 천식

곰취

Ligularia fischeri (Ledeb.) Turcz.

사용부위 뿌리, 뿌리줄기

이명 : 왕곰취, 산자완(山紫菀), 대구가(大救駕)
생약명 : 호로칠(葫蘆七)
과명 : 국화과(Compositae)
개화기 : 7~9월

ㄱ

뿌리 채취품

생육특성 : 곰취는 전국 각지의 고산지대에서 자라는 여러해살이풀로, 생육환경은 깊은 산중의 습지이다. 키는 1~2m로 자라며, 뿌리줄기는 짧고 수염뿌리가 많다. 뿌리에서 나는 잎(근생엽)은 신장(콩팥) 모양이고 규칙적인 톱니가 있으며 줄기에서 나는 잎(경생엽)은 크기가 작다. 꽃은 노란색으로 7~9월에 피며, 열매는 9~10월에 달린다.

 채취 방법과 시기 : 가을에 뿌리를 채취하는데 줄기와 흙 등을 제거하고 햇볕에 말린 다음 썰어 사용한다.

성분 단백질, 탄수화물, 칼슘, 칼륨, 비타민 A와 C가 함유되어 있다.

성미 성질이 따뜻하고, 맛은 달고 맵다.

귀경 심(心), 간(肝), 폐(肺) 경락에 작용한다.

 효능과 주치 : 기침을 멈추게 하는 진해, 담을 제거하는 거담, 통증을 멈추게 하는 진통, 혈을 활성화시키는 활혈(活血)효능이 있어 해수(咳嗽), 백일해(百日咳), 천식, 요통, 관절통, 타박상 등을 치료한다. 육류를 직접 불에 구웠을 때 발생하는 발암성분을 억제하는 데에도 효과적이다.

 약용법과 용량 : 말린 뿌리 5~10g을 물 600~700mL에 넣어 끓기 시작하면 약하게 줄여 200~300mL가 될 때까지 달여 하루에 나눠 마시거나, 가루로 만들어 따뜻한 물과 함께 복용한다. 신선한 어린잎을 따서 끓는 물에 2~3분간 데쳐 나물로 먹기도 한다.

사용시 주의사항 : 곰취와 동의나물은 외형적으로 유사한데 동의나물은 독성이 있어 식용이 금지되었기에 혼동하지 않도록 주의해야 한다. 곰취의 경생엽은 길이 59cm 정도의 잎자루가 있고 잎 가장자리에 규칙적인 톱니가 있으나, 동의나물은 잎자루가 없고 잎 가장자리의 톱니 또한 둔하거나 없는 차이점이 있다.

관중

해열, 해독, 지혈의 효능 및 혈변

Dryopteris crassirhizoma Nakai

사용부위 뿌리줄기, 잎자루 밑부분

이명 : 호랑고비, 면마(綿馬), 관중(管仲)
생약명 : 관중(貫中)
과명 : 면마과(Dryopteridaceae)
개화기 : 포자번식

ㄱ

뿌리 채취품

줄기 약재전형

생육특성 : 관중은 각지에서 분포하는 숙근성 양치식물로 여러해살이풀이다. 키는 50~100cm로 자라고, 뿌리줄기는 굵고 끝에서 잎이 모여난다. 잎은 길이가 1m 내외, 너비는 25cm 정도에 달하며 잎몸은 깃 모양으로 깊게 갈라지고 깃 조각에는 대가 없다. 잎자루는 표면이 황갈색 또는 검은 빛을 띠는 진한 갈색이며 빽빽하게 비늘조각으로 덮여 있다. 질은 단단한데 횡단면은 약간 평탄하고 갈색이며, 유관속이 5~7개로 황백색의 점상을 이루고 둥그런 환을 형성하며 배열되어 있다.

지상부

잎전개(前)

잎뒤(포자)

 채취 방법과 시기 : 가을에 뿌리째 채취하는데 잎자루와 수염뿌리, 이물질을 제거하고 씻어서 햇볕에 말린다. 말린 것을 그대로 쓰거나 까맣게 태워서 사용한다.

성분 뿌리에 함유된 플로로글루시놀(phloroglucinol)계 성분은 촌충을 없애는 물질인데 이들 중 필마론(filmaron)이 가장 강하다. 플라배스피딕산 AB(flavaspidic acid AB), 플라배스피딕산 PB(flavaspidic acid PB)는 충치균에 대한 항균작용이 강하며, 그 외에도 우고닌(wogonin), 바이칼린(baicalin), 바이칼레인(baicalein) 등의 플라보노이드계 성분이 함유되어 있다.

성미 성질이 시원하고, 맛은 쓰며, 독성이 있어 식품으로 사용 금지품목이다.

귀경 간(肝), 위(胃) 경락에 작용한다.

효능과 주치 : 회충, 조충, 요충을 죽이며, 열을 내리고 독을 풀어주는 청열해독(清熱解毒), 혈액을 맑게 하고 출혈을 멈추게 하는 양혈지혈(凉血止血) 등의 효능이 있어 풍열감기(풍사와 열사로 인한 감기)를 치료하고, 토혈(吐血: 피를 토하는 증상)이나 코피, 피똥을 누는 데 요긴하게 사용될 수 있고 여성들의 혈붕(血崩: 심한 하혈)이나 대하를 치료한다.

약용법과 용량 : 말린 약재 5~10g을 물 600~700mL에 넣어 끓기 시작하면 약하게 줄여 200~300mL가 될 때까지 달여 하루에 2회 나눠 마시거나, 가루 또는 환으로 만들어 복용한다. 귤피(橘皮), 백출 등과 배합하여 관중환(貫中丸)을 만들어 복용하면 기를 이롭게 하고 비(脾)를 튼튼하게 하여 기와 혈을 잘 돌려주는 작용이 있다.

사용시 주의사항 : 성미가 쓰고 차므로 음허내열(陰虛內熱), 비위(脾胃)가 허한(虛寒: 허하고 찬)한 경우에는 사용을 삼간다. 시력장애나 혈뇨, 혼수, 실명 등의 우려가 있으므로 과량 복용하지 말고 비위가 약한 사람이나 임산부는 복용하면 안 된다.

기능성 및 효능에 관한 특허자료

▶ 관중 추출물로부터 분리되는 화합물을 유효성분으로 함유하는 후천성면역결핍증의 예방 및 치료용 조성물

본 발명은 관중 추출물로부터 분리된 화합물을 유효성분으로 함유하는 후천성면역결핍증의 예방 및 치료용 조성물에 관한 것으로, 본 발명의 화합물은 HIV-1 단백질 분해효소의 활성에 대한 강력한 저해 효과를 나타내므로, 후천성면역결핍증의 예방 및 치료용 약학조성물 및 건강기능식품으로 유용하게 이용될 수 있다.

– 공개번호 : 10-2010-0012927, 출원인 : 이지숙

해수, 명목, 자양강장

광나무
Ligustrum japonicum Thunb.

사용부위 뿌리, 나무껍질, 잎, 열매

이명 : 여정자(女貞子), 동청자(冬靑子), 여정(女貞), 여정목(女貞木),
　　　동청목(冬靑木)

생약명 : 여정실(女貞實)

과명 : 물푸레나무과(Oleaceae)

개화기 : 7~8월

열매 약재

약재 전형

생육특성 : 광나무는 남부 지방에서 분포하는 상록활엽관목으로, 생육환경은 산기슭 및 해변 주위이다. 높이는 3~5m이고, 가지가 많이 갈라지고 회색빛이다. 잎은 서로 마주나고 두꺼운데 넓은 달걀 모양 또는 넓은 타원형으로 가장자리가 밋밋하다. 꽃은 검붉은색으로 7~8월에 겹총상꽃차례로 피는데 물결 모양이고 꽃부리는 길이가 0.5~0.6cm로 몸통부분은 열편보다 약간 길거나 같고 뒤로 젖혀지며 수술은 2개이다. 열매는 달걀 모양이고 길이는 0.7~1cm로 10~11월에 자흑색으로 달린다.

지상부   꽃   열매

 채취 방법과 시기 : 열매는 가을, 뿌리는 9~10월, 나무껍질과 잎은 연중 수시 채취한다.

성분 열매에는 만니톨(mannitol), 올레아놀릭산(oleanolic acid), 글루코스(glucose), 스테아린산(stearic acid), 팔미틴산(palmitic acid), 올레산(oleic acid), 리놀레산(linoleic acid), 열매껍질에는 올레아놀릭산, 우르솔산(ursolic acid), 종자에는 지방유, 팔미틴산, 스테아린산, 올레산, 리놀레산 등이 함유되어 있다. 뿌리와 나무껍질에는 시린진(syringin), 잎에는 시린진, 아미그달린(amygdalin) 분해효소, 임벨타제(imvertase), 만니톨, 우르솔산, 올레아놀릭산, 코스모신(cosmosiin) 등이 함유되어 있다.

광나무 익은 열매

성미 성질이 평범하고, 맛은 달고 쓰며, 독성이 없다.

귀경 간(肝), 신(腎) 경락에 작용한다.

효능과 주치 : 열매는 생약명을 여정실(女貞實)이라 하여, 약성은 평범하고 맛은 쓰고 달며 독성이 없다. 보간(補肝: 간 기능을 보함), 보신, 척추강화, 이명, 어지러움증 등을 치료하고 백발이 검어지게 만드는 자양강장 효능이 있다. 열매의 수침액에는 항암 및 항균작용이 있다. 열매 속의 올레아놀릭산(oleanolic acid)은 강심, 이뇨작용이 있고 만니톨(mannitol)은 완화, 두통, 뇌압강화작용이 있으며 다량의 글루코스(glucose)도 함유되어 있어 강장작용이 있다. 나무껍질은 생약명을 여정피(女貞皮)라 하여 항말라리아, 퇴열작용이 있어 화상치료에 쓰인다. 뿌리는 생약명을 여정근(女貞根)이라 하여 기혈을 흩어지게 하고 기통(氣通)을 멈추게 하며 해수, 비염, 백대(白帶: 질에서 흰 분비물이 흐르는 대하증의 일종)를 치료한다. 잎은 생약명을 여정엽(女貞葉)이라 하여 거풍, 종기, 진통, 명목(明目: 눈을 밝게 함), 두목혼통(頭目昏痛), 풍열로 인한 눈의 충혈, 창종궤양, 화상, 구내염을 치료한다.

약용법과 용량 : 말린 열매, 나무껍질, 뿌리 각각 30~50g을 물 900mL에 넣어 반이 될 때까지 달여 하루에 2~3회 나눠 마신다. 나무껍질은 화상치료에도 쓰이는데 가루로 만들어 환부에 발라준다. 말린 잎 20~30g을 물 900mL에 넣어 반이 될 때까지 달여 하루에 2~3회 나눠 마신다. 외용할 경우에는 짓찧어 환부에 바른다.

? 혼동하기 쉬운 약초 비교

광나무

쥐똥나무

 기능성 및 효능에 관한 특허자료

▶ **광나무 및 원추리 추출물을 유효성분으로 함유하는 주름 개선용 화장료 조성물**

본 발명은 광나무 추출물 및 원추리 추출물을 유효성분으로 함유하는 주름 개선용 화장료 조성물에 관한 것이다. 본 발명의 화장료 조성물은 광나무와 원추리 혼합 추출물을 유효성분으로 함유하여 주름 개선효과에 있어서 크게 향상된 시너지 효과를 나타내므로 피부 내 콜라겐 생성 촉진효과, MMP-1 생성 억제효과 및 엘라스타제 저해 활성효과가 우수한 주름개선용 화장료 조성물로 이용될 수 있다.

— 공개번호 : 10-2011-0064338, 특허권자 : (주)에이씨티

▶ **광나무 추출물을 함유하는 퇴행성 뇌신경계 질환의 예방 및 치료용 조성물**

본 발명은 광나무 추출물을 함유하는 퇴행성 뇌신경계 질환의 예방 및 치료용 조성물에 관한 것으로, 본 발명의 광나무 C1-4 알코올 추출물, 그의 에틸아세테이트(EtOAc) 분획물, 노말 부탄올(n-BuOH) 분획물은 매우 유의성 있는 신경세포 보호 활성을 가지므로 뇌졸중, 치매 등의 뇌신경계 질환의 예방 및 치료제로서 유용하게 사용될 수 있다.

— 공개번호 : 10-2006-0034963, 특허권자 : 재단법인 서울대학교 산학협력재단

폐결핵, 간염, 월경불순

광대수염

Lamium album var. *barbatum* (Siebold & Zucc.) Franch. & Sav.

사용부위 전초

이명 : 산광대, 꽃수염풀
생약명 : 야지마(野芝麻)
과명 : 꿀풀과(Labiatae)
개화기 : 5~6월

전초 약재

생육특성 : 광대수염은 각처의 산과 들에서 자라는 여러해살이풀로, 생육 환경은 토양의 비옥도에 관계없으나 약간 그늘진 곳이다. 키는 30~60cm 이며, 줄기는 네모지고 잔털이 나 있다. 잎은 달걀 모양이며 길이는 5~ 10cm, 너비는 3~8cm이고 끝이 약간 뾰족하고 가장자리에 톱니가 있다. 꽃은 흰색 혹은 연한 홍자색으로 5~6월에 줄기가 올라오면서 잎이 전개 되는 가운데에서 5~6송이가 뭉쳐서 핀다. 꽃은 앞에서 보면 잔털이 나고 입을 벌린 모양을 하고 있다. 열매는 7~8월경에 달린다.

 채취 방법과 시기 : 이른 봄에 어린순을 채취하고, 5~6월경에 전초를 채취 하여 그늘에서 말린다.

 효능과 주치 :

- 전초(야지마野芝麻) : 해열, 활혈(活血: 피돌기를 좋게 함), 소종의 효능이 있어 폐열해혈(肺熱咳血: 결핵에 의한 해혈), 혈림(血淋: 소변에 피가 섞여 나오는 증상), 대하, 월경불순, 소아허열[小兒虛熱, 기력이 없는 가발열상태(假發熱狀態)], 타박상, 종독(腫毒)을 치료한다.
- 뿌리(야지마근野芝麻根) : 청간(淸肝: 간의 기를 깨끗하게 함), 이습(利濕: 습 사를 잘 배출시킴), 활혈, 소종의 효능이 있다. 현기증, 간염, 폐결핵, 신 염(腎炎)에 의한 부종, 백대(白帶), 치창(痔瘡), 종독을 치료한다.

 약용법과 용량 :

- 전초(야지마野芝麻) : 말린 전초 10~15g을 물 1L에 넣어 1/3이 될 때까 지 달여 하루에 2~3회 나눠 마시거나, 말린 전초 12~18g(생것은 30~ 60g)을 가루로 만들어 하루에 나눠 복용한다.
- 뿌리(야지마근野芝麻根) : 말린 뿌리 9~15g을 물 1L에 넣어 1/3이 될 때 까지 달여 하루에 2~3회 나눠 마시거나, 가루로 만들어 하루에 나눠 복용한다

구기자나무

당뇨 , 고혈압 , 자양강장 , 강정

Lycium chinense Mill. =
[*Lycium rhombifolium* (Moench) Dippel.]

사용부위 뿌리껍질, 잎, 열매

이명 : 감채자(甘菜子), 구기자(拘杞子), 구기근(拘杞根),
　　　지선묘(地仙苗), 천정초 (天庭草)
생약명 : 구기자(拘杞子), 지골피(地骨皮), 구기엽(拘杞葉)
과명 : 가지과(Solanaceae)
개화기 : 6~9월

말린 열매 채취품　　　　　　　약재 전형

생육특성 : 구기자나무는 전국의 울타리나 인가 근처 또는 밭둑에서 자라거나 재배하는 낙엽활엽관목으로, 높이가 1~2m인데, 줄기가 많이 갈라지고 비스듬하게 뻗어나가며 다른 물체에 기대어 자라는 것은 3~4m 이상 자라는 것도 있다. 줄기 끝이 밑으로 처지고 가시가 나 있다. 잎은 서로 어긋나거나 2~4장이 짧은 가지에 모여 나며, 넓은 달걀 모양 또는 달걀 모양 바소꼴에 가장자리는 밋밋하고, 잎자루 길이는 1cm 정도이다. 꽃은 보라색으로 6~9월에 1~4송이씩 단생하거나 잎겨드랑이에서 피는데 꽃부리는 자주색이다. 열매는 물렁열매로 달걀 모양이며 7~10월에 선홍색으로 달린다.

지상부

꽃

열매

 채취 방법과 시기 : 열매는 가을에 열매가 익었을 때, 뿌리껍질은 이른 봄, 잎은 봄·여름에 채취한다.

성분 열매에는 카로틴, 리놀레산(linoleic acid), 비타민 B_1, B_2, 비타민 C, 베타-시토스테롤(β-sitosterol), 뿌리껍질에는 계피산 및 다량의 페놀류 물질, 베타인(betaine), 베타-시토스테롤(β-sitosterol), 메리신산(melissic acid), 리놀레산, 리놀렌산(linolenic acid) 등이 함유되어 있다. 뿌리에는 비타민 B_1의 합성을 억제하는 물질이 함유되어 있지만 그 억제작용은 시스테인(cystein) 및 비타민 E에 의해서 해제된다. 잎에는 베타인, 루틴

구기자나무 익은 열매

(rutin), 비타민 E, 이노신(inosine), 하이포크산틴(hypoxanthine), 시티디린산(cytidylic acid), 우리디린산(uridylic acid), 다량의 글루타민산(glutamic acid), 아스파라틴산(asparatic acid), 프로린(proline), 세린(serine), 티로신(tyrosine), 알기닌(arginine), 극히 소량의 숙신산(succinic acid), 피로글루타민산(pyroglutamic acid), 수산(oxalic acid) 등이 함유되어 있다.

 성미 열매는 성질이 평범하고, 맛은 달고, 독성이 없다. 뿌리껍질은 성질이 차고, 맛은 달다. 잎은 성질이 시원하고, 맛은 쓰고 달다.

귀경 간(肝), 신(腎), 비(脾) 경락에 작용한다.

효능과 주치 : 열매는 생약명을 구기자(拘杞子)라고 하여 간장, 신장을 보하고 정력을 돋워주는 효능이 있으며 간장, 신장을 보해줌으로써 허로(虛勞: 몸과 마음이 허약하고 피로함)를 치료한다. 허약해 어지럽고 정신이 없으며 눈이 침침할 때 눈을 밝게 하며 정력을 왕성하게 해준다. 그리고 음위증과 유정(遺精), 관절통, 몸이 지끈지끈 아플 때, 신경쇠약, 당뇨병, 기침, 가래 등을 치료한다. 구기자 농축액은 피부미용, 고지혈증, 고콜레스테롤증, 기억력 향상 등의 약효가 있는 것으로 밝혀졌다. 뿌리껍질은 생약명을 지골피(地骨皮)라 하여 땀과 습기를 다스리고 열을 내리게 하며 신경통, 타박상, 소염, 해열, 자양강장, 고혈압, 당뇨병, 폐결핵 등의 치료에 효과적이다. 잎은 생약명을 구기엽(拘杞葉)이라 하여 보허, 익정(益精: 정수를 더함), 청열, 소갈, 거풍, 명목(暝目)의 효능이 있고 허로발열, 번갈(煩渴: 가슴이 답답하고 열이 나고 목이 마르는 증상), 충혈, 열독창종(熱毒瘡腫: 열에 의한 독성으로 인해 나타나는 부스럼과 종기) 등을 치료한다.

약용법과 용량 : 말린 열매 20~30g을 물 900mL에 넣어 반이 될 때까지 달여 하루에 2~3회 나눠 마신다. 말린 뿌리껍질 20~30g을 물 900mL에 넣어 반이 될 때까지 달여 하루에 2~3회 나눠 마신다. 외용할 경우에는 뿌리껍질을 가루로 만들어 참기름과 섞어 환부에 바른다. 말린 잎 20~30g을 물 900mL에 넣어 반이 될 때까지 달여 하루에 2~3회 나눠 마신다.

 사용시 주의사항 : 배합금기 사항으로 버터와 치즈 등의 우유로 만든 식품과는 절대 같이 섭취하면 안 된다.

 ## 기능성 및 효능에 관한 특허자료

▶ 구기자 엑기스를 포함하는 피부미용 조성물

본 발명의 구기자 조성물은 붉은 피부를 정상적인 맑은 피부로 만들어주고, 늘어나고 확장된 혈관을 수축시켜서 붉어진 상태에서 정상으로 회복되는 시간이 빨라지고 안면홍조 현상을 개선하는 효과가 있다.

– 등록번호 : 10-1034180, 출원인 : 김영복

▶ 구기자 추출물을 포함하는 식품 조성물

본 발명의 구기자 추출물은 천연물에서 유래한 것으로, 부작용이 없으며 고지혈증, 고콜레스테롤증을 현저하게 개선하므로 관련 질환의 치료용 식품성분으로 이용할 수 있다.

– 공개번호 : 10-2007-0112546, 출원인 : 동신대학교 산학협력단

▶ 구기자 추출물을 포함하는 학습 및 기억력 향상 생약조성물

본 발명은 구기자 추출물을 유효성분으로 함유하는 학습 및 기억력 향상 생약조성물에 관한 것으로, 구체적으로 본 발명의 생약조성물은 구기자를 유기용매로 추출하고 동결건조시켜 제조한 구기자 추출물을 유효성분으로 함유하여 학습능력을 향상시키고 기억력을 증진시키는 효과가 우수하므로 청소년의 학습능력 및 기억능력의 향상, 노년기의 건망증 또는 치매 예방 및 치료제로서 유용하게 사용될 수 있을 뿐 아니라 건강보조식품 및 식품 첨가제로도 응용될 수 있다.

– 공개번호 : 10-2002-0038381, 출원인 : 퓨리메드(주)

간염, 기관지염 치료에 좋고 항암물질

구름송편버섯

Trametes versicolor (L.) Lloyd

사용부위 자실체

이명 : 닭버섯, 기와버섯, 터키테일(Turkey-tail)
생약명 : 운지(雲芝)
과명 : 구멍장이버섯과(Polyporaceae)
발생시기 : 연중

약재 전형

생육특성 : 구름송편버섯은 한해살이로 전국 각지에서 분포한다. 갓의 지름은 1~5cm, 두께는 0.1~0.3cm이며 반원형으로 얇지만 가죽처럼 질기다. 표면에는 검은색 또는 회색, 황갈색 등의 고리 무늬가 많이 나 있고 짧은 털로 덮여 있다. 조직은 흰색이며 질기다. 관공은 0.1cm 정도인데 흰색 또는 회백색이고, 관공구는 원형이며 약 0.1cm 사이마다 3~5개가 있다. 대는 없고 기주에 부착되어 있다. 포자문은 흰색이고, 포자 모양은 원통형이다. 딱딱하여 식용은 불가능하지만 약용한다.

구름송편버섯 노숙한 자실체

구름송편버섯 어린 자실체

 발생 장소 : 침엽수 또는 활엽수의 고목이나 그루터기에 기왓장처럼 겹쳐서 무리 지어 발생한다.

성분 다당류인 protein-bounded polysaccharide, krestin(균사 배양액), coriolan 등이 함유되어 있으며, 단백질, 각종 무기염이 함유되어 있고, 버섯류 중 최초로 항암물질인 폴리사카라이드(PSP)가 발견되었다. PSK(polysaccharide-K)는 암세포 특이 독성, 면역세포 활성의 효과가 있다.

성미 성질이 차다.

귀경 비(脾), 위(胃), 폐(肺), 대장(大腸) 경락에 작용한다.

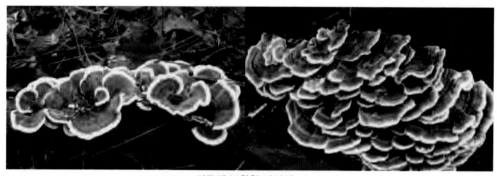

기주에 부착한 자실체

 효능과 주치 : 소화기 암(위암, 식도암, 결장암, 직장암)과 폐암, 유방암 치료에 효과가 좋은 것으로 알려져 있는데 화학요법이나 방사선요법과 병용하면 치료 효과를 높일 수 있다. 수술 후에도 잔존하는 암세포를 파괴하는 것은 물론 암의 재발과 전이를 예방하는 효과도 있으며, 우리 몸의 면역 시스템을 강화하고, 특히 간에 좋아 간염, 만성 간질환자, 기관지염 치료에도 좋다.

 약용법과 용량 : 말린 구름송편버섯을 가루나 환으로 만들어 복용하는데 보통은 달여서 마신다. 1회 복용량은 말린 구름송편버섯 10~20g이며 물 1L에 갓 20개가량을 넣어 달여 마신다.

 사용시 주의사항 : 성질이 차서 몸이 냉한 사람과는 궁합이 맞지 않으므로 대추 감초 당귀 등을 같이 넣어 복용한다

기능성 및 효능에 관한 특허자료

▶ **항보체 활성을 갖는 운지버섯 자실체 유래의 다당체 및 그 분리방법**

본 발명은 항보체 활성을 갖는 운지버섯 자실체 유래의 다당체 및 그 분리방법에 관한 것으로, 본 발명은 항보체 활성이 뛰어난 운지버섯 자실체 유래의 다당체를 제공하는 효과가 있다. 또한, 본 발명 다당체는 항보체 활성을 가지며 수용성이고 주요 당은 글루코오스이며 주 아미노산 성분은 글리신, 아르기닌 및 발린으로 이루어져 있으며 이들의 항보체 활성은 주로 당 성분에 달려있으며 보체 활성화를 위한 정규경로뿐만 아니라 대체경로에도 참여하여 보체를 활성화시키는 특징이 있다.

– 공개번호 : 10–2004–0069425, 출원인 : 학교법인 영광학원

편두통, 신경통, 치통, 대장염

구릿대

Angelica dahurica (Fisch. ex Hoffm.)
Benth & Hook f ex Franch & Sav .

사용부위 뿌리

이명 : 구리때, 백채, 방향, 두약, 택분, 삼려, 향백지
생약명 : 백지(白芷)
과명 : 산형과(Umbelliferae)
개화기 : 6~8월

ㄱ

뿌리 채취품   약재 전형

생육특성 : 구릿대는 전국의 산골짜기에서 자생하는데 농가에서도 재배하는 2~3해살이풀로, 키는 1~2m로 곧게 자란다. 뿌리는 거칠고 크며 뿌리 부근은 자홍색이고, 줄기는 원기둥 모양이다. 뿌리에서 나는 잎(근생엽)은 잎자루가 길며 2~3회 깃꼴로 갈라지고 끝부분의 잔잎은 다시 3개로 갈라지며 타원형인데 톱니가 있고 끝이 뾰족하다. 6~8월에 흰색의 많은 꽃이 우산 모양으로 펼쳐져 끝마디에서 1송이씩 산형꽃차례로 핀다. 열매는 9~10월에 달린다.

지상부   꽃   열매

 채취 방법과 시기 : 가을에 씨를 뿌리면 이듬해 가을인 9~10월경 잎과 줄기가 다 마른 뒤, 봄에 씨를 뿌리면 그해 가을 9~10월에 채취해 이물질을 제거하고 햇볕에 말린다.

성분 비야칸젤리신(byakangelicin), 비야칸젤리콜(byakangelicol), 임페라토린(imperatorin), 옥시페르세다닌(oxypercedanin), 마르메신(marmecin), 스코폴레틴(scopoleten), 싼토톡신(xanthotoxin) 등이 함유되어 있다.

성미 성질이 따뜻하고, 맛은 맵다.

귀경 폐(肺), 비(脾), 위(胃) 경락에 작용한다.

효능과 주치 : 풍을 제거하는 거풍(祛風), 통증을 멈추게 하는 진통, 몸 안의 습사(濕邪)를 제거하는 조습(燥濕), 종기를 치료하는 소종(消腫) 등의 효

구릿대 집단

능이 있어서 두통, 편두통, 목통(目痛), 치통, 각종 신경통, 복통, 비연 (鼻淵), 적백대하(赤白帶下), 대장염, 치루, 옹종 등을 치료한다.

 약용법과 용량 : 말린 뿌리 5~10g을 물 600~700mL에 넣어 200mL가 될 때까지 달여 하루에 2회 나눠 마시거나, 가루나 환으로 만들어 복용하기도 한다.

 사용시 주의사항 : 성미가 맵고 따뜻하며 건조하고 열이 있는 약재이므로 혈허(血虛)하며 열이 있는 경우, 음허양항(陰虛陽亢: 음적인 에너지는 부족한데 헛된 양기가 항진된 증상으로 음허화왕과 같은 의미)의 두통에는 사용을 삼간다.

 응용 : 웅황(雄黃)이나 유황(硫黃)의 독성을 해독하는 데에도 유효하다.

기능성 및 효능에 관한 특허자료

▶ 백지 추출물을 유효성분으로 함유하는 척수 손상 치료용 조성물

본 발명은 척수신경 손상 후 세포 내에서의 항산화 및 항염증 효과, 소교세포 활성화 억제효과, 희소 돌기아교세포의 사멸 억제 효과 및 운동기능 회복 효과를 나타내는 백지(구릿대 뿌리) 추출물의 효능을 이용한 척수 손상 예방 및 치료용 조성물에 관한 것이다. 또한 본 발명의 백지 추출물을 유효성분으로 포함하는 조성물은 산화적 스트레스 및 염증을 수반하는 중추신경계 염증성 질환에 대한 예방 및 치료제로 사용될 수 있고, 개선용 건강식품으로 사용될 수 있다.

– 공개번호 : 10–2011–0093128, 출원인 : 경희대학교 산학협력단

해열, 해독의 효능 및 연주창, 결막염

구슬붕이

Gentiana squarrosa Ledeb. var. *squarrosa*

사용부위 전초

이명 : 구실붕이, 구실봉이, 민구슬붕이
생약명 : 석용담(石龍膽)
과명 : 용담과(Gentianaceae)
개화기 : 5~7월

전초(약재)

생육특성 : 구슬붕이는 각처의 산과 들에서 자라는 두해살이풀로, 생육환경은 양지바른 곳인데 토양의 비옥도가 높아야 한다. 어린 용담같이 생겨서 '애기용담'이라고 부르는 지방도 있는데 꽃 모양은 용담과 같으며 잎은 용담과 달리 반짝이는 부분이 많다. 키는 3~8cm로 아주 작은 편이며, 잎은 길이가 1~4cm, 너비는 0.5~1cm이고 끝은 뾰족하며 긴 달걀 모양이다. 꽃은 연한 보라색으로 5~7월에 원줄기 끝에서 여러 송이가 피는데 지름은 0.7~1.2cm이다. 열매는 8~9월경에 달리는데 씨방은 여러 개로 나누어지고, 안에는 작은 종자가 많이 들어 있다.

| 지상부 | 꽃 | 열매 |

 채취 방법과 시기 : 늦은 봄부터 초여름에 걸쳐 꽃이 핀 전초를 채취하여 햇볕에 말리거나 신선한 것을 그대로 사용한다.

성미 성질이 차고, 맛은 쓰다.

귀경 간(肝), 폐(肺), 대장(大腸) 경락에 작용한다.

구슬붕이 집단

 효능과 주치 : 해열, 해독, 소종의 효능이 있으며, 장옹[腸癰: 장 안에 동(瘍: 급성하농성질환의 총칭)이 생기면서 복부동통이 수반되는 병증], 정창(疔瘡), 옹종, 나력, 목적종통(目赤腫痛: 눈의 흰자위에 핏발이 서고 부으며 아픈 증상)을 치료한다. 또 일체의 악창(惡瘡: 악성 화농성 종기), 무명종독(無名腫毒: 각종 종기나 부스럼으로 인한 독) 및 급성 결막염을 치료한다.

 약용법과 용량 : 말린 전초 3~12g(생것 15~30g)을 물 1L에 넣어 1/3이 될 때까지 달여 하루에 2~3회 나눠 마신다. 신선한 전초를 짓찧어 환부에 붙이거나 갈아서 즙을 내어 환부를 닦아내기도 한다.

소화불량, 월경불순, 자궁냉증, 불임증 치료

구절초

Dendranthema zawadskii var. *latilobum* (Maxim.) Kitam.

사용부위 전초

이명 : 서흥구절초, 넓은잎구절초, 낙동구절초,
　　　선모초, 찰씨국
생약명 : 구절초(九折草), 구절초(九節草)
과명 : 국화과(Compositae)
개화기 : 9~10월

ㄱ

꽃 약재전형

생육특성 : 구절초는 숙근성 여러해살이풀로, 전국의 산야에서 분포한다. 땅속 뿌리줄기가 옆으로 길게 뻗으며 번식하며, 키는 50cm 정도로 곧게 자란다. 잎은 달걀 모양이며 어긋나고 새의 깃 모양으로 깊게 갈라지는데 갈라진 잎조각은 다시 몇 갈래로 갈라지거나 끝이 둔한 톱니 모양으로 갈라진다. 꽃은 흰색 또는 연분홍색으로 9~10월에 원줄기와 가지 끝에서 1송이씩 핀다. 열매는 긴 타원형인데 열매 껍질이 말라서 목질이 되어도 속이 터지지 않는 여윈열매로 10~11월에 달린다.

지상부 꽃 열매

 채취 방법과 시기 : 구절초(九節草)라는 이름은 9월에 채취해야 약효가 우수하다는 의미에서 붙여진 이름이다. 따라서 꽃이 피기 직전에 채취하여 햇볕에 말려 사용하면 좋다.

성분 리나린(linarin), 카페인산(caffeic acid), 3,5-디카페오일 퀴논산(3,5-dicaffeoyl quinic acid), 4,5-O-디카페오일퀴논산(4,5-O-dicaffeoyl quinic acid) 등이 함유되어 있다.

성미 성질이 따뜻하고, 맛은 쓰다.

귀경 심(心), 비(脾), 위(胃) 경락에 작용한다.

구절초 집단

 효능과 주치 : 소화기능을 담당하는 중초(中焦)를 따뜻하게 하는 온중(溫中), 여성의 생리를 조화롭게 하는 조경(調經), 음식물을 잘 삭이는 소화 효능이 있으며, 월경불순, 자궁냉증, 불임증, 위냉(胃冷), 소화불량 등을 치료한다.

 약용법과 용량 : 말린 전초 50g을 물 1.5L에 넣어 끓기 시작하면 약한 불로 줄여 200~300mL가 될 때까지 달여 하루에 2회 나눠 마신다. 민간요법에서는 가을에 꽃이 피기 전에 채취하여 햇볕에 건조한 후 환약이나 엿을 고아서 장기간 복용하면 생리가 정상적으로 유지되고 임신하게 된다고 한다. 특히 오랫동안 냉방기를 사용하는 근무조건에서 일하거나 차가운 곳에서 생활해 몸이 냉해져 착상이 되지 않는 착상장애 불임에 효과적이다.

 기능성 및 효능에 관한 특허자료

▶ 구절초 추출물을 포함하는 신장암 치료용 조성물 및 건강기능성 식품

본 발명은 구절초 에탄올 추출물을 유효성분으로 함유하는 신장암 예방 및 치료용 조성물과 식품학적으로 허용 가능한 식품보조 첨가제를 포함하는 구절초 에탄올 추출물을 유효성분으로 함유하는 신장암 예방용 기능성 식품에 관한 것이다. 본 발명에 따른 신장암 치료용 조성물 및 기능성 식품은 신장암 세포의 성장을 억제하고 세포사멸을 유도하는 효과가 있어 신장암 치료 및 예방에 효과적으로 사용할 수 있다.

– 공개번호 : 10-2012-0111121, 출원인 : (주)한국전통의학연구소

건위, 종기, 구충

굴거리나무

Daphniphyllum macropodum Miq.

사용부위 잎, 열매

이명 : 굴거리, 만병초, 청대동
생약명 : 교양목(交讓木)
과명 : 굴거리나무과(Daphniphyllaceae)
개화기 : 4~5월

열매

종인 약재전형

생육특성 : 굴거리나무는 상록활엽소교목 또는 교목으로, 높이는 10m 정도이다. 작은 가지는 녹색이지만 어릴 때에는 붉은빛을 띤다. 잎은 어긋나는데 긴 타원형이고 두꺼운데 앞면은 녹색이고 뒷면은 회백색이며 잎자루는 연한 붉은색이 돈다. 꽃은 단성화(單性花: 암수 꽃이 따로 핌)이고 녹색으로 4~5월에 꽃덮개가 없고 잎겨드랑이에서 나는 총상꽃차례로 핀다. 열매는 긴 타원형의 씨열매로 짙은 푸른색인데 10~11월에 달린다.

| 지상부 | 꽃 | 열매 |

 채취 방법과 시기 : 잎은 여름, 열매는 가을·겨울에 채취한다.

성분 잎과 열매에는 루틴(rutin), 쿼세틴(quercetin), 다프니마크린(daphnimacrin), 다프니필린(daphniphyllin) 등이 함유되어 있다.

성미 성질이 시원하고, 맛은 쓰다.

귀경 비(脾), 위(胃), 심(心) 경락에 작용한다.

굴거리나무_잎   후피향나무_잎

굴거리나무_열매   후피향나무_열매

 효능과 주치 : 소화가 안 되고 식욕이 없을 때에는 굴거리나무의 잎이나 열매를 열탕으로 달여 먹는데 속이 불편할 때에도 달여 먹는다. 민간요법으로는 회충 등 기생충의 구충치료에 사용하는데 구더기의 살충 효과도 있어 잎과 나무줄기는 잘라 옛날 재래식 화장실에 집어넣기도 했다.

 약용법과 용량 : 말린 잎 또는 열매 15g을 물 900mL에 넣어 반이 될 때까지 달여 하루에 2~3회 나눠 마신다. 단, 구충제로 사용할 경우에는 아침저녁 식전에 마신다.

편두통, 월경불순, 혈뇨, 허로증

궁궁이
Angelica polymorpha Maxim.

사용부위 뿌리, 어린순

이명 : 천궁, 개강활, 제주사약채, 백봉천궁, 토천궁
생약명 : 토천궁(土川芎)
과명 : 산형과(Umbelliferae)
개화기 : 8~9월

ㄱ

뿌리 채취품

약재 전형

생육특성 : 궁궁이는 각처의 밭에서 재배되는 여러해살이풀이다. 원산지는 중국으로 우리나라에는 약용재배 식물로 들어왔지만 지금은 그 종자가 전국에 널리 퍼져 야산에서 많이 자생하는 품종이다. 키는 80~150cm로, 줄기에는 털이 없고 곧게 자란다. 잎은 마치 당근 잎처럼 갈라져서 나오고 끝은 뾰족하며 톱니가 있다. 8~9월에 줄기 끝에서 20~40송이의 흰색 꽃이 겹산형꽃차례로 뭉쳐 핀다. 열매는 10~11월경에 달리는데 납작하며 길이는 0.4~0.5cm다.

지상부   꽃   열매

 채취 방법과 시기 : 이른 봄에 어린순을 채취하고, 가을에는 뿌리를 채취하는데 시든 줄기를 제거한 후 햇볕에 말린다.

성분 크니디움산(cnidium acid), 크니디움락톤(cnidium lacton), 네오크니딜라이드(neocnidilide), 리구스틸라이드(ligustilide), 쿠마린(coumarin), 만니톨(mannitol) 등이 함유되어 있다.

성미 성질이 따뜻하고, 맛은 맵다.

귀경 심(心), 간(肝), 담(膽) 경락에 작용한다.

효능과 주치 : 진통, 진경(鎭痙: 경련이 일어나거나 쥐가 나는 것을 진정시킴), 거풍(祛風: 풍사를 없애서 풍을 치료), 기혈이 잘 돌게 하는 행기(行氣), 혈액순환을 좋게 하는 활혈의 효능이 있어 풍한두통, 편두통, 월경불순, 모든

궁궁이 집단

풍병(風病), 기병(氣病), 허로증(虛勞症), 혈병(血病) 등을 치료한다. 또한 오래된 어혈을 풀며 피를 생기게 하고 토혈, 코피, 혈뇨 등을 멎게 한다. 궁궁이 싹을 강리(江籬)라고 부르는데 풍사, 두풍(頭風), 현기증을 치료하며 사기(邪氣), 악기(惡氣)를 물리치고 고독(蠱毒: 기생충의 감염으로 발생하는 병)을 없애며 3충(三蟲: 장충, 적충, 요충)을 죽이는 약재로 사용한다. 궁궁이는 주요 한약재로써 여러 가지 처방에 쓰인다.

 약용법과 용량 : 말린 약재 6~12g을 물 1L에 넣어 1/3이 될 때까지 달여 하루에 2~3회 나눠 마시거나, 환이나 가루로 만들어 복용하기도 한다.

 사용시 주의사항 : 토천궁은 물에 담가서 휘발성 정유 성분을 우려내야[이것을 거유(祛油)라고 한다] 두통을 방지할 수 있다.

 기능성 및 효능에 관한 특허자료

▶ 궁궁이 뿌리 추출물을 포함하는 항암제 조성물

본 발명은 궁궁이의 식물 추출물을 유효성분으로 함유하는 항암제 조성물 및 이를 포함하는 건강 기능성 식품 조성물에 관한 것이다.

— 공개번호 : 10-2012-0000240, 출원인 : 한림대학교 산학협력단

해수, 천식, 소화불량, 이뇨, 딸꾹질

금불초

Inula britannica var. *japonica* (Thunb.) Franch. & Sav.

사용부위 꽃

이명 : 들국화, 옷풀, 하국(夏菊), 도경(盜庚),
　　　금불화(金佛花), 금전화(金錢花)

생약명 : 선복화(旋覆花)

과명 : 국화과(Compositae)

개화기 : 7~9월

꽃 약재

생육특성 : 금불초는 전국 각지에서 분포하는 여러해살이풀로, 생육환경은 산과 들의 습기가 있는 곳이다. 키는 20~60cm로 곧게 자라고, 뿌리줄기는 옆으로 뻗으며 번식한다. 잎은 어긋나고 타원형 또는 긴 타원형이며 작은 톱니가 있고 끝이 뾰족하다. 꽃은 노란색으로 7~9월에 피며, 열매는 8~9월에 달린다.

 채취 방법과 시기 : 7~9월경 꽃이 활짝 피었을 때 채취하여 그늘에서 말린다.

 효능과 주치 : 기침을 멈추게 하는 진해, 가래를 제거하는 거담, 위를 튼튼하게 하는 건위(健胃), 구토를 진정시키는 진토(鎭吐), 소변을 잘 나가게 하는 이수(利水), 기가 아래로 잘 내려가게 하는 하기(下氣) 등의 효능이 있어서 해수(咳嗽), 천식, 소화불량 등을 치료하고, 가슴과 옆구리가 그득하게 차오르는 느낌이 드는 흉협창만(胸脇脹滿), 애역(呃疫: 딸꾹질), 복수(腹水), 희기(噫氣: 탄식, 한숨) 등을 다스리는 데 사용한다.

 약용법과 용량 : 말린 꽃 10g을 물 700mL에 넣어 끓기 시작하면 약한 불로 줄여 200~300mL가 될 때까지 달여 하루에 2회 나눠 마신다. 환 또는 가루로 만들어 복용하며, 외용할 경우에는 생것을 짓찧어 환부에 바른다.

 사용시 주의사항 : 성질이 따뜻하여 기를 흩어지게 하고 위로 오르는 기운을 내리게 하는 효능이 있으므로 음허노수(陰虛勞嗽: 음허 상태에서 성행위를 심하게 하여 오는 기침)나 풍열조해(風熱燥咳: 풍사나 열사로 인하여 마른기침이 나오는 증상)인 경우에는 사용을 삼간다. 또한 허한 사람은 많이 사용하면 안 되고, 설사를 하는 사람 역시 적당하지 않다.

활혈·이뇨·지혈작용 및 히스테리

기린초

Sedum kamtschaticum Fisch. & Mey.

사용부위 어린순, 전초

이명 : 넓은잎기린초, 각시기린초
생약명 : 백삼칠(白三七), 비채(費菜)
과명 : 돌나물과(Crassulaceae)
개화기 : 6~8월

뿌리 채취품

약재 전형

생육특성 : 기린초는 중부 이남의 산에서 자라는 여러해살이풀로, 우리나라에서 몇 되지 않은, 남도 지방의 겨울에도 고사하지 않고 잘 자라는 식물 중의 하나이다. 생육환경은 산의 바위틈이나 과습하지 않은 곳이다. 키는 20~30cm이고, 잎은 넓은 달걀 모양으로 길이는 3~5cm, 너비는 3~4cm이며 잎 가장자리에는 작은 톱니가 있다. 꽃은 노란색으로 6~8월에 위쪽의 한 줄기에서 5~7송이가 뭉쳐서 피는데 지름은 5~7cm이다. 열매는 9~10월경에 검은색으로 달리는데 5갈래로 갈라지며, 안에는 갈색의 작은 종자가 먼지처럼 들어 있다.

지상부   꽃   열매

 채취 방법과 시기 : 4월경에 어린순을 채취하고, 꽃이 필 때 전초를 채취하여 햇볕에 말린다.

성분 애스쿨린(aesculin), 미리시트린(myricitrin), 하이페린(hyperin), 이소미리시트린(isomyricitrin), 고시페틴(gossypetin), 고시핀(gossypin), 쿼세틴(quercetin), 캠페롤(kaempferol) 등이 함유되어 있다.

성미 성질이 평범하고, 맛은 시다.

귀경 간(肝), 심(心) 경락에 작용한다.

기린초 집단

 효능과 주치 : 혈액순환을 원활하게 하는 활혈, 지혈, 이뇨, 진정, 소종 등의 효능이 있으며 토혈, 변혈(便血: 대변에 피가 섞여 나오는 것), 코피, 붕루(崩漏), 가슴 두근거림이 멈추지 않고 계속되는 심계항진(心悸亢進), 히스테리, 타박상 등을 치료한다.

 약용법과 용량 : 말린 약재 6~12g을 물 1L에 넣어 1/3이 될 때까지 달여 하루에 2~3회 나눠 마신다. 생즙을 내어 마시거나 짓찧어서 환부에 붙이기도 한다. 잎 모양이 마치 다육식물같이 두툼하면서 육질이 좋기 때문에 식용으로도 많이 사용한다.

🧬 기능성 및 효능에 관한 특허자료

▶ 기린초류 추출물을 유효성분으로 하는 항균 및 항산화 조성물

본 발명에 따른 기린초류 추출물을 유효성분으로 하는 항균 및 항산화 조성물은 항균 기능, 항산화 활성, nitrite 소거능으로 인해 새로운 항균제 및 항산화제로서 기능을 충분히 할 수 있으며, 안전성이 뛰어나면서도 경제성이 있는 천연 기능성 소재로서 식품 분야의 항균보존제로서의 응용이 가능하고, 천연의 항균성을 지닌 화장품으로서의 응용 가능성과 의약품 및 건강기능식품, 사료첨가제 분야에서도 새로운 소재로서 활용이 가능하다.

― 공개번호 : 10-2012-0139003, 출원인 : (주)에스앤텍

만성 기관지염, 급성 신염, 급성 편도선염

까마중

Solanum nigrum L.

사용부위 전초

이명 : 가마중, 강태, 깜푸라지, 먹딸기, 먹때깔, 까마종
생약명 : 용규(龍葵)
과명 : 가지과(Solanaceae)
개화기 : 5～7월

ㄱ

열매   약재 전형

생육특성 : 까마중은 각처의 밭이나 길가에서 자라는 한해살이풀로, 생육환
경은 양지와 반그늘이다. 키는 20~90cm이고, 잎은 길이가 6~10cm, 너
비는 4~6cm로 달걀 모양이며 어긋난다. 꽃은 흰색으로 5~7월에 작은꽃
줄기의 정상부에서 3~8송이가 피는데 지름은 0.6cm 정도이다. 열매는
9~11월경에 달리는데 둥글고 검다.

지상부

꽃

열매

 채취 방법과 시기 : 4~5월경에는 어린순을, 가을에는 전초를 채취하여 햇볕
에 말린다.

성분 솔라닌(solanine), 솔라소닌(solasonine), 솔라마진(solamargine), 디
오스게닌(diosgenin), 티고네닌(tigonenin), 팔미트산(palmitic acid), 스
테아르산(stearic acid), 올레산(oleic acid), 리놀레산(linoleic acid), 2-
아미노아디픽산(2-aminoadipic acid), 12-베타-하이드록시솔라소딘
(12-beta-hydroxysolasodine), 클로로게닌산(chlorogenic acid), 데스갈락
토티고닌(desgalactotigonin), 이소하이페로사이드(Isohyperoside), 이
소퀘세틴(Isoquercitrin), n-메틸솔라소딘(n-methylsolasodine), 퀘세틴
(quercetin), 사카로핀(saccharopine), 스플라마진(splamargine), 솔라노캡신
(solanocapsine), 솔라소딘(solasodine), 토마티데놀(tomatidenol) 등이 함유
되어 있다.

성미 성질이 차고, 맛은 쓰다.

 귀경 심(心), 폐(肺), 신(腎) 경락에 작용한다.

효능과 주치 : 생약규격집에는 '용규'로 수재하고 있으나 전초(용규), 뿌리(용규근), 열매(용규자)를 구분하기도 한다.

① 전초(용규龍葵) : 열을 내리는 청열, 해독, 혈액순환을 원활하게 하는 활혈, 소종의 효능이 있으며 기혈의 순환이 나빠 피부나 근육에 국부적으로 생기는 부스럼이나 종기인 옹종, 화상과 같이 피부가 벌겋게 되면서 화끈거리고 열이 나는 단독(丹毒), 타박염좌(打撲捻挫), 만성 기관지염, 급성 신염을 치료한다.

② 뿌리(용규근龍葵根) : 이질, 임탁(淋濁), 백대(白帶), 타박상, 옹저종독(癰疽腫毒: 피부화농증, 즉 종기로 인한 독성)을 치료한다.

③ 열매(용규자龍葵子) : 급성 편도선염을 치료하며, 눈을 밝게 한다.

 약용법과 용량 : 말린 전초 15~40g을 물 1L에 넣어 1/3이 될 때까지 달여 하루에 2~3회 나눠 마신다. 외용할 경우에는 짓찧거나 가루로 만들어 환부에 바른다.

사용시 주의사항 : 성질이 차므로 비위가 허약한 사람은 신중하게 사용한다.

🧬 기능성 및 효능에 관한 특허자료

▶ **까마중 추출물 등을 이용한 피로회복 및 노화억제에 좋은 음료의 제조방법**

본 발명은 까마중 추출물과 자몽 추출물을 이용한 피로회복 및 노화억제에 좋은 음료의 제조방법에 관한 것으로, 더욱 상세하게는 피로회복 및 노화억제에 좋은 까마중 추출물과 자몽 추출물에 활성산소에 대한 항산화작용이 우수한 알칼리 이온수를 첨가하여 피로를 억제하며 인체에 유익한 건강 음료를 제조하는 것이다.

– 공개번호 : 10-2014-0134956, 출원인 : 장하진

소화불량, 장염, 구내염, 안질

깽깽이풀

Jeffersonia dubia (Maxim.) Benth. & Hook. f. ex Baker & S. Moore

사용부위 뿌리

이명 : 깽이풀, 황련, 조황련, 선황련
생약명 : 선황련(鮮黃連)
과명 : 매자나무과(Berberidaceae)
개화기 : 4~5월

뿌리 채취품

약재 전형

생육특성 : 깽깽이풀은 각처의 숲에서 자라는 여러해살이풀로, 생육환경은 비옥한 토양의 반그늘이다. 키는 20~30cm이며, 잎은 둥근 심장 모양이고 길이와 너비는 각각 9cm 정도로 가장자리는 조금 들어가 있는데 딱딱하며 연잎처럼 물에 젖지 않는다. 꽃은 홍자색으로 지름은 2cm 정도이며 1~2개의 꽃줄기가 잎보다 먼저 나오는데 끝에서 1송이씩 달려 4~5월에 핀다. 꽃이 핀 후의 꽃잎은 약한 바람에도 쉽게 떨어지기 때문에 다른 꽃보다 빨리 꽃이 진다. 열매는 7월경에 넓은 타원형으로 달리는데, 종자는 검은색이다.

깽깽이풀 자생지를 가보면 한 줄로 길게 자생하는 것을 볼 수 있는데 이는 종자가 땅에 떨어지면 개미와 같은 매개충이 이것을 옮기는 과정에서 일렬로 줄지어 이동하는 습성으로 인해 생겨난 현상으로 추정하고 있다. 특히 많은 자생지가 훼손된 이유는 깽깽이풀이 한약재의 중요 재료로 사용되기 때문인데 '조황련' 혹은 '선황련'이라는 이름으로 부르는 우리나라 깽깽이풀의 약성은 중국이나 일본에서 생산되는 것보다 월등히 우수하다는 데에서 기인한다. 황련(黃連)이란 생약명은 깽깽이풀의 꽃 모양이 연꽃을 닮고 뿌리줄기는 노란색을 띠어서 붙여진 것으로 보인다.

| 지상부 | 꽃 | 열매 |

 채취 방법과 시기 : 9~10월경에 전초를 채취하는데 지상부와 수염뿌리를 제거한 뒤 햇볕에 말린다.

깽깽이풀꽃

성분 베르베린(berberine), 콥티신(coptisine), 자트로르리진(jatrorrhizine), 팔마틴(palmatine), 워레닌(worenine), 폴리베르베린(polyberberine), 마그노플로린(magnoflorine), 오바쿠논(obacunone), 오바쿨락톤(obaculactone) 등이 함유되어 있다.

성미 성질이 차고, 맛은 쓰다.

귀경 위(胃), 폐(肺), 대장(大腸) 경락에 작용한다.

효능과 주치 : 위를 튼튼하게 하는 건위(健胃), 지사, 해열, 해독의 효능이 있으며 소화불량, 식욕 감퇴, 오심, 장염, 이질, 유행성 열병, 장티푸스, 가스가 차서 답답하고 구역질이 나오는 비만구역(痞滿嘔逆), 세균성 설사, 구내염, 안질 등을 치료한다.

약용법과 용량 : 말린 뿌리 6~12g을 물 1L에 넣어 1/3이 될 때까지 달여 하루에 2~3회 나눠 마신다. 가루나 환으로 만들어 복용하기도 하며, 끓인 액으로 환부를 닦아내기도 한다.

사용시 주의사항 : 성질이 차고 쓴 약재이므로 비위가 허하고 냉한 사람은 신중하게 사용하여야 한다.

꽃송이버섯

식용과 약용 모두 항진균작용

Sparassis crispa (Wulfen) Fr.

사용부위 자실체

이명 : 꽃송이
생약명 : 수구심(绣球蕈)
과명 : 꽃송이버섯과(Sparassidaceae)
발생시기 : 여름~가을

ㄱ

자실체 채취품

생육특성 : 꽃송이버섯은 우리나라, 중국, 일본, 유럽, 북아메리카 등지에서 분포한다. 우리나라에서는 여름에서 가을 사이에 아고산대(온대의 산악을 기준으로 하여 이루어진 식물의 수직 분포대)에서 많이 분포하는데 살아 있는 나무의 뿌리, 근처의 줄기나 그루터기와 연결된 땅에서 발생하며 나무뿌리나 밑둥에 갈색의 심재 부후(腐朽)를 일으킨다. 식용 또는 약용하는데 인공재배도 한다. 자실체는 흰색, 밤색이며 물결치는 꽃잎이 여러 개 모인 것처럼 생겼다. 한 덩어리의 지름은 10~30cm, 높이는 10~20cm로 하얀 꽃배추와 닮았다. 뿌리부분은 덩이 모양인 공통의 자루로 가지가 반복해서 나누어지며 나누어진 가지에서 꾸불꾸불 휘어진 꽃잎 모양을 형성한다. 자실층은 꽃잎 모양의 얇은 조각 아래쪽에서 발달하며 자실체에는 표면과 뒷면의 구별이 있다. 꽃잎 모양의 각 편의 두께는 0.1cm 정도로 육질은 처음에는 유연하지만 시간이 지나면서 단단해진다. 포자는 달걀 모양으로 크기는 $(4.5 \sim 6) \mu m \times (3.5 \sim 4.5) \mu m$이고 표면은 매끄럽고 투명하며 기름방울을 가지고 있다. 담자기는 가는 막대 모양으로 크기는 $(45 \sim 50) \mu m \times (6 \sim 7) \mu m$의 4-포자성이고 밑부분에 꺾쇠가 있다. 낭상체는 보이지 않는다.

자실체

재배버섯

 발생 장소 : 침엽수(전나무)의 그루터기 또는 주변에서 다발로 발생한다.

성분 항진균 성분인 스파라졸(sparasol)이 함유되어 있다.

성미 성질이 평범하고, 맛은 약간 달며 담담하다.

？ 혼동하기 쉬운 버섯 비교

꽃송이버섯

흰목이

귀경 비(脾), 위(胃), 폐(肺), 대장(大腸) 경락에 작용한다.

효능과 주치 : 항종양, 면역 증강, 항진균, 혈당저하 등의 효능이 있는데, 특히 살모넬라(Salmonella typhimurium)에 대한 병이원 활성을 갖는다.

약용법과 용량 : 자실체를 채취해 말려 그대로 또는 가루로 만들어 차로 우려 마신다.

사용시 주의사항 : 냄새가 특이하므로 비위가 좋지 않은 사람은 데친 다음 물을 버리고 사용하는 것이 좋다. 꽃송이버섯에 함유되어 있는 베타글루칸을 한 번에 다량 섭취하게 되면 소화불량이 일어날 수 있으므로 소화력이 부족한 사람은 생강과 마늘을 함께 섭취하는 것이 좋다.

기능성 및 효능에 관한 특허자료

▶ 꽃송이버섯 추출액의 제조방법 및 꽃송이 버섯 추출액을 이용한 꽃송이버섯주의 제조방법

본 발명은 꽃송이버섯 추출액의 제조방법 및 꽃송이 버섯 추출액을 이용한 꽃송이버섯주의 제조방법에 관한 것으로, 더욱 상세하게는 꽃송이버섯으로부터 추출된 추출액과 곡물(쌀)로 제조된 알코올 농도 50%의 곡물주정을 일정비율로 혼합하여 꽃송이버섯의 베타글루칸과 같은 유용한 성분이 함유된 꽃송이버섯 추출액을 이용한 꽃송이버섯주를 제조하는 기술에 관한 것이다.

– 공개번호 : 10-2007-0028719, 출원인 : 유용희

열병, 복통, 구토, 설사 치료 및 구취

꽃향유

Elsholtzia splendens Nakai ex F. Maek.

사용부위 전초

이명 : 붉은향유
생약명 : 향유(香薷)
과명 : 꿀풀과(Labiatae)
개화기 : 9~10월

채취품   약재 전형

생육특성 : 꽃향유는 중부 이남에서 자생하는 한해살이풀로, 생육환경은 양지 혹은 반그늘의 습기가 많은 풀숲이다. 키는 50cm 정도이고, 잎은 가장자리에 이 모양의 둔한 톱니가 있으며 길이는 8~12cm이다. 꽃은 분홍빛이 나는 자주색으로 9~10월에 줄기 한쪽 방향으로만 빽빽이 뭉쳐서 피는데 길이는 6~15cm이다. 열매는 11월에 달리는데, 꽃봉오리가 진 자리에 작고 많은 씨가 달린다.

지상부　　　　　　　　　　꽃　　　　　　　　　　열매

 채취 방법과 시기 : 여름부터 가을에 걸쳐 종자가 익으면 지상부를 절취해 햇볕이나 그늘에서 말린다.

성분 엘숄치디올(elsholtzidiol), 엘숄치아케톤(elsholtzia ketonel), 나지나타케톤(naginataketone), 알파피넨(α-pinene), 시네올(cineole), 피-시멘(ρ-cymene), 이소발러릭산(isovaleric acid), 이소부틸-이소발러레이트(isobutyl-isovalerate), 알파-베타-나지나틴(α-β-naginatene), 리날룰(linalool), 캄퍼(camphor), 게라니올(geraniol), 엔-카프로산(n-caproic acid), 이소카프로산(isocaproic acid), 올레산(oleic acid), 리놀레산(linoleic acid), 알파-테르피네올(α-terpineol), 베타비사볼렌(beta-bisabolene), 카바크롤(carvacrol), 감마테르피넨(gamma-terpinene), 티몰(thymol) 등이 함유되어 있다.

꽃향유 집단

 성미 성질이 따뜻하고, 맛은 맵다.

귀경 폐(肺), 위(胃) 경락에 작용한다.

효능과 주치 : 발한, 해열, 이수, 위를 편안하게 하는 안위(安胃), 풍을 치료하는 구풍(驅風) 등의 효능이 있다. 또한 감기, 오한발열, 두통, 무한(無汗 : 땀이 나지 않는 증상), 복통, 구토, 설사, 전신부종, 각기, 창독(瘡毒) 등을 다스린다.

약용법과 용량 : 말린 전초 6~12g을 물 1L에 넣어 1/3이 될 때까지 달여 하루에 2~3회 나눠 마시거나, 가루로 만들어 복용하기도 하며, 짓찧어 환부에 붙이거나, 달인 액으로 환부를 닦아내기도 한다. 더운 여름에 뜨거운 차로 만들어 마시면 열병을 없애고 비위(脾胃)를 조정하며 위를 따뜻하게 한다. 또한 즙을 내어 양치질을 하면 악취가 가신다.

기능성 및 효능에 관한 특허자료

▶ 항산화 활성을 갖는 꽃향유 추출물

본 발명에 따른 꽃향유 추출물은 낮은 농도에서는 활성산소 종의 생성으로 세포 신호 전달을 자극하여 세포 성장을 촉진하는 효과가 있고, 높은 농도에서는 세포 성장을 유의성 있게 감소시키지 않으면서 활성산소 종의 생성을 억제하였다. 또한, 본 발명에 따른 꽃향유 추출물은 카탈라제와 CuZnSOD와 MnSOD mRNA 발현을 촉진하여 활성산소 종을 제거하는 항산화 활성이 있다.

– 공개번호 : 10-2009-0062342, 출원인 : 덕성여자대학교 산학협력단

소염, 진통, 항암, 혈관강화

꾸지뽕나무

Cudrania tricuspidata (Carr.) Bureau ex Lavallee

사용부위 뿌리껍질, 목질부, 나무껍질, 잎, 열매

이명 : 구지뽕나무, 굿가시나무, 활뽕나무, 자수(柘樹)
생약명 : 자목백피(柘木白皮)
과명 : 뽕나무과(Moraceae)
개화기 : 5~6월

ㄱ

목질부 약재

약재 전형

생육특성 : 꾸지뽕나무는 전국의 산야에서 자생 또는 재배하는 낙엽활엽소
교목 또는 관목이다. 뿌리는 황색이고, 가지는 많이 갈라지는데 검은빛을
띤 녹갈색이며 광택이 있고 딱딱한 억센 가시가 나 있다. 잎은 달걀 모양
또는 거꿀달걀 모양이며 서로 어긋나는데 두껍고 밑부분은 원형으로 잎끝
은 뭉툭하거나 날카롭다. 잎 가장자리는 밋밋하고 2~3회 갈라지며 표면
은 짙은 녹색에 털이 나 있으나 자라면서 중앙의 맥에만 조금 남고 그 이
외에는 털이 없어진다. 꽃은 황색으로 5~6월에 단성에 암수딴그루로 모
두 두화를 이루며 피고, 열매는 둥글고 붉은색인데 9~10월에 달린다.

지상부   꽃   열매

 채취 방법과 시기 : 물관부와 뿌리껍질, 나무껍질은 연중 수시, 잎은 봄·여
름, 열매는 9~10월에 채취한다.

성분 꾸지뽕나무에는 모린(morin), 루틴(rutin), 캠페롤-7-글루코시드
(kaempherol-7-glucoside), 즉 포풀닌(populnin), 스타키드린(stachidrine) 및
프롤린(proline), 구르타민산(glutamic acid), 알기닌(arginine), 아스파라긴
산(asparaginic acid)이 함유되어 있다.

성미 물관부는 성질이 따뜻하고, 맛은 달고, 독성이 없다. 뿌리껍질과 나
무껍질은 성질이 평범하고, 맛은 쓰다. 잎은 성질이 시원하고, 맛은 약간
달다. 열매는 성질이 평범하고, 맛은 달고 쓰다.

귀경 간(肝), 심(心), 비(脾), 폐(肺), 신(腎) 경락에 작용한다.

꾸지뽕나무_잎

뽕나무_잎

꾸지뽕나무_열매

뽕나무_열매

꾸지뽕나무와 뽕나무

꾸지뽕나무와 뽕나무는 뽕나무과에 속하는 낙엽활엽이며 잎이 양잠 누에의 먹이로 사용된다. 꾸지
뽕나무는 줄기와 가지에 억세고 딱딱한 가시가 돋아나 있고, 뽕나무의 햇가지에는 부드러운 털이
나 있는데 두 나무 모두 잎이나 줄기 가지를 자르면 우윳빛 유액이 흘러나온다. 뽕나무와 꾸지뽕나
무는 약효 성분도 다르고 약효 작용도 다소 다르지만 뽕나무는 뿌리부터 가지, 잎, 물관부, 열매, 나
무껍질 등 나무 전체가 버릴 것이 없이 약용하며 혈압강하, 혈당강하, 항암, 항균, 항염 등 중요한
약효로 인기가 높고, 꾸지뽕나무는 항암작용이 강력한 약효로 인기가 높다.

꾸지뽕나무의 항암작용 :

꾸지뽕나무는 민간약재로 항암에 사용되고 있는데 그 계기는 1960년대 작은 시골도시의 개업 외과 의사가 만성위염 환자의 위장 절제수술을 하였는데 절제한 위장 조각 덩어리를 뒤뜰의 연료 장작 더미 위에 버렸다. 하루 이틀 지나고 보니 절제된 위장 조각의 덩어리가 녹아내리는 것을 보고 이상히 여겨 주의 깊게 조사해보았더니 그 위장 덩어리가 암세포이며 그 당시 연료 장작이 꾸지뽕나무인 것을 알았고 결국에는 뽕나무의 장작에 의해 위암 세포의 덩어리가 녹아내린다는 것도 알게 되었다. 그 이후로 꾸지뽕나무가 항암작용에 뛰어난 효과가 있다는 것을 알게 되어 꾸지뽕나무는 멸종 위기에 달하게 되었는데 지금은 많은 재배가 이루어지고 있는 실정이다.

효능과 주치 : 물관부는 생약명을 자목(柘木)이라 한다. 독성이 없어 안심하고 사용할 수 있는 생약으로 여성의 붕중(崩中: 월경기가 아닌데 심하게 하혈하는 증상), 혈결(血結: 피가 엉킴), 학질을 치료한다. 외용할 경우에는 달인 물로 환부를 씻어준다. 뿌리껍질과 나무껍질은 생약명을 자목백피(柘木白皮)라 하여 요통, 유정, 객혈, 혈관강화, 구혈(嘔血: 위나 식도 등의 질환으로 인해 피를 토하는 증상), 타박상을 치료하며 피부질환 및 아토피 치료에도 효과적이다. 특히 근래에는 항암작용이 밝혀졌다. 나무줄기와 잎은 생약명을 자수경엽(柘樹莖葉)이라 하여 소염, 진통, 거풍, 활혈의 효능이 있고 습진, 유행성 이하선염, 폐결핵, 만성 요통, 종기, 급성관절의 염좌 등을 치료한다. 특히 잎의 추출물은 췌장암의 예방과 치료에 효과적이다. 열매는 생약명을 자수과실(柘樹果實)이라 하여 청열, 진통, 양혈, 타박상을 치료한다.

약용법과 용량 : 말린 목질부와 뿌리껍질, 나무껍질 100~150g을 물 900mL에 넣어 반이 될 때까지 달여 하루에 2~3회 나눠 마신다. 외용할 경우에는 뿌리껍질이나 나무껍질을 짓찧어 환부에 발라 치료하고, 달인 액으로는 환부를 씻어준다. 말린 나무줄기와 잎 30~50g을 물 900mL에 넣어 반이 될 때까지 달여 하루에 2~3회 나눠 마신다. 외용할 경우에는 잎을 짓찧어 환부에 붙인다. 말린 열매 30~50g을 물 900mL에 넣어 반이 될 때까지 달여 하루에 2~3회 나눠 마신다. 외용할 경우에는 잘 익은 열매를 짓찧어 환부에 붙인다.

꾸지뽕 완숙 열매

 기능성 및 효능에 관한 특허자료

▶ **꾸지뽕나무 잎 추출물을 포함하는 신경세포 손상의 예방 또는 치료용 조성물**

본 발명은 꾸지뽕나무 잎의 메탄올 추출물 또는 에탄올 추출물을 포함하는 신경세포 손상의 예방, 개선 또는 치료용 조성물에 관한 것이다. 또한 본 발명의 조성물은 척수 손상, 말초신경 손상, 퇴행성 뇌 질환, 뇌졸중, 치매, 알츠하이머병, 파킨슨병, 헌팅턴병, 픽(Pick)병 또는 크로이츠펠트야콥병 등의 예방, 개선 또는 치료를 위하여 사용될 수 있다.

– 공개번호 : 10–2013–0016679, 출원인 : 한창석

▶ **꾸지뽕나무 줄기 추출물을 함유하는 아토피질환 치료용 조성물**

본 발명은 꾸지뽕나무 추출물을 유효성분으로 함유하는 조성물에 관한 것으로, 보다 구체적으로는 꾸지뽕나무 줄기 추출물을 함유하는 아토피 유사 피부질환 예방 및 치료용 약학조성물 또는 건강 기능성식품에 관한 것이다.

– 공개번호 : 10–2013–0019352, 출원인 : 한양대학교 산학협력단

▶ **꾸지뽕나무 잎 추출물을 포함하는 췌장암의 예방 및 치료용 조성물**

본 발명은 꾸지뽕나무 잎의 에탄올 추출물을 포함하는 췌장암의 예방 또는 치료용 약학조성물에 관한 것이다. 또한 본 발명은 꾸지뽕나무 잎의 에탄올 추출물을 포함하는 췌장암의 예방 또는 개선용 식품조성물에 관한 것이다.

– 공개번호 : 10–2013–0016678, 출원인 : 한창석

전염성 간염, 유방암, 구안와사, 연주창 치료

꿀 풀

Prunella vulgaris var. *lilacina* Nakai

사용부위 이삭

이명 : 꿀방망이, 가지골나물, 가지래기꽃,
　　　 석구(夕句), 내동(乃東)
생약명 : 하고초(夏枯草)
과명 : 꿀풀과(Labiatae)
개화기 : 5~7월

전초 건조　　　　　　　　　　꽃 약재

생육특성 : 꿀풀은 각처의 산이나 들에서 뭉쳐서 자라는 여러해살이풀로, 관화식물이다. 생육환경은 산기슭이나 들의 양지바른 곳이며, 키는 20~30cm이다. 줄기는 네모지고 전체에 짧은 털이 나 있고, 잎은 길이가 2~5cm이고 타원형의 바소꼴인데 마주난다. 5~7월에 길이 3~8cm의 적자색 꽃이 줄기 위에서 층층이 모여 피는데 앞으로 나온 꽃잎은 입술 모양이다. 열매는 7~8월경에 황갈색으로 달리는데 꼬투리는 가을에도 마른 채로 남아 있다.

유사종으로는 흰꿀풀, 붉은꿀풀, 두메꿀풀이 있다.

지상부   꽃   열매

 채취 방법과 시기 : 여름철 이삭이 반쯤 말라 홍갈색을 띨 때[이런 특성 때문에 하고초(夏枯草)라는 이름이 붙여졌다]에 이삭을 채취하는데 이물질을 제거하고 잘게 썰어 말린 다음 사용한다.

성분 전초에는 트리테르피노이드계 성분으로, 올레아놀릭산(oleanolic acid), 우르솔릭산(ursolic acid) 등이 있고, 플라보노이드(flavonoid)계 성분으로 루틴(rutin), 하이페로사이드(hyperoside) 등이 함유되어 있다. 꽃이삭에는 안토시아닌(anthocyanin)인 델피니딘(delphinidin)과 시아니딘(cyanidin), d-캄퍼(d-camphor), 디-펜콘(d-fenchone), 우르솔릭산이 함유되어 있다.

🏷️ **성미** 성질이 차고, 맛은 맵고 쓰며, 독성이 없다.

🏷️ **귀경** 간(肝), 담(膽) 경락에 작용한다.

✚ **효능과 주치** : 간을 깨끗하게 하는 청간(淸肝), 맺힌 기를 흩어지게 하는 산결(散結)의 효능이 있으며, 나력(瘰癧), 영류(癭瘤: 혹), 유옹(乳癰: 유방의 종창), 유방암 등을 치료한다. 그 밖에 밤에 안구 통증이 있을 때, 두통과 어지럼증, 구안와사(口眼喎斜: 풍사로 인하여 눈과 입이 한쪽으로 틀어지는 증상), 근육과 뼈의 통증인 근골동통(筋骨疼痛), 폐결핵, 급성 황달형 전염성 간염, 여성들의 혈붕, 대하 등을 치료한다.

⚗️ **약용법과 용량** : 주로 간열(肝熱)을 풀어 눈을 밝게 하거나 머리를 맑게 하는 목적으로 많이 사용하는데 말린 이삭 15g을 물 700mL에 넣어 끓기 시작하면 약하게 줄여 200~300mL가 될 때까지 달여 하루에 2회 나눠 마신다. 차로 우려내거나 달여 마시기도 하는데 이 경우에는 향부자, 국화, 현삼, 박하, 황금, 포공영(蒲公英: 민들레를 말린 것) 등을 배합한다.

✋ **사용시 주의사항** : 성질이 찬 약재이므로 비위가 허약한 사람은 신중하게 사용해야 한다.

🧬 기능성 및 효능에 관한 특허자료

▶ **꿀풀 추출물을 함유하는 항암제 조성물**

본 발명은 꿀풀의 메탄올 추출물을 유효성분으로 함유하는 항암 조성물 및 이를 포함하는 건강식품에 관한 것이다. 본 발명에 따른 꿀풀 추출물은 자궁암, 결장암, 전립선암 및 폐암 세포주에 대한 증식 억제 활성을 나타내면서도 정상세포에는 낮은 증식 억제 활성을 가지기 때문에 상기 암 질환 치료에 큰 도움이 될 수 있으리라 기대된다.

– 공개번호 : 10-2010-0054599, 출원인 : 한국생명공학연구원

거풍, 통풍, 항균

노간주나무

Juniperus rigida Siebold & Zucc. = [*Juniperus utilis* Kdidz.]

사용부위 열매

이명 : 노가주나무, 노가지나무, 코뚜레나무,
　　　두송자(杜松子), 노가자(老柯者)
생약명 : 두송실(杜松實)
과명 : 측백나무과(Cupressaceae)
개화기 : 5월

ㄴ

약재 전형

생육특성 : 노간주나무는 전국 각지 산비탈의 양지바른 건조한 곳에서 자라는 상록침엽소교목으로, 높이는 8~10m, 지름은 20cm 정도이다. 줄기는 곧게 위쪽으로 뻗으며 나무껍질은 적갈색 혹은 회갈색이다. 잎은 모두 바늘잎 모양으로 3장씩 돌려나며 잎끝이 뾰족하고 표면에 깊은 홈과 흰 기공띠가 있으며 단단하고 강하여 만지면 찔릴 정도로 뾰족하다. 꽃은 4월에 잎겨드랑이에서 피는데 수꽃은 녹색으로 1~3송이씩 피는데 달걀 모양에 쌍으로 된 많은 수술로 이루어져 있고 암꽃은 황색으로 1송이씩 피는데 공 모양이고 9개의 실편에 각각 3~4개의 밑씨가 있다. 열매는 대부분 공 모양으로 자갈색인데 표면에는 밀가루 같은 가루가 덮여 있고 다음해 10~11월경에 달린다.

지상부   꽃   열매

 채취 방법과 시기 : 10~11월에 열매를 채취한다.

성분 열매에는 정유가 있는데 그 속에는 알파피넨(α-pinene), 밀센 (myrcene), 리모넨(limonene), ρ-시멘(ρ-cymene), β-에레멘(β-elemene), 카리오필렌(caryophyllene), 휴물렌(humulene), g-카디넨(g-cadinene), 터피넨-4-올(terpinen-4-ol), 보르네올(borneol), 시트로넬롤(citronellol), 아네톨 (anethol) 등이 함유되어 있다.

성미 성질이 따뜻하고, 맛은 쓰고 달다.

귀경 비(脾), 방광(膀胱) 경락에 작용한다.

효능과 주치 : 열매는 생약명을 두송실(杜松實)이라 하여, 특이한 방향성이 있다. 두송실은 세균에 대한 항균작용이 있는데 거풍, 제습, 이뇨, 통풍, 수종 등을 치료한다.

 약용법과 용량 : 말린 열매 10~20g을 물 900mL에 넣어 반이 될 때까지 달여 하루에 2~3회 나눠 마신다. 외용할 경우에는 짓찧어 환부에 바르는데 신경통이나 류머티즘에 의한 관절염, 통풍을 치료한다.

 ## 기능성 및 효능에 관한 특허자료

▶ **노간주나무 또는 노간주나무 열매 추출물을 유효성분으로 포함하는 화장료 조성물**

본 발명은 노간주나무 s또는 노간주나무 열매 추출물을 포함하는 화장료 조성물에 대한 것으로, 종래보다 우수한 효과를 가지는 항노화용, 미백용 및/또는 주름개선용 화장료 조성물을 제공하기 위한 것이다. 노간주나무 또는 노간주나무 열매의 전자공여능, SOD(Superoxide radical dismutase) 유사 활성능, 잔틴산화효소(xanthine oxidase) 저해활성, 티로시나아제(tyrosinase) 저해활성 측정, 엘라스타제 (elastase) 저해활성, 콜라게나아제(collagenase) 저해활성 측정을 통하여 노간주 추출물의 화장품으로 서의 우수한 약리활성을 확인하였으며, 이에 따라 노간주나무 또는 노간주나무 열매 추출물을 포함 하는 조성물은 종래보다 우수한 효과를 가지는 항노화용, 미백용 및/또는 주름개선용 화장료 조성 물로 이용 가능하다.

— 공개번호 : 10-2014-0130843, 출원인 : 호서대학교 산학협력단

▶ **노간주나무의 향취를 재현한 향료 조성물**

본 발명은 노간주나무의 향취를 재현한 향료 조성물 및 상기 향료 조성물을 포함하는 피부 외용제 조성물에 관한 것이다. 본 발명에 따른 향료 조성물은 노간주나무의 효능을 활용한 관련 향장제품 (향수, 화장품, 바디로션 등)에 적용할 수 있다.

— 공개번호 : 10-2015-0031897, 출원인 : (주)제이에스향료

식용과 약용 모두 항암

노루궁뎅이

Hericium erinaceus (Bull.) Pers.

사용부위 자실체

이명 : 노루궁뎅이버섯
생약명 : 후두(猴頭)
과명 : 노루궁뎅이과(Hericiaceae)
발생시기 : 여름~가을

자실체

생육특성 : 노루궁뎅이는 민주름버섯목, 산호침버섯과, 산호침버섯속에 속하며, 주로 나무줄기에 매달려 있는데 여름부터 가을까지 활엽수의 줄기에 홀로 발생하고 부생생활을 한다. 지름 5~25cm로 반구형이며 윗면에는 짧은 털이 빽빽하게 나 있고 전면에는 길이 1~5cm의 무수한 침이 나 있어 고슴도치와 비슷해 보인다. 처음에는 흰색이지만 성장하면서 황색 또는 연한 황색으로 변한다. 조직은 흰색이고 스펀지상이며, 자실층은 침 표면에 있다. 포자문은 흰색이며, 포자 모양은 유구(有口, 자낭광서 목과 같은 구조로 말단부에는 구멍이 있다)형이다.

자실체

재배 자실체

 발생장소 : 활엽수의 줄기에서 홀로 발생한다.

성분 헤리세논(hericenone) A·B·C, 에리나키네스(erinacines) A·B·C·D·E·F·G, 에리나신(erinacine) P, 탄수화물, 단백질, 아미노산, 비타민, 무기염류, 효소 등이 풍부하다. 지방분과 열량이 적어 다이어트 식품에 적합한데 미량금속원소 11종 및 게르마늄(Ge) 등이 함유되어 있다. 특히 자궁 경부암 종양에서 뜯어낸 친암(親癌) 세포인 헬라(HeLa) 세포 증식 억제 성분이 들어 있다.

성미 성질이 평범하고, 맛은 달다.

귀경 비(脾), 위(胃), 대장(大腸) 경락에 작용한다.

효능과 주치 : 오장을 이롭게 하고, 소화력을 돕는 효능이 있으며, 항종양, 항염, 항균, 소화촉진, 위점막 보호 기능 증강, 궤양 치유 촉진, 면역 증강의 작용을 한다. 주로 위궤양, 십이지장궤양, 만성위염, 만성위축성위염, 식도암, 분문암, 위암, 장암 치료에 효과가 있으며, 당뇨, 소화불량, 신경쇠약, 신체허약을 다스린다. 특히 신체 내의 불필요한 활성산소를 제거하는 물질인 SOD(Super Oxide Demutase) 효소가 매우 풍부하다. 따라서 모든 질병의 예방 및 치료에 탁월한 효능이 있다.

약용법과 용량 : 오장을 이롭게 하고 소화기관을 돕는다. 항돌연변이 및 암예방 효과, 암세포 성장 억제, 면역력 증강, 치매 예방 등에 이용한다. 소화불량 및 위궤양에는 말린 노루궁뎅이 60g을 물에 달여 하루에 2회 나눠 마시고, 신경쇠약 및 신체 허약증에는 말린 노루궁뎅이 150g을 닭과 함께 삶아 달인 뒤 하루에 1~2회 나눠 마신다.

사용시 주의사항 : 일부 사람들에게서 천식 또는 알레르기가 발생했다는 결과가 보고되기도 하였기에 섭취 시 주의해야 한다.

기능성 및 효능에 관한 특허자료

▶ 항산화 활성과 면역활성 및 항암효과가 향상된 노루궁뎅이 균사체 및 자실체 제조 방법

본 발명은 노루궁뎅이의 항상화 활성이 향상되도록 하는 항산화 활성이 향상된 노루궁뎅이용 고체배지와 그 제조방법 및 이를 이용한 노루궁뎅이 균사체 및 자실체 제조 방법에 관한 것으로, 참나무톱밥 : 가시오가피톱밥 : 미강의 비를 중량비율로 50~70 : 10~30 : 10~30으로 혼합한 후, 참나무톱밥-가시오가피톱밥-미강 혼합물 100g에 대하여 법제유황분말을 50~100mg의 비로 혼합하고, 상기 참나무톱밥-가시오가피톱밥-미강-유황 혼합물 100g에 대하여 탄산칼슘으로 pH를 5~6으로 조절한 물을 50~80g비로 가하여 골고루 혼합하고, 상기 참나무톱밥-가시오가피톱밥-미강-유황-pH5.5로 조절된 물의 혼합물을 밀봉하여 4℃의 저온실에서 12~48시간 경과시키는 항산화 활성이 향상된 노루궁뎅이버섯용 고체배지 및 그 제조방법과 이를 이용하여 균사체 및 자실체를 제조하는 방법을 제공하여, 균사체와 자실체의 폐기율이 낮아져 결과적으로 수확량을 높일 수 있으며 현저하게 높은 항산화활성을 나타내어 기능성 식품, 신약, 화장품 및 기능성 동물 사료 등에 다용도로 활용이 가능하도록 한 것이다.

– 공개번호 : 10-2012-0085604, 출원인 : 장효준, 오승희, 농업회사법인 동문(주)

두통, 치통, 복통, 해수, 장염

노루귀

Hepatica asiatica Nakai

사용부위 어린잎, 전초

이명 : 뽀족노루귀, 섬노루귀
생약명 : 장이세신(獐耳細辛)
과명 : 미나리아재비과(Ranunculaceae)
개화기 : 4~5월

ㄴ

노루귀 전초 채취품

약재 전형

생육특성 : 노루귀는 각처의 산지에서 자라는 양지식물로 여러해살이풀이다. 생육환경은 토양이 비옥한 나무 밑이고, 키는 9~14cm이며, 잎은 길이가 5cm 정도인데 3갈래로 난 잎은 달걀 모양이며 끝이 둔하고 솜털이많이 나 있다. 꽃은 흰색, 분홍색, 청색으로 4~5월에 꽃줄기 위로 1송이가 피는데 지름은 1.5cm 정도이다. 열매는 6월에 달린다.

노루귀란 이름은 꽃이 피고 나면 잎이 나오기 시작하는데 그 모습이 마치노루의 귀를 닮았다고 해서 붙여졌다. 노루귀와 유사한 것으로는 분홍색과 청색으로 피는 종이 있는데 크고 두툼한 뿌리줄기가 비스듬히 옆으로뻗으며 마디에서 많은 뿌리가 난다.

| 지상부 | 꽃 | 열매 |

채취 방법과 시기 : 이른 봄에 어린잎을 채취하고, 여름에 전초를 채취하여햇볕에 말린다.

성분 뿌리에는 사포닌, 잎에는 배당체인 헤파트릴로빈(hepatrilobin), 사카로스(saccharose), 인베르틴(invertin) 등이 함유되어 있다.

? 혼동하기 쉬운 약초 비교

노루귀_지상부

족도리풀_지상부

🌿 **성미** 성질이 평범하고, 맛은 달고 쓰다.

🌿 **귀경** 간(肝), 폐(肺), 대장(大腸) 경락에 작용한다.

➕🌱 **효능과 주치** : 진통, 진해, 소종에 효능이 있으며 두통, 치통, 복통, 해수(咳嗽), 장염, 설사 등을 다스린다.

🧪🌱 **약용법과 용량** : 말린 약재 6~18g을 물 1L에 넣어 반이 될 때까지 달여 하루에 2~3회 나눠 마시거나, 생것을 짓찧어서 환부에 붙인다.

✋ **사용시 주의사항** : 발산하는 성질이 있으므로 음허, 혈허, 기허다한(氣虛多汗) 등에는 피한다.

근골산통, 타박상, 위통, 독사교상

노루오줌

Astilbe rubra Hook. f. & Thomson

사용부위 어린순, 전초

이명 : 큰노루오줌, 왕노루오줌, 노루풀
생약명 : 소승마(小升麻), 적승마(赤升麻), 적소마(赤小麻),
　　　　낙신부(落新婦)
과명 : 범의귀과(Saxifragaceae)
개화기 : 7~8월

전초 약재　　　　　　　　약재 전형

생육특성 : 노루오줌은 각처의 산에서 자라는 여러해살이풀로, 생육환경은 산지의 숲 아래나 습기와 물기가 많은 곳이며, 키는 60cm 내외이다. 잎은 넓은 타원형으로 끝이 길게 뾰족한데 잎 가장자리가 깊게 패어들고 톱니가 있으며 길이는 2~8cm이다. 꽃은 연한 분홍색으로 7~8월에 피며 길이는 25~30cm이다. 열매는 9~10월에 달리는데 갈색으로 변한 열매 안에는 미세한 종자들이 많이 들어 있다.

뿌리를 캐어 들면 오줌 냄새와 비슷한 냄새가 나는 이 식물은 외국에서 많은 품종들이 만들어지고 개량되고 있는데 '아스틸베(Astilbe)'라 부르며 꽃꽂이용으로 사용된다.

지상부   꽃   열매

 채취 방법과 시기 : 어린순은 채취해 나물로 먹고, 전초는 가을에 채취해 햇볕에 말린다.

성분 아스틸빈(astilbin), 베르게닌(bergenin), 퀴세틴(quercetin) 등이 함유되어 있다.

성미 성질이 시원하고, 맛은 쓰고 맵다.

귀경 폐(肺) 경락에 작용한다.

효능과 주치 : 풍을 없애고 열을 다스리며, 기침을 멎게 하는 진해의 효능이 있어 감기로 인한 발열, 두통, 전신통증, 해수 등을 다스린다. 또한 노

혼동하기 쉬운 약초 비교

노루오줌_꽃

눈개승마_꽃

상(勞傷: 과로, 칠정내상, 무절제한 방사 등으로 기가 허약하여 손상되는 증상, 노권이라고도 함), 근육과 뼈가 시큰하게 아픈 근골산통(筋骨痠痛), 타박상, 관절통, 위통, 동통, 독사교상(毒蛇咬傷)을 치료한다.

 약용법과 용량 : 말린 약재 15~30g을 물 1L에 넣어 1/3이 될 때까지 달여 하루에 2~3회 나눠 마신다.

 사용시 주의사항 : 약물의 성질이 위로 떠오르는 기운을 가지므로 음기가 부족하면서 양기만 위로 치솟는 음허양부(陰虛陽浮)인 경우나 마진(痲疹: 발진)에서 이미 투진(透疹: 발진이 잘 돋게 하는 치료법)이 되었을 때 또는 천식이 심하여 기역(氣逆: 기가 거꾸로 치솟음)한 증상에는 피한다.

 기능성 및 효능에 관한 특허자료

▶ 노루오줌 추출물을 함유하는 퇴행성 뇌질환 예방 및 치료용 약학적 조성물

본 발명은 노루오줌 추출물을 유효성분으로 함유하는 퇴행성 뇌질환 예방 및 치료용 약학적 조성물을 제공한다. 본 발명의 노루오줌 추출물은 뇌신경세포 보호 효과를 가지며, 따라서 다양한 퇴행성 뇌질환을 예방 및 치료하는 작용 효과를 나타낸다.

– 공개번호 : 10-2013-0094065, 출원인 : 경희대학교 산학협력단

거풍, 종기, 가려움증, 살균

녹나무

Cinnamomum camphora (L.) J.Presl = [*Laurus camphora* L.]

사용부위 뿌리, 목재, 장내, 열매

이명 : 장뇌수, 장뇌목(樟腦木), 향장수(香樟樹), 향장목(香樟木),
　　　장목자(樟木子)
생약명 : 장목(樟木)
과명 : 녹나무과(Lauraceae)
개화기 : 5~6월

ㄴ

목질부 약재전형　　　　　　　　열매

생육특성 : 녹나무는 제주도나 남부 지방의 산기슭 양지에서 자생 또는 식재하는 상록활엽교목으로, 높이는 20~30m로 자란다. 작은 가지는 황록색이고 윤택하며 가지 및 잎에서는 장뇌의 향기가 난다. 잎은 달걀 모양 또는 달걀 모양 타원형에 서로 어긋나고 잎끝이 뾰족하며 밑부분은 날카로운 모양에 가장자리에는 물결 모양의 톱니가 있다. 꽃은 흰색, 황록색으로 5~6월에 원뿔꽃차례로 새 가지의 잎겨드랑이에서 핀다. 열매의 씨열매는 둥글고 9~10월에 검붉은색으로 달린다.

채취 방법과 시기 : 목재는 겨울, 장뇌는 봄부터 가을, 뿌리는 2~4월, 잎은 수시로 채취한다.

효능과 주치 : 목재는 생약명을 장목(樟木)이라 하여 거풍, 거습, 심복통(心腹痛), 곽란, 각기, 통풍, 개선, 타박상을 치료한다. 뿌리, 목재, 가지, 잎 등을 증류하여 얻은 과립 결정체를 생약명으로 장뇌(樟腦)라고 하는데 국소 자극작용, 방부작용, 중추신경 흥분작용이 있으며 살충, 진통, 곽란, 치통, 타박상 등을 치료한다. 피부에 바르면 온화한 자극과 발적작용, 청량감, 진양(疹恙: 홍역), 구풍작용, 방부작용이 있다. 뿌리는 생약명을 향장근(香樟根)이라 하여 종기, 진통, 거풍습, 활혈, 구토, 하리(下痢), 심복장통(心腹脹通: 심복부가 부풀어오르는 통증), 개선 진양을 치료한다. 잎은 생약명을 장수엽(樟樹葉)이라 하여 거풍, 제습, 진통, 살충, 화담(火痰), 살균, 위통, 구토, 하리, 사지마비, 개선 등을 치료한다.

약용법과 용량 : 말린 목재 30~50g을 물 900mL에 넣어 반이 될 때까지 달여 하루에 2~3회 나눠 마신다. 외용할 경우에는 가루로 만들어 연고와 섞어 환부에 바른다. 말린 장뇌 0.2~0.4g을 가루로 만들어 하루에 2~3회 나눠 복용하며, 외용할 경우에는 0.5g을 물 100mL에 녹여 환부에 자주 바른다. 말린 뿌리 20~30g을 물 900mL에 넣어 반이 될 때까지 달여 하루에 2~3회 나눠 마신다. 외용할 경우에는 달인 액을 환부에 바른다. 말린 잎 10~30g을 물 900mL에 넣어 반이 될 때까지 달여 하루에 2~3회 나눠 마신다. 외용할 경우에는 달인 액을 환부에 발라준다.

강심작용 및 중풍, 치통, 림프샘염

놋젓가락나물

Aconitum ciliare DC.

사용부위 뿌리, 어린순

이명 : 선덩굴바꽃
생약명 : 초오(草烏)
과명 : 미나리아재비과(Ranunculaceae)
개화기 : 8~9월

ㄴ

뿌리 채취품

약재 전형

생육특성 : 놋젓가락나물은 각처의 산지에서 자라는 덩굴성 여러해살이풀로, 생육환경은 물 빠짐이 좋은 반그늘의 숲속 나무 아래이다. 덩굴 길이는 2m 정도이고, 잎은 어긋나는데 손바닥 모양으로 3~5갈래 갈라지며 갈라진 잎은 끝이 뾰족하다. 꽃은 보라색과 자주색으로 8~9월에 뭉쳐서 피는데 투구 모양이다. 열매는 10~11월에 달리는데, 5개로 나누어진 씨방에는 많은 종자가 들어 있다.

지상부   꽃   열매

 채취 방법과 시기 : 봄에 부드러운 어린순을 채취해 삶아 말린다. 덩이뿌리는 늦가을에 줄기와 잎이 말랐을 때 채취하여 흙을 털어내고 햇볕이나 불에 쬐어 말린다.

[성분] 덩이뿌리에는 맹독성의 알칼로이드인 아코니틴(aconitin), 메스아코니틴(mesaconitin), 하이프아코니틴(hypaconitin), 제스아코니틴(jesaconitin), 아크모톰(acpmotome), 케옥시코니틴(ceoxyaconitine), 데옥시아코니틴(deoxyaconitine), 비우틴(beiwutine) 등이 함유되어 있다.

[성미] 성질이 덥고, 맛은 맵다.

[귀경] 심(心), 간(肝), 비(脾) 경락에 작용한다.

효능과 주치 : 통증을 멎게 하고 경련을 진정시키며 한사(寒邪)를 없앤다. 또한 바람으로 인한 나쁜 사기인 풍사와 습이, 병을 일으키는 사기가 된 습

놋젓가락나물_꽃

투구꽃_꽃

놋젓가락나물_잎

투구꽃_잎

사를 흩어지게 하며, 종기를 삭이는 효능이 있어 풍사와 습사로 인해 결리고 아픈 증상, 관절동통, 치통, 중풍, 열병, 골절통, 두통, 신경통, 림프샘염을 치료한다. 그리고 종기로 인한 부기를 가라앉히고 위와 배가 차고 아픈 증세를 치료한다. 아울러 심장의 기능을 강화하는 강심작용에 요긴한 약이다.

약용법과 용량 : 말린 약재 2~6g을 물 1L에 넣어 1/3이 될 때까지 달여 하루에 2~3회 나눠 마신다. 환 또는 가루로 만들어 복용하기도 하며, 가루를 조합하여 환부에 붙이거나 식초, 술과 함께 갈아서 바른다.

사용시 주의사항 : 독성이 강하므로 반드시 전문가의 처방에 따라 포제를 해서 복용해야 한다. 약재의 10배 정도의 물에 담가 중심부까지 물이 스며들면 10~14시간가량 끓여 속의 백심(白心)이 없어지고 맛을 보아 마설감(麻舌感: 혀가 오그라드는 느낌)이 없으면 약한 불로 물이 마를 정도가 될 때까지 가열하여 햇볕이나 불에 말린다.

고혈압, 타박상, 위염, 항균

누리장나무

Clerodendrun trichotomum Thunb

사용부위 뿌리, 가지와 잎, 열매

이명 : 개똥나무, 노나무, 개나무, 구릿대나무, 누기개나무,
이라리나무, 누룬나무, 깨타리, 구린내나무
생약명 : 취오동(臭梧桐)
과명 : 마편초과(Verbenaceae)
개화기 : 7~8월

약재 전형

약재

148

생육특성 : 누리장나무는 중부·남부 지방의 산기슭 산골짜기 길가에서 자라는 낙엽활엽관목으로, 높이는 3m 이상으로 자라고, 줄기는 가지가 갈라져 표면은 회백색이다. 잎은 달걀 모양 또는 타원형에 서로 마주나며 잎끝은 뾰족하고 밑부분은 넓은 쐐기 모양에 가장자리는 밋밋하거나 물결 모양의 톱니가 있다. 잎 표면은 녹색이고 뒷면은 짙은 황색이며 어린잎일 때에는 양면 모두 흰색의 짧은 털로 뒤덮여 있지만 성장하면 표면은 광택이 나고 매끈매끈해진다. 꽃은 흰색 또는 짙은 붉은색으로 8~9월에 취산꽃차례로 새가지 끝에서 피는데 누린내 비슷한 다소 불쾌한 냄새가 난다. 열매는 둥글고 9~10월에 달리는데 붉은색의 꽃받침으로 싸여 있다가 터지며, 종자는 검은색 혹은 흑남색이다.

지상부

꽃

열매

 채취 방법과 시기 : 가지와 잎은 6~10월, 꽃은 7~8월, 열매는 9~10월, 뿌리는 가을·겨울에 채취한다.

성분 잎에는 크레로덴드린(clerodendrin), 메소-이노시톨(meso-inositol), 알칼로이드(alkaloid), 뿌리에는 크레로도론(clerodolone), 크레로돈(clerodone), 크레로스테롤(clerosterol)이 함유되어 있다.

성미 성질이 차고, 맛은 쓰다.

귀경 심(心) 경락에 작용한다.

누리장나무 꽃과 봉우리

 효능과 주치 : 어린 가지와 잎은 생약명을 취오동(臭梧桐)이라 하여 두통, 고혈압, 거풍습, 반신불수, 말라리아, 이질, 편두통, 치창 등을 치료한다. 꽃은 생약명을 취오동화(臭梧桐花)라 하여 두통, 이질, 탈장, 산기 등을 치료한다. 열매는 생약명을 취오동자(臭梧桐子)라 하여 천식, 거풍습을 치료한다. 뿌리는 생약명을 취오동근(臭梧桐根)이라 하여 말라리아, 류머티즘에 의한 사지마비, 사지통증, 고혈압, 식체에 의한 복부 당김, 소아정신 불안정, 타박상 등을 치료한다.

 약용법과 용량 : 말린 어린 가지와 잎 30~50g을 물 900mL에 넣어 반이 될 때까지 달여 하루에 2~3회 나눠 마신다. 말린 꽃 20~30g을 물 900mL에 넣어 반이 될 때까지 달여 하루에 2~3회 나눠 마신다. 말린 열매 30~50g을 물 900mL에 넣어 반이 될 때까지 달여 하루에 2~3회 나눠 마신다. 말린 뿌리 30~50g을 물 900mL에 넣어 반이 될 때까지 달여 하루에 2~3회 나눠 마시거나, 100~200g을 짓찧어서 낸 즙을 술에 빚어 아침저녁 50mL씩 마신다. 외용할 경우에는 뿌리껍질을 짓찧어 환부에 바른다.

잎 앞면   잎 뒷면

 기능성 및 효능에 관한 특허자료

▶ 누리장나무 잎 추출물로부터 아피게닌-7-오-베타-디-글루쿠로니드를 분리하는 방법 및 이 화
  합물을 함유하는 위염 및 역류성 식도염 질환 예방 및 치료를 위한 조성물

본 발명은 누리장나무 잎으로부터 아피게닌-7-O-β-D-글루쿠로니드(apigenin-7-O-β
-D-glucuronide; 이하 "AGC"라 함)를 분리하는 분리 방법 및 이 화합물을 함유하는 위장관 염증, 궤양
및 역류성 식도염의 예방 및 치료용 조성물에 관한 것이다. 본 발명에서는 누리장나무 잎의 추출물
로부터 클로로포름, 에테르, 메틸렌클로라이드를 이용하여 탈지시킨 다음, 비이온성 교환수지를 사
용하여 당과 무기염을 제거하고 세파덱스 LH 20을 이용한 이차 컬럼을 통해 다량의 순수한 AGC를
수득할 수 있으며, 분리된 이 AGC가 위염 및 역류성 식도염에 기존의 약물보다 탁월한 치료효과를
나타내므로 위염 및 역류성 식도염 질환의 예방 및 치료에 유용한 의약품 및 건강보조식품을 제공
한다.

― 공개번호 : 10-2003-0091403, 특허권자 : 손의동

▶ 누리장나무 추출물을 포함하는 항균 조성물

본 발명은 누리장나무 추출물 및 이로부터 분리한 22-디하이드로클레로스테롤
(22-dehydroclerosterol) 또는 베타-아미린(β-amyrin)을 유효성분으로 포함하는 헬리코박터균에 대한
항균조성물에 관한 것이다. 본 발명의 누리장나무 추출물 및 이로부터 분리한 22-디하이드로클레
로스테롤(22-dehydroclerosterol) 또는 베타-아미린(β-amyrin)은 헬리코박터파이로리균에 대한 항균활
성을 가지며, 위장에 자극을 주지 않아 헬리코박터파이로리균에 의한 각종 위 및 십이지장 질환을
예방 및 치료하는 데 유용하다.

― 공개번호 : 10-2012-0055480, 출원인 : 대한민국(산림청 국립수목원장)

해열, 해독, 인후염, 붕루, 대하

눈개승마

Aruncus dioicus var. *kamtschaticus* (Maxim.) H. Hara

사용부위 어린순, 전초

이명 : 삼나물, 죽토자
생약명 : 눈산승마, 죽토자(竹土子)
과명 : 장미과(Rosaceae)
개화기 : 6~8월

뿌리 채취품

전초 채취

생육특성 : 눈개승마는 전국 각처의 고산지역에서 자라는 여러해살이풀로, 생육환경은 낙엽이 많으며 반그늘 혹은 음지이며, 키는 30~100cm이다. 잎은 길이가 3~10cm, 너비 1~6cm로 광택이 나는 긴 잎자루를 가지고 있으며 2~3회 깃털 모양으로 갈라지고 끝이 뾰족하고 가장자리에 파고드는 톱니가 있다. 꽃은 흰색으로 6~8월에 부채꼴 모양으로 펼쳐져 아래에서부터 피어서 위로 올라가는데 길이는 10~30cm이다. 열매는 갈색으로 타원형이며 길이는 0.25cm 정도이며 익을 때에는 광채가 나고 7~8월에 달린다.

지상부

꽃

열매

 채취 방법과 시기 : 이른 봄에 어린순을 채취하고, 가을에 전초를 채취하여 햇볕에 말린다.

성분 살리실산(salicylic acid), 카페인산(cafeic acid), 키니틴(cinitin), 키미키퓨진(cimicifugine) 등이 함유되어 있다.

성미 성질이 시원하고, 맛은 달고 맵고 약간 쓰다.

귀경 간(肝), 비(脾), 폐(肺) 경락에 작용한다.

눈개승마 잎

 효능과 주치 : 양기를 오르게 하고(승양昇陽) 땀을 내게 하며 해열과 해독, 종기를 삭이는 효능이 있어서 감기, 한열(寒熱), 두통, 인후부가 붓고 아픈 증상, 구창(口瘡: 입안이 허는 병증, 궤양성 구내염), 피부염과 발진, 붕루, 대하, 탈항, 자궁하수 등을 다스린다.

 약용법과 용량 : 말린 약재 3~12g을 물 1L에 넣어 1/3이 될 때까지 달여 하루에 2~3회 나눠 마신다. 환 또는 가루로 만들어 복용하기도 하며, 가루를 섞어 환부에 붙이거나, 물에 끓인 액으로 환부를 닦아낸다.

 사용시 주의사항 : 약물의 성질이 위로 떠오르는 기운을 가지므로 음허(陰虛)하면서 양기가 솟거나 발진이 이미 투진(透疹)되어 열꽃이 핀 경우, 천식이 심하여 기역(氣逆)한 증상에는 피한다.

🧬 기능성 및 효능에 관한 특허자료

▶ 눈개승마 추출물을 유효성분으로 함유하는 혈전증 예방 또는 치료용 약학적 조성물

본 발명은 눈개승마 추출물을 유효성분으로 함유하는 혈전증(thrombosis)의 예방 또는 치료용 약학적 조성물 및 건강기능식품에 관한 것으로서, 눈개승마 항혈전 활성물질은 눈개승마를 에탄올 등으로 추출하여 추출물을 조제한 후 에틸아세테이트로 분획하여 획득할 수 있으며, 우수한 프로트롬빈 저해활성을 나타내어, 혈전 생성을 효율적으로 억제할 수 있는 효과가 있으며, 혈행 개선을 통해 허혈성 뇌졸중 및 출혈성 뇌졸중과 같은 혈전증의 예방 및 치료용으로 사용할 수 있는 뛰어난 효과가 있다.

- 공개번호 : 10-2014-0034647, 출원인 : 안동대학교 산학협력단

천식, 고지혈증, 항종양 및 고기 먹고 체한 데

능이

Sarcodon imbricatus (L.) P. Karst.

사용부위 자실체

이명 : 향버섯, 향이
생약명 : 능이(能栮)
과명 : 노루털버섯과(Bankeraceae)
발생시기 : 가을

ㄴ

채취품 자실체

생육특성 : 능이는 인공재배가 되지 않아 자연산에 의존하고 있어 송이처럼 귀한 버섯이다. '1 능이, 2 표고, 3 송이'라는 말이 있듯 능이는 맛과 향이 일품이다. 능이 향은 흙냄새, 강한 풀냄새, 꽃향기, 나무 향, 고기 향, 우유 향 등이 나는데 말리면 강한 향기가 나 '향버섯' 혹은 '향이'라고 불리며 약간 쌉싸래한 맛과 향을 즐길 수 있는 버섯의 으뜸이라고도 불리는 버섯 중 한 가지이다. 가을에 약 한 달간 채취가 가능한데 주로 활엽수(참나무 등)의 뿌리 위에서 자라며, 배수가 잘되어 습하지 않고 햇빛이 은은하게 들어오는 곳에서 주로 자란다. 능이 채취 시 유의할 점은 개능이(무늬노루털버섯)와 구별해야 하는데 능이의 표면에는 크고 거친 비늘조각이 거꾸로 밀생하는 반면 개능이의 갓 윗면에는 불에 그을린 것 같은 까칠까칠한 비늘이 없다. 어린 능이는 자실체 전체가 연한 홍색 또는 연한 갈색이나 성장하면서 홍갈색 또는 흑갈색으로 변하며 말리면 검은색으로 변한다. 조직은 연한 홍갈색이지만 말리면 회갈색으로 변한다. 밑면에는 1cm 정도 내외의 비늘이 밀생한다. 갓의 지름은 5~25cm이며 대의 길이는 3~5cm로 비교적 짧고 표면은 밋밋하다.

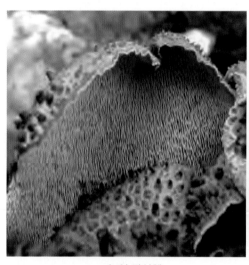

능이 자실체

능이 자실체(모공)

 발생장소 : 활엽수림 내의 땅 위에서 무리 짓거나 홀로 발생한다.

성분 각 식품의 단백질 분해 효과를 확인하여 매우 우수한 프로테아제 (protease)를 함유하고 있음이 밝혀졌고. 따라서 육류와 궁합이 잘 맞는다. 지금까지 20여 종의 유리아미노산과 10여 종의 지방산, 10여 종의 미량 금속원소 등이 확인되었고, 에르고스테롤(ergosterol), 글리세롤(glycerol), 트리할로스(trehalose), 키틴(chitin) 등이 함유되어 있다.

성미 성질이 평범하고, 맛은 쓰고 달다.

귀경 간(肝), 심(心), 비(脾), 폐(肺), 신(腎) 경락에 작용한다.

효능과 주치 : 항균작용, 항그람양성균, 항그람음성균, 콜레스테롤 감소 효 능이 있으며 암 예방과 기관지, 천식, 감기 치료에 효능이 있다. 그 외에 천식, 고지혈증, 항종양에도 효능이 있다. 능이는 흔히 버섯의 왕이라고도 불리는 버섯 중 하나인만큼 혈중 콜레스테롤을 낮추고 암세포를 억제하는 성분이 다량 함유되어 있으며 그 외에도 단백질 분해 성분, 다량의 비타민 등 영양 가치와 약용가치가 높은 버섯이다. 지금까지의 연구로 밝혀진 바 로는 항산화 효과(합성항산화제 BHT보다 강한 항산화력을 지님), 그리고 암세 포에 대한 능이 추출물의 세포독성은 폐암, 자궁암, 위암, 간암에 효과가 있으며 특히 위암에 우수한 효능이 있는 것으로 밝혀졌다. 현재는 대부분 분해효소 쪽으로 연구가 활발하다.

 약용법과 용량 : 민간에서는 고기 먹고 체했을 때 능이 달인 물을 소화제로 이용해 왔다. 능이는 향이 강해 고춧가루와 함께 사용할 때에는 살짝 데쳐 서 고추장에 식초를 약간 가미한 소스에 찍어 먹는 것이 좋다. 향이 진해 서 예부터 채식요리의 진귀한 재료로 쓰였으며 현재는 능이 추출물을 화 장품으로 사용할 수 있는 기술이 개발되었다.

 사용시 주의사항 : 식용버섯이지만 독이 약간 있어 생식하면 사람에 따라 가벼운 위장 장애가 일어날 수 있기에 뜨거운 물에 데친 후 요리하여 먹는 다. 또한 능이처럼 향이 강한 버섯은 고춧가루와 궁합이 잘 맞지 않는다. 그렇다고 고춧가루를 절대 사용하지 말라는 말은 아니며 살짝 데쳐 고추 장에 식초를 약간 가미한 소스에 찍어 먹는 것이 좋다.

당뇨, 건위, 관절통, 항알레르기

다 래

Actinidia arguta (Siebold & Zucc.) Planch. ex Miq.

사용부위 뿌리, 잎, 열매

이명 : 다래나무, 참다래나무, 다래너출, 다래넝쿨, 참다래,
　　　조인삼(租人蔘), 미후도(獼猴桃), 다래넌출, 청다래나무,
생약명 : 연조자(軟棗子), 미후리(獼猴梨)
과명 : 다래나무과(Actinidiaceae)
개화기 : 5~6월

열매 채취품

벌레집(충영)

생육특성 : 다래는 전국 각지의 산지 계곡에서 자라는 낙엽덩굴성 식물로, 덩굴 길이는 7~10m인데 그 이상도 있다. 새 가지에는 회백색의 털이 드문드문 나 있으며 오래된 가지에는 털이 없고 미끄럽다. 잎은 달걀 모양 또는 타원형 달걀 모양에 서로 어긋나고 막질이며 잎 길이는 6~13cm, 너비는 5~9cm로 끝은 점점 뾰족하고 잎 가장자리에는 날카로운 톱니가 있다. 꽃은 흰색으로 5~6월에 잎겨드랑이에서 취산꽃차례로 3~6송이가 핀다. 열매는 물열매로 달걀 모양 원형에 표면은 반질거리는데 9~10월경에 녹색으로 달린다.

지상부　　　　　　　　　　꽃　　　　　　　　　　열매

 채취 방법과 시기 : 뿌리는 가을·겨울, 잎은 여름, 열매는 9~10월에 채취한다.

성분 뿌리와 잎에는 액티니딘(actinidine), 열매에는 타닌(tannin), 비타민 A·C·P, 점액질, 전분, 서당, 단백질, 유기산 등이 함유되어 있다.

성미 뿌리와 잎은 성질이 평범하고, 맛은 담백하고 떫다. 열매는 성질이 평범하고, 맛은 달다.

귀경 간(肝), 폐(肺), 위(胃), 대장(大腸) 경락에 작용한다.

효능과 주치 : 뿌리와 잎은 생약명을 미후리(獼猴梨)라 하여 건위, 청열, 이습(利濕), 최유(催乳)의 효능이 있고 간염, 황달, 구토, 지사, 소화불량, 류

덜 익은 다래열매

머티즘, 관절통 등을 치료한다. 열매는 생약명을 연조자(軟棗子)라 하여 당
뇨의 소갈증, 번열, 요로결석을 치료한다. 다래의 추출물은 알레르기성 질
환과 비알레르기성 염증질환의 예방, 치료와 탈모 및 지루성 피부염의 예
방 및 치료, 개선 등에도 효과가 있다는 연구결과가 나왔다.

 약용법과 용량 : 말린 뿌리와 잎 50~100g을 물 900mL에 넣어 반이 될 때
까지 달여 하루에 2~3회 나눠 마신다. 말린 열매 30~50g을 물 900mL에
넣어 반이 될 때까지 달여 하루에 2~3회 나눠 마신다.

 기능성 및 효능에 관한 특허자료

▶ 다래 추출물을 함유하는 알레르기성 질환 및 비알레르기성 염증 질환의 치료 및 예방을 위한 약
학조성물

본 발명은 항알레르기 및 항염증 활성을 갖는 다래 과실 추출물을 함유한 약학조성물에 관한 것으
로, 본 발명의 다래과실 추출물은 Th1 사이토카인 및 IgG2a의 혈청 내 수치를 높이고, Th2 사이토카
인 및 IgE의 혈청 레벨을 낮춤으로써 비만세포(mast cell)로부터 히스타민의 방출 억제 및 염증 활성
을 억제시키는 작용을 나타냄으로써 알레르기성 질환 또는 비알레르기성 염증 질환의 예방 및 치
료에 유용한 약학조성물로 사용될 수 있다.

― 공개번호 : 10-2004-0018118, 출원인 : (주)팬제노믹스

소변불리, 단독(丹毒), 학질, 백대하

닭의장풀

Commelina communis L.

사용부위 전초

이명 : 닭의밑씻개, 닭개비, 계설초(鷄舌草), 죽근채(竹根菜), 압자초(鴨仔草)
생약명 : 압척초(鴨跖草), 죽엽채(竹葉菜)
과명 : 닭의장풀과(Commelinaceae)
개화기 : 7~8월

ㄷ

약재 전형

161

생육특성 : 닭의장풀은 각처의 들이나 길가에서 흔히 자라는 한해살이풀이고, 생육환경은 양지 혹은 반그늘이다. 키는 15~50cm로 자라며, 잎은 길이가 5~7cm, 너비는 1~2.5cm로 어긋나고 달걀 모양의 바소꼴로 뾰족하다. 꽃은 하늘색으로 7~8월에 잎겨드랑이에서 나온 꽃대 끝의 포에 싸여 핀다. 넓은 심장 모양의 포는 길이가 2cm로 안으로 접히고 끝이 뾰족해지며 겉에는 털이 나 있거나 없다. 줄기에는 세로 주름이 있고 대부분 분지(分枝: 가지가 갈라진 것)되어 있거나 수염뿌리가 있다. 열매는 9~10월경에 타원형으로 달린다.

유사종으로 큰닭의장풀, 흰꽃좀닭의장풀, 자주닭개비 등이 있다.

지상부   꽃   열매

 채취 방법과 시기 : 여름·가을에 지상부를 채취, 이물질을 제거하고 절단하여 햇볕에 말린다.

성분 지상부에는 아워바닌(awobanin), 코멜린(commelin), 플라보코멜리틴(flavocommelitin) 등이 함유되어 있다.

성미 성질이 차고, 맛은 달고 담백하며, 독성이 없다.

귀경 심(心), 간(肝), 비(脾), 신(腎), 대장(大腸), 소장(小腸) 경락에 작용한다.

효능과 주치 : 소변을 잘 나가게 하는 이뇨, 몸의 열을 식히는 청열, 피를 맑게 하는 양혈, 독을 푸는 해독 등의 효능이 있어 수종과 소변불리, 풍열로

닭의장풀 새잎

인한 감기, 피부가 붉고 화끈거리면서 열이 나는 단독, 황달간염, 학질, 코피, 피오줌을 누는 증상, 심한 하혈인 혈붕, 백대하(白帶下: 냉증), 인후부가 붓고 아픈 인후종통(咽喉腫痛), 옹저(癰疽: 종기나 암종), 종창 등을 다스린다.

 약용법과 용량 : 말린 전초 10~15g(생것 60~90g)을 복용하는데 대량으로 사용하는 대제(大劑: 약의 양을 배로 하여 처방함)에는 150~200g까지도 사용

 사용시 주의사항 : 열을 식히는 청열작용이 있으므로 비위가 허한(虛寒)한 경우에는 신중하게 사용하여야 한다.

지혈 , 진통 , 종기

담쟁이덩굴

Parthenocissus tricuspidata (Siebold & Zucc.) Planch.

사용부위 뿌리, 줄기, 잎, 열매

이명 : 돌담장이, 담장넝쿨, 담쟁이덩굴,
　　　 장춘등(長春藤), 낙석(絡石)
생약명 : 지금(地錦), 상춘등(常春藤)
과명 : 포도과(Vitaceae)
개화기 : 6~7월

줄기 약재

생육특성 : 담쟁이덩굴은 중국, 대만, 일본과 우리나라 전역에서 분포하는 낙엽활엽 덩굴식물로, 담을 기어오르며 자란다. 덩굴줄기는 길이가 10m 정도이며, 덩굴줄기에는 덩굴손과 잎이 마주나며 가지가 많이 갈라지고 덩굴손 끝에 둥근 흡착근이 있다. 덩굴손은 다른 물체에 달라붙으며 곁뿌리는 잔뿌리로 발달한다. 잎은 어긋나며 넓은 달걀 모양이고 길이는 4~10cm 너비는 10~20cm이며 끝은 3개로 갈라진다. 잎 뒷면 맥 위에는 잔털이 나 있고 가장자리에는 불규칙한 톱니가 있다. 어린 잎자루의 잎은 3장의 잔 잎으로 된 겹잎으로 잎자루가 잎보다 길다. 꽃은 황록색으로 6~7월에 잎 겨드랑이나 짧은 가지 끝에서 취산꽃차례로 많은 꽃이 핀다. 열매는 지름 0.6~0.8cm의 공 모양으로 흰색 가루로 덮여 있으며 8~10월에 흑자색으로 달린다.

 채취 방법과 시기 : 7~8월에 잎을 채취한다.

　　⊘ **성분** 잎에는 미큐에리아닌(miquelianin), 이소쿼세틴(isoquercetin), 파르테노신(parthenocin), 델피니딘(delpinidin) 등의 플라보노이드(flavonoid)와 안토시안(anthocyan) 색소가 함유되어 있다.

　　⊘ **성미** 성질이 따뜻하고, 맛은 달다.

　　⊘ **귀경** 간(肝), 비(脾), 신(腎) 경락에 작용한다.

✚ **효능과 주치 :** 잎은 생약명을 지금(地錦) 또는 상춘등(常春藤)이라 하여 지혈, 진통의 효능이 있고 종기, 종통(腫痛), 타박상 등을 치료한다. 외용할 경우에는 달인 액을 환부에 발라주거나 생즙을 환부에 바른다.

 약용법과 용량 : 말린 잎 30~40g을 물 900mL에 넣어 반이 될 때까지 달여 하루에 2~3회 나눠 마신다.

완화, 강장, 해독, 수렴

대추나무

Zizyphus jujuba var. *inermis* (Bunge) Rehder

사용부위 뿌리, 나무껍질, 잎, 열매

이명 : 대추, 건조(乾棗), 미조(美棗), 양조(量棗), 홍조(紅棗)
생약명 : 대조(大棗)
과명 : 갈매나무과(Rhamnaceae)
개화기 : 5~6월

열매 약재

약재 전형(나무겉껍질)

생육특성 : 대추나무는 전국의 마을 부근과 밭둑, 과수원 등에서 식재하는 낙엽활엽관목 또는 소교목으로, 높이가 10m 전후로 자라고, 가지에는 가시가 나 있다. 잎은 달걀 모양 또는 달걀 모양 바소꼴에 서로 어긋나고 잎 끝은 뭉뚝하며 밑부분은 좌우가 같지 않고 가장자리에는 작은 톱니가 있다. 꽃은 양성인데 황록색으로 5~6월에 취산꽃차례로 잎겨드랑이에서 모여 핀다. 열매는 씨열매로 달걀 모양 또는 타원형이고 9~10월에 심홍색 혹은 적갈색으로 달린다.

지상부

꽃

열매

 채취 방법과 시기 : 열매는 가을에 익었을 때, 뿌리는 연중 수시, 나무껍질은 봄, 잎은 여름에 채취한다.

성분 열매에는 단백질, 당류, 귤산, 점액질, 비타민 A, 비타민 B_2, 비타민 C, 칼슘, 인, 철분, 뿌리에는 대추인(daechuin S1, S2⋯S10), 나무껍질에는 알칼로이드(alkaloid), 프로토핀(protopine), 세릴알콜(cerylalcohol), 잎에는 알칼로이드 성분으로 대추알칼로이드(daechu alkaloid) A·B·C·D·E와 대추사이클로펩타이드(daechucyclopeptide)가 함유되어 있다.

성미 열매와 나무껍질은 성질이 따뜻하고, 맛은 달며, 독성이 없다. 뿌리는 성질이 평범하고, 맛은 달며, 독성이 없다. 잎은 성질이 따뜻하고, 맛은 달며, 독성이 조금 있다.

귀경 간(肝), 비(脾), 위(胃) 경락에 작용한다.

효능과 주치 : 열매는 생약명을 대조(大棗)라 하여 완화작용과 강장, 이뇨, 진경, 진정, 근육강화, 간장보호, 해독의 효능이 있으며 식욕부진, 타액 부족, 혈행부진, 히스테리 등을 치료한다. 뿌리는 생약명을 조수근(棗樹根) 이라 하여 관절통, 위통, 토혈, 월경불순, 풍진, 단독을 치료한다. 나무껍 질은 생약명을 조수피(棗樹皮)라 하여 수렴, 거담, 진해, 소염, 지혈, 이질, 만성 기관지염, 시력장애, 화상, 외상출혈 등을 치료한다. 잎은 생약명을 조엽(棗葉)이라 하여 유행성 발열과 땀띠를 치료한다.

? 혼동하기 쉬운 약초 비교

대추나무_열매

묏대추나무_열매

대추나무_종자

묏대추나무_종자

대추나무와 묏대추나무 :

갈매나무과에 속하는 대추나무, 묏대추나무는 비슷한 점이 많은데, 대추나무의 열매는 크고 묏대추나무의 열매는 아주 작은 것이 구별되고 꽃, 잎, 나무 등은 둘 다 아주 비슷해서 구분이 어렵다. 그리고 대추나무의 열매 대추는 과일로 식용할 수 있으며, 묏대추나무의 열매 묏대추는 열매의 과육이 빈약해서 과일로 식용하기보다는 약용한다. 또한 딱딱한 씨 속의 종인을 산조인이라 하여 불에 볶으면 진정, 안정, 최면의 약효를 가지고 있는 반면 대추는 완화, 강장약으로 각각 다른 약효를 지니고 있으며 약효, 성분 자체도 다르다.

 약용법과 용량 : 말린 열매 30~50g을 물 900mL에 넣어 반이 될 때까지 달여 하루에 2~3회 나눠 마신다. 말린 뿌리 50~90g을 물 900mL에 넣어 반이 될 때까지 달여 하루에 2~3회 나눠 마신다. 외용할 경우에는 열탕으로 달인 액으로 환부를 씻고 발라준다. 말린 나무껍질 5~10g을 솥에 넣고 열을 가해 볶아 가루로 만들어 하루에 2~3회 나눠 마시며, 외용할 경우에는 열탕에 달인 액으로 환부를 씻어주거나 볶아서 가루로 만들어 환부에 바른다. 말린 잎 50~100g을 물 900mL에 넣어 반이 될 때까지 달여 하루에 2~3회 나눠 마시며, 외용할 경우에는 열탕에 달인 액으로 환부를 씻는다.

 기능성 및 효능에 관한 특허자료

▶ **대추나무의 열매, 잎, 가지, 뿌리를 이용한 청국장 제조방법**

본 발명은 대추나무의 열매, 잎, 가지, 뿌리를 손질한 후 열수추출하고, 추출한 대추의 추출액을 물에 혼합한 후 불린 콩을 삶고, 삶은 콩에 대추씨분말을 혼합하고, 대추씨분말이 혼합된 삶은 콩에 대추의 추출액이 혼합된 액체배지에 배양된 청국장균을 접균한 후 발효함으로써 청국장의 맛과 영양을 고스란히 보존하면서도 청국장 특유의 불쾌한 냄새를 최소화시킴과 동시에 대추나무의 열매, 잎, 가지, 뿌리에 함유된 인체에 유용한 영양성분 및 약리적 기능성이 가미된 대추나무의 열매, 잎, 가지, 뿌리를 이용한 대추청국장 제조방법에 관한 것이다.

— 등록번호 : 10-0905286-0000, 출원인 : 윤종준

소염, 이뇨, 종기, 진통

댕댕이덩굴

Cocculus trilobus (Thunb.) DC. = [*Cocculus orbiculatus* (L.) Forman.]

사용부위 뿌리, 줄기와 잎

이명 : 끗비돗초, 댕강덩굴, 댕댕이넝굴,
　　　 소갈자(小葛子), 구갈자(狗葛子)
생약명 : 목방기(木防己)
과명 : 방기과(Menispermaceae)
개화기 : 5~6월

줄기 채취품

생육특성 : 댕댕이덩굴은 전국적으로 분포하는데 산비탈이나 밭둑, 울타리 등에서 자라는 낙엽덩굴성 관목이다. 덩굴의길이는 3m 전후이고, 줄기와 잎에는 털이 나 있다. 줄기가 어릴 때에는 녹색이지만 오래되면 회색이 된다. 잎은 달걀모양 또는 달걀 모양 원형에 서로 어긋나기로 붙어 있고 윗부분이 3개로 갈라진 것도 있으며 잎끝은 민두름하고 가장 자리에는 톱니가 없다. 꽃은 황백색으로 5~6월에 암수딴그루로 잎겨드랑이에서 원뿔꽃차례로 핀다. 열매는 씨열매로 공모양이며 9~10월에 분백색을 띤 흑색 또는 흑청색으로 달린다.

지상부   꽃   열매

 채취 방법과 시기 : 뿌리는 가을부터 이듬해 봄, 줄기와 잎은 10~11월에 채취한다.

성분 뿌리에는 트리로빈(trilobine), 이소트리로빈(isotrilobine), 호모트리로빈(homotrilobine), 트리로바민(trilobamine), 놀메니사린(normenisarine), 마그노플로린(magnoflorine), 줄기와 잎에는 코크로리딘(cocculolidine), 이소볼딘(isoboldine)이 함유되어 있다.

성미 성질이 따뜻하고, 맛은 쓰며, 독성이 없다.

귀경 비(脾), 방광(膀胱) 경락에 작용한다.

효능과 주치 : 뿌리는 생약명을 목방기(木防己)라 하여 소염, 진통, 이뇨, 해독, 종기, 류머티즘에 의한 관절염, 반신불수, 중풍, 감기, 요통, 파상풍, 종독, 신장염, 부종, 요로감염, 고미건위(苦味健胃: 쓴맛으로 인해 위를 튼튼하게 함), 습진, 신경통 등을 치료한다. 줄기와 잎은 생약명을 청단향(靑檀香)이라 하여 거습, 이뇨, 종기, 제풍마비(除風麻痹: 풍사를 제거하여 마비를 치료함), 각슬소양(脚膝瘙痒: 다리의 부스럼과 종기를 치료함), 위통 등을 치료한다. 댕댕이덩굴의 추출물은 다이옥신 유사물질에 대하여 길항작용을 나타낸다는 연구결과가 나왔다.

 약용법과 용량 : 말린 뿌리 30~60g을 물 900mL에 넣어 반이 될 때까지 달여 하루에 2~3회 나눠 마시거나, 술을 담가 마신다. 외용할 경우에는 뿌리껍질을 짓찧어 습진이나 종독에 바르거나, 가루로 만들어 환부에 바른다. 말린 줄기와 잎 20~30g을 물 900mL에 넣어 반이 될 때까지 달여 하루에 2~3회 나눠 마시거나 술을 담가 마신다.

 ## 기능성 및 효능에 관한 특허자료

▶ **댕댕이덩굴 추출물을 유효성분으로 하는 다이옥신 유사물질의 독성에 의한 질병 치료를 위한 약제학적 조성물**

본 발명은 댕댕이덩굴 추출물을 유효성분으로 하는 다이옥신 유사물질에 대한 길항성 조성물 그리고 댕댕이덩굴 추출물을 유효성분으로 하는 약제학적 조성물 및 건강식품 조성물에 관한 것이다. 본 발명의 조성물은 다이옥신 유사물질의 독성을 효과적으로 감소시킬 뿐만 아니라 종래부터 약제로 사용되고 있는 천연물인 댕댕이덩굴 추출물을 유효성분으로 포함하고, 매우 특이적으로 다이옥신 유사물질에 대하여 길항작용을 나타내기 때문에 인체에 대한 부작용이 화학적 합성 의약보다 극히 적다.

— 공개번호 : 10-2003-0003673, 특허권자 : (주)내츄럴엔도텍

▶ **댕댕이덩굴 추출물을 이용한 항산화용 조성물 및 항염증용 조성물**

본 발명은 DPPH법, NBT 법에 의해 확인된 항산화 활성과 LPS에 의해 자극된 대식세포주에서 NO, PGE 2, 염증성 사이토카인 등의 생성 억제 활성을 가지는 댕댕이덩굴 추출물을 개시한다.

— 공개번호 : 10-2015-0032511 / 10-2015-0032371, 출원인 : (주)제주사랑농수산(oxalic acid)

인후염, 폐농양, 유선염, 해수

더덕

Codonopsis lanceolata (Siebold & Zucc.) Benth. & Hook. f. ex Trautv.

사용부위 뿌리

이명 : 참더덕, 노삼(奴蔘), 통유초(通乳草), 사엽삼(四葉蔘)
생약명 : 양유(羊乳), 산해라(山海螺), 사엽삼(四葉參)
과명 : 초롱꽃과(Campanulaceae)
개화기 : 8~9월

ㄷ

뿌리 채취품

약재 전형

생육특성 : 더덕은 전국 각지의 산야에서 자생하는데 농가에서도 많이 재배하고 있는 여러해살이 덩굴식물이다. 길이는 2m 이상 자라고, 뿌리는 길이가 10~20cm, 직경은 1~3cm로 자라는데 오래될수록 껍질에 두꺼비 등처럼 더덕더덕한 혹들이 많이 달린다. 잎은 서로 어긋나며 3~4개의 잎이 바소꼴 또는 긴 타원형으로 나고 톱니가 없다. 꽃의 겉은 연한 녹색이고 안쪽은 자주색 반점이 있는데 8~9월에 짧은 가지 끝에서 아래쪽을 향해 작은 종이 달린 것처럼 핀다. 열매는 튀는열매로 9~10월에 달린다.

실제로 우리나라의 한약재 생산현황을 조사한 자료를 보면 사삼(沙蔘: 기원식물 잔대)의 재배 면적이 모두 이 더덕을 기반으로 하여 조사되었다.

지상부   꽃   열매

 채취 방법과 시기 : 가을철에 뿌리를 채취하여 품질별로 정선하는데 식용으로 사용할 것은 저온저장하며, 약용할 것은 말린 뒤 저장한다.

성분 전초에는 아피게닌(apigenin), 루테올린(luteolin), 알파스피나스테롤(α-spinasterol), 스티그마스테롤(stigmastenol), 올레아놀릭산(oleanolic acid), 에키노시스틱산(echinocystic acid), 알비게닉산(albigenic acid), 뿌리에는 리오이친(leoithin), 펜토산(pentosane), 파이토데린(phytoderin), 사포닌이 함유되어 있다.

성미 성질이 평범하고(약간 따뜻한 쪽으로 봄), 맛은 달고 맵다.

귀경 비(脾), 폐(肺) 경락에 작용한다.

174

더덕_꽃

만삼_꽃

더덕_뿌리

만삼_뿌리

 효능과 주치 : 가래를 제거하는 거담, 고름을 배출하는 배농(排膿), 몸을 튼튼하게 하는 강장, 젖이 잘 나오게 하는 최유(催乳), 독을 푸는 해독, 종기를 삭히는 소종, 진 을 만들어내는 생진(生津) 등의 효능이 있으며, 해수, 인후염, 폐농양(肺膿瘍), 유선염, 장옹(腸癰), 옹종, 유즙 부족, 뱀에 물린 상처 등을 치료한다.

 사용시 주의사항 : 여로(黎蘆: 백합과의 여러해살이풀)와 함께 사용하지 않는다.

약용법과 용량 : 말린 뿌리 30g을 물 1.2L에 넣어 끓기 시작하면 약하게 줄여 200~300mL가 될 때까지 달여 하루에 2회 나눠 마신다. 또는 가루로 만들어 복용하기도 하고, 외용할 경우에는 환부에 더덕 생뿌리를 짓찧어 붙이거나 달인 물로 환부를 씻기도 한다. 또한 병 후에 몸이 허약해졌을 때에는 이 약재에 숙지황, 당귀 등을 배합

더덕 어린 새순

하고, 폐음(肺陰) 부족으로 해수가 있을 때에는 이 약재에 백부근(百部根: 덩굴백부 뿌리), 자완(紫菀: 개미취 뿌리), 백합 등을 배합하여 사용한다. 출산 후에 몸이 허약해진 경우나 젖이 잘 나오지 않을 때에는 이 약재에 동과자(冬瓜子: 동아호박 씨), 율무, 노근(蘆根: 말린 갈대의 뿌리), 도라지, 야국(野菊: 산국), 금은화(金銀花: 인동덩굴), 생감초 등의 약물을 배합하여 응용한다. 독사에 물렸을 때에도 응용할 수 있는데 이 약재를 끓여 마시거나 약재를 깨끗이 씻어 짓찧어 환부에 붙이면 효과가 매우 좋다.

 기능성 및 효능에 관한 특허자료

▶ 더덕 추출물을 포함하는 알코올성 간질환 및 알코올성 고지혈증의 예방 및 치료용 조성물

본 발명은 더덕 추출물을 유효성분으로 포함하는 알코올성 간질환 및 알코올성 고지혈증의 예방 및 치료용 조성물에 관한 것이다. 본 발명에 따른 조성물은 알코올의 섭취로 인해 증가된 간 조직 및 혈장의 지질 농도, 지질과산화물 농도를 감소시키고 간기능 지표 효소의 활성을 정상화하는 효과가 있으므로 알코올성 간질환 및 알코올성 고지혈증의 예방, 경감 및 치료의 목적으로 유용하게 사용할 수 있다.

— 등록번호 : 10-0631073-0000, 출원인 : 연세대학교 산학협력단

해수와 담을 치료하고 폐의 기운

도라지

Platycodon grandiflorum (Jacq.) A. DC.

사용부위 뿌리

이명 : 약도라지, 고경(苦梗), 고길경(苦桔梗)
생약명 : 길경(桔梗)
과명 : 초롱꽃과(Campanulaceae)
개화기 : 7~8월

뿌리 채취품

약재 전형

생육특성 : 도라지는 전국 각지의 산야에서 자생하며 전국적으로 재배되는데 특히 경북 봉화, 충북 단양, 전북 순창과 진안 등지에서 많이 재배하고 있는 여러해살이풀이다. 키는 40~100cm에 이르고, 잎은 마주나기, 돌려나기 또는 어긋나며 긴 달걀 모양이고 길이는 4~7cm, 너비는 1.5~4cm로 가장자리에는 예리한 톱니가 있다. 꽃은 보라색 또는 흰색으로 7~8월에 원줄기 끝에서 1송이 또는 여러 송이가 위를 향해 끝이 퍼진 종 모양으로 핀다. 뿌리는 원기둥 모양 혹은 약간 방추형으로 하부는 차츰 가늘어지고 분지된 것도 있으며 약간 구부러져 있다. 길이는 7~20cm, 지름은 1~1.5cm이다. 뿌리 표면은 흰색 또는 엷은 황백색으로 껍질을 벗기지 않은 것은 표면이 황갈색 또는 회갈색이며 비틀린 세로 주름이 있고 가로로 긴 구멍과 곁뿌리의 흔적이 있다. 상부에는 가로 주름이 있고, 맨 꼭대기에는 짧은 뿌리줄기가 있으며 그 위에는 여러 개의 반달 모양 줄기흔적이 있다.

지상부 꽃 열매

 채취 방법과 시기 : 봄과 가을에 뿌리를 채취하여 이물질을 제거하고 잘게 잘라 건조기에 넣어 말린 후 사용한다.

성분 뿌리에는 당질, 철분 등이 함유되어 있으며, 2% 정도의 사포닌과 칼슘이 함유되어 있다. 그 밖에 이눌린(inulin), 스테롤(sterols), 배툴린 (betulin), 알파-스파이나스테롤(α-spinasterol), 플래티코도닌(platycodonin)이 함유되어 있다. 줄기와 잎에도 사포닌 성분이 함유되어 있는데, 뿌리에는 식이섬유가 많아 변비를 예방할 수 있다.

성미 성질이 평범하고, 맛은 맵고 쓰며, 독성이 없다.

귀경 폐(肺) 경락에 작용한다.

효능과 주치 : 폐의 기운을 이롭게 하고, 인후부에 도움을 주며, 담과 농을 배출하며, 해수와 담이 많은 데, 가슴이 답답하고 꽉 막힌 데, 인후부의 통증, 폐에 옹저(癰疽)가 있거나 농을 토하는 증상 등을 치유하는 데 유용하다.

약용법과 용량 : 도라지는 이용방법이 매우 다양한데 일상 식생활에서는 도라지 껍질을 벗긴 후 물에 담가 쓴 물을 우려 내고 나물로 무쳐 먹기도 하고, 튀김이 나 구이로 먹기도 하며, 말린 뿌리 4~ 12g을 적당량의 물에 끓여 차로 마시기 도 한다. 특히 기관지염이나 가래가 많 을 때 애용하는데 가래를 묽게 하여 밖 으로 배출하는 데 아주 요긴한 약재이 다. 다만 말린 도라지를 물에 끓일 때에 는 쓴맛이 너무 강하므로 지나치게 많 이 넣지 않도록 주의한다.

장생도라지

사용시 주의사항 : 맛이 매운 약재로 진 액을 소모하는 작용이 있어 음허(陰虛)로 오래된 해수, 또는 기침에 피가 나오는 해혈이 있는 경우에는 사용할 수 없고, 위궤양이 있는 경우에는 신 중하게 사용하여야 한다. 또 내복하는 경우에 많은 양을 사용하면 오심과 구토를 일으킬 수 있으므로 주의한다.

풍사와 한사, 요통, 관절통

독 활

Aralia cordata var. *continentalis* (Kitag.) Y. C. Chu

사용부위 뿌리

이명 : 땅두릅, 강활(羌活), 강청(羌靑), 독요초(獨搖草)
생약명 : 독활(獨活)
과명 : 두릅나무과(Araliaceae)
개화기 : 7~8월

뿌리 채취품

약재 전형

생육특성 : 중국의 중치모당귀는 호북, 사천성에 분포하는 한해살이풀로, 우리나라에서는 전국 각지에서 분포하는데 전북 임실이 주산지로 전국 생산량의 60% 이상을 차지한다. 키는 1.5m까지 자란다. 뿌리는 긴 원기둥 모양부터 막대 모양을 한 것까지 다양하고 길이는 10~30cm, 지름은 0.5~2cm이다. 바깥 면은 회백색 또는 회갈색이며 세로 주름과 잔뿌리의 자국이 있다. 꺾은 면은 섬유성이고 연한 황색의 속심이 있고 질은 가볍고 엉성하다. 잎은 어긋나고 2회갈라진 깃꼴겹잎이다. 꽃은 암수한그루이며 연한 흰색으로 7~8월에 가지와 원줄기 끝 또는 윗부분의 잎겨드랑이에서 큰 원뿔형으로 자라다가 다시 모여나기로 갈라진 가지 끝에서 둥근 산형 꽃차례로 핀다.

지상부   꽃   열매

 채취 방법과 시기 : 뿌리는 수시로 채취하여 말려 사용하는데 주로 봄과 가을에 뿌리를 채취하여 이물질을 제거하고 0.2~0.5cm 두께로 절단하여 말린다.

성분 0.07%의 정유가 함유되어 있는데 주로 리모넨(limonene), 사비넨(sabinene), 미르센(myrcene), 휴물렌(humulene) 등이며 뿌리에는 ι-kaur-16-en-19-oic acid도 함유되어 있다.

성미 성질이 따뜻하고(혹은 약간 따뜻함), 맛은 맵고 쓰며, 독성이 없다.

귀경 신(腎), 방광(膀胱) 경락에 작용한다.

효능과 주치 : 풍사와 습사를 제거하고, 표사를 흩어지게 하며 통증을 멈추게 한다. 풍사와 한사, 습사로 인한 심한 통증을 다스리고, 허리와 무릎의 동통을 치료한다. 관절을 구부리고 펴는 동작(굴신屈伸)이 어려운 증상을 치료하며, 오한과 발열을 다스린다. 두통과 몸살을 치료하는 데에도 유용하다.

 약용법과 용량 : 이 약재는 특유의 냄새가 있고 맛은 처음에는 텁텁하고 약간 쓰다. 독활만 끓여서 마실 때에는 말린 뿌리 5~10g을 물 1L에 넣어 끓기 시작하면 약하게 줄여 200~300mL가 될 때까지 달여 하루에 2회 나눠 마신다.

 사용시 주의사항 : 맵고 따뜻한 약재로 습사를 말리고 흩어지게 하는 효능이 있으므로 몸 안의 진액이 상할 우려가 있어 진액이 부족하고 음기가 허한 음허혈조(陰虛血燥)의 경우에는 사용하면 안 된다. 일부에서 '땃두릅나무(Oplopanax elatus)'를 독활이라고 잘못 알고 혼용하는 경향이 있는데 땃두릅나무는 풀인 독활과는 전혀 다른 식물(낙엽활엽관목)이므로 혼동하지 않도록 주의를 요한다. 이는 일부 문헌에서 독활의 기원을 땃두릅나무로 기록한 데에서 비롯된 오류이다.

 기능성 및 효능에 관한 특허자료

▶ **독활 추출물을 포함하는 췌장암 치료용 조성물 및 화장료 조성물**
본 발명에 따른 췌장암 치료용 조성물 및 화장료 조성물은 췌장암 세포의 성장을 억제하고 세포사멸을 유도하는 효과가 있어 췌장암 치료 및 예방에 효과적으로 사용할 수 있다.
 – 공개번호 : 10-2012-0122425, 출원인 : (주)한국전통의학연구소, 정경채, 황성연

고혈압, 동맥경화, 활혈
돈나무

Pittosporum tobira (Thunb.) W.T.Aiton = [*Euonymus tobira* Thunb.]

사용부위 나무껍질, 가지와 잎

이명 : 갯똥나무, 섬엄나무, 섬음나무, 음나무,
　　　해동(海桐), 해동화(海桐花)
생약명 : 칠리향(七里香)
과명 : 돈나무과(Pittosporaceae)
개화기 : 5~6월

ㄷ

잎 채취품(약재)　　　　　　　　약재 전형

생육특성 : 돈나무는 남부해안 및 섬 지방에서 분포하는 상록활엽관목으로, 높이는 2~3m이고, 가지는 많이 갈라지며, 잎은 서로 어긋나서 가지 끝에 모여 달리고 두껍다. 잎 표면은 짙은 녹색에 윤채가 나고 긴 타원형 또는 거꿀달걀 모양으로 잎끝은 날카로우며 밑은 쐐기 모양에 거치가 없이 밖으로 약간 젖혀지며 두껍다. 꽃은 흰색 또는 황색으로 5~6월에 산방꽃차례로 가지 끝에서 피는데 향기가 난다. 꽃받침 잎은 달걀 모양으로 수술과 더불어 각각 5장이며 꽃잎은 흰색에서 황색으로 피고 5장이며 주걱 모양에 향기가 난다. 열매는 튀는열매로 원형 또는 넓은 타원형이며 9~10월에 달리는데 3갈래로 갈라져 여러 개의 붉은색 종자가 나온다.

지상부   꽃   열매

 채취 방법과 시기 : 가을부터 겨울에 줄기, 잎, 껍질을 채취한다(연중 수시 가능).

성분 가지와 잎, 나무껍질에는 트리테르페노이드(triterpenoid)류, 왁스(wax), 팔미틱산(palmitic acid), 올레인산(oleic acid) 등의 지방산, 베타-시토스테롤(β-sitosterol), 카로티노이드(carotenoid)류, 폴리아세틸렌(polyacetylene)류, 플라보노이드(flavonoid)류, 알파-피넨(α-pinene) 등의 정유가 함유되어 있다.

돈나무 열매

 성미 성질이 차고, 맛은 시고 짜다.

 귀경 간(肝), 신(腎) 경락에 작용한다.

효능과 주치 : 가지와 잎 나무껍질은 생약명을 칠리향(七里香)이라 하여 약성은 차고 맛은 시고 짜며, 고혈압, 동맥경화, 종기, 관절통, 습진, 종독, 활혈 등을 치료한다.

약용법과 용량 : 말린 가지와 잎, 나무껍질 30~60g을 물 900mL에 넣어 반이 될 때까지 달여 하루에 2~3회 나눠 마신다. 외용할 경우에는 가지와 잎, 나무껍질 달인 액으로 환부를 씻어내거나, 생것을 짓찧어 환부에 바른다.

기능성 및 효능에 관한 특허자료

▶ 돈나무 추출물을 함유하는 피부 미백제 조성물

본 발명은 멜라닌 형성 자극제인 α-MSH로 자극된 멜라노마 세포인 B16F10에 처리될 때 멜라닌 생성 억제 활성을 가지는 돈나무 잎 추출물, 돈나무 열매 추출물, 인삼 홍국균 발효물, 인삼 효모 발효물, 홍삼 홍국균 발효물 또는 홍삼 효모 발효물을 이용한 피부 미백제 조성물을 개시한다.

- 공개번호 : 10-2014-0072815,

출원인 : 재단법인 제주테크노파크 · 재단법인 진안홍삼연구소 · 재단법인 경기과학기술진흥원

돌배나무

해독, 화담, 변비

Pyrus pyrifolia (Burm.f.) Nakai

사용부위 뿌리, 잎, 열매

이명 : 꼭지돌배나무, 돌배, 산배나무
생약명 : 이수근(梨樹根), 이(梨), 이엽(梨葉)
과명 : 장미과(Rosaceae)
개화기 : 4~5월

열매 채취품

약재 전형

186

생육특성 : 돌배나무는 중국, 일본과 우리나라의 강원도 이남 지역에서 분포하는 낙엽활엽소교목으로, 높이가 5m 정도 된다. 한해살이 가지는 갈색으로 처음에는 털이 있다가 점점 없어진다. 잎은 달걀 모양의 긴 타원형에 길이는 7~12cm이고 뒷면은 회녹색을 띠며 털이 없고 가장자리에 바늘 모양의 톱니가 있다. 잎자루는 길이가 3~7cm이며 털이 없다. 꽃은 양성꽃이며 흰색으로 4~5월에 총상꽃차례로 피는데 털이 없거나 면모가 있고 지름은 3cm 정도이다. 꽃잎은 달걀 모양 원형이며 암술대는 4~5개로 털이없다. 열매는 지름 3cm 정도로 둥글며 9~10월에 다갈색으로 달린다. 열매자루 길이는 3~5cm이다.

| 지상부 | 꽃 | 열매 |

 채취 방법과 시기 : 열매는 9~10월, 잎은 여름, 뿌리는 연중 수시 채취한다.

성분 열매에는 사과산(malic acid), 구연산, 과당, 포도당, 서당, 잎에는 알부틴, 타닌(tannin), 질소, 인, 칼륨, 칼슘, 마그네슘이 함유되어 있다.

성미 열매는 성질이 시원하고, 맛은 달다. 잎은 성질이 평범하고, 맛은 담백하다. 뿌리는 성질이 평범하고 맛은 달고 담백하며 독성이 없다.

귀경 비(脾), 폐(肺), 신(腎) 경락에 작용한다

돌배나무_열매

배나무_열매

 효능과 주치 : 열매는 생약명을 이(梨)라 하여 청열, 해독, 윤조(潤燥: 건조함을 촉촉하게 함), 생진(生津: 진액을 생성함), 화담(化痰)의 효능이 있고 번갈, 소갈, 진해, 거담, 변비 등을 치료한다. 뿌리는 생약명을 이수근(梨樹根)이라 하여 탈장을 치료한다. 잎은 생약명을 이엽(梨葉)이라 하여 버섯중독의 해독, 탈장, 토사곽란, 설사 등을 치료한다.

 약용법과 용량 : 열매 3~6개를 생으로 먹거나, 즙을 내어 하루에 2~3회 매 식전에 마신다. 말린 뿌리 50~80g을 물 900mL에 넣어 반이 될 때까지 달여 하루에 2~3회 나눠 마신다. 말린 잎 30~50g을 물 900mL에 넣어 반이 될 때까지 달여 하루에 2~3회 나눠 마시거나, 즙을 내어 마신다. 외용할 경우에는 짓찧어 즙을 내어 환부에 바른다.

기침, 가래, 강장, 강정

동충하초

Cordyceps militaris (Vuill.) Fr.

사용부위 동충하초균의 자실체와 인시목(鱗翅目) 곤충류 유충과의 복합체

이명 : 충초(蟲草), 동충초(冬蟲草), 하초동충(夏草冬蟲)
생약명 : 동충하초(冬蟲夏草)
과명 : 동충하초과(Cordycipitaceae)
발생시기 : 봄~가을

자실체

자실체(약재)

생육특성 : 동충하초는 동충하초과의 버섯으로 분류되며, 나방류 번데기 속에서 기생하여 내성균핵을 형성하다가 성장하면 번데기 밖으로 나온다. 겨울에는 벌레이던 것이 여름에는 버섯으로 변한다고 해서 동충하초라고 부른다. 길이는 3~10cm로 원통형 또는 곤봉형이다. 대는 1개가 있지만 여러 개의 분지도 있을 수 있으며 등황색을 띠는데 밑부분으로 갈수록 색깔이 옅어진다. 자실체 상부에는 자실층이 있으며 포자의 모양은 원주형 방추 모양이다.

자실체

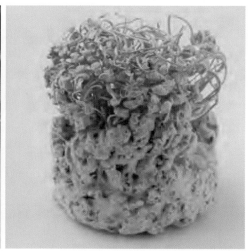

동충하초 제배

 발생 장소 : 죽은 나방류 등의 번데기 머리 또는 복부에서 기생한다.

성분 단백질, 지방(불포화지방산이 82%), 조섬유, 탄수화물, 회분이 함유되어 있고, 단백질의 물분해물에서 글루탐산(glutamic acid), 페닐알라닌(phenylallanin), 프롤린(poline), 히스티딘(histidine), 발린(valine), 옥시발린(oxyvaline), 아르기닌(arginine), 알라닌(alanine) 등이 확인되었다.

성미 성질이 따뜻하고, 맛은 달다.

귀경 폐(肺), 신(腎) 경락에 작용한다.

효능과 주치 : 진해, 거담, 진정, 강장, 강정 등의 효능이 있다. 최신 연구에 따르면 항암, 면역증강, 항피로, 노화 방지에 효과가 있음이 밝혀졌다. 일본과 미국에서 발표된 연구결과들에서도 항암효과, 면역증강, 신장이식 후 면역반응억제, 혈당강하 등에 효과가 있는 것으로 보고되었다.

 약용법과 용량 : 하루 복용량은 말린 동충하초 6~12g이다. 물에 달여 마시거나 환으로 만들어 복용하는데 약효가 서서히 나타나기 때문에 장복하는 것이 좋다. 빈혈, 성교 불능증, 유정(遺精)에는 동충하초 20~40g을 닭고기와 함께 푹 삶아 먹는다.

 사용시 주의사항 : 혈당강하 작용이 있어 당뇨병 환자들은 복용 시 신중해야 하며, 발열이나 감기 증상 또는 평소에 열이 많은 사람은 복용을 삼가야 한다.

 기능성 및 효능에 관한 특허자료

▶ **동충하초 추출물을 포함하는 간암의 예방 또는 치료용 조성물**

본 발명은 간암의 억제 효능을 갖는 동충하초 추출물을 포함하는 간암의 예방 또는 치료용 조성물에 관한 것으로, 보다 상세하게는 세포 독성을 거의 나타내지 않는 범위 내에서 매트릭스 메탈로프로티나아제(Matrix metalloproteinase, MMP)의 활성을 저해하여 간암의 억제 효능을 나타내는 밀리타리스 동충하초 추출물을 제공하여 간암의 예방 및 치료 효과를 갖는 식이보조제, 기능성 식품, 식품 첨가제, 사료 첨가제, 의약 제조 등에 유용하게 이용할 수 있다.

－ 공개번호 : 10-2005-0053911, 출원인 : 이성구 · 이형주 · 허행전 · 이기원

▶ **동충하초 균사체 추출물을 유효성분으로 함유하는 면역 억제용 조성물**

본 발명은 동충하초 균사체 추출물을 유효성분으로 함유하는 면역 억제용 조성물 또는 피부 질환 예방 및 치료용 조성물에 관한 것으로, 본 발명에 따른 동충하초 균사체 추출물은 장기 이식 시 면역 거절 반응에 따른 면역 항체의 생성량을 유의적으로 억제하고, 체중 변화 등의 부작용을 일으키지 않으며, 천연물이기 때문에 독성이 없고 인체에 무해하므로 장기 이식 시 면역 억제제로서 유용하게 사용될 수 있으며, 피부질환에 따른 진무름, 탈모 등을 억제함으로써 아토피, 알레르기, 욕창, 천포창, 천연두 등의 피부질환의 예방 및 치료에도 유용하게 사용될 수 있다.

－ 공개번호 : 10-2010-0112597, 출원인 : (주)한국신약

소염, 이뇨, 류머티즘에 의한 관절염, 당뇨병

두릅나무

Aralia elata (Miq.) Seem.

사용부위 뿌리껍질, 나무껍질

이명 : 참두릅, 드릅나무, 둥근잎두릅, 둥근잎두릅나무
생약명 : 총목(楤木)
과명 : 두릅나무과(Araliaceae)
개화기 : 7~8월

껍질(약재)   약재 전형

생육특성 : 두릅나무는 전국의 산기슭 양지 및 인가 근처에서 자라는 낙엽 활엽관목으로, 높이는 2~4m로, 가지에는 가시가 많이 나 있다. 잎은 서로 어긋나는데 홀수 2~3회 깃꼴겹잎이며 가지의 끝에 여러 장이 모여 난다. 잔잎은 다수로 달걀 모양 또는 타원상 달걀 모양에 잎끝이 뾰족하고 밑부분은 둥글거나 넓은 쐐기 모양 또는 심장 모양이며 가장자리에는 넓은 톱니가 있다. 꽃은 흰색으로 7~8월에 피고, 열매는 둥글고 9~10월에 검은색으로 달리는데, 종자는 뒷면에 알갱이 모양의 돌기가 약간 있다.

| 지상부 | 꽃 | 열매 |

 채취 방법과 시기 : 봄에 채취하는데 가시는 제거하고 햇볕에 말린다

성분 뿌리껍질, 나무껍질에는 강심 배당체, 사포닌, 정유 및 미량의 알칼로이드(alkaloid), 뿌리에는 올레아놀릭산(oleanolic acid)의 배당체인 아라로시드(araloside) A, B, C, 잎에는 사포닌이 들어 있으며 아글리콘 [aglycon: 배당체를 구성하는 물질 가운데 당(糖) 이외의 부분]은 헤데라게닌 (hederagenin)이다.

성미 성질이 평범하고, 맛은 매우며, 독성이 조금 있으나 열을 가하면 없어진다.

귀경 간(肝), 비(脾), 신(腎) 경락에 작용한다.

두릅나무_새잎

땃두릅나무_새잎

두릅나무_줄기

땃두릅나무_줄기

두릅나무와 땃두릅나무

두릅나무과에 속하는 두릅나무와 땃두릅나무는 학명 명명학자에 따라서 오갈피나무과로 분류하는
데 모두 같은 과 식물이다. 두릅나무는 나무와 가지에 가시가 드문드문 나 있고 땃두릅나무는 가지
와 잎 등 온몸에 잔가시가 밀생한다. 잎은 두릅나무가 새 날개깃 모양의 겹잎으로 가지 끝에 모여
나고 땃두릅나무는 잎이 손바닥 모양으로 3~5열이며 가장자리에는 가시가 나 있다. 또 두릅나무
열매는 검은색으로, 땃두릅나무 열매는 붉은색인데 모두 가을에 달린다.

두 식물은 함유된 약효 성분도 둘 다 다르고 약효 역시 모두 다르다. 두릅나무과의 독활을 '땃두릅'
이라고도 부르는데 독활의 이명인 땃두릅은 땃두릅나무와 다르다.

효능과 주치 : 뿌리껍질과 나무껍질은 생약명을 총목피(楤木皮)라 하여 거풍, 안신(安神: 치료를 위해 정신을 안정하게 함), 보기(補氣), 활혈 효능이 있으며 소염, 이뇨, 어혈, 신경쇠약, 류머티즘에 의한 관절염, 신염, 간경변, 만성 간염, 위장병, 당뇨병 등을 치료한다. 두릅나무의 추출물에는 백내장, 항산화, 혈압강하 작용이 있다는 연구결과가 나왔다.

두릅나무_어린순(채취품)

 약용법과 용량 : 말린 뿌리껍질 및 나무껍질 50~100g을 물 900mL에 넣어 반이 될 때까지 달여 하루에 2~3회 나눠 마신다. 외용할 경우에는 뿌리껍질, 나무껍질을 짓찧어 환부에 바른다.

🧬 기능성 및 효능에 관한 특허자료

▶ **두릅을 용매로 추출한 백내장에 유효한 조성물**

본 발명은 두릅 추출물 및 이를 유효성분으로 하는 치료제에 관한 것으로, 본 발명의 조성물 및 치료제는 백내장의 예방, 진행의 지연 및 치료의 효과가 있다. 본 발명에 따라 두릅의 수(水) 추출물을 4가지 용매–클로로포름, 에틸아세테이트, 부탄올 그리고 물로 추출한다. 이 추출물에 마이오–이노시톨 또는 타우린을 추가하면 백내장 치료의 상승효과를 얻을 수 있다. 또한 두릅 추출물을 유효성분으로 포함하는 음료, 생약제, 건강보조식품은 경구 투여에 의해 당에 기인하는 백내장의 예방, 지연, 치료 및 회복의 효과를 얻을 수 있다.

– 출원번호 : 10–2000–0004354, 특허권자 : (주)메드빌

▶ **두릅과 산딸기를 용매로 추출한 항산화효과를 가진 추출물**

본 발명은 두릅과 산딸기의 추출물로서 강력한 항산화작용이 있어 노화로 인한 백내장 등의 질환을 예방, 진행의 지연 및 치료의 효과가 있는 조성물에 관한 것으로, 두릅과 산딸기를 물이나 알코올로 추출한다. 이 추출물은 기존에 알려져 있는 다른 항산화물질들과 혼합하여 사용될 수 있으며, 마이오–이노시톨 또는 타우린을 포함하여 백내장 치료의 상승효과를 얻을 수 있다. 또한 두릅과 산딸기 추출물을 유효성분으로 포함하는 음료에 의해 음용을 가능하게 함으로써 노화에 따르는 여러 질병에 대해 예방, 지연 및 치료의 효과를 얻을 수 있다.

– 출원번호 : 10–2000–0025522, 특허권자 : (주)메드빌

두충

혈압강하, 이뇨, 근골강화, 기억력장애

Eucommia ulmoides Oliv.

사용부위 어린 잎, 나무껍질

이명 : 두중나무, 목면수(木綿樹), 석사선(石思仙)
생약명 : 두충(杜沖), 면아(櫋芽)
과명 : 두충과(Eucommiaceae)
개화기 : 4〜5월

껍질 채취중

약재 전형

생육특성 : 두충은 전국 각지에서 재배하는 낙엽활엽교목으로, 높이 20m 내외이며, 작은 가지는 미끄럽고 광택이 난다. 나무껍질, 가지, 잎 등에는 미끈미끈한 교질(膠質: 끈끈한 성질)이 함유되어 있다. 잎은 타원형이거나 달걀 모양에 서로 어긋나고 잎끝은 날카로우며 밑부분은 넓은 쐐기 모양에 가장자리에는 톱니가 있다. 꽃은 단성 암수딴그루로 잎과 같거나 잎보다 약간 빠른 4~5월에 연녹색으로 피며 꽃잎은 없다. 열매는 날개열매로 달걀 모양 타원형에 편평하고 끝이 오목하게 들어가 있다. 열매는 9~10월에 달리고, 그 안에 종자가 1개 들어 있다.

지상부   꽃   열매

 채취 방법과 시기 : 나무껍질은 4~6월, 잎은 처음 나온 어린잎을 채취한다.

성분 나무껍질에는 구타페르카(gutta-percha), 배당체, 알칼로이드(alkaloid), 펙틴(pectin), 지방, 수지, 유기산, 비타민 C, 클로로겐(chlorogen)산, 알도오스(aldose), 케토오스(ketose), 나무껍질의 배당체 중에는 아우쿠빈(aucubin)이 있다. 수지 중에는 말산(malic acid), 타타르산(tartaric acid), 푸마르산(fumaric acid) 등이 함유되어 있다. 종자에 들어 있는 지방유를 구성하는 지방산은 리놀렌산(linolenic acid), 리놀산(linolic acid), 올레산(oleic acid), 스테아르산(stearic acid), 팔미트산(palmitic acid)이다. 잎에는 구타페르카(gutta-percha), 알칼로이드, 글루코사이드 (glucoside), 펙틴, 케토스, 알도스(aldose), 비타민 C, 카페인산, 클로로겐산, 타닌(tannin)이 함유되어 있다.

 성미 나무껍질은 성질이 따뜻하고, 맛은 달고 약간 맵다. 잎은 성질이 따뜻하고, 맛은 달다.

 귀경 간(肝), 신(腎) 경락에 작용한다.

효능과 주치 : 나무껍질은 생약명을 두충(杜沖)이라 하여 고혈압, 이뇨, 보간 (補肝: 간기를 보함), 보신, 근골강화, 안태(安胎: 태아를 편안하게 함)의 효능이 있으며 요통, 관절마비, 소변잔뇨, 음부 가려움증 등을 치료한다. 어린 잎은 생약명을 면아(棉芽)라 하여 풍독각기(風毒脚氣: 풍사의 독성으로 인한 각기병)와 구적풍냉(久積風冷: 차가운 풍사가 오래 쌓임), 장치하혈(腸痔下血: 치질로 인한 하혈) 등을 치료한다. 두충의 추출물은 신경계질환, 기억력장애, 치매, 항산화, 피부노화, 골다공증, 류머티스관절염 등의 치료 효과가 있는 것으로 연구결과 밝혀졌다.

 약용법과 용량 : 말린 나무껍질 30~50g을 물 900mL에 넣어 반이 될 때까지 달여 하루에 2~3회 나눠 마시거나, 술을 담가서 마시기도 한다. 말린 어린잎 20~30g을 물 900mL에 넣어 반이 될 때까지 달여 하루에 2~3회 나눠 마시거나, 가루로 만들어 온수에 타서 마신다.

 기능성 및 효능에 관한 특허자료

▶ **두충 추출물을 포함하는 신경계 질환 예방 또는 치료용 조성물**
두충 추출물 또는 그의 유효성분은 퇴행성 뇌신경 질환의 예방 또는 치료용 조성물 및 건강 기능식품용 조성물로 유용하다.
― 등록번호 : 10-1087297, 출원인 : 박현미

▶ **학습 장애, 기억력 장애 또는 치매의 예방 또는 치료용 두충 추출물**
본 발명은 두충피 조추출물 또는 그의 분획층을 유효성분으로 포함하는 학습 장애, 기억력 장애 또는 치매의 예방 또는 치료용 또는 학습 또는 기억력 증진용 약학조성물 또는 학습·기억력 증진용 기능성식품을 제공한다.
― 공개번호 : 10-2010-0043669, 출원인 : (주)유니베라

폐 기능을 돕고 당뇨병과 협심통

둥굴레

Polygonatum odoratum var. pluriflorum (Miq.) Ohwi

사용부위 뿌리줄기

이명 : 맥도둥굴레, 애기둥굴레, 좀둥굴레, 여위(女萎)
생약명 : 옥죽(玉竹), 위유(萎蕤)
과명 : 백합과(Liliaceae)
개화기 : 6~7월

ㄷ

뿌리 채취품

약재 전형

생육특성 : 둥굴레는 여러해살이풀로 전국 각지의 산지에서 자생하거나 농가에서 많이 재배하는 식물 중의 하나인데 특히 충청, 전라, 경상도 지역에서 많이 생산한다. 키는 30~60cm로 자라며, 잎은 서로 어긋나고 길이는 5~10cm로 한쪽으로 치우쳐 퍼지며 잎자루가 없다. 굵은 육질의 뿌리줄기는 옆으로 뻗고 줄기에는 6개의 능각이 있으며 끝은 비스듬히 처진다. 꽃은 밑부분은 흰색, 윗부분은 녹색으로 6~7월에 줄기의 중간부분부터 1~2송이씩 잎겨드랑이에서 통 모양으로 핀다. 꽃의 길이는 1.5~2cm로 2개의 작은 꽃자루가 밑부분에서 서로 합쳐져 꽃대가 된다. 열매는 검은색으로 9~10월에 둥근 모양으로 달린다.

지상부   꽃   열매

 채취 방법과 시기 : 지상부 잎과 줄기가 다 말라 죽는 가을부터 이른 봄 싹이 나기 전까지 뿌리줄기를 채취하는데 줄기와 수염뿌리를 제거한 후 수증기로 쪄서 말린다.

성분 콘발라마린(convallamarin), 콘발라린(convllarin), 켈리도닉산(chelidonic acid), 아제도닉-2-카보닉산(azedidine-2-carbonic acid), 캠페롤-글루코사이드(kaempferol-glucoside), 퀴시티오-글리코사이드(quercitio-glycoside) 등이 함유되어 있다.

성미 성질이 평범하고, 맛은 달다.

귀경 폐(肺), 신(腎), 위(胃) 경락에 작용한다.

효능과 주치 : 몸 안의 진액과 양기를 길러주는 자양, 폐가 건조하지 않도록 윤활하게 해주는 윤폐(潤肺), 갈증을 멈추어주는 지갈, 진액을 생성해주는 생진(生津) 등의 효능이 있어 허약체질 개선, 폐결핵, 마른기침, 가슴이 답답하고 갈증이 나는 번갈(煩渴), 당뇨병, 심장쇠약, 협심통, 소변이 자주 마려운 소변빈삭(小便頻數) 증상 등을 치유하는 데 응용한다.

약용법과 용량 : 말린 뿌리 10~15g을 물 700mL에 넣어 끓기 시작하면 약하게 줄여 200~300mL가 될 때까지 달여 하루에 2회 나눠 마신다. 민간에서는 둥굴레를 볶거나 튀겨 차로 만들어 마시면 잘 우러나오고 향도 좋아 즐겨 마신다.

둥굴레_익은 열매

사용시 주의사항 : 습사(濕邪)가 쌓여 기혈의 운행을 막는 담습(痰濕)이나 기가 울체된 경우에는 사용을 피하고, 비허(脾虛)로 인해 진흙 같은 변을 누는 사람은 신중하게 사용하여야 한다. 그리고 민간에서는 흔히 둥굴레를 황정(黃精)과 혼동하는 경향이 있으나 황정은 층층갈고리둥굴레, 진황정 등의 뿌리줄기로 보중익기(補中益氣: 소화기능을 담당하는 중초의 기운을 돕고 기를 더함)의 기능과 강근골(强筋骨: 근육과 뼈를 튼튼하게 하는 기능)의 효능이 강한 보기(補氣: 허약한 원기를 돕는 기능) 약재인 반면 둥굴레(옥죽)는 보음(補陰: 몸의 원기를 보하는 기능) 약재로 자양(滋養: 몸의 영양을 좋게 함) 윤폐(潤肺)의 특징이 있으므로 구분해서 사용하는 것이 좋다.

둥굴레_꽃

층층둥굴레_꽃

둥굴레_잎

층층둥굴레_잎

 기능성 및 효능에 관한 특허자료

▶ 둥굴레 추출물과 그를 함유한 혈장 지질 및 혈당강하용 조성물

본 발명은 둥굴레 추출물과 그를 함유한 혈장 지질 및 혈당강하용 조성물에 관한 것으로, 둥굴레 추출물은 동물체 내의 혈장 지질 및 혈당강하 효과 등의 좋은 생리활성도를 유의적으로 나타내고, 부작용이나 급성 독성 등의 면에서 안전하여 심혈관계 질환인 고지혈증 및 당뇨병의 예방, 치료를 위한 약학적 조성물 또는 기능성 식품 등의 유효성분으로 이용할 수 있는 매우 뛰어난 효과가 있다.

― 공개번호 : 10-2002-0030687, 출원인 : 신동수

결핵성 림프샘염, 골수염, 소변불리, 대장염

등대풀
Euphorbia helioscopia L.

사용부위 전초

이명 : 등대대극. 등대초, 유초(乳草), 양산초(凉傘草),
　　　오풍초(五風草)
생약명 : 택칠(澤漆)
과명 : 대극과(Euphorbiaceae)
개화기 : 5월

ㄷ

전초 채취품

생육특성 : 등대풀은 두해살이풀로 경기도 이남에서 분포하는데 특히 제주도에서 많이 자생하고 있다. 키는 30cm 정도로 곧게 자라며, 줄기 전체에 유즙(乳汁)이 들어 있다. 대부분 아랫부분은 적자색이며 가지를 많이 치기도 하는데 잎은 어긋나고 거꿀달걀 모양 또는 주걱 모양으로 끝이 둥글다. 가지가 갈라진 끝부분에서는 5장의 잎이 돌려난다. 꽃은 황록색으로 5월에 술잔 모양의 취산꽃차례로 꼭대기에서 핀다. 열매는 6월에 달린다.
유사종으로 두메대극, 암대극, 흰대극 등이 있다.

지상부   꽃 · 열매

 채취 방법과 시기 : 꽃이 피는 5월경에 전초를 채취하여 햇볕에 말린다.

성분 파신(phasin), 티치말린(tithymalin), 헬리스코피올(heliscopiol), 부티릭산(butyric acid), 유포르빈(euphorbine), 파신(phasine), 사포닌이 함유되어 있다.

성미 성질이 시원하고, 맛은 쓰고 매우며, 독성이 있다.

귀경 비(脾), 폐(肺), 신(腎), 대장(大腸) 경락에 작용한다.

효능과 주치 : 소변을 잘 나가게 하는 이수, 가래를 제거하는 거담, 독을 풀어주는 해독, 종기를 삭히는 소종 등의 효능이 있어 수종, 소변불리, 해수, 결핵성 림프샘염, 골수염, 이질, 대장염, 개선(疥癬: 옴) 등을 치유하는데 사용한다.

? 혼동하기 쉬운 약초 비교

등대풀_꽃

대극_꽃

등대풀_잎

대극_잎

 약용법과 용량 : 말린 전초 10g을 물 700mL에 넣어 끓기 시작하면 약하게 줄여 200~300mL가 될 때까지 달여 하루에 2회 나눠 마신다. 가루나 환으로 만들어 복용하기도 하고, 외용할 경우에는 물에 달여 환부를 닦아내거나, 가루로 만든 약재를 우린 물에 개어 환부에 붙이기도 한다. 소변이 잘 나오게 하는 효과로는 대극과 비슷하지만 등대풀(택칠)은 소변을 잘 나오게 하면서 남자의 음기도 돕는 효능이 있다.

 사용시 주의사항 : 독성이 있고 축수(逐水 : 수분을 빼내는 효능)작용이 있으므로 기혈이 허약한 사람이나 비위가 허한 사람, 임산부들은 사용을 금하고 마와 함께 사용하지 않는다.

근골동통, 폐결핵, 변혈, 자궁출혈, 풍

딱지꽃

Potentilla chinensis Ser.

사용부위 어린순, 전초

이명 : 갯딱지, 딱지, 당딱지꽃
생약명 : 위릉채(萎陵菜)
과명 : 장미과(Rosaceae)
개화기 : 6~7월

전초 채취품

생육특성 : 딱지꽃은 각처의 들, 개울가, 바닷가에서 자라는 여러해살이풀로, 생육환경은 햇빛이 많이 들어오는 곳이다. 키는 30~60cm이고, 잎은 길이가 2~5cm, 너비는 0.8~1.5cm로 긴 타원형이고 표면에는 털이 없으나 뒷면에는 흰색 털이 많이 나 있다. 꽃은 노란색으로 6~7월에 줄기 끝에서 피는데 지름은 1~2cm, 꽃잎은 5장이다. 열매는 7~8월경에 넓은 달걀 모양으로 달린다.

지상부

꽃

열매

 채취 방법과 시기 : 전초를 봄부터 여름까지 채취해 그늘에서 말린다.

성분 지방, 조섬유, 타닌(tannin), 비타민 C, 오산화인(P_2O_5), 산화칼슘(CaO) 등이 함유되어 있다.

성미 성질이 평범하고, 맛은 달고 약간 쓰다.

귀경 심(心), 비(脾), 폐(肺) 경락에 작용한다.

효능과 주치 : 풍사를 없애 풍을 치료하는 거풍, 출혈을 멈추게 하는 지혈, 해독, 종기를 삭이는 소종 등의 효능이 있어 풍습성 근골동통, 폐결핵, 자궁내막염, 붕루, 토혈, 변혈, 이질, 창종(瘡腫), 옴 등을 치료한다.

 약용법과 용량 : 말린 약재 20~40g을 물 1L에 넣어 1/3이 될 때까지 달여

하루에 2~3회 나눠 마시거나, 가루로 만들거나 술을 담가 복용하기도 한다. 외용할 경우에는 달인 물로 환부를 씻거나, 짓찧거나 가루로 만들어 환부에 바른다.

? 혼동하기 쉬운 약초 비교

딱지꽃_꽃

양지꽃_꽃

딱지꽃_잎

양지꽃_잎

 기능성 및 효능에 관한 특허자료

▶ 딱지꽃 추출물을 유효성분으로 포함하는 항인플루엔자용 조성물

본 발명에 따른 딱지꽃은 인체감염증 고병원성 인플루엔자 바이러스, 신종 독감 바이러스, 계절 독감 바이러스 또는 계절 독감 바이러스와 같은 인플루엔자 바이러스 증식 감소 및 억제하는 효과가 우수하여 인플루엔자 치료제로 유용하게 사용될 수 있고, 체내에 안정한 특징이 있어 기능성 건강식품의 소재로도 사용할 수 있는 효과가 있다.

– 공개번호 : 10-2014-0104652, 출원인 : 충남대학교 산학협력단

진통, 근골동통, 골절

딱총나무

Sambucus racemosa subsp. *sieboldiana* (Miq.) H. Hara

사용부위 뿌리, 뿌리껍질, 줄기, 가지, 잎, 꽃

이명 : 접골초(接骨草), 당딱총나무, 청딱총나무, 고려접골목, 당접골목
생약명 : 접골목(接骨木)
과명 : 인동과(Caprifoliaceae)
개화기 : 4~5월

약재 전형

생육특성 : 딱총나무는 전국의 산골짜기 산기슭의 습기 많은 곳에서 분포하는 낙엽활엽관목으로, 높이 3~4m이다. 가지는 많이 갈라져 나오는데 회갈색 내지 암갈색이고 털은 없다. 잎은 2~3쌍의 잔잎으로 홀수깃꼴겹잎에 서로 마주나고 길쭉한 달걀 모양, 타원형 혹은 달걀 모양 바소꼴이며 잎끝은 날카롭고 밑부분은 좌우 같지 않은 넓은 쐐기 모양이며 가장자리에는 톱니가 있고 양면에는 모두 털이 없다. 꽃은 흰색 또는 담황색으로 4~5월에 피는데, 꽃받침은 종 모양에 쐐기 모양의 찢어진 조각이 5개 있다. 열매는 둥근 핵과의 씨열매로 둥글고 7~8월에 붉은색으로 달린다.

| 지상부 | 꽃 | 열매 |

 채취 방법과 시기 : 줄기, 가지는 연중 수시, 뿌리, 뿌리껍질은 9~10월, 잎은 4~10월, 꽃은 4~5월에 채취한다.

성분 알파-아미린(α-amyrin), 알부틴(arbutin), 올레인산(oleic acid), 우르솔릭산(ursolic acid), 베타-시토스테롤(β-sitosterol), 캠페롤(kaempferol), 쿼세틴(quercetin), 타닌(tannin) 등이 함유되어 있다.

성미 줄기, 가지는 성질이 평범하고, 맛은 달고 쓰며, 독성이 없다. 뿌리, 뿌리껍질은 성질이 평범하고, 맛은 달며, 독성이 없다. 잎은 성질이 차고, 맛은 쓰다. 꽃은 성질이 평범하고, 맛은 달다.

딱총나무 꽃

 귀경 간(肝), 심(心), 비(脾) 경락에 작용한다.

효능과 주치 : 줄기와 가지는 생약명을 접골목(接骨木)이라 하여 거풍, 진통, 활혈, 어혈, 타박상, 골절, 류머티즘에 의한 마비, 요통, 수종, 창상출혈, 심마진(尋痲疹, 두드러기), 근골동통 등을 치료한다. 뿌리 또는 뿌리껍질은 생약명을 접골목근(接骨木根)이라 하여 류머티즘에 의한 동통, 황달, 타박상, 화상 등을 치료한다. 잎은 생약명을 접골목엽(接骨木葉)이라 하여 진통, 어혈, 활혈, 타박, 골절, 류머티즘에 의한 통증, 근골동통을 치료한다. 꽃은 생약명을 접골목화(接骨木花)라 하여 이뇨, 발한의 효능이 있다.

약용법과 용량 : 말린 줄기와 가지 30~50g을 물 900mL에 넣어 반이 될 때까지 달여 하루에 2~3회 나눠 마신다. 말린 뿌리 또는 뿌리껍질 100~150g을 물 900mL에 넣어 반이 될 때까지 달여 하루에 2~3회 나눠 마신다. 외용할 경우에는 짓찧어 환부에 붙이거나 가루를 조합하여 바른다. 말린 잎 50~100g을 물 900mL에 넣어 반이 될 때까지 달여 하루에 2~3회 나눠 마신다. 외용할 경우에는 짓찧어서 환부에 붙이거나 달인 액으로 환부를 씻어주고 바른다. 말린 꽃 15~30g을 물 900mL에 넣어 반이 될 때까지 달여 하루에 2~3회 나눠 마신다.

 사용시 주의사항 : 임산부는 복용을 금한다.

딱총나무_잎

남천_잎

딱총나무_열매

남천_열매

 기능성 및 효능에 관한 특허자료

▶ 딱지꽃 추출물을 유효성분으로 포함하는 항인플루엔자용 조성물

본 발명에 따른 딱지꽃은 인체감염증 고병원성 인플루엔자 바이러스, 신종 독감 바이러스, 계절 독감 바이러스 또는 계절 독감 바이러스와 같은 인플루엔자 바이러스 증식 감소 및 억제하는 효과가 우수하여 인플루엔자 치료제로 유용하게 사용될 수 있고, 체내에 안정한 특징이 있어 기능성 건강식품의 소재로도 사용할 수 있는 효과가 있다.

– 공개번호 : 10-2014-0104652, 출원인 : 충남대학교 산학협력단

강장, 진해, 해독

마가목

Sorbus commixta Hedl.

사용부위 나무껍질, 종자

이명 : 은빛마가목, 잡화추(雜花楸), 일본화추(日本花楸)
생약명 : 정공피(丁公皮), 마가자(馬家子)
과명 : 장미과(Rosaceae)
개화기 : 5~6월

열매 채취품

약재 전형

생육특성 : 마가목은 남부·중부 지방에서 자라는 낙엽활엽소교목으로, 높이 6~8m로, 작은 가지와 겨울눈에는 털이 없다. 잎은 깃꼴겹잎이며 서로 어긋나고 잔잎은 9~13장에 바늘 모양, 넓은 바늘 모양 또는 타원형 바늘 모양이고 양면에 털이 없이 잎 가장자리에 길고 뾰족한 겹톱니 또는 홑톱니가 있다. 꽃은 흰색으로 5~6월에 겹산방꽃차례로 피는데, 털이 없으며 열매는 이과(梨果)로 둥글고 9~10월에 붉은색 또는 황적색으로 달린다.

| 지상부 | 꽃 | 열매 |

 채취 방법과 시기 : 나무껍질은 봄, 종자는 9~10월에 채취한다.

성분 루페논(lupenone), 루페올(lupeol), 베타-시토스테롤(β-sitosterol), 리그난(lignan), 솔비톨(solbitol), 아미그달린(amygdalin), 플라보노이드(flavonoid)류가 함유되어 있다.

성미 나무껍질은 성질이 따뜻하고, 맛은 시고 약간 쓰다.

귀경 간(肝), 비(脾), 폐(肺), 신(腎) 경락에 작용한다.

마가목 단풍잎

 효능과 주치 : 나무껍질은 생약명을 정공피(丁公皮)라 하여 거풍, 진해, 강
장, 신체허약, 요슬산통(腰膝酸痛: 허리와 무릎이 저리고 아픈 증상), 풍습비
통(風濕痺痛), 백발을 치료한다. 종자는 생약명을 마가자(馬家子)라 하여 진
해, 거담, 이수, 지갈(止渴), 강장, 기관지염, 폐결핵, 수종, 위염, 신체허
약, 해독 등을 치료한다. 연구결과 마가목의 추출물은 해독작용을 하는 것
으로 밝혀졌다.

 약용법과 용량 : 말린 약재 40~80g을 물 900mL에 넣어 반이 될 때까지 달
여 하루에 2~3회 나눠 마시거나, 술을 담가 마신다.

 기능성 및 효능에 관한 특허자료

▶ **마가목 열매를 이용한 차의 제조방법**

본 발명은 마가목의 열매를 가공하여 차를 제조하는 방법에 관한 것으로, 잘 세척된 마가목 열매
100중량부에 대하여 400중량부 내지 500중량부의 물을 가하여 90분 내지 120분 동안 끓여 증숙시
킨 다음 18메쉬체를 이용하여 추출액과 증숙된 마가목 열매를 분리하고, 증숙된 마가목 열매는 체
위에서 적정의 압력을 가한 상태로 문질러서 표피 및 씨가 제거된 증숙된 과육 착즙물을 얻은 다
음, 얻어진 착즙물과 추출액을 혼합하여 60메쉬의 체로 감압 여과하여 고형물을 제거한 다음, 한천
0.15중량부 내지 0.25중량부와 솔스타 0.09 내지 0.10중량부를 첨가 혼합함을 특징으로 하는 마가
목을 이용한 차의 제조방법을 제공한다.

— 공개번호 : 10-2002-0055831, 출원인 : 한국식품연구원

215

열을 식히고 독을 풀어주며 종기와 어혈

마타리

Patrinia scabiosaefolia Fisch. ex Trevir.

사용부위 전초

이명 : 가양취, 미역취, 가얌취, 녹사(鹿賜), 녹수(鹿首),
　　　마초(馬草), 녹장(鹿醬)
생약명 : 패장(敗醬), 황화패장(黃花敗醬)
과명 : 마타리과(Valerianaceae)
개화기 : 7~8월

뿌리 채취품

약재 전형

생육특성 : 마타리는 여러해살이풀로, 각지의 산야에서 분포한다. 키가 60~150cm에 달하며 곧게 자란다. 원줄기 길이는 50~100cm이다. 뿌리줄기는 원기둥 모양으로 한쪽으로 구부러졌고 마디가 있으며 마디와 마디 사이 길이는 2cm 정도로 마디 위에는 가는 뿌리가 있다. 줄기는 원기둥 모양으로 지름은 0.2~0.8cm인데 황록색 또는 황갈색으로 마디가 뚜렷하며 엉성한 털이 나 있다. 질은 부서지기 쉽고, 단면의 중앙에는 부드러운 속심이 있거나 비어 있다. 잎은 마주나고, 잎몸은 얇으며 쭈그러졌거나 파쇄되었고 다 자란 잎을 펴보면 깃꼴로 깊게 쪼개졌고 거친 톱니가 있으며 녹색 또는 황갈색이다. 꽃은 노란색으로 7~8월에 피며, 열매는 타원형이다.

지상부   꽃   열매

 채취 방법과 시기 : 여름부터 가을에 걸쳐 채취하는데 이물질을 제거하고 두께 0.2~0.3cm로 가늘게 썰어 사용한다.

성분 뿌리와 줄기에는 모로니사이드(morroniside), 로가닌(loganin), 빌로사이드(villoside), 파트리노사이드 C와 D(patrinoside C와 D), 스카비오사이드 A~G(scabioside A~G) 등이 함유되어 있다.

성미 성질이 약간 차고, 맛은 맵고 쓰며, 독성이 없다.

귀경 간(肝), 위(胃), 대장(大腸) 경락에 작용한다.

효능과 주지 : 열을 식히고 독을 풀어주는 청열해독, 종기를 다스리고 농을 배출하는 소종배농(消腫排膿), 어혈을 풀고 통증을 멈추게 하는 거어지통(去瘀止痛)의 효능이 있다. 또한 장옹(腸癰)과 설사, 적백대하, 산후어체복통(産後瘀滯腹痛: 산후에 어혈이 완전히 제거되지 않고 남아서 심한 복통을 유발하는 증상), 목적종통(目赤腫痛: 눈에 핏발이 서거나 종기가 생기면서 아픈 증상), 옹종개선(癰腫疥癬: 종양이나 옴) 등을 치유한다.

 약용법과 용량 : 말린 전초 8~20g을 사용하는데 용도에 따라 적작약(청열소종), 율무(화농의 배설), 금은화(옹종 치료), 백두옹(설사) 등과 각각 배합하여 물을 붓고 끓여 복용하는데 보통 약재가 충분히 잠길 정도의 물을 붓고 끓기 시작하면 약하게 줄여 1/3이 될 때까지 달여 마신다. 또한 마타리는 열을 내리고 울결(鬱結: 막히고 덩어리 진 것)을 제거하며 소변을 잘 나오게 하고 부기를 가라앉히며 어혈을 없애고 농(膿)을 배출시키는 데 아주 좋은 효과가 있다. 산후에 오로(惡露)로 인하여 심한 복통이 있을 경우에는 이 약재 200g을 물 7~8L에 넣어 3~4L가 될 때까지 달여 한 번에 200mL씩, 하루에 3번 나눠 마신다.

 사용시 주의사항 : 맛이 쓰고 차서 혈액순환을 활성화시키고 어혈을 흩어지게 하는 작용이 있으므로 실열(實熱: 외부의 사기가 몸 안에 침입해 정기와 싸워 생기는 열)이나 어혈(瘀血)이 없는 경우에는 신중하게 사용할 것이며, 출산 후의 과도한 출혈이나 혈허(血虛), 또는 비위가 허약한 사람이나 임산부도 사용에 신중을 기해야 한다.

기능성 및 효능에 관한 특허자료

▶ **마타리와 황백피의 혼합 수추출물을 함유하는 면역증강제 조성물**

본 발명은 마타리와 황백피(황벽나무 줄기 속껍질)의 혼합 수추출물을 유효성분으로 함유하는 면역증강제 조성물에 관한 것이다. 본 발명의 추출물은 우수한 면역증강작용을 가지고 있어서 항암 화학요법이나 방사선 요법을 받는 환자에게서 손상된 면역기전을 부활 또는 증가시키고, 또한 면역 관련 백신을 사용할 때에 면역보조제로서 사용함으로써 항체 생성 강도를 증가시키는 효과를 나타낸다.

― 공개번호 : 10-1998-0021297, 출원인 : (주)파마킹, 한영복

거풍, 진통, 관절통, 월경불순

만병초

Rhododendron brachycarpum D.Don ex G. Don

사용부위 잎

이명 : 뚝갈나무, 들쭉나무, 붉은만병초, 큰만병초, 홍뚜갈나무,
　　　홍만병초, 흰만병초
생약명 : 석남엽(石南葉), 만병초(萬病草)
과명 : 진달래과(Ericaceae)
개화기 : 6~7월

채취품

약재 전형

219

생육특성 : 만병초는 전국 고산지대에서 자생하는 상록활엽관목으로, 높이가 4m 전후로 자라며, 어린 가지에는 회색 털이 빽빽하게 나지만 곧 없어지고 갈색으로 변한다. 잎은 서로 어긋나지만 가지 끝에서 5~7장이 모여나며 타원형 또는 타원형 바늘 모양이고 잎 가장자리에는 톱니가 없다. 잎 표면은 짙은 녹색이며 두꺼운데 뒤로 말리고 뒷면은 회갈색 또는 연한 갈색 털이 빽빽하게 나 있다. 꽃은 흰색, 붉은색, 노란색 등으로 6~7월에 가지 끝에서 10~20송이가 핀다. 열매는 튀는열매로 8~9월에 달린다.

| 지상부 | 꽃 | 열매 |

 채취 방법과 시기 : 연중 수시로 잎을 채취한다.

성분 알파-아미린(α-amyrin), 베타-아미린(β-amyrin), 우르소릭산(ursolic acid), 올레아놀릭산(oleanolic acid), 캄파눌린(campanulin), 우바올(uvaol), 시미아레놀(cimiarenol), 베타-시토스테롤(β-sitosterol), 쿼세틴(quercetin), 아비쿨라린(abicularin), 하이퍼린(hyperin) 등의 플라보노이드(flavonoid)류 등이 함유되어 있다.

성미 성질이 평범하고, 맛은 쓰고 맵다.

귀경 간(肝), 비(脾), 신(腎) 경락에 작용한다.

만병초

애기동백나무

 효능과 주치 : 잎은 생약명을 석남엽(石南葉)이라 하여 거풍, 진통, 강장, 이뇨, 요배산통(腰背酸痛), 두통, 관절통, 신허요통(腎虛腰痛), 양위(陽痿), 월경불순, 불임증, 당뇨병, 비만 등을 치료한다.

 약용법과 용량 : 말린 잎 20~30g을 물 900mL에 넣어 반이 될 때까지 달여 하루에 2~3회 나눠 마신다.

 사용시 주의사항 : 독성이 있으므로 반드시 전문가의 지도를 받아 사용하여야 하고 일반식품으로의 사용은 금한다.

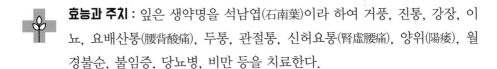

기능성 및 효능에 관한 특허자료

▶ 만병초로부터 분리된 트리테르페노이드계 화합물을 함유하는 대사성 질환의 예방 또는 치료용 조성물

본 발명은 만병초로부터 분리된 트리테르페노이드계 화합물을 함유하는 대사성 질환의 예방 또는 치료용 조성물에 관한 것이다. 상기 만병초 유래의 화합물들은 단백질 타이로신 탈인산화 효소 1B의 억제 활성이 우수하여 당뇨병 또는 비만의 예방 또는 치료용 조성물로 유용하게 사용될 수 있다.

— 등록번호 : 10-1278273-0000, 출원인 : 충남대학교 산학협력단

체하거나 어혈, 항암

말굽버섯
Fomes fomentarius (L.) Gillet

사용부위 자실체

이명 : 화균지(樺菌芝), 목제층공균(木蹄層孔菌)
생약명 : 목제(木蹄)
과명 : 구멍장이버섯과(Polyporaceae)
발생시기 : 여름~가을

자실체 채취품

생육특성 : 말굽버섯은 의성(醫聖) 히포크라테스도 뜸을 뜨는 데 사용하였다는 기록이 있고, 오래된 유적에서도 발견되어 현재 가장 오래된 버섯 가운데 하나로 알려져 있으며, 벚나무 등 활엽수 나무의 몸통 위에서 자란다. 갓의 지름은 5~50cm, 두께는 3~20cm의 대형 버섯으로, 전체가 딱딱한 말굽을 닮아 말굽버섯이라고도 부른다. 겉은 두꺼운 각피로 덮여 있는데, 표면은 회백색 또는 회갈색이며, 동심원상의 물결 모양 선이 있다. 조직은 황갈색이고 가죽질이다. 관공은 여러 개의 층으로 형성되며, 회백색을 띤다. 포자문은 흰색이고, 포자 모양은 긴 타원형이다.

겨울 자실체

자실체

 발생 장소 : 활엽수의 고목이나 살아 있는 나무 등에서 홀로 발생한다.

성분 다당류, 포멘타리올(fomentariol), 포만타린산(fomantaric acid), 사포닌, 알칼로이드(alkaloid), 폴리사카라이드(polysaccharide), 렉틴(lectin), 포멘타리올(fomentariol), 포멘타르산(fomentaric acid), 아가리틴산(afaritinic acid), 아기리올레신(agariolesin), 카복시메틸셀룰라제(caboxymethylcellulase), 프로테아제(protease) 등이 함유되어 있다.

성미 성질이 평범하고, 맛은 쓰고 담담하다.

귀경 간(肝), 폐(肺), 위(胃) 경락에 작용한다.

말굽버섯 자실체

 효능과 주치 : 식도암, 위암, 자궁암 등의 치료 효과가 있는 것으로 알려져 있다. 항종양 효과 시험에서 Sarcoma 180/마우스, 억제율 80%, Ehrlich 복수암/마우스, 억제율 70%의 결과가 보고되었고, 그밖에도 해열, 이뇨, 발열, 눈병, 복통, 감기, 변비, 폐결핵 등의 치료에 적용할 수 있는 것으로 보고되었다

 약용법과 용량 : 민간요법에서는 식도암, 위암, 자궁암 치료를 위해 말린 말굽버섯 13~16g을 물에 달여 하루에 2회 나눠 마신다고 한다. 어린이들의 식체에는 말굽버섯 9g과 홍석이(紅石耳) 13g을 물에 달여 하루에 2회 나눠 마신다.

사용시 주의사항 : 껍질이 매우 단단해서 물에 달일 때에는 잘게 썰어서 사용해야 한다.

🌿 기능성 및 효능에 관한 특허자료

▶ 말굽버섯 추출물 및 망개나무 추출물을 포함하는 정신장애의 예방 또는 치료용 조성물

본 발명은 말굽버섯 추출물 및 망개나무 추출물을 유효성분으로 포함하는 정신장애의 예방 또는 치료용 조성물에 관한 것이다. 본 발명에 따르면 말굽버섯 추출물 및 망개나무 추출물을 유효성분으로 포함함으로써 과활성화된 시상하부-뇌하수체-부신 축(hypothalamic-pituitary-adrenal axis, HPA)에 의해 유발된 염증성 사이토카인의 발현을 제어하고, 망개나무 추출물에 의한 항염증조절기작으로 뇌 내의 NFκ-B의 발현을 하향 조절하여, 정신장애를 예방 또는 치료하는 데 뛰어난 효과가 있고, 천연물로서 인체에 부작용이 적고, 용이하게 제조 및 섭취할 수 있는 효과가 있다.

– 공개번호 : 10-2017-0061469, 출원인 : 동의대학교 산학협력단

청열, 해독, 소염, 건위, 지사

매발톱나무

Berberis amurensis Rupr.

사용부위 뿌리, 줄기, 가지

이명 : 자벽(自蘗), 산석류(山石榴)
생약명 : 소벽(小蘗)
과명 : 매자나무과(Berberidaceae)
개화기 : 5~6월

약재

약재

생육특성 : 매발톱나무는 전국 산지 계곡의 양지에서 자생하는 낙엽활엽관목으로, 높이는 1~3m로 자란다. 작은 가지에는 홈이 있고 2년생가지는 회황색 또는 회색에 가지는 3개로 갈라지며 길이는 1~2cm이다. 잎은 새 가지에서는 서로 어긋나는데 짧은 가지에서는 모여 난 것처럼 보이며 타원형 또는 거꿀달걀 모양 타원형에 밑부분은 날카롭고 잎끝은 뭉툭하다. 잎 가장자리에는 불규칙한 바늘 모양의 톱니가 있다. 꽃은 황색으로 5~6월에 총상꽃차례로 반쯤 아래로 처지며 10~20송이가 핀다. 열매는 물열매로 9~10월에 붉게 달린다.

지상부 꽃 열매

 채취 방법과 시기 : 가을부터 이듬해 봄에 뿌리와 뿌리줄기를 채취해 햇볕에 말린다.

성분 뿌리를 포함해 전주(全株)에는 알칼로이드(alkaloid)가 함유되어 있는데 뿌리에는 베르베린(berberine), 팔마틴(palmatine), 옥시아칸친(oxyacanthine), 콜럼바민(columbamine), 자트롤히진(jatrorrhigine) 등이 함유되어 있다. 잎에는 베르베린이 함유되어 있다.

성미 성질이 매우 차고, 맛은 쓰며, 독성이 없다.

귀경 심(心), 위(胃), 대장(大腸) 경락에 작용한다.

226

매발톱나무 꽃과 줄기

 효능과 주치 : 뿌리와 줄기 및 가지는 생약명을 소벽(小蘗)이라 하여 청열, 해독, 소염, 건위, 소화불량, 복통, 지사, 이질, 급성장염, 황달, 폐렴, 인후염, 결막염, 옹종, 창절, 혈붕, 습진 등을 치료한다.

 약용법과 용량 : 말린 뿌리와 줄기 및 가지 15~30g을 물 900mL에 넣어 반이 될 때까지 달여 하루에 2~3회 나눠 마신다. 외용할 경우에는 뿌리와 줄기 및 가지 달인 액을 눈에 넣거나, 가루로 만들어 환부에 바른다.

 ### 기능성 및 효능에 관한 특허자료

▶ 매발톱나무 추출물을 함유하는 화장료 조성물

본 발명은 매발톱나무 추출물을 주요 활성성분으로 함유하는 노화방지 화장료 조성물에 관한 것으로서, 좀 더 구체적으로는 매발톱나무 추출물 0.001~30.0중량%를 함유하며 노화방지 효과가 우수한 화장료 조성물에 관한 것이다.

– 공개번호 : 10-2014-0055049, 출원인 : 한불화장품(주)

항균, 수렴, 항알레르기

매실나무

Prunus mume (Siebold) Siebold & Zucc.

사용부위 뿌리, 가지, 잎, 꽃봉오리, 열매, 종인

이명 : 매화나무, 매화수(梅花樹), 육판매(六瓣梅), 천지매(千枝梅)
생약명 : 오매(烏梅), 매실(梅實)
과명 : 장미과(Rosaceae)
개화기 : 2~3월

열매 채취품

약재 전형 (오매)

생육특성 : 매실나무는 남부·중부 지방에서 재배하는 낙엽활엽소교목으로, 높이 5m 정도로 자라고, 나무껍질은 담회색 또는 담녹색에, 가지가 많이 갈라진다. 잎은 서로 어긋나고 잎자루 밑부분에 선형의 턱잎이 2장 있으며 잎 바탕은 달걀 모양에서 긴 타원형 달걀 모양에 양면으로 잔털이 나 있거나 뒷면의 잎맥 위에는 털이 나 있고 가장자리에도 예리한 긴 톱니가 있다. 꽃은 흰색 또는 분홍색으로 2~3월에 잎보다 먼저 피는데 향기가 강하며, 꽃잎은 넓은 거꿀달걀 모양이다. 열매는 씨열매로 둥글고 6~7월에 황색으로 달린다.

지상부   꽃   열매

 채취 방법과 시기 : 꽃봉오리는 꽃이 피기 전인 2~3월, 열매는 6~7월, 잎, 가지는 여름, 종인은 6~7월, 뿌리는 연중 수시 채취한다.

성분 열매에는 구연산, 사과산(malic acid), 호박산(succinic acid), 탄수화물, 시토스테롤(sitosterol), 납상물질(蠟狀物質), 올레아놀릭산(oleanolic acid)이 함유되어 있다. 꽃봉오리에는 정유가 있는데 그중에 중요한 성분은 벤즈알데하이드(benzaldehyde), 이소루게놀(isolugenol), 안식향산(benzoic acid) 등이다. 종자의 종인 속에는 아미그달린(amygdalin)이 함유되어 있다.

성미 꽃봉오리는 성질이 평범하고, 맛은 시고 떫으며, 독성이 없다. 열매는 성질이 따뜻하고, 맛은 시다. 잎, 가지는 성질이 평범하고, 맛은 시며, 독성이 없다. 종인은 성질이 평범하고 맛은 시며, 독성이 조금 있다. 뿌리는 성질이 평범하고, 맛은 시다.

귀경 간(肝), 비(脾), 폐(肺), 신(腎) 경락에 작용한다.

효능과 주치 : 미성숙한 열매를 볏짚이나 왕겨에 그을려 검게 된 것을 생약명으로 오매(烏梅)라 하는데 수렴, 지사, 이질, 항균, 항진균작용이 있고 구충, 해수, 혈변, 혈뇨, 혈붕(血崩), 복통, 구토, 식중독 등을 치료한다. 뿌리는 생약명을 매근(梅根)이라 하여 담낭염을 치료한다. 잎이 달린 줄기와 가지는 생약명을 매경(梅莖)이라 하여 유산 치료에 도움을 준다. 잎은 생약명을 매엽(梅葉)이라 하여 곽란(霍亂)을 치료한다. 꽃봉오리는 생약명을 백매화(白梅花)라 하여 식욕부진, 화담(化痰)을 치료한다. 열매 속 종인은 생약명을 매핵인(梅核仁)이라 하여 번열, 청서(淸暑), 명목(明目), 진해거담, 서기곽란(暑氣霍亂: 더위를 먹어 일어나는 곽란)을 치료한다. 매실의 추출물은 항알레르기, 항응고, 혈전용해, 화상 등에 치료효과가 있다고 연구결과로 밝혀졌다.

약용법과 용량 : 말린 미성숙 열매 10~20g을 물 900mL에 넣어 반이 될 때까지 달여 하루에 2~3회 나눠 마신다. 외용할 경우에는 강한 불로 볶거나 태워 가루로 만들어 환부에 바르거나, 다른 약재와 섞어 환부에 붙인다. 말린 뿌리 30~50g을 물 900mL에 넣어 반이 될 때까지 달여 하루에 2~3회 나눠 마신다. 말린 잎이 달린 줄기와 가지 20~30g을 물 900mL에 넣어 반이 될 때까지 달여 하루에 2~3회 나눠 마신다. 잎은 말려 가루로 만들어 10~20g을 하루에 2~3회 나눠 복용한다. 말린 꽃봉오리 10~20g을 물 900mL에 넣어 반이 될 때까지 달여 하루에 2~3회 나눠 마신다. 말린 열매 속 종인 10~20g을 물 900mL에 넣어 반이 될 때까지 달여 하루에 2~3회 나눠 마신다. 외용할 경우에는 짓찧어 환부에 바른다.

폐와 심장의 기능을 돕고 각혈, 변비

맥문동

Liriope platyphylla F. T. Wang & T. Tang

사용부위 덩이뿌리

이명 : 알꽃맥문동, 넓은잎맥문동, 맥동(麥冬), 문동(門冬)
생약명 : 맥문동(麥門冬)
과명 : 백합과(Liliaceae)
개화기 : 5~7월

뿌리 채취품

약재 전형

생육특성 : 맥문동은 중부 이남의 산지에서 자라는 상록 여러해살이풀로 생육환경은 반그늘 혹은 햇빛이 잘 들어오는 나무 아래이다. 키는 30~ 50cm로 자라는데, 줄기는 잎과 따로 구분되지 않는다. 짙은 녹색의 잎이 밑에서 모여나는데 길이는 30~50cm, 너비는 0.8~1.2cm이며 끝이 뾰족해지다가 둔해지기도 한다. 잎은 겨울에도 지상부에 남아 있기 때문에 쉽게 찾을 수 있다. 꽃은 자줏빛으로 5~7월에 1마디에 여러 송이가 피는데 꽃대가 30~50cm로 자라 맥문동의 키가 된다. 열매는 10~11월에 푸른색으로 달리는데, 껍질이 벗겨지면 검은색 종자가 나타난다.

주변에 조경용으로 많이 심어 친숙한 식물이다.

지상부   꽃   열매

 채취 방법과 시기 : 반드시 겨울을 넘겨 봄(4월 하순~5월 초순)에 채취하여 건조하고, 포기는 다시 정리하여 분주묘(分株苗: 포기나누기용 묘)로 사용한다. 폐, 위의 음기를 청양(淸養: 맑게 하고 길러주는 것)하려면 맑은 물에 2시간 이상 담가서 습윤(濕潤: 습기를 머금어서 무르게 된 것)한 다음 거심 (袪心: 약재의 중간부를 관통하는 실뿌리를 제거함)하여 사용한다. 자음청심 (滋陰淸心: 음기를 기르고 심장의 열을 식힘)하려면 거심하여 사용하고, 자보 (滋補)하는 약에 넣으려면 주침(酒浸: 청주를 자작하게 부어서 충분히 스며들게 함)하여 거심하여 사용하고, 정신을 안정시키는 안신(安神)약제에 응용하려면 주맥문동[朱麥門冬: 속심을 제거한 맥문동을 대야에 담고 물을 조금 뿌

려서 눅눅하게 한 다음 여기에 부드러운 주사(朱砂) 가루를 뿌려줌과 동시에 수시로 뒤섞어 맥문동의 겉면에 주사가 고루 묻게 한 다음 꺼내 말린다. 맥문동 5㎏에 주사 110g 사용]을 만들어 사용하기도 한다.

성분 오피오코고닌 A~D(ophiopogonin A~D), 베타시토스테롤(β-sitosterol), 스티그마스테롤(stigmaterol) 등이 함유되어 있다.

성미 성질이 약간 차고, 맛은 달며 조금 쓰고, 독성이 없다.

귀경 심(心), 폐(肺), 위(胃) 경락에 작용한다.

효능과 주치 : 음기를 자양하고 폐를 윤활하게 하는 자음윤폐(養陰潤肺), 심의 기능을 맑게 하여 번다(煩多: 체한 것처럼 가슴이 답답하고 괴로운 증상) 증상을 제거하는 청심제번(淸心除煩), 위의 기운을 돕고 진액을 생성하는 익위생진(益胃生津) 등의 효능이 있어 폐의 건조함으로 오는 마른기침을 다스리는 폐조건해(肺燥乾咳), 토혈, 각혈, 폐의 기운이 위축된 증상, 폐옹(肺癰), 허로번열(虛勞煩熱), 소갈(消渴), 열병으로 진액이 손상된 열병상진(熱病傷津) 증상, 인후부의 건조함과 입안이 마르는 인건구조(咽乾口燥) 증상, 변비 등을 치료한다.

약용법과 용량 : 말린 덩이뿌리 10g을 물 700mL에 넣어 끓기 시작하면 약하게 줄여 200~300mL가 될 때까지 달여 하루에 2회 나눠 마신다. 말린 맥문동을 인삼, 오미자 등과 함께 달여 여름철 땀을 많이 흘린 뒤의 갈증과 기력 회복을 위한 음료수로 사용하기도 한다. 또한 위의 진액이 손상된 경우에는 이 맥문동에 사삼, 건지황, 옥죽(玉竹) 등을 배합하여 사용한다. 보통 정신불안에 사용하는 처방에는 맥문동을 쓰고, 유정, 강장 등의 처방에는 천문동을 사용한다. 맥문동과 천문동을 배합하면 마른기침과 지나친 방사(성행위)로 인한 기침을 치료하는 데 사용된다.

사용시 주의사항 : 이 약재는 자이성(滋膩性: 매끄럽고 끈적끈적 들러붙는 성질)으로 약하지만 달고 윤(潤: 젖은)한 성질, 약간의 찬 성질 등이 있기 때문에 비위가 허하고 찬 원인으로 인해 설사를 하거나 풍사나 한사로 인해 기침과 천식이 유발된 경우에는 모두 피해야 한다.

맥문동_꽃

소엽맥문동_꽃

맥문동_지상부

소엽맥문동_지상부

 기능성 및 효능에 관한 특허자료

▶ 맥문동 추출물을 유효성분으로 포함하는 염증성 질환 치료 및 예방용 조성물

본 발명은 맥문동 추출물을 유효성분으로 포함하는 것을 특징으로 하는 염증성 질환 치료 및 예방용 조성물에 관한 것으로, 더욱 상세하게는 맥문동 추출물 중 악티제닌의 함량이 일정 범위로 포함되도록 규격화 및 표준화시키고 제제화하여 진통 억제, 급성 염증 억제 및 급성 부종 억제 등의 염증성 변화에 의하여 나타나는 제 증상의 억제 효과가 우수하게 발현되어 관절염 등의 염증성 변화에 의한 질환 치료 및 예방에 유용한 약제로 사용할 수 있는 맥문동 추출물에 관한 것이다.

– 등록번호 : 10–1093731, 출원인 : 신도산업(주)

강심, 이뇨, 진통

멀꿀

Stauntonia hexaphylla (Thunb.) Decne. = [*Rajania hexaphylla* Thunb.]

사용부위 뿌리, 덩굴줄기, 잎

이명 : 멀꿀나무, 멀굴, 육엽야목과(六葉野木瓜),
칠조매등(七租妹藤)
생약명 : 야목과(野木瓜)
과명 : 으름덩굴과(Lardizabalaceae)
개화기 : 5~6월

멀꿀수피 약재전형

멀꿀꽃

 생육특성 : 멀꿀은 제주도를 포함한 남부 지방의 산기슭 혹은 산 중턱 계곡에서 분포하는 상록활엽덩굴성 식물로, 덩굴 길이는 15m 내외로 자란다. 잎은 손바닥 모양 겹잎으로 서로 어긋나고 5~7개의 잔잎은 타원형 혹은 달걀 모양에 잎끝은 짧고 날카로우며 가장자리는 톱니가 없이 밋밋하다. 꽃은 암수한그루로 흰색 또는 담홍색으로 5~6월에 상자 모양의 총상꽃차례로 핀다. 열매는 물열매로 달걀 모양으로 적갈색으로 달리는데, 과육은 황색이고 그 속에 검은색 종자가 많이 들어 있다.

 채취 방법과 시기 : 가을에 뿌리와 줄기를 채취해 껍질을 벗기고 햇볕에 말린다.

 효능과 주치 : 줄기와 잎, 뿌리 등은 생약명을 야목과(野木瓜)라 하여 강심, 이뇨, 진통, 부종을 치료한다. 멀꿀 추출물은 간장보호, 피로해소, 숙취해소에 효과가 있는 것으로 밝혀졌다.

 약용법과 용량 : 말린 덩굴줄기 및 잎, 뿌리 50~100g을 물 900mL에 넣어 반이 될 때까지 달여 하루에 2~3회 나눠 마신다.

고혈압, 당뇨병, 소변불리, 소아열독

메꽃

Calystegia sepium var. *japonicum* (Choisy.) Makino

사용부위 전초

이명 : 근근화(筋根花), 고자화(鼓子花)
생약명 : 선화(旋花), 구구앙(狗狗秧)
과명 : 메꽃과(Convolvulaceae)
개화기 : 6~8월

뿌리 채취품

생육특성 : 메꽃은 덩굴성 여러해살이풀로, 전국 각지의 산야에서 자생한다. 줄기는 1~2m로 뻗고 지하줄기는 흰색인데 사방으로 뻗으면서 새순이 나온다. 잎은 타원형 바늘 모양으로 끝이 둔한 편이고, 꽃은 엷은 붉은색으로 6~8월에 피는데, 열매는 잘 맺지 않는다. 어린순은 나물로 식용한다.

지상부   꽃   열매

 채취 방법과 시기 : 6~8월에 전초를 채취하여 흙먼지를 제거하고 햇볕에 말리거나 생것으로 사용하기도 한다.

성분 뿌리와 꽃에는 캠페롤(kaempferol), 캠페롤-3-람노글루코사이드(kaempferol-3-rhamnoglucoside), 코럼빈(columbin), 팔마틴(palmatine) 등이 함유되어 있다.

성미 성질이 따뜻하고, 맛은 달고 쓰다.

귀경 비(脾), 신(腎) 경락에 작용한다.

효능과 주치 : 기를 더해주는 익기, 소변을 잘 나오게 하는 이수, 혈당을 조절하는 항당뇨 등의 효능이 있어 신체가 허약하고 기가 손상되었을 때 사

메꽃_꽃

고구마_꽃

메꽃_잎

고구마_잎

용할 수 있고, 소변을 잘 보지 못하는 소변불리, 고혈압, 당뇨병 등에 응용할 수 있다. 뿌리와 싹을 짓찧어서 그 즙을 마시면 단독(丹毒), 소아열독을 치료한다. 뿌리는 근골을 접합시키고 칼 등에 베인 상처를 아물게 한다.

 약용법과 용량 : 말린 전초 20g을 물 700mL에 넣어 끓기 시작하면 약하게 줄여 200~300mL가 될 때까지 달여 하루에 2회 나눠 마신다. 신선할 때 채취하여 생즙을 내어 마시기도 한다.

거습, 근육경련, 각기

명자나무

Chaenomeles japonica (Thunb.) Lindl. ex Spach

사용부위 뿌리, 가지, 열매, 종자

이명 : 가시덱이, 명자꽃, 당명자나무, 잔털명자나무, 자주해당, 첩경해당(貼梗海棠), 백해당(白海棠)
생약명 : 목과(木瓜), 모과(木瓜)
과명 : 장미과(Rosaceae)
개화기 : 4~5월

열매

약재 전형

생육특성: 명자나무는 전국의 정원이나 울타리에 관상용으로 심는 낙엽활엽관목으로, 높이는 1~2m로 자라고 가지 끝이 가시로 변한 것이 있다. 잎은 타원형 또는 긴 타원형에 서로 어긋나고 양 끝이 뾰족하며 가장자리에는 잔톱니가 있고 잎자루는 짧은 편이다. 꽃은 연한 홍색 또는 붉은색으로 4~5월에 단성으로 피는데 꽃받침은 짧고 종 모양 또는 통 모양이며 5개로 갈라지는데 갈라진 조각은 둥글다. 꽃잎은 원형, 거꿀달걀 모양 또는 타원형에 밑부분이 뾰족하며 수술은 30~50개이고 암술대는 5개로 밑부분에 잔털이 나 있다. 열매는 타원형으로 9~10월에 익는다.

| 지상부 | 꽃 | 열매 |

 채취 방법과 시기: 열매, 종자는 9~10월, 뿌리는 연중 수시, 가지는 봄·가을·겨울에 채취한다.

성분 열매에는 사포닌, 비타민 C, 플라보노이드(flavonoid), 타닌(tannin), 종자에는 시안화수소산(hydrocyanic acid)이 함유되어 있다.

성미 열매는 성질이 따뜻하고, 맛은 시다. 뿌리, 가지는 성질이 따뜻하고, 맛은 시고 떫으며, 독성이 없다. 종자는 성질이 따뜻하고, 맛은 떫다.

귀경 간(肝), 비(脾), 신(腎) 경락에 작용한다.

효능과 주치 : 열매는 생약명을 목과(木瓜) 혹은 모과(木果)로 건위, 보간, 거습, 구토, 설사, 근육경련, 류머티즘에 의한 마비, 각기, 수종, 이질을 치료한다. 열매는 많이 먹으면 치아 및 뼈를 약하게 하고 손상시키므로 많이 먹지 않는 것이 좋다. 뿌리는 생약명을 목과근(木瓜根)이라고 하며 각기, 신경통, 풍습마비를 치료한다. 가지는 생약명을 목과지(木瓜枝)라고 하며 관절통, 토사곽란을 치료한다. 종자는 생약명을 목과핵(木瓜核)이라고 하며 곽란, 번조(煩躁)를 치료한다.

 약용법과 용량 : 말린 열매 15~30g을 물 900mL에 넣어 반이 될 때까지 달여 하루에 2~3회 나눠 마신다. 말린 뿌리 200~300g을 소주 500mL에 담가 60일 동안 숙성하여 하루에 2~3회 매 식전 50mL씩 마신다. 말린 가지 20~30g을 물 900mL에 넣어 반이 될 때까지 달여 하루에 2~3회 나눠 마신다. 종자는 한번에 10개씩 매 식후 씹어서 복용하는데 달여서 마셔도 된다.

 사용시 주의사항 : 많이 먹거나 오래 복용하면 치아나 뼈를 약하게 하거나 손상시키므로 주의한다.

 ## 기능성 및 효능에 관한 특허자료

▶ **명자나무 추출물을 함유하는 화장료 조성물**

본 발명은 명자나무 추출물 및 이를 주요 활성성분으로 함유하는 화장료 조성물에 관한 것으로서, 좀 더 구체적으로는 장미과의 낙엽관목으로 명자나무의 줄기와 꽃의 추출물을 활성성분으로 0.001 내지 30.0중량%을 함유하는 것을 특징으로 하는 항산화효과, 주름방지효과, 여드름방지효과, 자극 완화 효과가 우수한 화장료 조성물에 관한 것이다. 본 발명에 의하면 명자나무 추출물은 항산화뿐만 아니라 피부 잔주름 개선 효과, 여드름 방지 효과, 피부 자극 완화 효과가 있어 이 물질을 이용하여 각종 기능성 화장료를 제조할 수 있다.

– 공개번호 : 10-2008-0103890 출원인 : (주)코스트리

▶ **명자나무에 의한 인삼의 분해**

본 발명은 인삼의 효능을 향상시키기 위한 것이며 이것을 달성하기 위해서 인삼의 유효성분을 분해하여 사람이 복용하는 경우에 흡수가 잘 되어 여러 가지 성인병의 예방 및 치유에 도움을 주기 위한 것이다.

– 공개번호 : 10-2001-0000579, 출원인 : 정일수

목통유누, 소화불량, 항염

모감주나무

Koelreuteria paniculata Laxmann

사용부위 꽃, 열매

이명 : 염주나무, 흑엽수(黑葉樹), 산황율두(山黃栗頭)
생약명 : 난화(欒花)
과명 : 무환자나무과(sapindaceae)
개화기 : 6~7월

열매

약재 전형

생육특성 : 모감주나무는 전국의 절이나 마을 부근에서 많이 자라는 낙엽활엽소교목이나 관목으로, 높이는 10m 전후이다. 잎은 서로 어긋나고 홀수깃꼴겹잎으로 잔잎은 7~15장이며 달걀 모양 또는 달걀 모양 긴 타원형에 불규칙한 둔한 톱니가 있다. 꽃은 담황색으로 6~7월에 원뿔꽃차례로 가지에서 피는데 중심부는 자색이며, 꽃받침은 거의 5장에, 꽃잎은 4장으로 긴 털이 드문드문 나 있고, 수술은 8개, 암술은 1개이다. 열매는 튀는열매로 9~10월에 달린다.

| 지상부 | 꽃 | 열매 |

 채취 방법과 시기 : 꽃은 6~7월에 피었을 때, 열매는 9~10월에 채취한다.

성분 열매에는 스테롤(sterol), 사포닌, 플라보노이드(flavonoid) 배당체, 안토시아닌(anthocyanin), 타닌(tannin), 폴리우론(polyuron)산이 함유되어 있다. 사포닌 중에는 난수 사포닌 A, B가 분리되어 있다. 건조된 종자에는 수분, 조단백, 레시틴, 인산, 전분, 무기성분, 지방유가 함유되어 있다. 종인에는 지방유가 있는데 스테롤(sterol)과 팔미틴산(palmitic acid)으로 분해된다. 잎에는 몰식자산(galic acid) 메틸에스테르(methylester)가 함유되어 있어 여러 종류의 세균이나 진균에 대해 억제작용을 한다.

성미 꽃은 성질이 차고, 맛은 쓰다. 열매는 성질이 차고, 맛은 약간 달고 쓰다.

귀경 간(肝), 신(腎) 경락에 작용한다.

효능과 주치 : 꽃은 생약명을 난화(欒花)라 하여 눈이 아프고 눈물을 흘리거나 눈이 붉게 충혈되었을 때 치료 효과가 있고 소화불량, 간염, 장염, 종통(腫痛), 요도염, 이질을 치료한다. 꽃의 추출물은 부종과 항염의 치료에도 효과적이다. 열매는 생약명을 난수자(欒樹子)라 하여 청열, 소종, 활혈, 해독, 진통, 황달, 이뇨, 창독, 신경통, 단독, 하리 등을 치료한다. 잎에는 여러 종류의 세균이나 진균에 대해 억제작용이 있는 것으로 확인된 바 있다.

 약용법과 용량 : 말린 꽃 10~20g을 물 900mL에 넣어 반이 될 때까지 달여 하루에 2~3회 나눠 마신다.

기능성 및 효능에 관한 특허자료

▶ 모감주나무의 꽃(난화) 추출물 또는 이의 분획물을 유효성분으로 함유하는 부종 또는 다양한 염증의 예방 또는 치료용 항염증 조성물

본 발명은 모감주나무의 꽃(난화) 추출물 또는 이의 분획물을 유효성분으로 함유하는 부종 또는 다양한 염증의 예방 또는 치료용 항염증 조성물에 관한 것으로서, 본 발명의 모감주나무의 꽃(난화) 추출물 또는 이의 분획물은 염증성 매개체인 사이토카인 및 케모카인의 생산 또는 분비를 억제하며 염증성 부종을 억제하므로, 이를 유효성분을 함유하는 조성물은 부종 또는 다양한 염증의 예방, 치료 또는 개선을 위한 의약품, 건강기능식품 또는 화장품에 유용하게 사용될 수 있다.

– 공개번호 : 10-2010-0066076, 특허권자 : 한국한의학연구원

소담, 거풍습, 당뇨병

모과나무

Chaenomeles sinensis (Thouin) Koehne
= [*Pseudocydonia sinensis* C.K. Schn.]

사용부위 열매

이명 : 모과, 산목과(酸木瓜), 토목과(土木瓜), 화이목(花梨木),
　　　화류목(華榴木), 향목과(香木瓜), 대이(大李), 목이(木李)
생약명 : 목과(木瓜), 명사(榠樝)
과명 : 장미과(Rosaceae)
개화기 : 4~5월

열매 채취품

약재 전형

생육특성 : 모과나무는 중부·남부 지방의 산야에서 야생하고 과수로 재배하는 낙엽활엽소교목 또는 교목으로, 높이 10m 전후로 자란다. 작은 가지에는 가시가 없고 어릴 때에는 털이 나 있으며 2년째 가지는 자갈색으로 윤태가 있다. 잎은 타원형 달걀 모양 또는 긴 타원형에 서로 어긋나며 양 끝이 좁고 가장자리에 뾰족한 잔톱니가 있으나 어릴 때는 선상이고 뒷면에는 털이 나 있으나 점차 없어진다. 꽃은 연한 붉은색으로 4~5월에 피고, 열매는 원형 또는 타원형으로 9~10월경에 황색으로 달리며 그윽한 향기를 풍기지만, 과육은 시큼하다.

지상부   꽃   열매

 채취 방법과 시기 : 열매는 9~10월에 익었을 때 채취한다.

성분 열매에는 사과산(malic acid), 주석산(tartaric acid), 구연산, 마린산 (malic acid), 타타린산(tartaric acid), 시트르산(citric acid) 등의 유기산, 아스코르브산(비타민 C) 등이 함유되어 있다.

성미 성질이 평범하고, 맛은 시다.

귀경 간(肝), 비(脾), 폐(肺) 경락에 작용한다.

잘 익은 모과나무 열매

 효능과 주치 : 열매는 생약명을 목과(木瓜) 또는 명사(榠樝)라 하여 소담(消痰), 거풍습(祛風濕)의 효능이 있고 오심, 이질, 근골통 등을 치료한다. 열매의 추출물은 당뇨병의 예방 치료에도 도움을 준다는 연구결과가 나왔다.

 약용법과 용량 : 말린 열매 10~30g을 물 900mL에 넣어 반이 될 때까지 달여 하루에 2~3회 나눠 마신다.

 사용시 주의사항 : 많이 먹거나 오래 복용하면 치아나 뼈를 약하게 하거나 손상시키므로 주의한다.

기능성 및 효능에 관한 특허자료

▶ 모과 열매 추출물을 유효성분으로 함유하는 당뇨병의 예방 및 치료용 약학조성물 및 건강식품 조성물

본 발명은 모과 열매의 용매 추출물을 유효성분으로 함유하는 당뇨병의 예방 및 치료용 약학조성물 및 건강기능식품에 관한 것이다.

– 공개번호 : 10-2011-0000323, 출원인 : 공주대학교 산학협력단

▶ 모과 추출물을 함유하는 미백 조성물

본 발명은 모과 추출물을 함유하는 미백 조성물에 관한 것으로, 더 상세하게는 천연 미백 소재인 모과의 열수 추출물 또는 에탄올 추출물을 함유하는 미백 조성물에 관한 것이다.

– 공개번호 : 10-2003-0090126, 출원인 : 메디코룩스(주)

진정, 진통, 양혈, 어혈

모 란

Paeonia suffruticosa Andrews = [*Paeonia moutan* Sims.]

사용부위 뿌리껍질, 꽃

이명 : 목단(牧丹), 부귀화, 모단(牡丹)
생약명 : 목단피(牧丹皮)
과명 : 작약과(Paeoniaceae)
개화기 : 4~5월

뿌리 채취품

약재 전형

생육특성 : 모란은 전국의 정원이나 꽃밭에 심는 낙엽활엽관목으로, 높이는 1~1.5m이다. 뿌리줄기는 통통하고 가지가 많이 갈라져 굵으며 튼튼하다. 잎은 2회 3출 잎으로 서로 어긋나고 잔잎은 달걀 모양 혹은 넓은 달걀 모양에 보통은 3개로 갈라지며 표면에는 털이 없고 뒷면에는 잔털이나 있다. 꽃은 양성꽃으로 4~5월에 진홍색, 붉은색, 자색, 흰색 등의 꽃이 피고, 열매는 2~5개의 대과가 모여 7~8월에 달린다.

지상부   꽃   열매

 채취 방법과 시기 : 꽃은 4~5월에 피었을 때, 뿌리껍질은 가을부터 이듬해 초봄(보통 4~5년생)에 채취한다.

성분 뿌리와 뿌리껍질에는 파에오놀(paeonol), 파에오노시드(paeonoside), 파에오니플로린(paeoniflorin), 정유, 피토스테롤(phytosterol) 등이 함유되어 있다. 꽃에는 아스트라갈린(astragalin)이 함유되어 있다.

성미 뿌리껍질은 성질이 시원하고, 맛은 맵고 쓰다. 꽃은 성질이 평범하고, 맛은 쓰고 담백하며, 독성이 없다.

귀경 심(心), 간(肝), 폐(肺) 경락에 작용한다.

모란_꽃

작약_꽃

모란_잎

작약_잎

효능과 주치 : 뿌리껍질은 생약명을 목단피(牧丹皮)라 하여 진정, 최면, 진통, 고혈압, 항균, 청열, 양혈, 어혈, 지혈, 타박상, 옹양 등을 치료한다. 꽃은 생약명을 목단화(牧丹花)라 하여 조경, 활혈의 효능이 있고 월경불순, 경행복통(徑行腹痛)을 치료한다.

약용법과 용량 : 말린 뿌리껍질 15~30g을 물 900mL에 넣어 반이 될 때까지 달여 하루에 2~3회 나눠 마신다. 말린 꽃 10~20g을 물 900mL에 넣어 반이 될 때까지 달여 하루에 2~3회 나눠 마신다.

사용시 주의사항 : 혈허한(血虛寒) 사람이나 임산부, 월경과다인 경우에는 주의를 요한다.

항진균, 축농증, 비염

목 련

Magnolia kobus DC.

사용부위 꽃봉오리, 꽃

이명 : 생정(生庭), 목필화(木筆花), 영춘(迎春), 방목(房木)

생약명 : 신이(辛夷)

과명 : 목련과(Magnoliaceae)

개화기 : 2~3월

꽃 봉우리

약재 전형

생육특성 : 목련은 제주도 및 남부 지방에서 자생 또는 식재하는 낙엽활엽 교목으로, 높이 10m 전후로 자란다. 나무껍질은 회백색으로 조밀하게 갈라지며 작은 가지는 녹색이다. 잎은 거꿀달걀 모양 타원형으로 중맥 밑부분에 흰색 털이 나 있고 뒷면은 회녹색이며 가장자리는 물결 모양이고 잎자루에는 흰색 털이 나 있다. 꽃은 흰색으로 2~3월에 잎보다 먼저 피고, 열매의 골돌과는 원뿔형으로 9~10월에 달린다.

| 지상부 | 꽃 | 열매 |

 채취 방법과 시기 : 꽃이 피기 전 꽃봉오리는 2~3월, 꽃은 꽃이 피기 시작할 때 채취한다.

성분 꽃봉오리에는 정유가 들어 있으며 그 속에는 시트랄(citral), 오이게놀(eugenol), 1, 8 시네올(1, 8-cineol)이 함유되어 있다. 뿌리에는 마그노플로린(magnoflorine), 잎과 열매에는 페오니딘(peonidin)의 배당체, 꽃에는 마그놀롤(magnolol), 호노키올(honokiol) 등이 함유되어 있다.

성미 성질이 따뜻하고, 맛은 맵다.

귀경 폐(肺), 위(胃) 경락에 작용한다.

효능과 주치 : 꽃봉오리는 생약명을 신이(辛夷)라 하여 고혈압, 항진균, 거풍, 두통, 축농증, 비염, 비색(鼻塞: 코막힘), 치통, 소담(消痰) 등을 치료한다. 꽃은 생약명을 옥란화(玉蘭花)라 하여 생리통, 불임증을 치료한다. 목련 추출물은 퇴행성 중추신경계질환 증상의 개선, 무방부화장료, 골질환의 예방 및 치료, 췌장암, 천식 등을 치료한다는 연구결과도 확인된 바 있다.

 약용법과 용량 : 말린 꽃봉오리 20~30g을 물 900mL에 넣어 반이 될 때까지 달여 하루에 2~3회 나눠 마신다. 외용할 경우에는 가루로 만들어 코 안에 바르거나 환부에 바른다. 말린 꽃 15~30g을 물 900mL에 넣어 반이 될 때까지 달여 하루에 2~3회 나눠 마신다.

 사용시 주의사항 : 창포(菖蒲), 황연(黃連), 석고(石膏) 등은 목련 꽃봉오리와 섞어 사용하지 않는다.

 기능성 및 효능에 관한 특허자료

▶ **퇴행성 중추신경계 질환 증상의 개선을 위한 목련 추출물을 함유하는 기능성식품**

본 발명은 목련 추출물 또는 목련으로부터 단리된 에피유데스민(Epieudesmin)을 함유함을 특징으로 하는 퇴행성 중추신경계 질환 증상의 개선을 위한 기능성식품에 관한 것이다.

– 공개번호 : 10-2005-0111257, 출원인 : 대한민국

▶ **목련 추출물을 함유하는 무방부 화장료 조성물**

본 발명은 목련 추출물을 함유하는 무방부 화장료 조성물에 관한 것으로, 더욱 상세하게는 항균성을 갖는 목련 추출물을 함유하는 무방부 화장료 조성물에 관한 것이다.

– 공개번호 : 10-2009-0025645, 출원인 : (주)엘지생활건강

▶ **신이 추출물을 유효성분으로 함유하는 골 질환 예방 및 치료용 조성물**

본 발명은 신이 추출물을 유효성분으로 함유하는 골 지환 예방 및 치료용 조성물에 관한 것으로 본 발명에 의한 조성물은 독성이 적으며 파골세포의 형성 및 파골세포에 의한 골 흡수를 억제하여 효과적인 골 질환 치료제를 제공할 수 있다. 또한 최근 골 손상 치료에 쓰이는 비스포스포네이트 계열의 치료제의 단점인 턱뼈 괴사 및 뼈나 관절의 무력화와 같은 문제점을 보완할 수 있다.

– 공개번호 : 10-2012-0123626, 출원인 : 연세대학교 산학협력단

지혈과 양혈(凉血)

목이

Auricularia auricula-judae (Bull.) Quél.

사용부위 자실체

이명 : 목이버섯
생약명 : 목이(木耳)
과명 : 목이과(Auriculariaceae)
발생시기 : 봄~가을

자실체 채취품

255

생육특성 : 귀처럼 생겨서 '나무의 귀'라는 뜻으로 목이라고 부르는 목이는 목재부후균으로 주로 활엽수의 고목에서 발생한다. 뽕나무와 물푸레나무, 닥나무, 느릅나무, 버드나무에서 발생한 것을 '5목'이라 하여 최고로 친다. 식용 및 약용하는데 중국요리에 많이 쓰인다. 몇 개가 달라붙어 덩어리를 이루며 습기를 머금으면 흐물흐물해져 흐르레기라고도 한다. 갓의 지름은 2~10cm이고, 갓 윗면은 자갈색이고 아랫면은 광택이 있다. 전체가 아교질로 되어 있고 반투명한 것이 특징이다.

자실체

자실체

 발생 장소 : 활엽수의 고목이나 죽은 가지에서 무리 지어 발생한다.

성분 유리아미노산 20여 종, 에르고스테롤(ergosterol), 지방산 6종, 비타민 $B_1 \cdot B_2 \cdot D$ 및 니아신(niacin), 글리세롤(glycerol), 만니톨(mannitol), 글루코스(glucose), 트리할로스(trehalose), 셀룰로스(cellulose), 헤미셀룰로스(hemicellulose), 키틴(chitin), 펙틴(pectin), 프로테인(protein), 포스포리피드(phospholipid) 등이 함유되어 있고, 항염 및 콜레스테롤 강하 성분인 글루코녹실로만난(gluconoxylomannan)이 함유되어 있다.

성미 성질이 평범하고, 맛은 달다.

귀경 심(心), 비(脾), 폐(肺), 신(腎) 경락에 작용한다.

효능과 주치 : 기력이 없고 혈액이 부족한 것을 보하는 효능이 있고, 혈액 순환을 돕고 출혈을 멎게 하는 효능도 있다. 따라서 몸이 허약해져 기력이 없고 얼굴이 창백한 사람에게 좋고, 폐기능이 약하여 만성적으로 기침이 계속되는 경우, 각혈, 토혈, 코피, 자궁출혈, 치질로 인한 출혈 등에 사용하면 좋다. 각종 류머티즘성 동통, 수족마비, 산후허약, 혈리(血痢), 치질출혈, 대하, 자궁출혈, 구토, 고혈압, 변비, 붕루(崩漏) 등에도 적용할 수 있다.

 약용법과 용량 : 여름과 가을에 채취해 햇볕에 말려 사용하는데 기력이 없는 사람은 목이를 상시 복용하면 좋다. 1회 복용량인 말린 목이 20~40g을 물에 달여 마시거나 가루 또는 환으로 만들어 복용한다. 자궁출혈에는 연기가 날 때까지 목이를 볶은 후 가루로 만들어 1회에 8g씩 복용한다.

 사용시 주의사항 : 대변을 묽게 만드는 특성이 있으므로 평소에 설사를 자주 하는 사람은 다량 섭취를 삼가야 한다.

 기능성 및 효능에 관한 특허자료

▶ **저지혈증 효과를 갖는 목이버섯 자실체 유래의 다당체 및 그 제조 방법**

본 발명은 여러 단계를 포함하는, 목이버섯으로부터 항혈전 기능의 식품성분을 추출하는 방법 및 그 추출 방법에 의해 추출된 항혈전성 추출물에 관한 것으로, 본 방법에 의해 추출된 물질들은 생체 내에서 출혈을 일으키지 않고, 독성이 없으면서도, 항혈전 효과가 우수하다.
― 공개번호 : 10-2010-0018669, 출원인 : (주)비케이바이오, 가천대학교 산학협력단

▶ **저지혈증 효과를 갖는 목이버섯 자실체 유래의 다당체 및 그 제조 방법**

본 발명은 저지혈증 효과를 갖는 목이버섯(Auricularia auricula-judae) 자실체 유래의 다당체 및 그 제조방법에 관한 것으로, 목이버섯 자실체 유래의 다당체는 저지혈증 효과로 인하여 고지혈증 치료에 뛰어난 효과가 있으며, 혈장의 총 콜레스테롤, 트리글리세라이드, 동맥경화지수 및 저농도 지단백 (LDL) 콜레스테롤의 농도를 감소시키고, 고농도 지단백(HDL) 콜레스테롤의 농도는 높게 유지시켜 아테롬성 동맥경화증을 예방하는 뛰어난 효과가 있다.
― 출원번호 : 10-2007-0008511, 출원인 : 대구대학교 산학협력단

목질열대구멍버섯

Tropicoporus linteus (Berk. & M.A. Curtis) L.W. Zhou & Y.C. Dai

사용부위 자실체

이명 : 상황버섯, 뽕나무상황, 상신(桑臣),
　　　매기생(梅寄生), 상황고(桑黃菇)
생약명 : 수구심(綉球蕈)
과명 : 소나무비늘버섯과(Hymenochaetaceae)
발생시기 : 연중

자실체 채취품(제배)

생육특성 : 목질열대구멍버섯은 뽕나무에서 발생한다고 하여 흔히 '상황버섯'이라고도 불리지만 자작나무나 산벚나무, 참나무 등 대부분의 활엽수에서도 기생하며 나무의 종류와 장소에 따라 형태가 조금씩 다르게 나타난다. 갓의 지름은 6~12cm, 두께는 2~10cm이며, 반원형, 편평형, 말굽형 등 다양한 모양으로 자란다. 표면은 흑갈색의 짧은 털이 나 있으나 점차 없어지고 딱딱한 각피질로 변하며, 흑갈색 고리 홈선과 가로와 세로로 등이 갈라진다. 대는 없고, 자실층 아랫면의 관공은 황갈색, 포자문은 연한 황갈색이며, 포자 모양은 유구형이다. 자랄 때에는 갓 둘레가 선명한 황색을 띤다. 항암효과가 뛰어나 약용한다.

자실체

자실체

 발생 장소 : 뽕나무, 자작나무, 산벚나무, 참나무 등의 활엽수에서 홀로 또는 무리 지어 발생하여 부생한다.

성분 아가릭산(agaricic acid), 지방산, 포화탄화수소(saturated hydrocarbon), 아미노산(amino acid, 중요한 것은 글리신, 아스파라긴산), 옥살산(oxalic acid), 트리테르펜산(triterpenic acid), 카탈라아제(katalase), 우레아제(urease), 리파제(lipase), 수크라제(sucrase), 말타아제(maltase), 락타아제(lactase), 셀룰라제(cellulase) 등 여러 가지 효소가 함유되어 있다.

성미 성질이 평범하고, 맛은 달고 매우며, 독성은 없다.

259

귀경 비(脾), 폐(肺), 신(腎), 대장(大腸) 경락에 작용한다.

효능과 주치 : 자궁출혈, 소변출혈, 대변출혈 등의 증상을 멎게 하는 지혈에 사용하고, 여성의 대하증과 월경이 고르지 못한 증상을 치료하며, 양혈(涼血)과 소종 등의 효능이 있다. 『동의보감』에도 '장풍(腸風)으로 피를 쏟는 것과 부인의 자궁출혈, 적백대하를 치료하고, 월경이 고르지 못한 것과 월경이 막히고 피가 엉긴 것 등에 주로 쓴다'라고 하였다. 또한 최근에는 항암작용이 뛰어나다는 것이 알려지면서 암환자들에게 주목받고 있다. 특히 위암, 식도암, 결장암, 직장암, 유방암, 간암 등의 치료 효과가 좋은 것으로 알려져 있다. 목질열대구멍버섯의 항암작용은 정상 세포에 독작용을 나타내지 않고 오히려 인체의 면역기능을 강화하여 암세포를 억제하는 것으로 밝혀졌다.

 약용법과 용량 : 하루 복용량은 말린 목질열대구멍버섯 6~9g이다. 물에 달여 마시거나 가루나 환으로 만들어 복용한다. 『동의보감』에서는 술에 달여서 마시고, 가루로 만들어 복용할 때에도 술과 마시라고 하였다. 치질로 인한 출혈이나 각종 대장출혈에는 멥쌀 3홉에 목질열대구멍버섯 80g을 섞어 죽을 쑤어 빈속에 먹는다.

 사용시 주의사항 : 목질열대구멍버섯을 포함한 대부분 버섯의 항암효과는 단기간에 고용량을 복용하기보다는 오랜 기간 지속적으로 복용하는 것이 효과적이다. 또한 직접적인 항암 치료가 아닌 예방과 보조요법으로 이용하는 것이 바람직하다.

🧬 기능성 및 효능에 관한 특허자료

▶ **상황버섯 발효산물을 유효성분으로 함유하는 골손실 예방 및 치료용 조성물**

본 발명은 골다공증 치료 및 예방에 관한 것으로, 구체적으로는 상황버섯 및 상황버섯 발효산물을 포함하는 골손실 예방용 조성물에 관한 것이다.

– 공개번호 : 10–2011–0105428, 출원인 : 배재대학교 산학협력단

최면, 혈압강하, 보정, 성장호르몬 분비촉진

묏대추나무

Zizyphus jujuba Mill. = [*Zizyphus vurgaris* var. *spinosus* Bunge.]

사용부위 뿌리, 뿌리껍질, 가시, 열매, 종자

이명 : 산대추나무, 메대추, 산대추, 살매나무,
　　　멧대추나무, 조인(棗仁)
생약명 : 산조인(酸棗仁)
과명 : 갈매나무과(Rhamnaceae)
개화기 : 5~6월

열매 채취품　　　　　　　　　약재 (종인)

261

생육특성 : 묏대추나무는 전국의 산비탈 양지나 인가 근처에서 자생 또는 재배하는 낙엽활엽관목 또는 소교목으로, 높이는 1~3m이며, 묵은 가지는 갈색이고 햇가지는 녹색으로 가지 중간에는 가시가 나 있다. 잎은 달걀 모양에 서로 어긋나고 잎자루는 매우 짧으며 윤채가 나고 잎 모양은 타원형 또는 달걀형 바늘 모양으로 가장자리에 둔한 톱니가 있다. 꽃은 황록색으로 5~6월에 잎겨드랑이에서 2~3송이씩 모여 핀다. 열매는 씨열매로 타원형 혹은 공 모양인데 9~10월에 적갈색 또는 암갈색으로 달리고, 과육이 적고 신맛이 있다.

| 지상부 | 꽃 | 열매 |

 채취 방법과 시기 : 열매, 종자는 9~10월, 뿌리, 뿌리껍질은 가을부터 이듬해 봄, 가시는 여름부터 겨울에 채취한다.

성분 열매에는 다량의 지방질과 단백질, 두 종의 스테롤(sterol)이 함유되어 있다. 베툴린산(betulic acid)과 베툴린(betulin)의 트리테르페노이드(triterpenoid)가 보고된 바 있고 주주보시드(jujuboside)라는 사포닌이 들어 있으며 이것의 과수분해물이 주주보게닌(jujubogenin)이다. 오래전 우리나라에서는 싸이클로펩타이드 알칼로이드(cyclopeptide alkaloid)로서 산조이닌(sanjoinine), n-메틸아시미로빈(n-methyl asimilobine), 카아베린(caaverine) 등이 밝혀졌다. 잎에는 루틴(rutin), 베르베린(berberine), 프로토핀(protopine), 세릴알코올(cerylalcohol), 비타민 C 및 사과산(malic acid), 주석산(tartaric acid) 등이 함유되어 있다.

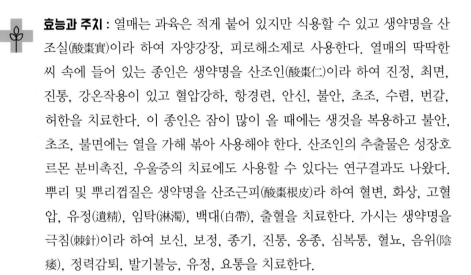

성미 열매와 종자는 성질이 평범하고 독성이 없고, 뿌리와 뿌리껍질은 성질이 따뜻하고 맛은 떫다. 가시는 성질이 차고, 맛은 맵다.

귀경 간(肝), 심(心), 비(脾) 경락에 작용한다.

효능과 주치 : 열매는 과육은 적게 붙어 있지만 식용할 수 있고 생약명을 산조실(酸棗實)이라 하여 자양강장, 피로해소제로 사용한다. 열매의 딱딱한 씨 속에 들어 있는 종인은 생약명을 산조인(酸棗仁)이라 하여 진정, 최면, 진통, 강온작용이 있고 혈압강하, 항경련, 안신, 불안, 초조, 수렴, 번갈, 허한을 치료한다. 이 종인은 잠이 많이 올 때에는 생것을 복용하고 불안, 초조, 불면에는 열을 가해 볶아 사용해야 한다. 산조인의 추출물은 성장호르몬 분비촉진, 우울증의 치료에도 사용할 수 있다는 연구결과도 나왔다. 뿌리 및 뿌리껍질은 생약명을 산조근피(酸棗根皮)라 하여 혈변, 화상, 고혈압, 유정(遺精), 임탁(淋濁), 백대(白帶), 출혈을 치료한다. 가시는 생약명을 극침(棘針)이라 하여 보신, 보정, 종기, 진통, 옹종, 심복통, 혈뇨, 음위(陰痿), 정력감퇴, 발기불능, 유정, 요통을 치료한다.

약용법과 용량 : 열매 20~30개를 하루에 2~3회 매 식후 먹는다. 말린 종인 20~50g을 물 900mL에 넣어 반이 될 때까지 달여 하루에 2~3회 나눠 마신다. 말린 뿌리 및 뿌리껍질 50~100g을 물 900mL에 넣어 반이 될 때까지 달여 하루에 2~3회 나눠 마신다. 외용할 경우에는 뜨거운 물로 달인 액을 열을 가해 조려 환부에 바른다. 말린 가시 10~20g을 물 900mL에 넣어 반이 될 때까지 달여 하루에 2~3회 나눠 마신다. 외용할 경우에는 달인 액을 환부에 바른다.

간염, 토혈, 타박상, 창종, 월경과다

물레나물

Hypericum ascyron L.

사용부위 전초

이명 : 애기물레나물, 큰물레나물, 매대체,
　　　좀물레나물, 긴물레나물
생약명 : 홍한련(紅旱蓮), 대련교(大連翹)
과명 : 물레나물과(Guttiferae)
개화기 : 6~8월

뿌리 채취품

생육특성 : 물레나물은 각처의 산지에서 자라는 여러해살이풀이다. 생육환경은 반그늘이나 햇빛이 잘 들어오는 곳의 물기가 많은 곳으로, 키는 50~80cm이다. 잎은 바늘 모양이며 밑동으로 줄기를 감싸고 있고 길이는 5~10cm, 너비는 1~2cm이다. 꽃은 노란색으로 6~8월에 줄기 끝에서 1송이씩 계속해서 피는데 지름은 4~6cm이다. 열매는 10~11월에 달리고, 종자는 작은 그물 모양인데 길이가 0.1cm 정도로 미세하다.

이 품종은 물기가 많은 곳에서 자라고 꽃이 크며 또 꽃의 모양이 마치 배의 스크루나 어린이들이 가지고 노는 바람개비와 비슷하기 때문에 찾기 쉬운 꽃이다.

지상부   꽃   열매

 채취 방법과 시기 : 봄에 어린순과 잎을 채취하고, 가을에 열매가 완전히 익었을 때 전초를 채취하여 끓는 물에 담갔다가 건져 햇볕에 말린다.

성분 쿼세틴(quercetin), 캠페롤(kaempferol), 하이페린(hyperin), 루틴(rutin), 이소쿼시트린(isoquercitrin) 등이 함유되어 있다.

성미 성질이 차고, 맛은 약간 쓰다.

귀경 간(肝), 심(心) 경락에 작용한다.

물레나물 꽃과 봉우리

 효능과 주치 : 간기(肝氣)를 편안하게 하며, 지혈작용과 종기를 삭이는 효능 등이 있다. 간염, 두통, 토혈, 코피, 타박상, 창종(瘡腫), 월경과다, 림프샘 염 등을 치료한다.

 약용법과 용량 : 말린 전초 6~10g을 물 1L에 넣어 1/3이 될 때까지 달여 하루에 2~3회 나눠 마시거나, 말린 전초 500g을 소주(30%) 3.6L에 부어 3개월 정도 밀봉해두었다가 아침저녁 반주로 30mL 정도를 마신다.

 사용시 주의사항 : 성질이 차기 때문에 속이 냉한 사람은 신중하게 사용하여야 한다.

기능성 및 효능에 관한 특허자료

▶ **물레나물 추출물을 유효성분으로 하는 골질환 예방 및 치료용 조성물**

본 발명은 물레나물 추출물을 유효성분으로 하는 골질환 예방 및 치료용 조성물에 관한 것이다. 본 발명의 조성물은 파골세포(osteoclast)의 형성을 감소시켜 골 흡수를 억제하고, 조골세포(osteoblast)에 의한 염기성 인산분해효소의 발현 및 오스테오칼신의 발현을 증가시켜 골 생성을 촉진하는데 매우 우수한 효능을 발휘한다. 본 발명은 골질환, 예컨대 골다공증 및 암 세포의 골전이로 인하여 발생된 골질환의 예방 및 치료 효능을 가지는 물레나물 추출물의 의약 및 식품으로서의 기초적인 자료를 제공한다.

— 공개번호 : 10-2010-0038529, 출원인 : 대한민국(농촌진흥청장), 연세대학교 산학협력단

청열, 진해, 거담, 항균

물푸레나무

Fraxinus rhynchophylla Hance

사용부위 나무껍질

이명 : 쉬청나무, 떡물푸레나무, 광능물푸레나무, 민물푸레나무,
　　　고력백랍수(苦櫪白蠟樹), 대엽 백사수(大葉白蠟樹)
생약명 : 진피(秦皮)
과명 : 물푸레나무과(Oleaceae)
개화기 : 5~6월

껍질

약재 전형

267

생육특성 : 물푸레나무는 전국의 산기슭, 골짜기, 개울가에서 자생하는 낙엽활엽교목으로, 높이는 10m 전후로, 보통 관목상이고 나무껍질은 회갈색이다. 잎은 홀수깃꼴겹잎에 서로 마주나고 잔잎은 보통 5장인데 3장 또는 7장인 것도 있다. 잔잎의 잎자루는 짧고 달걀 모양이며 끝에 달린 1개가 가장 크며 밑부분에 있는 한 쌍은 작고 잎 가장자리에는 얕은 톱니가 있다. 꽃은 연한 백록색으로 5~6월에 원뿔꽃차례로 잎과 함께 피거나 잎보다 조금 늦게 핀다. 열매는 날개열매로 긴 거꿀바소꼴이고 9~10월에 달린다.

지상부

꽃

열매

 채취 방법과 시기 : 봄부터 가을까지 나무껍질을 채취한다.

성분 나무껍질에는 애스쿨린(aesculin), 애스쿨레틴(aesculetin) 및 α·β·d-글루코시드(α·β·d-glucoside)인 애스쿨린(aesculin)이 함유되어 있다.

성미 성질이 차고, 맛은 쓰다.

귀경 간(肝), 신(腎), 폐(肺), 대장(大腸) 경락에 작용한다.

효능과 주치 : 나무껍질은 생약명을 진피(秦皮)라 하여 청열, 천식, 기침, 가래, 명목, 항균, 세균성 이질, 장염, 백대하, 만성 기관지염, 목적종통(目赤

물푸레나무_꽃

쇠물푸레나무_꽃

물푸레나무_잎

쇠물푸레나무_잎

腫痛), 눈물 분비과다증 등을 치료한다. 최근에 물푸레나무의 추출물에서 피부미백작용이 있다는 것이 밝혀졌다.

 약용법과 용량 : 말린 나무껍질 20~30g을 물 900mL에 넣어 반이 될 때까지 달여 하루에 2~3회 나눠 마신다. 외용할 경우에는 달인 액으로 환부를 씻어준다.

 사용시 주의사항 : 대극, 산수유는 상극이므로 함께 사용하지 않는다.

위궤양, 근육통, 주독(酒毒)에 의한 떨림

미치광이풀

Scopolia japonica Maxim.

사용부위 뿌리, 어린순

이명 : 미치광이, 미친풀, 광대작약, 초우성, 낭탕
생약명 : 낭탕근(莨菪根), 간탕초(看菪草), 낭탕자(莨菪子),
　　　　스코폴리아근
과명 : 가지과(Solanaceae)
개화기 : 4~5월

전초 채취품

생육특성 : 미치광이풀은 각처의 깊은 숲속에서 자라는 여러해살이풀로, 배수가 잘 되는 곳을 좋아해 생육환경은 주로 돌이 많은 반그늘 혹은 양지쪽이다. 키는 30~60cm이며, 잎은 길이가 10~20cm, 너비는 3~7cm로 마주나며 잎자루가 있고 타원형 달걀 모양이며 양 끝이 좁고 털이 없으며 연하다. 꽃은 검은 자색으로 4~5월에 잎 중간에서 1송이씩 아래를 향하며 피는데 작은 꽃줄기는 길이가 3~5cm이다. 열매는 7~8월경에 달리는데 지름 1cm 정도의 원형이며, 종자는 지름이 0.25cm 정도로 그물 모양의 무늬가 있다.

지상부   꽃   열매

 채취 방법과 시기 : 이른 봄에 어린순을 채취하고 봄, 가을에 뿌리를 채취해 햇볕에 말린다.

성분 알칼로이드(alkaloid), 1-히요스키아민(1-hyoscyamine), 아트로핀(atropine), 스코폴라민(scopolamine) 등이 함유되어 있다.

성미 성질이 따뜻하고, 맛은 매우며, 독성이 있다.

귀경 간(肝), 심(心), 폐(肺) 경락에 작용한다.

? 혼동하기 쉬운 약초 비교

미치광이풀_꽃

노랑꽈리_꽃

 효능과 주치 : 경련을 가라앉히는 진경(鎭痙), 진통작용, 땀을 멎게 하는 지한(止汗), 장의 수렴성을 높이는 장수렴(腸收斂) 등의 효능이 있어 위장통증, 위산과다, 위나 십이지장 궤양, 두통, 근육통, 옹종, 주독(酒毒)에 의한 떨림, 외상출혈 등을 다스린다.

 약용법과 용량 : 가루로 만들어 복용하거나, 개어서 환부에 붙인다. 또는 달인 액으로 환부를 씻어낸다.

 사용시 주의사항 : 독성이 있으므로 주의해야 하는데 반드시 전문의의 처방에 따라야 한다.

폐와 장의 농양, 목적(目赤), 황달

민들레

Taraxacum platycarpum Dahlst.

사용부위 전초

이명 : 안질방이, 부공영(鳧公英), 포공초(蒲公草), 지정(地丁)
생약명 : 포공영(蒲公英)
과명 : 국화과(Compositae)
개화기 : 4~5월

뿌리 채취품

약재 전형

생육특성 : 민들레는 여러해살이풀로, 전국 각지에서 분포하는데 경남 의령과 강원도 양구에서 많이 재배한다. 키는 30cm 정도로 자라며 원줄기 없이 잎이 뿌리에서 모여나 옆으로 퍼진다. 잎의 길이는 6~15cm, 너비는 1.2~5cm이고 뾰족하다. 잎몸은 무 잎처럼 깊게 갈라지고 갈래는 6~8쌍이며 가장자리에 톱니가 있다. 꽃은 노란색으로 4~5월에 잎과 같은 길이의 꽃줄기 위에서 피는데 지름은 3~7cm이다(서양민들레는 3~9월에 핀다). 열매는 5~6월경에 검은색 종자가 달리는데 종자에는 하얀색이나 은색 날개 같은 갓털이 붙어 있다. 종자는 공처럼 둥글게 안쪽에 뭉쳐 있는데 이것이 바람에 날려 사방으로 퍼져 번식한다. 토종 민들레는 꽃받침이 그대로 있지만 서양민들레는 아래로 처진다. 뿌리는 육질로 길며 포공영이라해서 약재로 사용한다. 생명력이 강해 뿌리를 잘게 잘라도 다시 살아난다.

지상부   꽃   열매

 채취 방법과 시기 : 꽃이 피기 전이나 후인 봄과 여름에 채취해 흙먼지나 이물질을 제거하고 가늘게 썰어 말린 후 사용한다.

성분 전초에는 타락사스테롤(taraxasterol), 타락사롤(taraxarol), 타락세롤(taraxerol), 잎에는 루테인(rutein), 비오악산틴(vioaxanthin), 플라스토퀴논(plastoquinone), 꽃에는 아르니디올(arnidiol), 루테인(lutein), 플라복산틴(flavoxanthin)이 함유되어 있다.

성미 성질이 차고, 맛은 쓰며 달며, 독성이 없다.

 귀경 간(肝), 위(胃), 신(腎) 경락에 작용한다.

효능과 주치 : 열을 내리고 독을 푸는 청열해독, 종기를 없애고 기가 뭉친 것을 흩어지게 하는 소종산결(消腫散結), 소변을 잘 나가게 하고, 종기 또는 배가 그득하게 차오르는 종창, 유옹(乳癰), 연주창, 눈이 충혈되고 아픈 목적(目赤), 목구멍의 통증, 폐의 농양, 장의 농양, 습열황달(濕熱黃疸) 등을 치료하는 효과가 있다.

민들레_전초

약용법과 용량 : 말린 전초 15g을 물 700mL에 넣어 끓기 시작하면 약하게 줄여 200~300mL가 될 때까지 달여 하루에 2회 나눠 마신다.

녹차처럼 가볍게 덖어서 우려 마시기도 하며, 티백 차나 환으로 만들어 복용하기도 한다.

사용시 주의사항 : 쓰고 찬 성미로 인해 열을 내리고 습사를 다스리는 청열이습(淸熱利濕)작용이 있으므로 실증(實症: 주로 급성 열병이나 기혈의 울혈, 담음, 식적 등이 있다)이 아니거나 음달(陰疸: 황달의 일종)인 경우에는 신중하게 사용해야 한다.

기능성 및 효능에 관한 특허자료

▶ **포공영 추출물을 함유하는 급만성 간염 치료 및 예방용 조성물**

본 발명은 급만성 간염 치료 및 예방 효과를 갖는 포공영 추출물 및 이를 함유하는 조성물에 관한 것으로, 각종 식이 방법에 의해 유발된 증가된 GOT 및 GPT 수치를 유의적으로 억제하여 급만성 간염의 예방 및 치료에 효과적이고 안전한 의약품 및 건강기능식품을 제공한다.

— 공개번호 : 10-2005-0051629, 출원인 : 학교법인 인제학원

민들레_지상부

흰민들레_지상부

민들레_잎

흰민들레_잎

민들레_뿌리

흰민들레_뿌리

간염, 습진, 치질, 말라리아, 화상

바위솔

Orostachys japonica (Maxim.) A. Berger

사용부위 전초

이명 : 지붕직이, 와송, 넓은잎지붕지기, 오송, 넓은잎바위솔(북)
생약명 : 와송(瓦松)
과명 : 돌나물과(Crassulaceae)
개화기 : 9월

ㅂ

채취품

약재 전형

생육특성 : 바위솔은 각처의 산과 바위에서 자라는 여러해살이풀로, 생육환경은 햇빛이 잘 들어오는 바위나 집 주변의 기와이다. 키는 20~40cm이고, 잎은 원줄기에 많이 붙어 있는데 끝부분은 가시처럼 날카롭다. 꽃은 흰색으로 줄기 아랫부분에서 위쪽으로 올라가며 핀다. 꽃대가 출현하면 아래에서 올라와 위로 올라가면서 촘촘하던 잎들은 모두 줄기를 따라 올라가며 느슨해진다. 9월에 꽃이 피고 종자가 열리면 잎은 모두 고사한 상태로 남아 있다.

집 주변의 오래된 기와에서 흔히 볼 수 있는 품종으로 일명 와송(瓦松)이라고도 한다.

| 지상부 | 꽃 | 열매 |

 채취 방법과 시기 : 여름부터 가을에 걸쳐 전초를 채취하는데 뿌리와 이물질을 제거하고 햇볕에 말린다.

성분 수산(oxalic acid), 15-메틸-헵타데카노익산(15-methyl-heptadecanoic acid), 1-헥사코신(1-hexacosene), 아라키딘산(arachidic acid), 비헤닉산(behenic acid), 베타아미린(betaamyrin), 프리델린(friedelin), 글루티놀(glutinol), 글루티논(glutinone), 헥사트리아콘타놀(hexatriacontan - ol), 스테아릭산(stearic acid) 등이 함유되어 있다.

바위솔 무리

🌿 **성미** 성질이 시원하고, 맛은 시고 쓰다.

🌿 **귀경** 간(肝), 폐(肺) 경락에 작용한다.

➕ **효능과 주치 :** 열을 식히는 해열, 종기를 삭이는 소종, 출혈을 멈추게 하는 지혈, 하초의 수습을 오줌으로 나가게 하는 이습 등의 효능이 있어 간염, 습진, 치창, 말라리아, 옹종, 코피, 적리(赤痢)라고도 하는 혈리(血痢: 대변에 피가 섞여 나오는 이질), 화상 등을 치료한다.

🧪 **약용법과 용량 :** 말린 전초 15~30g을 물 1L에 넣어 1/3이 될 때까지 달여 하루에 2~3회 나눠 마시거나, 환으로 만들어 복용하기도 하고, 즙을 내어 마시기도 한다. 짓찧거나, 숯으로 만든 뒤 그 가루를 환부에 바르거나 뿌린다.

🧬 **기능성 및 효능에 관한 특허자료**

▶ **바위솔(와송)의 에틸아세테이트 분획물을 유효성분으로 포함하는 간암의 예방 또는 치료용 조성물**

본 발명에 따른 와송 에틸아세테이트 분획물은 세포 독성이 없고, 항세포사멸 인자인 bcl-2, caspase-3, caspase-8 및 caspase-9를 억제하며 세포사멸을 유도한다고 알려져 있는 시토크롬 C의 발현을 촉진 또는 증가시켜 간암 세포의 세포사멸을 유도하는 활성을 가지고 있다. 본 발명에 따른 바위솔의 에틸아세테이트 분획물을 유효성분으로 포함하는 본 발명의 조성물은 간암의 치료 및 예방에 유용한 치료제 및 간암을 개선할 수 있는 기능성 식품의 제조에 사용할 수 있는 효과가 있다.

– 공개번호 : 10-2014-0065184, 출원인 : 인제대학교 산학협력단

박새

Veratrum oxysepalum Turcz.

사용부위 뿌리, 뿌리줄기

이명 : 뭣박새, 넓은잎박새, 꽃박새
생약명 : 여로(藜蘆), 첨피여로(尖被藜蘆), 녹총(鹿蔥)
과명 : 백합과(Liliaceae)
개화기 : 6~7월

뿌리 채취품

생육특성 : 박새는 각처의 깊은 산지에서 자라는 여러해살이풀로, 생육환경은 반그늘이고 습기가 많은 곳이다. 키는 1.5m 정도이며, 잎은 타원형으로 가장자리에는 털이 많이 나 있고, 길이는 20cm 정도 혹은 12cm 정도이다. 잎맥이 많으며 주름이 져 있고 뒷면에는 짧은 털이 나 있다. 꽃은 안쪽은 연한 황백색, 뒤쪽은 황록색으로 6~7월에 피는데 지름은 2.5cm 정도이다. 열매는 9~10월경에 달리는데 타원형이며 길이는 2cm 정도이고 윗부분이 3개로 갈라진다.

| 지상부 | 꽃 | 열매 |

 채취 방법과 시기 : 꽃대가 출현하기 전인 이른 봄과 줄기가 시든 후인 가을에 뿌리를 채취해 햇볕에 말리거나 끓는 물에 데친 후 햇볕에 말린다.

성분 뿌리에는 제르빈(jervine), 슈도제르빈(pseudojervine), 루비제르빈(rubijervine), 콜히친(colchicine), 제르메린(germerine), 베르트로일-지가데닌(veratroyl-zygadenine) 등의 알칼로이드(alkaloid), 베타시토스테롤(β-sitosterol)이 함유되어 있다.

성미 성질이 차고, 맛은 쓰고 맵고, 독성이 있다.

귀경 간(肝), 폐(肺) 경락에 작용한다.

❓ 혼동하기 쉬운 약초 비교

박새_잎 　　　　　　　　　　　　　　　 산마늘_잎

박새_뿌리 　　　　　　　　　　　　　　 산마늘_뿌리

효능과 주치 : 풍담(風痰: 풍증을 일으키는 담병 또는 풍으로 생기는 담병)을 토하게 하고, 충독(蟲毒: 벌레에 의한 독)을 제거하는 효능이 있어 가래가 목에 낀 듯하고 목구멍이 붓고 아픈 인후염, 간질, 오래된 학질, 황달, 피부질환을 치료하며 농약(살충제)의 원료로도 사용된다.

약용법과 용량 : 말린 약재 0.3~0.6g을 환 또는 가루로 만들어 복용한다. 피부질환에는 가루로 빻은 것을 기름에 개어 환부에 바른다. 민간에서는 이가 아플 때 진통제로 박새 뿌리를 넣어 사용하는 경우가 있으나 독성이 있어 위험하다.

 사용시 주의사항 : 독성이 있으므로 신중하게 사용해야 한다.

해수, 백일해, 천식, 조루, 여성 냉증

박주가리

Metaplexis japonica (Thunb.) Makino

사용부위 전초, 열매껍질

이명 : 고환(苦丸), 작표(雀瓢), 백환등(白環藤),
　　　세사등(細絲藤), 양각채(羊角菜)

생약명 : 나마(蘿藦), 천장각(天漿殼)

과명 : 박주가리과(Asclepiadaceae)

개화기 : 7~8월

ㅂ

뿌리 채취품

약재 전형

생육특성 : 박주가리는 여러해살이덩굴성풀로, 양지의 건조한 곳에서 잘 자란다. 줄기는 3m 이상 자라며, 줄기나 잎을 자르면 흰색 유즙이 나온다. 잎은 마주나고 달걀 모양으로 잎끝이 뾰족하다. 꽃은 자주색으로 7~8월에 총상꽃차례로 잎겨드랑이에서 핀다. 열매는 8~10월에 달린다.

일반적으로 박주가리와 혼동하는 식물로 큰조롱(*Cynanchum wilfordii*)과 하수오(*Fallopia multiflora*)가 있다. 같은 박주가리과의 큰조롱은 생약명이 백수오이고 은조롱이나 하수오라는 이명으로도 불린다. 바로 이 하수오라는 이명 때문에 마디풀과에 속하는 하수오와 혼동되는 식물이다. 큰조롱은 박주가리처럼 줄기에서 유즙이 나오며 꽃은 연한 황록색인데, 하수오는 유즙이 없으며 꽃은 흰색이다.

지상부 　　　　　　　　　꽃 　　　　　　　　　열매

 채취 방법과 시기 : 가을에 과실이 성숙할 때 채취해 햇볕에 말리거나 생것으로 사용한다.

성분 뿌리에는 벤조일라마논(benzoylramanone), 메타플렉시게닌(metaplexigenin), 이소람논(isoramanone), 사르코시틴(sarcositin)이 함유되어 있다. 잎과 줄기에는 디지톡소즈(digitoxose), 사르코스틴(sarcostin), 우텐딘(utendin), 메타플렉시게닌 등이 함유되어 있다.

성미

① 나마(蘿藦) : 박주가리의 전초 또는 뿌리를 여름에 채취해 햇볕에 말리거나 생으로 사용하는 것으로 성질이 평범하고, 맛은 달고 맵다.

② 천장각(天漿殼): 박주가리의 성숙한 과실의 열매껍질을 말린 것으로 표주박처럼 생겼으며 성질이 평범하고, 맛은 짜며, 독성이 없다.

귀경

나마는 비(脾), 신(腎) 경락에 작용한다. 천장각은 간(肝), 폐(肺) 경락에 작용한다.

효능과 주치 :

① 나마 : 정액과 기를 보하는 보익정기(補益精氣), 젖이 잘 나오게 하는 통유(通乳), 독을 풀어주는 해독 등의 효능이 있어 신(腎)이 허해서 오는 유정(遺精), 방사(성행위)를 지나치게 많이 하여 오는 기의 손상, 양도(陽道)가 위축되는 양위(陽萎), 여성의 냉이나 대하, 젖이 잘 나오지 않는 유즙불통, 단독, 창독 등의 치료에 응용할 수 있으며, 뱀이나 벌레 물린 상처 등에 사용할 수 있다.

② 천장각 : 폐의 기운을 깨끗하게 하고 가래를 없애는 청폐화담(淸肺化痰), 기침을 멈추고 천식을 다스리는 지해평천(止咳平喘), 발진이 솟아 나오도록 하는 투진(透疹) 등의 효능이 있어 기침과 가래가 많은 해수담다(咳嗽痰多), 백일해, 여러 가지 천식 기운을 가리키는 기천(氣喘), 마진이 있는데 열꽃이 피지 못해서 고생하는 마진투발불창(麻疹透發不暢)에 응용할 수 있다.

약용법과 용량 : 천장각은 6~9g, 나마는 15~60g을 사용한다.

① 나마 : 말린 뿌리 40g을 물 900mL에 넣어 끓기 시작하면 약하게 줄여 200~300mL가 될 때까지 달여 하루에 2회 나눠 마신다.

② 천장각 : 말린 열매 10g을 물 700mL에 넣어 끓기 시작하면 약하게 줄여 200~300mL가 될 때까지 달여 하루에 2회 나눠 마신다. 또는 짓찧어 환부에 붙이기도 한다.

박주가리 잎과_덩굴줄기

큰조롱 잎과_덩굴줄기

박주가리_꽃

큰조롱 꽃

박주가리_열매

큰조롱_열매

사용시 주의사항 : 대변을 통하게 하고 장을 윤활하게 하며 수렴하는 성질
이 있으므로 대변당설(大便溏泄: 곱이 섞인 묽은 대변을 누면서, 소변은 누렇고
가슴이 답답하면서 목이 마르는 증상) 및 습담(濕痰: 속에 수습이 오래 머물러 생
긴 담증)이 있는 경우에는 사용하지 말고, 무씨와 함께 사용하지 않는다.

반위, 위염, 오심, 구토, 구안와사, 간질

반 하

Pinellia ternate (Thunb.) Breit.

사용부위 알뿌리

이명 : 끼무릇
생약명 : 반하(半夏)
과명 : 천남성과(Araceae)
개화기 : 5~7월

ㅂ

알뿌리 채취품

약재 전형

생육특성 : 반하는 각처의 밭에서 나는 여러해살이풀로, 생육환경은 풀이 많고 물 빠짐이 좋은 반음지 혹은 양지이다. 키는 20～40cm이고, 잎은 잔 잎은 3장이고 길이는 3～12cm, 너비는 1～5cm이며 가장자리는 밋밋한 긴 타원형이고, 잎몸은 길이가 10～20cm이고 밑부분 안쪽에 1개의 눈이 달리는데 끝에 달릴 수도 있다. 뿌리는 땅속에 지름 1cm 정도의 알뿌리가 있고 1～2개의 잎이 나온다. 꽃은 녹색으로 5～7월에 피는데 길이는 6～ 7cm이며 몸통부분은 길이가 1.5～2cm이다. 꽃줄기 밑부분에 암꽃이 달 리고 윗부분에는 1cm 정도의 수꽃이 달리는데 수꽃은 대가 없는 꽃밥만 으로 이루어져 있고 연한 황백색이다. 열매는 8～10월경에 맺는데 녹색이 고 작다. 덩이줄기는 약용한다.

지상부   꽃   열매

 채취 방법과 시기 : 가을에 알뿌리를 채취하여 껍질을 벗기고 햇볕에 말린다.

성분 정유, 소량의 지방, 전분, 점액질, 아스파라긴산(asparagin acid), 글 루타민(glutamine), 캠페스테롤(campesterol), 콜린(choline), 니코틴, 다 우코스테롤(daucosterol), 피넬리아렉틴(pinellia lectin), 베타시토스테롤(β -sitosterol) 등이 함유되어 있다.

성미 성질이 따뜻하고, 맛은 맵고, 독성이 있다.

귀경 폐(肺), 비(脾), 위(胃) 경락에 작용한다.

효능과 주치 : 토하는 것을 가라앉히고 기침을 멎게 하며 담을 없애는 효능이 있다. 또한 습사를 다스리는 조습(燥濕), 결린 것을 낮게 하고 맺힌 것은 흩어지게 하는 소비산결(消痞散結), 종기를 삭이는 소종 등의 효능이 있어 오심, 구토, 반위(反胃: 음식물을 소화시켜 아래로 내리지 못하고 위로 올리는 증상으로 위암 등의 병증이 있을 때 나타남), 여러 가지 기침병, 담다불리(痰多不利: 가래가 많고 이를 뱉어내지 못하는 증세), 가슴이 두근거리면서 불안해하는 심계(心悸), 급성 위염, 어지럼증(현기증), 구안와사, 반신불수, 간질, 경련, 부스럼이나 종기 등을 다스린다.

 약용법과 용량 : 말린 알뿌리 4~10g을 물 1L에 넣어 1/3이 될 때까지 달여 하루에 2~3회 나눠 마신다. 보통은 처방에 따라 다른약재와 함께 조제해 사용한다.

 사용시 주의사항 : 독성이 있으므로 반드시 정해진 방법에 따라 포제를 하여야 하는데, 쪼개서 혀끝에 댔을 때 톡 쏘는 마설감(麻舌感)이 없을 때까지 물에 담가서 독성을 제거 해 사용한다. 또는 생강 달인 물이나 백반 녹인 물에 담가 끓인 후 혀끝에 대어 마설감이 없도록 포제한 다음 사용하는데, 사용할 때에는 전문가의 지도를 받아야 한다.

 기능성 및 효능에 관한 특허자료

▶ **반하, 백출, 천마, 진피 등을 포함하는 한약제제 혼합물의 동맥경화 및 관련 질환의 예방 및 치료용 추출물과 약학 조성물**

본 발명은 반하, 백출, 천마, 진피, 복령, 산사, 희렴 및 황련을 포함하는 한약제제 혼합물의 동맥경화 및 관련 질환의 예방 및 치료용 추출물과 이를 유효성분으로 포함하는 약학 조성물에 관한 것으로, 본 발명에 따른 추출물은 동맥경화 및 관련 질환의 예방 및 치료용 제재로 유용하게 사용될 수 있다.

— 등록번호 : 10-0787174, 출원인 : 동국대학교 산학협력단

옹저창독, 산후출혈, 항진균

배롱나무

Lagerstroemia indica L.

사용부위 뿌리, 잎, 꽃

이명 : 백일홍(百日紅), 오리향(五里香), 홍미화(紅微花)
생약명 : 자미화(紫薇花)
과명 : 부처꽃과(Lythraceae)
개화기 : 7~9월

약재 전형

생육특성 : 배롱나무는 중부·남부 지방의 정원이나 도로변 가로수로 심는 낙엽활엽관목 또는 소교목으로, 높이는 5m 전후에, 가지는 윤기가 나고 매끄러우며 햇가지에는 4개의 능선이 있다. 잎은 마주나기 또는 마주나기 에 가깝고 위로 올라가면 서로 어긋나며 잎자루는 거의 없고 타원형 또는 거꿀달걀 모양이다. 꽃은 붉은색, 분홍색, 흰색, 형광색 등으로 7~9월에 원뿔꽃차례로 가지 끝에서 핀다. 열매는 튀는열매로 긴 타원형이고 10~ 11월에 달린다.

| 지상부 | 꽃 | 열매 |

 채취 방법과 시기 : 꽃은 7~9월, 뿌리는 연중 수시, 잎은 봄부터 초가을에 채취한다.

성분 꽃에는 델피니딘-3-아라비노시드(delphinidin-3-arabinoside), 페투니 딘-3-아라비노시드(petunidin-3-arabinoside), 몰식자산(galic acid), 몰식자 산(galic acid)메틸에스테르(methyl ester), 에라긴산(ellagic acid), 알칼로이 드의 메틸라게린(methyl lagerine), 뿌리에는 시토스테롤(sitosterol), 3, 3′, 4-트리메틸에라긴산(trimethyl ellagic acid), 잎에는 데시닌(decinine), 데카 민(decamine), 라겔스트로에민(lagerstroemine), 라게린(lagerine), 디하이 드로벨티실라틴(dihydroverticillatine), 데코딘(decodine) 등의 알칼로이드 (alkaloid)가 함유되어 있다.

성미 성질이 차고, 맛은 약간 시다.

귀경 간(肝), 심(心) 경락에 작용한다.

효능과 주치 : 꽃은 생약명을 자미화(紫薇花)라 하여 산후출혈, 소아태독(小兒胎毒), 대하증 등을 치료한다. 뿌리는 생약명을 자미근(紫薇根)이라 하여 옹저창독(癰疽瘡毒), 치통, 이질 등을 치료한다. 잎은 생약명을 자미엽(紫薇葉)이라 하여 항진균작용이 있으며 이질, 습진, 창상출혈(瘡傷出血)을 치료한다. 배롱나무의 추출물은 항알레르기, 아토피피부염, 천식 개선 등에 유효하다는 연구결과가 밝혀졌다.

약용법과 용량 : 말린 꽃 10~30g을 물 900mL에 넣어 반이 될 때까지 달여 하루에 2~3회 나눠 마신다. 외용할 경우에는 달인 액으로 환부를 닦는다. 말린 뿌리 30~50g을 물 900mL에 넣어 반이 될 때까지 달여 하루에 2~3회 나눠 마신다. 외용할 경우에는 가루로 만들어 다른 약재와 섞어 환부에 붙인다. 말린 잎 20~30g을 물 900mL에 넣어 반이 될 때까지 달여 하루에 2~3회 나눠 마신다. 외용할 경우에는 달인 액으로 환부를 닦는다. 짓찧어 환부에 바르거나, 가루로 만들어 뿌리기도 한다.

기능성 및 효능에 관한 특허자료

▶ **배롱나무의 추출물을 유효성분으로 함유하는 알레르기 예방 또는 개선용 약학적 조성물**

본 발명은 천연물을 유효성분으로 하는 항아토피용 약학조성물에 관한 것으로, 보다 상세하게는 배롱나무 추출물 및 이를 유효성분으로 함유하는 알레르기 예방 또는 개선용 약학조성물에 관한 것으로, 상기 본 발명에 따른 약학조성물은 인체에 무해하고 피부에 전혀 자극이 없으며, 염증성 사이토카인 및 케모카인(chemokine)의 분비 조절, 면역 글로불린 IgE의 합성 억제 등에 작용하여 홍반 감소, 가려움증 소멸작용, 항균작용, 면역 억제 및 조절작용 등의 효과를 나타내어 아토피 또는 천식의 개선 또는 치료의 개선에 적용함으로써 유용하게 이용할 수 있다.

— 공개번호 : 10-2011-0050938, 특허권자 : 대전대학교 산학협력단

편도선염, 자궁출혈, 자궁염, 치질

배암차즈기

Salvia plebeia R. Br.

사용부위 어린순, 전초

이명 : 배암차즈키, 뱀차조기, 배암배추, 뱀배추,
　　　곰보배추

생약명 : 여지초(荔枝草)

과명 : 꿀풀과(Labiatae)

개화기 : 5~7월

ㅂ

약재 전형

293

생육특성 : 배암차즈기는 각처의 산과 들의 습한 곳에서 자라는 두해살이 풀로, 생육환경은 주변의 습한 도랑이나 물기가 많은 곳이다. 키는 30~ 70cm이고, 잎은 긴 타원형으로 끝이 둔하고 밑은 뾰족하다. 잎 가장자리 에는 둔한 톱니가 있고 양면에는 잔털이 드물게 나 있으며 길이는 3~6cm 이다. 꽃은 연한 보라색으로 5~7월에 줄기 윗부분과 잎 사이에서 피는데 길이는 0.4~0.5cm이다. 열매는 짙은 갈색이며 타원형이다.

| 지상부 | 꽃 | 열매 |

 채취 방법과 시기 : 이른 봄에는 어린순을, 전초는 3~5월경에 채취해 햇볕 에 말리고, 뿌리는 4~6월경에 채취해 햇볕에 말린다.

성분 호모플란타기닌(homoplantaginin), 유파폴린(eupafolin), 히스피둘린 (hispidulin), 유파폴린-7-글루코사이드(eupafolin-7-glucoside)가 함유되어 있다.

성미 성질이 시원하고, 맛은 맵다.

귀경 간(肝), 폐(肺), 신(腎) 경락에 작용한다.

어린 배암차즈기

 효능과 주치 : 피를 맑게 하는 양혈, 수습을 다스리는 이수 또는 이뇨, 독을
풀어주는 해독, 기생충을 구제하는 구충 등의 효능이 있어 해혈, 토혈, 혈
뇨, 자궁출혈, 자궁염, 생리불순, 냉증 등의 여성질환과 치질, 기침, 가래,
편도선염, 감기, 국부적인 종기, 타박상, 피부병, 복수(腹水), 백탁(白濁: 뿌
연 오줌, 단백뇨), 목구멍이 붓고 아픈 증상을 다스리는 데 사용한다.

 약용법과 용량 : 말린 약재 10~25g을 물 1L에 넣어 1/3이 될 때까지 달여
하루에 2~3회 나눠 마신다. 환 또는 가루로 만들어 복용하기도 한다. 외
용할 경우에는 짓찧어 환부에 바른다. 짓찧은 즙을 입에 머금어 양치하거
나 귀에 떨어뜨려 넣거나 달인 물로 씻는다.

기능성 및 효능에 관한 특허자료

▶ 배암차즈기 추출물을 유효성분으로 하는 죽상동맥경화증 개선 및 예방 조성물
본 발명에 따른 방법으로 제조된 배암차즈기 추출물을 유효성분으로 하는 죽상동맥경화증 개선 및
조성물은 부작용이 없으면서 죽상동맥경화증의 발달단계 중 거품세포의 형성을 감소시키고, 이미
축적된 거품세포에서는 축적된 콜레스테롤을 외부로 유출하는 것을 촉진함으로써 죽상동맥경화증
의 개선 및 예방할 수 있는 성분으로 제공될 수 있다.
- 공개번호 : 10-2013-0010941, 출원인 : 한림대학교 산학협력단

表사를 멈추게 하고 더위 먹은 것

배초향

Agastache rugosa (Fisch. & Mey.) Kuntze

사용부위 꽃, 전초

이명 : 방앳잎, 토곽향(土藿香), 두루자향(兜婁婆香)
생약명 : 곽향(藿香)
과명 : 꿀풀과(Labiatae)
개화기 : 7~9월

전초 약재

약재 전형

생육특성 : 배초향은 전국 각지의 산야에서 자라는 여러해살이풀로, 생육
환경은 토양에 부엽질이 풍부한 양지 혹은 반그늘이다. 키는 40~100cm
로 자라고, 줄기 윗부분에서 가지가 갈라지며 네모가 져 있다. 줄기 표면
은 황록색 또는 회황색으로 잔털이 적거나 혹은 없으며 단면의 중앙에는
흰색의 부드러운 속심이 있다. 잎은 길이가 5~10cm, 너비는 3~7cm로 끝
이 뾰족하고 심장 모양이다. 꽃은 자주색으로 7~9월에 가지 끝에서 원기
둥 모양 꽃이삭에 입술 모양의 꽃이 촘촘하게 모여 핀다. 열매는 10~11월
에 달리는데 짙은 갈색으로 변한 씨방에는 종자가 미세한 형태로 많이 들
어 있다.

비슷한 이름으로 꿀풀과의 여러해살이풀인 광곽향[廣藿香, *Pogostemon
cablin* (Blanco.) Benth.]이 있으나 식물 기원이 전혀 다르고 정유 성분 또한
다르기 때문에 혼용 또는 오용하지 않도록 한다.

| 지상부 | 꽃 | 열매 |

채취 방법과 시기 : 꽃이 피기 직전부터 막 피었을 때까지인 6~7월에 꽃을
포함한 전초를 채취해 햇볕이나 그늘에서 말려 보관한다. 약재로 쓸 때에
는 이물질을 제거하고 윤투(潤透: 습기를 약간 주어 부스러지지 않도록 하는
과정)시킨 다음 잘게 썰어 사용한다.

성분 전초에는 정유 성분이 들어 있는데, 주성분은 메틸카비콜(methyl chavicol)이고, 그 밖에도 아네톨(anethole), 아니스알데하이드(anisaldehyde), δ-리모넨(δ-limonene), ρ-메톡시시남알데하이드(ρ-methoxycinnamaldehyde), δ-피넨(δ-pinene) 등이 함유되어 있다.

성미 성질이 약간 따뜻하고, 맛은 매우며, 독성이 없다.

귀경 폐(肺), 비(脾), 위(胃) 경락에 작용한다.

효능과 주치 : 방향화습(芳香化濕: 방향성 향기가 있어 습사를 말려줌), 중초를 조화롭게 하며 구토를 멈추게 한다. 표사(表邪)를 흩어지게 하고 더위 먹은 것을 풀어준다.

약용법과 용량 : 말린 약재 10g을 물 700mL에 넣어 끓기 시작하면 약하게 줄여 200~300mL가 될 때까지 달여 하루에 나눠 마신다. 환 또는 가루로 만들어 복용하기도 한다. 민간요법으로 옴이나 버짐 치료에는 곽향 달인 물에 환부를 30분간 담갔다고 한다. 또 구취가 날 때에는 곽향 달인 물로 양치를 하고 그 밖에도 복부팽만, 식욕부진, 구토, 설사, 설태가 두텁게 끼는 증상 등에도 사용한다.

사용시 주의사항 : 진한 향과 따뜻하고 매운 성질 때문에 자칫 음기를 손상하고 기를 소모할 우려가 있기 때문에 혈허(血虛) 또는 무습(無濕)의 경우이거나 음허(陰虛)인 경우에는 피한다.

기능성 및 효능에 관한 특허자료

▶ **당뇨 질환의 예방, 치료용 배초향 추출물 및 이를 포함하는 치료용 제제**

본 발명은 당뇨 질환의 예방, 치료용 배초향(방아, 곽향) 추출물 및 이를 포함하는 치료용 제제에 관한 것으로, 더욱 상세하게는 퍼록시좀 증식인자 활성자 수용체 감마(PPARγ)의 활성화와 지방세포의 분화 조절, 인슐린 민감도의 증가를 일으키는 배초향 추출물에 관한 것이다.

― 공개번호 : 10-2011-0099369, 출원인 : 연세대학교 산학협력단

열을 내리고 독을 풀어주며 습진과 풍진

백 선

Dictamnus dasycarpus Turcz.

사용부위 뿌리껍질

이명 : 자래초, 검화, 백전, 백양(白羊), 지양선(地羊鮮)
생약명 : 백선피(白鮮皮)
과명 : 운향과(Rutaceae)
개화기 : 5~6월

뿌리 채취품

약재 전형

생육특성 : 백선은 숙근성 여러해살이풀로, 제주도를 제외한 전국의 산기슭에서 자란다. 키는 90cm 정도 자라며, 줄기는 크고 곧추서며, 뿌리는 굵다. 뿌리의 심을 빼낸 약재는 안으로 말려 들어간 통 모양으로 길이는 5~15cm, 지름은 1~2cm, 두께는 0.2~0.5cm이다. 바깥 표면은 회백색 또는 담회황색으로 가는 세로 주름과 가는 뿌리의 흔적이 있으며 돌기된 과립상(顆粒狀)의 작은 점이 있다. 안쪽 표면은 유백색으로 가는 세로 주름이 있다. 질은 부스러지기 쉬운데 절단할 때 분말이 일어나며 단면은 평탄하지 않고 약간 층을 이룬 조각 모양이다. 잎은 어긋나는데 줄기의 중앙부에 모여난다. 꽃은 엷은 홍색으로 5~6월에 원줄기 끝에서 총상꽃차례로 피는데 지름은 2.5cm 정도이다.

지상부   꽃   열매

 채취 방법과 시기 : 뿌리는 봄과 가을에 채취하는데 흙과 모래, 코르크층을 제거하고 뿌리껍질을 벗겨 이물질을 제거해 잘게 썰어서 말린다.

성분 뿌리에는 푸로퀴놀론 알칼로이드(furoquinolone alkalloid)로 딕타민(dictamine), 스킴미아닌(skimmianine), γ-파가린(γ-fagarine), 로부스틴(robustine), 할로파인(halopine), 마쿨로시딘(maculosidine), 리모닌(limonin), 크리고넬린(trigonellin), 프락시넬론(fraxinellone), 오바쿨라톤(obakulatone), 사포닌 등이 함유되어 있다.

백선 꽃

🌿 **성미** 　성질이 차고, 맛은 쓰며, 독성이 없다.

🌿 **귀경** 　비(脾), 위(胃), 방광(膀胱) 경락에 작용한다.

✚ **효능과 주치** : 열을 내리고 습사를 다스리며, 풍사를 제거하고 해독하며, 습열창독을 치료한다. 또한 습진(濕疹), 풍진 등을 다스린다.

🧪 **약용법과 용량** : 말린 뿌리껍질 10g을 물 700mL에 넣어 끓기 시작하면 약하게 줄여 200~300mL가 될 때까지 달여 하루에 2회 나눠 마신다.

✋ **사용시 주의사항** : 성미가 쓰고 차면서 아래로 내리는 성질이 있어 하초(下焦: 신장, 방광, 자궁 등 생식과 배설을 담당하는 장부)가 허하고 냉한 경우에는 사용을 피한다.

🧬 기능성 및 효능에 관한 특허자료

▶ **백선피 추출물을 유효성분으로 포함하는 지질 관련 심혈관 질환 또는 비만의 예방 및 치료용 조성물**

본 발명은 백선피 추출물, 또는 백선피와 길경 또는 인삼의 혼합 생약재 추출물을 유효성분으로 함유하는 항비만용 조성물에 관한 것이다. 본 발명의 추출물들은 고지방식이에 의한 체중 증가 및 체지방 증가를 억제하고, 혈중 지질인 트리글리세라이드(triglyceride), 총 콜레스테롤을 낮춤으로써 비만 증상을 개선시키므로, 지질 관련 심혈관 질환 또는 비만의 예방 또는 치료제, 또는 상기 목적의 건강식품으로 유용하게 사용될 수 있다.

– 공개번호 : 10-2011-0097220, 출원인 : 사단법인 진안군 친환경홍삼한방산업클러스터사업단

신체허약, 가슴의 동통, 설사, 복통, 붕루

백작약

Paeonia japonica (Makino) Miyabe & Takeda

사용부위 뿌리

이명 : 산작약, 작약, 백작(白芍), 금작약(金芍藥)
생약명 : 작약(芍藥)
과명 : 작약과(Paeoniaceae)
개화기 : 6월

뿌리 채취품

약재 전형

생육특성 : 백작약은 숙근성 여러해살이풀로, 중부 지방에서 주로 분포하는데 토심이 깊고 배수가 잘 되는 곳의 양지에서 잘 자란다. 꽃이 아름다워 관화식물로도 이용된다. 높이는 40~50cm로 자라며, 뿌리는 육질이고 굵은데 원기둥 모양 또는 방추형으로 자르면 붉은빛이 돈다. 잎은 3~4장이 어긋나고 잎자루가 긴 편이다. 뿌리나 땅속줄기에서 돋아나온 뿌리 쪽 잎은 1~2회로 날개깃 모양으로 갈라지며 윗부분은 3개로 깊게 갈라지기도 한다. 꽃은 흰색으로 4~5월에 *P. lactiflora* 보다 1개월 정도 먼저 피는데 원줄기 끝에서 큰 꽃이 1송이씩 달린다. 꽃잎은 5~7장으로 거꿀달걀 모양이고 길이는 2~3cm이다.

뿌리가 자라는 속도가 늦어 농가에서는 재배를 꺼리는 편이며 경북에서 품종육성시험을 하고 있다.

| 지상부 | 꽃 | 열매 |

보통 백작약의 이명이 산작약이기 때문에 두 식물을 혼동하는 경우가 있다. 백작약과 산작약(*Paeonia obovata* Maxim.)은 둘 다 우리나라 특산식물이라는 공통점이 있으며, 생김새와 특징도 거의 비슷하고 생약명도 '작약'으로 동일하다. 다만, 백작약은 꽃이 흰색이고 산작약(이명: 민산작약)은 꽃이 붉은색이라는 차이점이 있다. 또한 붉은색이나 흰색으로 꽃이 피는

작약 *(Paeonia lactiflora Pall.)*은 이명인 '적작약'으로 더 많이 불리는데 현재 농가에서 재배하는 작약은 대부분 이 식물을 기원으로 한다. 작약, 백작약, 산작약의 뿌리는 모두 생약명이 '작약'이며 한방에서는 이 두 개의 효능이 비슷한데 뿌리를 약재로 가공하는 방법에 따라 백작약과 적작약으로 구분해 유통되고 있는 실정이다.

 채취 방법과 시기: 가을에 채취해 뿌리의 겉껍질인 조피(粗皮)를 벗긴 후 말리는데 쪄서 말리기도 한다. 말린 것을 그대로 사용하는 생용(生用)하면 음기를 수렴하여 간의 기를 평하게 하는 염음평간(斂陰平肝)의 작용이 강하여 간양상항(肝陽上亢)으로 인한 두통, 현훈(眩暈: 어지럼증), 이명 등의 증상에 적용하고, 술을 흡수시킨 후 볶아서 사용하는 주초용(酒炒用: 약재 무게의 20~25%에 해당하는 술을 미리 약재에 흡수시킨 뒤 프라이팬에서 약한 불로 노릇노릇하게 볶아주는 것)하면 시고 차가운 성미가 완화되어 중초의 기운을 완화하는 효능이 있어 협륵동통(脇肋疼痛)과 복통을 치료하는 데 응용한다. 주자(酒炙: 위 주초용과 같음)하면 산후복통을 치료하고, 초용(炒用)하면 약성의 성질이 완화되어 혈액을 자양하고 음기를 수렴하는 양혈렴음(養血斂陰)의 효능이 있어 간의 기운이 항성(亢盛: 지나치게 항진됨)되고 비의 기운이 허한 간왕비허(肝旺脾虛)의 증상에 사용한다.

성분 뿌리에는 정유, 지방유, 수지, 당, 전분, 점액질, 단백질, 타닌, 패오니플로린(paeoniflorin), 헤데라게닌(hederagenin) 등이 함유되어 있다.

성미 성질이 시원하고, 맛은 쓰고 시다.

귀경 간(肝), 비(脾) 경락에 작용한다.

 효능과 주치: 혈을 자양하며 간기능을 보하는 양혈보간(養血補肝), 통증을 멈추는 진통, 경련을 완화시키는 진경(鎭痙), 완화, 땀을 멈추게 하는 지한(止汗) 등의 효능이 있어 신체허약을 다스리고, 음기를 수렴하며, 땀을 거두어들인다. 가슴과 복부 그리고 옆구리의 동통을 치료한다. 설사와 복통을 다스리며, 자한과 도한을 치유한다. 그 밖에도 음허발열(陰虛發熱), 월경부조(月經不調), 붕루, 대하 등을 다스린다.

약용법과 용량 : 작약은 용도가 다양한데 민간요법에서 설사나 복통을 치료하기 위한 방법은 말린 작약 뿌리 15g과 말린 감초 6g을 물 1L에 넣어 끓기 시작하면 약하게 줄여 200~300mL가 될 때까지 달여 하루에 2회 나눠 마신다. 눈병을 치료하기 위해서는 말린 작약 뿌리, 말린 당귀 뿌리, 말린 깽깽이풀 뿌리를 같은 양으로 섞은 다음 적당량의 물을 붓고 끓으면 그 김을 환부에 쏘이고, 달인 물로 눈을 자주 씻는다. 여성의 냉병 치료를 위해서는 작약 뿌리 볶은 것 20g, 건강(乾薑) 볶은 것 5g의 비율로 섞어 부드럽게 가루로 만들어 한 번에 3~4g씩, 하루 2회 미음에 타서 마신다. 또 담석증 치료를 위해서는 말린 작약 뿌리 10g, 말린 감초 6g을 물에 달여 하루 2~3회 나누어 식사하는 사이에 마시는데, 이 약은 작약감초탕이라 하여 평활근의 경련을 풀어주는 효과가 있어 담석증으로 오는 경련성 통증을 멈추게 한다.

 사용시 주의사항 : 양혈(凉血)하고 염음(斂陰: 음적 기운을 수렴하는 작용)이 있으므로 허한복통(虛寒腹痛), 설사의 경우에는 신중하게 사용해야 하며, 여로(藜蘆)와는 함께 사용하면 안 된다.

 기능성 및 효능에 관한 특허자료

▶ **항산화활성을 갖는 백작약 추출물을 함유하는 조성물**

본 발명의 백작약 추출물은 항산화활성을 가지고 있어서 뇌허혈에 의해 유도되는 신경세포 손상을 보호하는 효과가 있으므로, 이를 포함하는 조성물은 신경세포의 사멸에 의해 발생되는 퇴행성 뇌질환, 즉 뇌졸중, 중풍, 치매, 알츠하이머병, 파킨슨병, 헌팅턴병, 피크(pick)병 및 크로이츠펠트-야콥병 등의 예방 및 치료를 위한 의약품 및 건강기능식품으로 이용될 수 있다.

－ 공개번호 : 10-2006-0023884, 출원인 : (주)정우제약

위장염, 암종(癌腫), 안질, 패혈증

번행초

Tetragonia tetragonoides (Pall.) Kuntze

사용부위 어린잎, 전초

이명 : 번향
생약명 : 번행(番杏), 법국파채(法國菠菜)
과명 : 번행초과(Aizoaceae)
개화기 : 4~10월

약재 전형

생육특성 : 번행초는 남부 지방의 바닷가 모래땅에서 나는 여러해살이풀로, 생육환경은 햇빛이 잘 들어오는 곳의 척박한 곳이나 바위틈이다. 키는 60cm 정도이고, 잎은 길이가 4~6cm, 너비는 3~4.5cm이고 삼각형으로 어긋나며 잎 표면은 우둘투둘하여 까실하다. 줄기는 땅을 기듯 뻗어나가며 가지를 치고 잎과 더불어 다육성으로 부러지기 쉬우며 사마귀 같은 돌기가 있다. 꽃은 노란색으로 4~10월에 잎겨드랑이에서 1~2송이씩 종 모양 꽃부리로 피는데 꽃받침통은 길이가 0.4cm 정도이며 찢어진 꽃받침은 겉은 초록색이고 안쪽은 황색이며 수술은 9~16개로 황색이다. 7~10월경에 꽃이 지면 시금치 씨처럼 4~5개의 딱딱한 뿔 같은 돌기와 더불어 꽃받침이 붙어 있는 열매가 달리는데 열매 속에 여러 개의 종자가 들어 있다.

지상부   꽃   열매

 채취 방법과 시기 : 꽃이 질 때까지 연한 잎을 채취하고, 여름부터 가을에 걸쳐 전초를 채취해 햇볕에 말리거나 생것으로 쓴다.

성분 철분, 칼슘, 비타민 A와 B, 포스파티딜콜린(phosphatidyl choline), 포스파티딜에타놀아민(phosphatidyl ethanolamine), 포스파티딜세린 (phosphatidyl serin), 포스파티딜이노시톨(phosphatidylinositol), 항균물질인 테트라고닌(tetragonin) 등이 함유되어 있다.

번행초 집단

 성미 성질이 평범하고, 맛은 달고 약간 맵다.

 귀경 간(肝), 위(胃), 대장(大腸) 경락에 작용한다.

효능과 주치 : 해열 및 해독작용을 하며 종기를 삭이는 소종의 효능이 있어 위장염, 안질, 패혈증, 정창(疔瘡), 암종 등을 치료한다.

 약용법과 용량 : 말린 약재 30~60g을 충분한 양의 물에 넣고 달여 하루에 2~3회 나눠 마신다. 생즙을 내서 마시기도 하며, 짓찧어 환부에 바르기도 한다.

🧬 기능성 및 효능에 관한 특허자료

▶ **항당뇨 및 혈중 콜레스테롤 저해활성을 갖는 번행초 추출물**

본 발명은 번행초를 유기용매로 추출하여 얻어진 추출물 및 이로부터 분리된 기능성 물질에 관한 것이다. 본 발명에 따른 번행초 추출물은 세포 독성이 없는 식용이 가능함은 물론 항당뇨 효과와 혈중 콜레스테롤 저해활성을 나타내므로 건강식품산업 및 의약산업상 매우 유용하다.

– 등록번호 : 10-1108885, 출원인 : 주우홍

범부채

Belamcanda chinensis (L.) DC.

사용부위 뿌리

이명 : 사간
생약명 : 사간(射干)
과명 : 붓꽃과(Iridaceae)
개화기 : 7~8월

ㅂ

뿌리 채취품

약재 전형

생육특성 : 범부채는 중부 지방 이남의 섬과 해안을 중심으로 자라는 여러해살이풀로, 생육환경은 물 빠짐이 좋은 양지 혹은 반그늘의 풀숲이다. 키는 50~100cm이고, 잎은 녹색 바탕에 약간의 분백색이 있으며 길이는 30~50cm, 너비는 2~4cm로 끝이 뾰족하고 부챗살 모양으로 펴진다. 꽃은 황적색 바탕에 반점이 있는데 7~8월에 원줄기 끝과 가지 끝이 1~2회 갈라져 한 군데에서 몇 송이가 핀다. 열매는 9~10월경에 달리는데 타원형이며 길이는 3cm 정도이고, 종자는 포도송이처럼 달리는데 검은색 윤기가 난다.

지상부   꽃   열매

 채취 방법과 시기 : 봄부터 가을까지 뿌리를 포함한 전초를 채취해 줄기와 가는 뿌리를 제거하고 반쯤 말려서 수염뿌리를 불에 태우고 다시 햇볕에 말린다.

성분 뿌리줄기에는 벨람칸딘(belamcandin), 이리딘(iridin), 텍토리딘(tectoridin), 텍토리게닌(tectorigenin), 꽃과 잎에는 만기프레인(mangifrein), 아포시닌(apocynine), 벨람칸달(belamcandal), 벨람카니딘(belamcanidin), 디아세틸벨람칸달(deacetylbelamcandal), 디메틸텍토리게닌(dimetyltectorigenin), 이리게닌(irigenin), 이리스플로렌틴(irisflorentin), 이리스테코리게닌 A~B(iristecorigenin A~B), 이소이리도게르마날

범부채 꽃과 잎

(isoiridogermanal), 메틸이리솔리돈(methyl irisolidone), 뮤닌진(muningin), 세가논(sheganone), 세간수 A(shegansu A)이 함유되어 있다.

🏷️ **성미** 성질이 차고, 맛은 쓰다.

🏷️ **귀경** 간(肝), 폐(肺) 경락에 작용한다.

➕🌱 **효능과 주치** : 담을 제거하는 거담, 기침을 멎게 하는 진해, 염증을 제거하는 소염, 화기를 내리게 하는 강화(降火) 등의 효능이 있어 해수, 인후종통, 편도선염, 결핵성 림프샘염 등을 치료하는 데 사용한다.

⚗️🌱 **약용법과 용량** : 말린 뿌리 3~6g을 물 1L에 넣어 1/3이 될 때까지 달여 하루에 2~3회 나눠 마신다. 가루로 만들어 목 안에 흡입시키거나 고루 바른다.

✋ **사용시 주의사항** : 열을 내리고 독성을 풀어주는 작용이 강하므로 실열(實熱)이 없거나 비기능이 허한 변당(便糖: 변당설사의 줄임말. 대변이 묽고 횟수가 많은 증상)의 경우, 임신부는 사용해서는 안 된다.

건위, 거풍, 진통

벽오동

Firmiana simplex (L.) W.F.Wight = [*Firmiana platanifolia* Schott. et Endl.]

사용부위 뿌리, 나무껍질, 잎, 꽃, 열매

이명 : 벽오동나무, 청오동나무, 오동수(梧桐樹), 청피수(靑皮樹), 청동목(靑桐木), 동마수(洞麻樹)

생약명 : 오동(梧桐), 오동자(梧桐子), 오동근(梧桐根)

과명 : 벽오동과(Sterculiaceae)

개화기 : 6~7월

뿌리(약재)

생육특성 : 벽오동은 남부 지방의 마을 근처 과수원 주위에 심어 가꾸는 낙엽활엽교목으로, 높이가 15m 전후로 자라고, 원줄기는 가지와 더불어 오랫동안 넓고 매끄러우며 녹색이다. 잎은 서로 어긋나지만 가지 끝에서는 모여 나는데 끝이 3~5개로 갈라지고 밑부분은 심장 모양에 끝은 날카롭고 어릴 때에는 표면에 털이 나 있다가 시간이 지나면 없어진다. 잎 뒷면은 손바닥 모양이며 별 모양의 털이 덮여 있고, 잎자루 길이는 잎 길이와 거의 같고 갈색의 털로 덮여 있다. 꽃은 담녹색으로 6~7월에 원뿔꽃차례로 가지 끝에서 단성으로 매우 작게 핀다. 꽃받침 잎은 타원형으로 5장인데 1cm 정도로 뒤로 젖혀지고, 꽃잎은 없다. 열매는 10~11월에 달린다.

| 지상부 | 꽃 | 열매 |

 채취 방법과 시기 : 열매는 9~10월에 익었을 때, 뿌리는 9~10월, 나무껍질은 가을·겨울, 잎은 여름, 꽃은 6~7월에 채취한다.

성분 열매에는 카페인 스테르쿨린산(sterculic acid), 나무껍질에는 펜토산(pentosan), 펜토스(pentose), 옥타코사놀(octacosanol), 루페논(lupenone), 갈락탄(galactan), 우론산(uronic acid), 잎에는 베타인(betaine), 콜린(choline), 헨트리아콘탄(hentriacontane), 베타-아미린(β-amyrin), 루틴(rutin), 베타-아미린-아세테이트(β-amyrin-acetate), 베타-시토스테롤(β-sitosterol) 등이 함유되어 있다.

성미 열매, 꽃은 성질이 평범하고, 맛은 달다. 뿌리는 성질이 평범하고 맛은 담백하고, 독성이 없다. 나무껍질, 잎은 성질이 차고 맛은 쓰고, 독성이 없다.

 귀경 종자는 위(胃), 신(腎) 경락에 작용한다. 잎은 심(心), 간(肝), 신(腎) 경락에 작용한다.

효능과 주치 : 열매는 생약명을 오동자(梧桐子)라 하여 위통, 건위, 식체, 소아구창 등을 치료한다. 뿌리는 생약명을 오동근(梧桐根)이라 하여 거풍습, 류머티즘에 의한 관절통, 월경불순, 타박상, 장풍하혈을 치료한다. 나무껍질은 생약명을 오동백피(梧桐白皮)라 하여 거풍, 활혈, 진통, 류머티즘에 의한 마비통, 이질, 단독(丹毒), 월경불순, 타박상 등을 치료한다. 잎은 생약명을 오동엽(梧桐葉)이라 하여 거풍(祛風), 제습(蔴濕), 청열, 해독, 류머티즘에 의한 동통, 마비, 종기, 창상출혈, 고혈압 등을 치료한다. 꽃은 생약명을 오동화(梧桐花)라 하여 청열, 해독, 부종, 화상 등을 치료하고, 외용할 경우에는 가루로 만들어 환부에 바른다. 벽오동의 추출물은 항산화제로 사용할 수 있다.

약용법과 용량 : 말린 열매 50~100g을 물 900mL에 반이 될 때까지 달여 하루에 2~3회 나눠 마시며, 외용할 경우에는 열매를 볶아 약간 태워 가루로 만들어 환부에 바른다. 뿌리, 나무껍질, 잎, 꽃 등은 열매와 같은 방법으로 사용한다.

 기능성 및 효능에 관한 특허자료

▶ **벽오동 추출물을 함유한 천연 항산화제 조성물 및 이의 제조 방법**

본 발명은 벽오동 추출물을 함유한 천연 항산화제 조성물 및 이의 제조 방법에 관한 것으로, 벽오동 나무의 파쇄물 3 내지 15 중량%와 용매 85 내지 97 중량%를 용기에 충전하여 60 내지 150℃의 온도에서 상기 용매의 중량%가 45 내지 65가 될 때까지 가열한 후 건조하여 분말 성상의 항산화제 조성물 및 이의 제조 방법을 제공함으로써 우리나라 전역에 자생하고 있는 벽오동나무를 가지, 잎 및 열매 부분을 이용하여 강력한 항산화제를 대량 제조할 수 있으며, 독성이 없고 항산화도가 매우 높은 천연 지용성 물질로, 액상 및 분말 성상 등으로 제조가 가능함은 물론 다양한 기능성 물질의 부가가 용이한 효과가 있다.

– 공개번호 : 10-2005-0117975, 출원인 : 김진수

보리수나무

청열, 해수, 하리

Elaeagnus umbellata Thunb. = [*Elaeagnus crispa* Thunb.]

사용부위 뿌리, 잎, 열매

이명 : 볼네나무, 보리장나무, 보리화주나무, 보리똥나무,
　　　산보리수나무
생약명 : 우내자(牛奶子)
과명 : 보리수나무과(Elaeagnaceae)
개화기 : 5~6월

ㅂ

열매 채취품

약재 전형

생육특성 : 보리수나무는 전국의 산기슭 및 계곡에서 자생하는 낙엽활엽관목으로, 높이는 3~4m로 자라고, 가지에는 가시가 돋아나 있다. 잎은 타원형 또는 달걀 모양으로 서로 어긋나고 잎끝은 둔형으로 짧고 뾰족한 모양이며 밑부분은 원형에서 넓은 쐐기 모양으로 가장자리는 말려서 오그라들고 톱니가 없다. 꽃은 5~6월에 흰색으로 피어 황색으로 변하고 방향성 향기가 있으며, 열매는 공 모양 혹은 달걀 모양이고 9~10월에 옅은 붉은색으로 달린다.

| 지상부 | 꽃 | 열매 |

 채취 방법과 시기 : 뿌리는 겨울부터 이듬해 봄, 잎은 여름, 열매는 가을에 채취한다.

성분 뿌리, 잎, 열매의 종자 등에는 세로토닌이 함유되어 있다.

성미 성질이 시원하고, 맛은 달고 쓰다.

귀경 비(脾), 대장(大腸) 경락에 작용한다.

효능과 주치 : 뿌리와 잎, 열매는 생약명을 우내자(牛內子)라 하여 청열이습(淸熱利濕)작용이 있고 해수, 하리, 이질, 임병, 붕대를 치료한다.

보리수나무 열매

 약용법과 용량 : 말린 약재 30~50g을 물 900mL에 넣어 반이 될 때까지 달여 하루에 2~3회 나눠 마신다.

 기능성 및 효능에 관한 특허자료

▶ 보리수나무 열매를 주재로 한 약용술의 제조방법

본 발명의 생약을 주재로 한 약용 술 중 보리수나무 열매인 호리자를 주재한 신규의 약용술로, 잘 익은 호리자를 채취하여 수세건조하고, 이를 소주(25~30%)에 침지, 밀봉한 다음 음지에서 15~30일 동안 숙성발효시키고 여과한 여액을 다시 음지에서 2~3개월 2차 숙성발효시킨 능금산이나 주석산 (tartaric acid) 등이 함유된 갈색의 약용 술이다. 이 약용 술은 보리수나무 열매의 자연적인 향과 맛을 그대로 유지하면서 인체의 자양강장, 허약체질, 육체피로 등에 탁월한 개선효과가 있는 것으로 본 발명은 산업적으로 매우 유용한 발명이다.

― 공개번호 : 10-1996-0007764, 출원인 : 박봉흠

복 령

Wolfiporia extensa (Peck) Ginns

사용부위 균괴

이명 : 복토(茯菟), 복령(茯靈), 복령(伏苓), 운령(云苓), 송서(松薯)
생약명 : 백복령(白茯苓), 백복신(白茯神)
과명 : 구멍장이버섯과(Polyporaceae)
발생시기 : 연중

복령 자실체(약재)

복신 약재 전형

생육특성 : 복령은 벌채한 지 3~10년 된 소나무 뿌리에서 기생하여 성장하는 균핵으로 소나무 뿌리가 내부에 남아 있는 것은 복신, 뿌리가 없어지고 안이 흰 것은 백복령, 붉은 것은 적복령이라고 하여 약용한다. 지름은 10~30cm이고 형체는 일정하지 않다. 겉은 암갈색, 안은 회백색의 육질로 되어 있다.

복령 자실체

복신 자실체

 발생 장소 : 땅속 소나무 뿌리에서 발생해 기생하므로 긴 꼬챙이로 소나무 밑의 땅을 찔러서 느낌으로 채취한다.

성분 파키만(pachiman), 파킴산(pachymic acid), 에부리콜산(eburicoic acid), 디하이드로에부리콜산(dehydroeburicoic acid), 피니콜산(pinicolic acid) 외에 당, 무기물(철, 칼슘, 마그네슘, 칼륨, 나트륨), 에르고스테롤(ergosterol) 등이 함유되어 있다.

성미 성질이 평범하고, 맛은 달고 담담하다.

귀경 심(心), 비(脾), 폐(肺), 신(腎), 방광(膀胱) 경락에 작용한다.

 효능과 주치 : 이뇨작용이 있어 몸이 붓거나 요도염, 방광염 등이 있을 때 사용하는데, 다른 이뇨제와 달리 위장을 튼튼하게 하고 신경을 안정시키

는 효능이 있어 몸이 약한 사람에게 좋다. 따라서 인삼이나 황기, 백출, 감초 등과 함께 달여 먹으면 위장이 약하여 소화가 안 되고 설사하는 증상을 치료할 수 있다.

 약용법과 용량 : 자연산 복령은 7월부터 이듬해 3월 사이에 소나무 숲에서 채취하고, 인공 재배한 복령은 종균을 접종한 2년 후 7~8월에 채취하여 사용한다. 1회 복용량은 말린 복령 10~15g이다. 다른 약초와 함께 달여서 마시거나 가루나 환으로 만들어 복용한다. 소변이 자주 마렵고 요실금이 있을 때에는 같은 양의 산약과 백복령을 가루로 만들어 묽은 미음으로 만들어 먹는다.

 사용시 주의사항 : 복령은 독이 없어 안전한 약재이기는 하지만 체질적으로 평소에 늘 기운이 없고 땀과다증이 있는 사람은 복용을 삼가야 한다.

 기능성 및 효능에 관한 특허자료

▶ **복령 추출물을 유효성분으로 포함하는 다중약물내성 억제용 조성물**

본 발명은 다중약물내성(multidrug resistance, MDR) 억제능이 매우 뛰어난 복령 추출물을 유효성분으로 포함하는 다중약물내성 억제용 약학적 조성물을 제공한다. 본 발명의 조성물은 항암제에 내성을 나타내는 다중약물 내성 세포에서 보이는 항암제 내성을 극복할 수 있어, 약학적으로 유용한 다중약물내성 억제용 조성물 및 항암보조제로 사용될 수 있다.

– 공개번호 : 10-2012-0124145, 출원인 : 경희대학교 산학협력단

▶ **복령피 추출물을 함유하는 퇴행성 신경질환의 예방, 개선 또는 치료용 조성물**

본 발명의 복령피(Poria cocos) 추출물을 유효성분으로 함유하는 퇴행성 신경질환 예방 또는 치료용 약학적 조성물 및 퇴행성 신경질환 예방 또는 개선용 식품 조성물에 관한 것으로, 본 발명의 조성물에 포함되는 유효성분인 복령피 추출물은 베타아밀로이드 생성 및 타우 인산화 억제, NGF 생성 촉진작용을 통한 신경세포 보호작용, 신경세포 보호 및 아세틸콜린에스터라제 억제를 통한 기억력 개선작용을 가짐으로써, 퇴행성 신경질환 예방 또는 치료용 약학적 조성물, 또는 상기 목적의 건강식품으로 유용하게 사용될 수 있다.

– 공개번호 : 10-2016-0075183, 출원인 : 동아에스티(주)

정력감퇴, 활혈, 기억력 개선

복분자딸기

Rubus coreanus Miq. = [*Rubus tokkura* Sieb.]

사용부위 뿌리, 줄기, 잎, 열매

이명 : 곰딸, 곰의딸, 복분자딸, 복분자,
　　　교맥포자(蕎麥抛子), 조선현구자(朝鮮懸鉤子)
생약명 : 복분자(覆盆子)
과명 : 장미과(Rosaceae)
개화기 : 5~6월

ㅂ

열매(약재)　　　　　　　　　약재 전형

생육특성 : 복분자딸기는 남부·중부 지방의 산기슭 계곡 양지에서 자생 또는 재배하는 낙엽활엽관목으로, 높이는 3m 전후로 자라고, 줄기는 곧게 서지만 덩굴처럼 휘어져 땅에 닿으면 뿌리를 내리며 적갈색에 백분(白粉)이 덮여 있고 갈고리 모양의 가시가 나 있다. 잎은 홀수깃꼴겹잎인데 어긋나고 잎자루가 있으며 잔잎은 3~7장이다. 가지 끝에 붙어 있는 잔잎은 비교적 크고 달걀 모양으로 잎끝은 날카롭고 가장자리에는 불규칙한 크고 날카로운 톱니가 있다. 꽃은 담홍색으로 5~6월에 산방꽃차례로 가지 끝이나 잎겨드랑이에서 핀다. 열매는 취합과로 작은 달걀 모양인데 7~8월에 붉은색으로 달리지만 나중에 검은색이 된다.

지상부   꽃   열매

 채취 방법과 시기 : 열매는 익기 전인 7~8월, 뿌리는 연중 수시, 줄기와 잎은 봄부터 가을에 채취한다.

성분 열매에는 필수아미노산과 비타민 B₂, 비타민 E, 주석산(tartaric acid), 구연산, 트리테르페노이드글리코시드(triterpenoid glycoside), 카보닉산(carvonic acid), 소량의 비타민 C, 당류, 뿌리 및 줄기와 잎에는 플라보노이드(flavonoid) 배당체가 함유되어 있다.

성미 열매는 성질이 평범하고, 맛은 달고 시다. 뿌리는 성질이 평범하고, 맛은 짜고 시고, 독성이 없다. 줄기, 잎은 성질이 평범하고, 맛은 짜고 시고, 독성이 없다.

? 혼동하기 쉬운 약초 비교

복분자딸기_잎

산딸기_잎

복분자딸기_열매

산딸기_열매

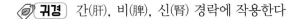

귀경 간(肝), 비(脾), 신(腎) 경락에 작용한다

효능과 주치 : 미성숙 열매는 생약명을 복분자(覆盆子)라 하여 보간(補肝), 보신(補腎), 정력감퇴, 명목(明目), 양위(陽痿), 유정 등을 치료한다. 뿌리는 생약명을 복분자근(覆盆子根)이라 하여 지혈, 활혈, 토혈, 월경불순, 타박상 등을 치료한다. 줄기와 잎은 생약명을 복분자경엽(覆盆子莖葉)이라 하여 명목(明目), 지누(止淚), 다누(多淚), 습기수렴(濕氣收斂), 치통, 염창(膁瘡) 등을 치료한다. 복분자 추출물은 골다공증, 기억력 개선, 비뇨기 기능 개선, 우울증, 치매 등의 예방 및 치료 효과도 인정되고 있다.

약용법과 용량 : 말린 열매 30~50g을 물 900mL에 넣어 반이 될 때까지 달여 하루에 2~3회 나눠 마신다. 또 술을 담그거나 가루, 환, 고(膏)로 만들어 사용한다. 말린 뿌리 20~30g을 물 900mL에 넣어 반이 될 때까지 달여 하루에 2~3회 나눠 마신다. 또 술을 담가 마신다. 외용할 경우에는 뿌리를 짓찧어 환부에 붙인다. 줄기와 잎은 짓찧어 즙을 내어 살균 후

복분자딸기_ 덜 익은 열매

눈에 넣거나 달인 액을 눈에 넣는다. 가루로 만들어 환부에 바르기도 한다.

 ## 기능성 및 효능에 관한 특허자료

▶ **복분자 추출물을 함유하는 골다공증 예방 또는 치료용 조성물**

본 발명의 조성물은 조골세포 활성 유도뿐만 아니라 파골세포 활성 억제효과를 동시에 나타내므로 다양한 원인으로 인해 유발되는 골다공증의 예방 또는 치료에 유용하게 사용될 수 있다.

– 등록번호 : 10-0971039, 출원인 : 한재진

▶ **복분자 추출물을 포함하는 기억력 개선용 식품 조성물**

본 발명은 복분자 추출물을 유효성분으로 포함하는 기억력 개선용 식품 조성물에 관한 것으로, 인체에 무해하고 부작용이 문제되지 아니한 복분자 추출물을 유효성분으로 포함하는 기억력 개선용 식품 조성물에 관한 것이다.

– 공개번호 : 10-2012-0090140, 출원인 : 한림대학교 산학협력단 외

▶ **복분자 추출물을 이용한 비뇨 기능 개선용 조성물**

본 발명의 복분자 추출물은 비뇨 기능 개선용 의약품 및 건강기능성식품의 조성물로 제공할 수 있다.

– 등록번호 : 10-1043596, 출원인 : 전라북도 고창군

▶ **복분자 추출물을 포함하는 불안 및 우울증의 예방 및 치료용 약학조성물**

복분자 추출물을 포함하는 불안, 우울증 및 치매의 예방 및 치료와 기억 증진용 조성물에 관한 것으로, 현대인들의 불안, 우울증 및 치매의 예방 및 치료와 기억력 증진효과를 유발하는 약제 및 건강보조식품에 이용할 수 있다.

– 등록번호 : 10-0780333, 출원인 : 김성진

강심과 이뇨의 효능으로 심장쇠약, 소변불리

복수초

Adonis amurensis Regel & Radde

사용부위 전초

이명 : 가지복수초, 가지복소초, 눈색이속, 복풀(중)
생약명 : 복수초(福壽草)
과명 : 미나리아재비과(Ranunculaceae)
개화기 : 4월

ㅂ

전초 채취품

생육특성 : 복수초는 각처의 숲속에서 자라는 여러해살이풀로, 생육환경은 햇빛이 잘 드는 양지와 습기가 약간 있는 곳이며, 키는 10~30cm이다. 잎은 어긋나고 3갈래로 갈라지는데 끝이 둔하고 털이 없다. 꽃대가 올라오고, 4월에 꽃이 피면 꽃 뒤쪽으로 잎이 전개되기 시작한다. 꽃은 노란색으로 지름이 4~6cm이고 줄기 끝에서 1송이가 핀다. 열매는 6~7월경에 별사탕처럼 울퉁불퉁하게 달린다.

우리나라에는 최근 복수초 3종류가 보고되고 있는데 제주도에서 자라는 세복수초와 개복수초 및 복수초가 그것이다. 여름이 되면 하고현상(고온이 되면 고사하는 현상)이 일어나 지상부가 없어지는 품종이다.

| 지상부 | 꽃 | 열매 |

 채취 방법과 시기 : 4월 꽃이 필 때 뿌리를 포함한 전초를 채취해 햇볕에 말린다.

성분 시마린(cymarin), 시마롤(cymarol), 코르코로사이드 A(corchoroside A), 콘발라톡신(convallatoxin), 리네올론(lineolone), 이소리네올론(isolineolone), 아노닐라이드(adonilide), 니코티노일이소라마논(nicotinoylisoramanone), 푸쿠쥬손(fukujusone), 푸무쥬소노론(fukujusonorone), 움벨리페론(umbelliferone), 스코폴레틴(scopoletin),

이소람논(isoramanone), 디지톡시게닌(digitoxigenin), 페르굴라린(pergularin), 스트로판티딘(strophanthidin), 벤조일리네올론(benzoyllineolone) 등이 함유되어 있다.

성미 성질이 시원하고, 맛은 쓰며, 독성이 있다.

귀경 심(心), 방광(膀胱) 경락에 작용한다.

효능과 주치 : 심장을 튼튼하게 하는 강심작용과 이뇨의 효능이 있어 심장 쇠약, 가슴이 두근거리면서 불안한 증상, 정신쇠약, 수종, 소변이 잘 나오지 않는 증상 등을 다스린다. 그 밖에 만성 심부전이나 심장 대사기능 이상에 따른 질환을 치료한다.

약용법과 용량 : 말린 전초 2~3g을 술이나 물에 타서 하루에 나눠 마신다.

사용시 주의사항 : 독성이 있으므로 주의해서 사용해야 하며, 일주일 이상 복용하지 않도록 권장되기도 한다.

기능성 및 효능에 관한 특허자료

▶ **복수초와 음나무 등에서 약성을 추출한 당뇨병제 및 제조방법**

본 발명은 한국 산야에서 자라는 약초로 달여서 새로운 물질의 약성을 만들어내는 제조방법이다. 여러 가지 약초를 섞어 달여서 새로운 물질의 약성을 만들어 당뇨병 치료에 사용하는 데 그 목적이 있다. 이 발명은 복수초, 음나무, 조릿대, 화살나무, 감초를 진공상태에서 달여서 약성을 추출하여 당뇨병 치료에 사용되는 약성의 물질을 만드는 방법이다.

– 공개번호 : 10-2003-0080459, 출원인 : 송호엽

출혈을 멈추고, 피를 잘 통하게 하며, 어혈

부 들

Typha orientalis C. Presl

사용부위 꽃가루

이명 : 향포(香蒲), 포화(蒲花), 감통(甘痛)
생약명 : 포황(蒲黃)
과명 : 부들과(Typhaceae)
개화기 : 6~7월

약재 (포항)

생육특성 : 부들은 중부와 남부 지방에서 분포하는 여러해살이풀로, 꽃은 암수한그루이고 적갈색으로 6~7월에 피는데 원기둥 모양의 수상꽃차례를 이루며 윗부분에는 수꽃, 아랫부분에는 암꽃이 달린다. 꽃은 작고 많으며, 포는 없거나 일찍 떨어진다. 암꽃에는 긴 꽃자루가 있고, 수꽃은 수술만 2~3개이다. 개화기에 꽃가루를 수시로 채취해 말리는데 황색의 가루이다. 꽃가루는 가볍고 물에 넣으면 수면에 뜨고 손으로 비비면 매끄러운 느낌이 있으며 손가락에 잘 붙는다. 현미경으로 보면 4개의 꽃가루 입자가 정방형이나 사다리형으로 결합되어 있고 지름은 35~40㎛이다. 애기부들(*T. angustifolia* L.) 및 동속근연식물의 꽃가루도 부들과 같은 약재로 사용한다.

지상부   위 (수꽃), 아래 (암꽃)   꽃이 터진 모습(완숙)

채취 방법과 시기 : 꽃이 피어날 때 윗부분의 수꽃 이삭을 채취해 꽃가루를 채취하고, 전초는 수시로 채취하여 말린다. 이물질을 제거하여 쓰는데 혈을 잘 통하게 하며 어혈을 제거하는 행혈화어(行血化瘀)를 위한 약재는 그대로 쓰고, 수렴지혈(收斂止血)을 위한 약재는 초탄(炒炭: 프라이팬에 넣고 가열하여 불이 붙으면 산소를 차단해서 검은 숯을 만드는 포제 방법)하여 사용한다.

329

부들꽃 집단

 성분 꽃가루에는 이소람네틴(isorhamnetin), 베타-시토스테롤(β-sitosterol), 알파-티파스테롤(α-typhasterol) 등이 함유되어 있다.

 성미 성질이 평범하고, 맛은 달며, 독성이 없다.

 귀경 간(肝), 심포(心包) 경락에 작용한다.

효능과 주치 : 출혈을 멈추게 하고, 혈을 잘 통하게 하며 어혈을 제거한다. 토혈과 육혈(衄血: 코피), 각혈, 붕루, 외상출혈 등을 치료하고, 여성들의 폐경이나 월경이 잘 이루어지지 않을 때, 위를 찌르는 듯한 복통 등을 치료하는 데 사용한다. 외용할 경우에는 짓찧어 환부에 바르기도 한다.

약용법과 용량 : 꽃가루 10g을 물 700mL에 넣어 끓기 시작하면 약하게 줄여 200~300mL로 달여 하루에 2회 나눠 마신다.

사용시 주의사항 : 자궁의 수축작용이 있으므로 임신부는 사용에 신중을 기한다.

기능성 및 효능에 관한 특허자료

▶ 부들 추출물을 포함하는 순환기 질환의 예방 및 치료용 조성물

본 발명은 부들 화분의 유기용매 추출물 및 이로부터 분리한 나린게닌 화합물에 관한 것으로, 이들은 혈관 평활근 세포의 증식을 억제하여 순환기 계통 질환의 예방 및 치료에 널리 이용될 수 있다.

— 등록번호 : 10-1039145, 출원인 : 충남대학교 산학협력단

부처손

Selaginella involvens (Sw.) Spring

사용부위 전초

이명 : 두턴부처손, 표족(豹足), 구고(求股),
　　　신투시(神投時), 교시(交時)
생약명 : 권백(卷柏)
과명 : 부처손과(Selaginellaceae)
개화기 : 포자번식

ㅂ

전초 채취품

생육특성 : 부처손은 제주도 및 전국 산지의 건조한 바위 위나 나무 위에서 자라는 여러해살이 상록 풀로, 일본, 대만, 중국에도 분포한다. 전체가 말려져 쭈그러졌는데 그 모양이 주먹과 같으며 크기는 일정하지 않다. 줄기와 잎이 주먹 모양을 하고 있는 특징 때문에 약재 이름을 권백(卷柏)이라 한다. 일반적으로 키는 15~40cm에 이르며, 줄기 윗부분에 다발로 뭉쳐 난 여러 개의 가지가 바큇살 모양으로 퍼지는데 녹색 또는 갈황색으로 속으로 말리면서 구부러지고 분지에는 비늘조각 모양의 잔잎이 빽빽하게 나 있다. 질은 부스러지기 쉽다.

유사종으로는 부처손(*Selaginella tamariscina*)이 있다.

습기를 머금고 있는 모습

건조할 때 모습

 채취 방법과 시기 : 봄부터 가을까지 전초를 채취해 이물질을 제거하고 말린다.

성분 플라본(flavone), 페놀, 아미노산, 트레할로스(trehalose), 아피게닌(apigenin), 아멘토플라본(amentoflavone), 히노키플라본(hinokiflavone), 살리카인(salicain), 실리카이린(silicairin), 페칼라인(pecaline) 등이 함유되어 있다.

? 혼동하기 쉬운 약초 비교

부처손_잎과 줄기

개부처손_잎과 줄기

성미 성질이 평범하고, 맛은 매우며, 독성이 없다.

귀경 간(肝), 담(膽) 경락에 작용한다.

효능과 주치 : 어혈을 푸는 데는 생용(生用: 볶지 않고 말린 것을 그대로 사용)하고, 지혈에는 초용(炒用: 볶아서 사용)한다. 생용을 하면 경폐(經閉: 여성들의 월경이 막힌 것), 징가(癥痂: 몸 안에 기가 뭉친 덩어리), 타박상, 요통, 해수천식 등을 치료할 수 있고, 볶아서 사용하면 토혈, 변혈, 요혈, 탈항 등을 치료한다. 아울러 석위, 해금사, 차전자 등의 약물과 배합하여 소변임결(小便淋結: 소변 보는 횟수는 많으나 양은 적고 배출이 힘들며 방울방울 떨어지는 증상)의 병증을 다스린다.

약용법과 용량 : 하루에 말린 전초 2~6g을 사용하는데 보통 파혈(破血: 어혈을 제거하는 것)에는 생용하고, 지혈에는 초용한다.

사용시 주의사항 : 파혈작용이 있으므로 임신부는 사용을 피한다.

간해독, 지방분해, 간세포 재생 촉진

불로초(영지)

Ganoderma lucidum (Curtis) P. Karst.

사용부위 자실체

이명 : 지(芝), 삼수(三秀), 영지초(靈芝草), 장수버섯
생약명 : 영지(靈芝)
과명 : 불로초과(Ganodermataceae)
발생시기 : 여름~가을

약재   자실체

생육특성 : 불로초는 불로초과의 버섯으로 불로초(不老草)로 불릴 정도로 약재로 많이 이용된다. 갓의 지름은 5~15cm, 두께는 1~1.5cm이다. 전체적으로 니스를 칠한 듯 광택이 나고 반원형, 신장 모양, 부채 모양이며 편평하고 동심형의 고리 모양 홈이 있다. 갓의 표면은 노란빛이 도는 흰색이었다가 점차 갈색, 붉은 갈색, 밤갈색으로 변한다. 버섯대는 3~15cm로 붉은 갈색 또는 검은 갈색이며 약간 굽는다. 홀씨는 이중 막이며 연한 갈색이다.

자실체(재배)

자실체(야생)

 발생 장소 : 활엽수의 살아 있는 나무 밑동이나 그루터기 위에서 무리 짓거나 홀로 발생하여 부생한다.

성분 에르고스테롤(ergosterol), 트레할로오스(trehalose), 유기산(organic acid, 리시놀산과 푸마르산), 아미노포도당 등이 함유되어 있다.

성미 성질이 평범하고, 맛은 달고 쓰다.

귀경 심(心), 간(肝), 폐(肺) 경락에 작용한다.

효능과 주치 : 강장, 정신안정, 치매예방, 혈압강하, 면역증진 등의 효과가 있다. 꿈을 많이 꾸거나 불면증, 불안증, 건망증 등의 치료에 사용하여 신경을 안정시켜 준다. 특히 기와 혈을 보하는 효능이 있어 기력이 없고 위장이 약한 사람이 이와 같은 증상이 있을 때 보다 효과적이다. 이 밖에도

335

불로초_영지

붉은사슴뿔버섯(맹독)

불로초는 만성기침과 천식 치료에도 효과가 있고 고혈압, 고지혈증, 관상동맥경화증, 간염 등에도 치료 효과를 나타낸다.

 약용법과 용량 : 1회 복용량은 말린 불로초 4~20g이다. 잘게 잘라 물에 달여 마시거나 가루로 만들어 복용한다. 신경쇠약으로 불면증, 불안증, 건망증 등이 있을 때에는 영지와 오디를 함께 달여 차로 만들어 마신다. 만성기침과 천식에는 영지를 달여 장기간 차로 마신다.

 사용시 주의사항 : 우리나라에서 자생하는 불로초는 쓴맛이 강하기 때문에 위장이 약하고 기력이 없는 사람은 많이 사용하지 않는 것이 좋다.

 기능성 및 효능에 관한 특허자료

▶ **골다공증 예방 및 치료용 영지버섯 추출물**
본 발명에 의한 영지버섯 추출물은 골다공증 치료제 또는 예방제로서 사용될 수 있을 뿐만 아니라 건강식품으로도 응용될 수 있다.

— 등록번호 : 10-0554387, 출원인 : (주)오스코텍

▶ **저지혈증 효과를 갖는 영지버섯 유래의 세포외다당체와 세포내다당체 및 그 용도**
본 발명은 저지혈증 효과를 갖는 영지버섯 유래의 세포외다당체 및 세포내다당체에 관한 것으로, 저지혈증 효과가 증가하는 뛰어난 효과가 있다.

— 등록번호 : 10-0468648, 출원인 : 학교법인

수렴, 류머티즘 동통, 해독, 당뇨병

붉나무

Rhus javanica L. = [*Rhus chinensis* Mill.]

사용부위 뿌리, 뿌리껍질, 잎, 벌레집(오배자), 열매

이명 : 오배자나무, 굴나무, 뿔나무, 불나무, 염해자(鹽海子)

생약명 : 염부자(鹽膚子), 염부자근(鹽膚子根), 염부수근피(鹽膚樹根皮), 염부수백피(鹽膚樹白皮), 염부엽(鹽膚葉), 염부화(鹽膚花)

과명 : 옻나무과(Anacardiaceae)

개화기 : 8~9월

ㅂ

벌레집(오배자)

약재 전형

337

생육특성 : 붉나무는 전국의 산기슭이나 산골짜기에서 자라는 낙엽활엽관목 또는 소교목으로, 높이는 7m 전후이며, 굵은 가지가 드문드문 있고 작은 가지는 노란색을 띠고 있다. 잎은 홀수깃꼴겹잎으로 서로 어긋나고 잔잎은 7~13장이다. 잔잎은 달걀 모양이거나 달걀 모양 타원형에 잎자루가 없고 잎 축에는 날개가 붙어 있으며 잎끝은 날카롭고 밑부분은 둥글거나 뾰족하며 가장자리에는 거친 톱니가 있다. 꽃은 황백색으로 8~9월에 잡성에 원뿔꽃차례로 가지 끝에서 핀다. 열매는 씨열매로 납작하게 둥근 모양인데 10~11월에 황갈색으로 달린다.

| 지상부 | 꽃 | 열매 |

 채취 방법과 시기 : 열매는 10~11월, 뿌리, 뿌리껍질은 연중 수시, 잎은 여름, 오배자는 가을에 채취한다.

성분 열매에는 타닌(tannin)이 50~70% 함유되어 있으며 유기몰식자산 (galic acid)이 2~4%, 그 외 지방, 수지, 전분이 함유되어 있으며 유기물에는 사과산(malic acid), 주석산(tartaric acid), 구연산 등이 함유되어 있다. 뿌리와 뿌리껍질에는 스코폴레인 3, 7, 4-트리하이드록시 플라본(scopolein trihydroxy flavone), 휘세틴(ficetin), 잎에는 쿼세틴(quercetin), 메틸에스테르(methylester), 엘라그산(ellag acid), 벌레집에는 갈로타닌(gallotannin),

펜타갈로일글루코스(pentagalloylglucose)가 함유되어 있다.

 성미 열매는 성질이 시원하고, 맛은 시다. 뿌리, 뿌리껍질은 성질이 시원하고, 맛은 시고 짜며 떫다. 잎은 성질이 차고, 맛은 시고 짜다. 벌레집은 성질이 평범하고, 맛은 떫다.

귀경 간(肝), 폐(肺) 경락에 작용한다.

효능과 주치 : 열매는 생약명을 염부자(鹽膚子)라 하여 수렴, 지사, 화담의 효능이 있고 해수, 황달, 도한, 이질, 완선, 두풍 등을 치료한다. 뿌리는 생약명을 염부자근(鹽膚子根)이라 하여 거풍, 소종, 화습(化濕)의 효능이 있고 감기에 의한 발열, 해수, 하리, 수종, 류머티즘에 의한 동통, 타박상, 유선염, 주독 등을 치료한다. 뿌리껍질은 생약명을 염부수근피(鹽膚樹根皮)라 하며, 청열, 해독, 어혈(瘀血), 해수, 요통, 기관지염, 황달, 외상출혈, 수종, 타박상, 종독, 독사교상 등을 치료한다. 잎은 생약명을 염부엽(鹽膚葉)이라 하여 수렴, 해독, 진해, 화담의 효능이 있다. 벌레집은 생약명을 오배자(五倍子)라 하여 수렴(收斂), 지사제로서 지사, 지혈, 지한, 궤양, 습진, 진해, 항균, 항염, 구내염, 창상, 화상, 동상 등의 치료에 사용한다. 붉나무의 추출물은 뇌기능 개선, 당뇨병의 예방 및 치료에도 사용할 수 있다.

 약용법과 용량 : 말린 열매 30~50g을 물 900mL에 넣어 반이 될 때까지 달여 하루에 2~3회 나눠 마시거나, 가루로 만들어 복용한다. 외용할 경우에는 열매 달인 액으로 씻거나 짓찧어 도포하며 가루로 만들어 참깨기름이나 들깨기름에 섞어 환부에 바른다. 말린 뿌리 및 뿌리껍질 30~50g(생것은 100~150g)을 물 900mL에 넣어 반이 될 때까지 달여 하루에 2~3회 나눠 마시며, 외용할 경우에는 열매와 같은 방법으로 한다. 생잎 100~150g을 물 900mL에 넣어 반이 될 때까지 달여 하루에 2~3회 나눠 마시며, 외용할 경우에는 잎을 짓찧어 환부에 바르거나, 즙을 내어 가제에 적셔 환부에 바른다. 말린 벌레집 10~20g을 물 900mL에 넣어 반이 될 때까지 달여 하루에 2~3회 나눠 마시며, 외용할 경우에는 벌레집을 가루로 만들어 연고제 등과 섞어 환부에 바른다.

붉나무 집단

오배자 : 붉나무의 잎에 오배자 진딧물의 자상에 의하여 생긴 벌레집을 오배자(五倍子)라고 한다.

● 오배자 생김새와 성질 : 불규칙하게 2~4개의 갈라진 주머니 모양을 하거나 깨져 있다. 바깥면은 회색을 띤 회갈색으로 연한 회갈색의 짧은 털로 덮여 있고 길이는 3~7cm, 너비는 2~5cm, 두께는 0.2cm 정도이며 단단하면서 부서지기 쉽다. 속은 비어 있지만 회백색의 분질 또는 죽은 벌레와 분비물이 남아 있을 때가 있다. 냄새가 없고 맛은 떫으며 수렴성이다.

● 오배자의 약효 : 오배자는 수렴, 지사제로 단백질에 대한 수렴작용으로 장 점막에 불용성의 보호막을 형성하여 장 연동운동을 억제해 지사 효과를 낸다. 그 외 지혈, 지한, 습진, 진해, 항균 효과를 가지고 있다.

 기능성 및 효능에 관한 특허자료

▶ 뇌 기능 개선효과를 가지는 붉나무 추출물을 포함하는 약학조성물 및 건강식품조성물

본 발명은 뇌 기능 개선효과를 가지는 성분인 붉나무 추출물을 포함하는 약학조성물 및 건강식품조성물에 관한 것으로 보다 상세하게는 붉나무로부터 추출된 담마레인 트리테르펜 화합물(3-hydroxy-3,19-epoxydammar-20,24-dien-22,26-olide)을 포함하는 것을 특징으로 하는 뇌 기능 개선용 약학조성물 및 건강식품조성물에 관한 것이다. 본 발명의 붉나무 추출물을 포함하는 약학조성물은 뇌 기능 개선의 효과를 가지는 바 뇌관련 질환의 치료 및 예방에 유용하게 사용될 수 있을 것이며, 또한 본 발명의 붉나무 추출물을 포함하는 건강식품조성물은 일반 소비자가 거부감 없이 즐길 수 있는 기능성 건강식품을 제공하여 국민생활건강에 이바지할 수 있을 것이다.

– 공개번호 : 10-2011-0004691, 출원인 : 대한민국(농촌진흥청장)

▶ 붉나무 추출물을 포함하는 당뇨병 치료 또는 예방용 조성물

본 발명은 붉나무 추출물을 유효성분으로 포함하는 당뇨병 치료 또는 예방용 조성물에 관한 것으로 붉나무 추출물은 알파-글루코시다제 저해효과가 우수할 뿐만 아니라, 프로틴 티로신 포스파타제(protein tyrosinephosphatase, PTP1B) 저해효과와 인슐린 저항성 완화효과가 우수하여 당뇨병의 치료 또는 예방 효과가 우수하다.

– 공개번호 : 10-2010-0128668, 출원인 : 목포대학교 산학협력단

강정, 시력감퇴, 항산화작용

비수리

Lespedeza cuneata G. Don

사용부위 전초

이명 : 철소파(鐵掃把), 철선팔초(鐵線八草),
　　　 야계초(野鷄草)
생약명 : 야관문(夜關門)
과명 : 콩과(Leguminosae)
개화기 : 8~9월

ㅂ

전초(약재)

생육특성 : 비수리는 전국의 산야, 산기슭, 도로변 등에 자생하거나 재배하는 여러해살이풀 혹은 낙엽활엽반관목으로, 전체에 가는 털이 나 있다. 높이는 1m 전후이고, 줄기는 곧게 자라는데 위쪽은 가지가 많이 갈라지고, 잎은 서로 어긋나고 3출엽이며 잔잎은 선상 거꿀바소꼴로 표면에는 털이 없고 뒷면에는 잔털이 나 있다. 꽃은 흰색으로 8~9월에 피는데 자색의 반점줄이 있고 꽃받침 잎은 선상 바늘 모양이며 밑부분까지 갈라져 있는데 각 열편은 1개의 맥과 명주털이 나 있다. 열매는 꼬투리열매로 넓은 달걀 모양이며 10~11월에 달린다.

| 지상부 | 꽃 | 열매 |

 채취 방법과 시기 : 꽃이 피는 8~9월에 전초를 채취한다.

성분 피니톨(pinitol), 플라보노이드(flavonoid), 페놀, 타닌(tannin), 베타-시토스테롤(β-sitosterol)이 함유되어 있고, 플라보노이드(flavonoid)에서는 퀘세틴(quercetin), 캠페롤(kaempferol), 비텍신(vitexin), 오리엔틴(orientin) 등이 분리된다.

성미 성질이 시원하고, 맛은 쓰고 맵다.

귀경 간(肝), 신(腎), 폐(肺) 경락에 작용한다.

효능과 주치 : 전초는 생약명을 야관문(夜關門)이라 하는데 이는 '밤에 문이 열린다'는 뜻으로 정력작용에 좋다는 것을 강조한 듯하다. 정력작용 외에 간장과 신장을 도와주고 폐음(肺陰)을 보익(補益)하며 종기, 유정(遺精), 유뇨(遺尿), 백대(白帶), 위통, 하리, 타박상, 시력감퇴, 목적(目赤), 결막염, 급성 유선염(乳腺炎) 등을 치료한다. 비수리의 추출물은 항산화작용, 세포 손상보호, 피부노화방지 등의 효과가 있다.

 약용법과 용량 : 말린 전초 50~100g을 물 900mL에 넣어 반이 될 때까지 달여 하루에 2~3회 나눠 마신다.

ㅂ

 기능성 및 효능에 관한 특허자료

▶ **항산화작용을 갖는 비수리의 추출물을 포함하는 조성물**
본 발명은 비수리 추출물을 유효성분으로 포함하는 항산화 조성물에 관한 것이다. 비수리 추출물은 1,1-디페닐-2-피크릴 하이드라질 라디칼 소거 활성 및 수산(oxalic acid)기 라디칼 소거 활성이 우수하고 강한 항산화 활성을 가져 화장료 조성물, 약학조성물, 건강기능식품 등에 다양하게 이용할 수 있다.

           – 공개번호 : 10-2012-0055476, 출원인 : 대한민국(산림청 국립수목원장)

▶ **비수리 추출물 함유 기능성 맥주 및 상기 기능성 맥주 제조 방법**
본 발명은 맥주 제조 방법에 관한 것으로 보다 상세하게는 맥주의 맛과 향, 건강 기능상의 효과를 향상시키기 위해 기능성 식물인 비수리의 지상부 추출물을 함유한 기능성 맥주 및 상기 기능성 맥주의 제조 방법에 관한 것이다.

           – 공개번호 : 10-2012-0082571, 출원인 : 강진오 · 박서현

▶ **항산화 및 세포 손상 보호 효능을 갖는 비수리 추출물 및 이를 함유하는 화장료 조성물**
본 발명은 항산화 및 세포 보호 효능을 갖는 비수리 추출물 및 이를 함유하는 화장료 조성물에 관한 것이다. 더욱 상세하게는 세포에 독성이 없고, 피부 자극을 유발하지 않을 뿐만 아니라 산화적 스트레스(Oxidative Stress)로부터 세포 손상 보호 효능을 가지며, 항산화효과를 나타내는 피부노화 방지 화장료 조성물로 사용할 수 있다.

           – 공개번호 : 10-2012-0004620, 출원인 : (주)래디안

구충, 살충, 뱀교상, 고지혈증

비자나무

Torreya nucifera (L) Siebold & Zucc

사용부위 종인

이명 : 비실(榧實), 향비(香榧)
생약명 : 비자(榧子)
과명 : 주목과(Taxaceae)
개화기 : 3~4월

약재 전형

생육특성 : 비자나무는 남부 지방의 산 계곡에서 자라는 상록침엽교목으로, 높이는 25m 전후로 자라고, 나무껍질은 회갈색이다. 잎은 선상 바소꼴에 새 날개깃 모양으로 배열되고 잎 길이는 1.2~1.5cm, 너비는 0.2~0.3cm 로 위로 갈수록 좁아져 끝은 가시 모양으로 뾰족해지며 가장자리는 밋밋하고 단단하다. 꽃은 미황색으로 3~4월에 암수딴그루로 피는데 수꽃은 타원형 또는 달걀 모양의 원형으로 길이는 1cm로 한 화경(꽃자루, 꽃줄기)에 10여 송이의 꽃이 달리는데 암꽃은 화경이 없고 마주나지만 꽃이 발육하여 1개의 배주가 곧게 달린다. 열매는 타원형에 육질로 싸여 있으며 다음해 9~10월에 홍갈색으로 달린다

지상부   꽃   열매

 채취 방법과 시기 : 9~10월에 열매를 채취한다.

성분 종인에는 지방유가 들어 있는데 그 속에는 팔미틱산(palmitic acid), 스테아릭산(stearic acid), 올레산(oleic acid), 리놀레산(linoleic acid), 글리세라이드(glyceride), 스테롤(sterol), 타닌(tannin), 수산(oxalic acid), 포도당, 다당류, 정유 등이 함유되어 있다.

성미 성질이 평범하고, 맛은 달다.

귀경 비(脾), 위(胃), 대장(大腸) 경락에 작용한다.

345

비자나무_꽃

개비자나무_꽃

비자나무_잎

개비자나무_잎

비자나무_열매

개비자나무_열매

비자나무와 개비자나무

개비자나무와 비자나무는 외형적으로 보기에 거의 비슷하다. 열매의 생김새도 비슷하고 암수딴그루
인 것도, 약효도 같아 둘 다 구충제로 사용하는 점도 비슷하다. 다른 점이라면 개비자나무는 높이가
2~5m 정도로 자라고, 비자나무는 높이가 25m 전후로 높이에서 차이를 보인다.

효능과 주치 : 종인은 생약명을 비자(榧子)라 하여 살충, 구충, 식적, 충적, 변비, 치질의 치창, 뱀교상 등을 치료하며 오래된 만성 소화불량과 적체된 위장 질환을 치료한다. 기생충으로 인한 위장 내부의 경결(硬結)과 복통을 치료하고, 류머티즘으로 인한 종통(腫痛), 수종을 치료한다. 뱀에 물렸을 때에도 해독제로 사용한다. 비자나무의 추출물은 심장순환계의 질환에 약효가 있으며 항균작용이 있다는 것이 밝혀졌다.

 약용법과 용량 : 말린 종인 30~40g을 물 900mL에 넣어 반이 될 때까지 달여 하루에 2~3회 나눠 마시거나, 환이나 가루로 만들어 복용한다. 구충제로 사용할 경우에는 아침저녁 공복에 복용한다.

 기능성 및 효능에 관한 특허자료

▶ 비자나무 추출물 또는 그로부터 분리된 아비에탄디테르페노이드계 화합물을 유효성분으로 하는 심장순환계 질환의 예방 및 치료용 조성물

본 발명은 비자나무 추출물 또는 그로부터 분리된 아비에탄디테르페노이드계 화합물을 유효성분으로 하는 심장순환계 질환의 예방 및 치료용 조성물에 관한 것이다. 본 발명의 비자나무 추출물 또는 그로부터 분리된 아비에탄디테르페노이드계 화합물은 저밀도 지질 단백질에 대한 항산화 활성이 우수할 뿐만 아니라 ACAT에 대한 활성을 효과적으로 억제한다. 또한 본 발명의 비자나무 추출물은 혈청 LDL을 감소시킴과 동시에 혈중 콜레스테롤을 낮추어준다. 따라서 본 발명의 조성물은 콜레스테릴 에스테르의 합성 및 축적으로 유발되는 고지혈증 및 동맥경화증과 같은 심장순환계 질환의 예방 및 치료에 유용하게 사용할 수 있다.

– 공개번호 : 10-2007-0041484, 특허권자 : 한국생명공학연구원

▶ 비자나무 유래 추출물을 포함하는 항미생물제 조성물 및 방부제 조성물

본 발명은 항미생물제 조성물 및 방부제 조성물을 개시한다. 구체적으로 본 발명 비자나무 유래 추출물을 유효성분으로 포함하는 항미생물제 조성물 및 방부제 조성물을 개시한다.

– 공개번호 : 10-2008-0107687, 특허권자 : 재단법인 제주테크노파크

지갈, 진해, 거담

비파나무

Eriobotrya japonica (Thunb.) Lindl. = [*Mespilus japonica* Thunb.]

사용부위 잎, 꽃, 열매

이명 : 비파
생약명 : 비파(枇杷), 비파엽(枇杷葉),
　　　　비파근(枇杷根), 비파화(枇杷花)
과명 : 장미과(Rosaceae)
개화기 : 10~11월

열매

한방약재 씨앗

생육특성 : 비파나무는 제주도 및 남부 지방에서 과수 또는 관상용으로 재배하는 상록활엽소교목으로, 높이가 10m 내외로 자란다. 작은 가지는 굵고 튼튼한데 가지는 많이 갈라지고 연한 갈색의 가는 털로 덮여 있다. 잎은 두껍고 서로 어긋나는데 긴 타원형 또는 거꿀달걀 모양 바소꼴로 잎끝은 짧고 뾰족하다. 잎 가장자리에는 톱니가 있고 윗면은 심녹색에 광택이 나며 밑면은 연한 갈색의 가는 털이 밀생해 있다. 꽃은 황백색으로 10~11월에 원뿔꽃차례로 수십 송이가 한데 모여서 핀다. 열매는 액상의 이과로 공 모양 또는 타원형에 가깝고 다음해 6~7월에 황색 혹은 등황색으로 달린다.

지상부   꽃   열매

 채취 방법과 시기 : 열매는 6~7월, 잎은 연중 수시, 꽃은 10~11월에 채취한다.

성분 열매에는 수분, 질소, 탄수화물이 함유되어 있는데, 그중에서 환원당이 70% 이상을 차지하고 이 밖에 펜토산(pentosan)과 조섬유가 차지한다. 과육에는 지방, 당류, 단백질, 셀룰로오스(cellulose), 펙틴(pectin), 타닌(tannin), 회분 중에는 나트륨, 칼륨, 철분, 인 등이 함유되어 있고 비타민 B·C도 함유되어 있다. 그리고 크립토크산틴(cryptoxanthin), 베타-카로틴 등의 색소가 함유되어 있고, 열매의 즙에는 포도당, 과당, 서당, 사과산(malic acid), 잎에는 정유가 들어 있는데 그 주성분은 네롤리돌(nerolidol) 및 파르네솔(farnesol)이다. 그 외에는 알파-피넨(α-pinene), 베타-피넨(β-pinene), 캄펜, 밀센(myrcene), 파라-시멘(ρ-cymene), 리날룰(linalool), 알파-일란겐(α-ylangene), 알파-파르네센(α-farnesene), 베타-파르네센(β-farnecene), 캄퍼(camphor), 네롤(nerol), 게라니올(geraniol), 알파-카디놀(α-cadinol), 에레몰(elemol), 리날룰옥사이드(linalool oxide), 아미그달린(amygdalin), 우르솔산(ursolic acid), 올레아놀산(oleanolic acid), 주석산(tartaric acid), 사과산, 타닌, 비타민 B·C, 소비톨(sorbitol) 등이 함유되어 있다. 꽃에는 정유와 올리고사카라이드(oligosaccharide)가 함유되어 있다.

성미 열매는 성질이 시원하고, 맛은 달고 시며, 독성이 없다. 잎은 성질이 시원하고, 맛은 쓰다. 꽃은 성질이 조금 따뜻하고, 맛은 담백하다.

귀경 폐(肺), 위(胃), 방광(膀胱) 경락에 작용한다.

효능과 주치 : 열매는 생약명을 비파(枇杷)라 하여 자양강장작용을 비롯하여 지갈(止渴), 윤폐(潤肺), 하기(下氣), 해수, 토혈, 비혈, 조갈, 구토를 치료한다. 잎은 생약명을 비파엽(枇杷葉)이라 하여 건위, 청폐(淸肺), 강기(降氣), 화담(化痰), 진해, 거담, 비출혈, 구토 등을 치료한다. 꽃은 생약명을 비파화(枇杷花)라 하여 감기, 해수, 혈담(血痰)을 치료한다.

약용법과 용량 : 생열매 10~15개를 하루에 2~3회 매 식후 나눠 먹는다. 또는 생열매 10~15개를 물 900mL에 넣어 반이 될 때까지 달여 하루에 2~3회 나눠 마신다. 말린 잎 20~30g을 물 900mL에 넣어 반이 될 때까지 달여 하루에 2~3회 나눠 마신다. 말린 꽃 20~30g을 물 900mL에 넣어 반이 될 때까지 달여 하루에 2~3회 나눠 마신다.

근골동통, 통풍, 림프샘염, 유선염, 치질

뻐꾹채

Rhaponticum uniflorum (L.) DC

사용부위 뿌리, 어린순

이명 : 뻑국채
생약명 : 누로(漏蘆), 기주누로(祁州漏蘆)
과명 : 국화과(Compositae)
개화기 : 5~7월

ㅂ

뿌리 약재전형

생육특성 : 뻐꾹채는 각처의 산과 들에서 자라는 여러해살이풀로, 생육환경은 햇빛이 잘 들어오고 물 빠짐이 좋은 비탈이나 산소 주변과 같이 마른 땅이다. 키는 30~70cm로, 줄기는 흰색 털로 덮여 있으며 가지가 없고 곧게 자란다. 잎은 흰색 털이 빽빽하게 나며 가장자리에는 불규칙한 톱니가 있고 뿌리에서 생긴 잎은 꽃이 필 때까지 남아 있으며 길이는 15~20cm이다. 줄기에서 생긴 잎은 어긋나고 위로 올라갈수록 점차 작아진다. 꽃은 홍자색으로 5~7월에 원줄기 끝에서 1송이씩 피는데, 꽃부리는 길이가 3cm 정도이며 통 모양으로 이루어진 부분이 다른 부분보다 짧다. 열매는 긴 타원형으로 9~10월경에 달리는데, 길이가 2cm 정도 되는 갓털이 여러 줄 달려 있다.

5월에는 가정의 달과 감사의 달로 많은 행사가 있는데, 한때 카네이션 대신 어버이날과 스승의 날에 뻐꾹채를 달자는 운동이 있었다. 그 당시만 해도 우리나라 야생화는 주목받지 못했지만 이제는 야생화에 대한 관심이 높기 때문에 이제는 '뻐꾹채의 반란'이 시작되어도 좋을 것 같다.

 채취 방법과 시기 : 이른 봄에 어린순을 채취해 식용하고, 가을에 뿌리를 채취해 흙을 털어내고 수염뿌리를 제거한 후 그늘에서 말린다.

 효능과 주치 : 열을 내리게 하는 해열, 독을 풀어주는 해독, 종기를 삭이는 소종, 농을 배출하는 배농(排膿), 젖이 잘 나게 하는 최유(催乳) 등의 효능이 있어 근골동통, 풍습비통(風濕痺痛: 풍사와 습사로 인해 저리고 아픈 증상, 통풍), 림프샘염, 유선염, 옹저(癰疽), 창종, 습진, 치질, 유즙불통(乳汁不通) 등을 다스리는 데 사용한다.

 약용법과 용량 : 말린 약재 6~12g을 물 1L에 넣어 1/3이 될 때까지 달여 하루에 2~3회 나눠 마신다. 봄에 채취한 어린순은 산나물로 식용한다.

 사용시 주의사항 : 성질이 차고 쓰기 때문에 기가 허한 사람이나 임신부는 주의한다.

거풍, 고혈압, 자양강장, 당뇨

뽕나무

Morus alba L.

사용부위 뿌리, 뿌리껍질, 가지, 잎, 열매

이명 : 오듸나무, 새뽕나무, 상목(桑木)
생약명 : 상엽(桑葉), 상근백피(桑根白皮), 상근(桑根),
　　　　상지(桑枝), 상심(桑椹)
과명 : 뽕나무과(Moraceae)
개화기 : 5~6월

ㅂ

열매

약재 전형

생육특성 : 뽕나무는 전국의 산기슭이나 마을 부근에서 자생하거나 심어 가꾸는 낙엽활엽교목 또는 관목으로, 작은 가지가 많고 회백색 혹은 회갈색으로 잔털이 나 있으나 차츰 없어진다. 잎은 달걀 모양의 원형 또는 긴 타원형 달걀 모양으로 3~5개로 갈라지는데 가장자리에는 둔한 톱니가 있으며 잎끝이 뾰족하고 표면은 거칠거나 평활하다. 꽃은 황록색으로 5~6월에 단성에 암수딴그루로 잎과 거의 동시에 피는데, 수꽃은 새 가지의 밑부분 잎겨드랑이에서 밑으로 처지는 미상꽃차례로 달리고 암꽃은 길이가 0.5~1cm이고 암술대는 거의 없다. 열매는 6월에 검은색으로 달린다.

지상부 꽃 열매

 채취 방법과 시기 : 잎은 봄·여름, 뿌리, 뿌리껍질은 겨울, 가지는 늦은 봄부터 초여름, 열매는 6월에 익었을 때 채취한다.

성분 뿌리껍질(상백피)은 움벨리페론(umblliferone), 멀베로크로멘(mulberrochromene), 시클로멀베린(cyclomulberrin), 시클로멀베로크로맨(cyclomulberrochromene), 스코폴레틴(scopoletin), 트리고넬린(trigonelline), 탄닌(tannin)질 등이 함유되어 있고 플라보노이드(flavonoid)계의 모루신(morusin), 트리테르페노이드(triterpenoid)계의 알파, 베타-아미린(α, β-amyrin), 시토스테롤(sitosterol), 베물린산, 아데닌(adenin),

베타인(betaine), 팔미트산(palmitic acid), 스테아르산(stearic acid) 등이 함유되어 있다. 열매(상심)에는 당분, 탄닌이 함유되어 있고, 사과산(malic acid), 레몬산(citric acid) 같은 유기산과, 비타민 B_1, B_2, C, 카로틴(carotene), 리놀산(linolic acid), 스테아린산(stearic acid), 올레인산(oleic acid) 등이 함유되어 있다. 잎(상엽)에는 곤충 변태성 호르몬인 이노코스테론(inokosterone), 엑다이스테론(ecdysterone), 트리테르페노이드(triterpenoid)계 베타-시토스테롤(β-sitosterol), 베타시토스테롤-베타글루코시드(β-sitosterol-β-glucoside)가 함유되어 있고, 플라보노이드계의 루틴(rutin), 모라세틴(moracetin), 이소쿼시트린(isoquercetin)이 함유되어 있으며, 쿠마린(coumarin)계의 움벨리페론(umbelliferone), 스코폴레틴(scopoletin), 스코폴린(scopolin) 등이 함유되어 있다. 정유(精油, essential oils) 성분으로 알파, 베타-헥세날(α, β-hexenal), 오이게놀(eugenol), 과이어콜(guaiacol), 메틸살리실레이트(methyl salicylate) 등 20여 종의 물질로 이루어져 있다. 그 밖에 염기성물질인 트리고넬린(trigonelline), 아데닌(adenin)과, 유기산인 클로로겐산(chlorogenic acid), 푸마르산(fumal acid), 엽산(folate, 비타민 B_9) 등을, 아미노산인 아스파라긴산(asparaginicacid), 글루탐산(glutamic acid), 감마-아미노부틸산(γ-Aminobutyric Acid), 피페콜산(pipecolic acid), 글루타치온(glutathione) 등이 함유되어 있다. 이 밖에도 티아민(thiamine), 리보플라빈(rivoflavin, 비타민 B_2), 피리독신(pyridoxine 비타민 B_6), 니코틴산(nicotinic acid), 판토텐산(pantothenic acid), 탄닌질(tannin質) 등이 함유되어 있다.

성미 잎은 성질이 차고, 맛은 쓰고 달다. 뿌리는 성질이 따뜻하고, 맛은 달고, 독성이 없다. 뿌리껍질, 열매는 성질이 차고, 맛은 달다. 가지는 성질이 평범하고, 맛은 쓰다.

귀경 뿌리껍질은 비(脾), 폐(肺), 신(腎) 경락에 작용한다. 잎은 간(肝), 비(脾), 폐(肺) 경락에 작용한다.

효능과 주치 : 잎은 생약명을 상엽(桑葉)이라 하여 당뇨, 거풍, 청열, 양혈, 두통, 목적, 고혈압, 구갈, 중풍, 해수, 습진, 하지상피종 등을 치료한다.

뿌리는 생약명을 상근(桑根)이라 하여 진균 억제작용이 있고 어린이의 경풍, 관절통, 타박상, 눈충혈, 아구창을 치료한다. 뿌리껍질의 코르크층을 제거한 가죽질의 껍질은 생약명을 상근백피(桑根白皮)라 하여 이뇨, 고혈압, 해열, 진해, 천식, 종기, 황달, 토혈, 수종, 각기, 빈뇨를 치료한다. 가지는 생약명을 상지(桑枝)라 하여 고혈압, 각기 부종, 거풍습, 수족마비, 손발저림 등을 치료한다. 열매는 오디라 하는데 생약명으로는 상심(桑椹)이며 보간, 익신, 진해, 소갈, 당뇨, 변비, 이명, 피로해소, 자양강장, 관절 부위를 치료한다.

뽕나무_나무껍질

 약용법과 용량 : 말린 잎 20~30g을 물 900mL에 넣어 반이 될 때까지 달여 하루에 2~3회 나눠 마신다. 말린 뿌리 50~100g을 물 900mL에 넣어 반이 될 때까지 달여 하루에 2~3회 나눠 마신다. 말린 뿌리껍질 20~50g을 물 900mL에 넣어 반이 될 때까지 달여 하루에 2~3회 나눠 마신다. 외용할 경우에는 짓찧어 환부에 바른다. 말린 가지 100~150g을 물 900mL에 넣어 반이 될 때까지 달여 하루에 2~3회 나눠 마신다. 생열매 50~100g을 하루에 2~3회 나눠 먹거나, 물 900mL에 넣어 반이 될 때까지 달여 하루에 2~3회 나눠 마신다.

기능성 및 효능에 관한 특허자료

▶ 항당뇨 기능성 뽕나무 오디 침출주 및 그 제조 방법

본 발명은 뽕나무 오디를 시료로 오디 주스분말, 오디 침출주, 오디 발효주 및 오디 식초를 제조하고 식이군으로 나누어 스트렙토조토신(streptozotocin) 유발 당뇨 쥐를 실험동물로 하여 실험한 결과, 오디 침출주 투여군이 혈당 수준, 혈청인슐린 수준 및 혈청콜레스테롤과 중성지방에 있어서 가장 우수하였다.

– 공개번호 : 10-2012-0118379, 출원인 : 대구가톨릭대학교 산학협력단

양기를 튼튼 조루, 불임증, 음낭습진

사상자

Torilis japonica (Houtt.) DC.

사용부위 종자

이명 : 뱀도랏, 진들개미나리, 사미(蛇米), 사주(蛇珠)
생약명 : 사상자(蛇床子)
과명 : 산형과(Umbelliferae)
개화기 : 6~8월

약재 전형

생육특성 : 사상자는 전국 각지의 산야에서 흔하게 자라는 두해살이풀로, 키는 30~70cm로 곧게 자라고 전체에는 잔털이 나 있다. 잎은 어긋나고 3출 2회 깃꼴로 갈라지며 잔잎은 달걀 모양 바소꼴로 가장자리에 톱니가 있고 끝이 뾰족하다. 꽃은 흰색으로 6~8월에 겹산형꽃차례로 핀다. 소산경(小傘梗: 작은 우산대 모양의 꽃자루)은 5~9개로 6~20송이의 꽃이 달린다. 열매는 달걀 모양으로 8~9월에 맺으며 짧은 가시 같은 털이 나 있어서 다른 물체에 잘 달라붙는다.

지상부   꽃   열매

 채취 방법과 시기 : 열매가 익었을 때 채취하여 햇볕에 말린다.

성분 열매에는 약 1.4%의 정유가 함유되어 있는데 주성분은 알파-카디넨 (α-cadinene), 토릴렌(torilene), 토릴린(torilin) 등이고, 그 밖에 페트로셀린 (petroceline), 미리스틴(myristine), 올레인(oleine) 등이 함유되어 있다.

성미 성질이 따뜻하고, 맛은 맵고 쓰다.

귀경 비(脾), 신(腎) 경락에 작용한다.

사상자_지상부

도꼬마리_지상부

사상자_열매

도꼬마리_열매

사상자_열매(약재 전형)

도꼬마리_열매(약재 전형)

효능과 주치 : 신장 기능을 따뜻하게 하여 양기를 튼튼하게 하며, 풍을 제거하는 거풍의 효능이 있고, 수렴성 소염작용을 한다. 양위(陽痿), 자궁이 한랭하여 불임이 되는 증, 음낭의 습진, 부인 음부 가려움증, 습진, 피부 가려움증 등에 사용할 수 있다.

 약용법과 용량 : 말린 종자 10g을 물 700mL에 넣어 끓기 시작하면 약하게 줄여 200~300mL가 될 때까지 달여 하루에 2회 나눠 마신다. 가루나 환으로 만들어 복용하기도 한다. 사상자는 복분자, 구기자, 토사자(菟絲子), 오미자 등과 합하여 오자(五子)라 불리며 같은 양을 배합하여 신장의 정기를 돋우는 최고의 처방으로 사용됐다.

 사용시 주의사항 : 양기를 보하고 습사를 말리는 작용을 하기 때문에 하초(下焦)에 습열(濕熱)이 있거나 신음(腎陰)이 부족한 증상 또는 정활불고(精滑不固 : 정이 단단하지 못하여 유정, 몽정 등으로 잘 흘러나가는 경우)인 경우에는 사용하지 않는다.

 기능성 및 효능에 관한 특허자료

▶ 사상자 추출물을 함유하는 면역 증강용 조성물

본 발명은 사상자의 추출물을 함유하는 면역 활성 증강을 위한 조성물에 관한 것으로, 보다 구체적으로 본 발명은 선천성 면역에 관계된 수용체인 TLR-2 및 TLR-4(Toll-like receptor 2 and 4)의 면역세포 내에서 활성 증진 효과, 실험동물에서 림프구 수의 증가 및 대장균 감염을 유도한 동물 모델의 면역 증강 효능이 우수하여 면역 저하증의 예방, 억제 및 치료에 우수한 면역 증강 효능을 갖는 식품, 의약품 및 사료 첨가제로서 유용하다.

– 공개번호 : 10-2010-0102756, 출원인 : 원광대학교 산학협력단

근골동통, 경간한열, 곽란설리

사위질빵

Clematis apiifolia DC.

사용부위 덩굴줄기

이명 : 질빵풀, 백근초(百根草), 화목통(花木通),
　　　근엽철선연(芹葉鐵線蓮)

생약명 : 여위(女萎)

과명 : 미나리아재비과(Ranunculaceae)

개화기 : 8~9월

약재 전형

생육특성 : 사위질빵은 전국에서 자생하는 낙엽활엽관목의 덩굴성 목본으로, 덩굴 길이는 3~4m이다. 어린 가지에는 잔털이 나 있고 가지가 갈라지면 옆의 나무나 다른 물체를 타고 올라간다. 잎은 1회 3출 겹잎으로 마주나고 잔잎은 달걀 모양 또는 달걀 모양 바소꼴에 잎 가장자리에는 결각상의 톱니가 드문드문 나 있으며 표면에는 처음에 털이 나지만 점차 없어지고 뒷면 맥 위에 잔털이 나 있다. 꽃은 흰색으로 7~9월에 원뿔 모양의 취산꽃차례로 피고, 열매는 여원열매로 5~10개씩 모여 달리는데 9~10월에 결실되고, 종자에는 흰색 혹은 연한 갈색 털이 달려 있다.

지상부   꽃   열매

 채취 방법과 시기 : 가을에 덩굴줄기를 채취한다.

성분 덩굴줄기와 잎 등 전체에는 쿼세틴(quercetin), 스테롤(sterol), 유기산, 소량의 알칼로이드(alkaloid)가 함유되어 있다.

성미 성질이 따뜻하고, 맛은 맵다.

귀경 간(肝), 대장(大腸), 방광(膀胱) 경락에 작용한다.

사위질빵_꽃

으라리_꽃

사위질빵_열매

으아리_열매

 효능과 주치 : 덩굴줄기는 생약명을 여위(女萎)라고 하며 근골동통, 진통, 관절통, 설사탈항(泄瀉脫肛), 경간한열(驚癎寒熱), 곽란설리(霍亂泄痢: 콜레라성 설사) 등을 치료한다.

약용법과 용량 : 말린 덩굴줄기 30~50g을 물 900mL에 넣어 반이 될 때까지 달여 하루에 2~3회 나눠 마신다.

감기로 인한 발열, 폐렴, 위염, 장염, 옹종

산 국

Dendranthema boreale (Makino) Ling ex Kitam.

사용부위 어린순, 전초

이명 : 감국, 개국화, 나는개국화, 들국
생약명 : 산국(山菊), 야국(野菊)
과명 : 국화과(Compositae)
개화기 : 9~10월

꽃 약재 전형

생육특성 : 산국은 각처의 산지에서 자라는 여러해살이풀로, 생육환경은 토양에 부엽질이 많고 햇빛이 들어오는 반그늘이며, 키는 1~1.5m이다. 잎은 달걀 모양으로 감국의 잎보다 깊게 갈라지며 날카로운 톱니가 있고 길이는 5~7cm이다. 꽃은 노란색으로 9~10월에 줄기 끝에서 피는데 지름은 1.5cm 정도이다. 열매는 11~12월경에 달린다.

지상부   꽃   열매

 채취 방법과 시기 : 이른 봄에 어린순을 채취하고, 가을에 전초를 채취하여 햇볕에 말린다.

성분 아카신(acaciin), 아르테미시아-트랜스-스피로케탈레노에테르폴린(artemisia-trans-spiroketalenoether polyne), 디하이드로아트리카리아(dehydromatricaria), 폰티캐폭사이드(ponticaepoxide), 타나세틴(tanacetin) 등이 함유되어 있다.

성미 성질이 시원하고, 맛은 쓰고 맵다.

귀경 간(肝), 폐(肺), 위(胃) 경락에 작용한다.

효능과 주치 : 열을 식혀주고 진정, 독성을 풀어주며 종기를 삭이는 효능이 있어 감기로 인한 발열, 폐렴, 기관지염, 두통, 고혈압, 위염, 장염, 구내염, 눈에 핏발이 서는 목적(目赤), 림프샘염, 옹종, 정창, 두훈 등을 다스린다.

365

혼동하기 쉬운 약초 비교

산국_꽃

감국_꽃

산국_잎

감국_잎

약용법과 용량 : 말린 약재 9~15g을 물 1L에 넣어 1/3이 될 때까지 달여 차처럼 하루에 나눠 마신다. 어린잎을 삶아 나물로 먹기도 한다. 꽃으로 술을 담그기도 하고, 차로 우려 마시기도 하고, 꽃을 말려 베갯속으로 사용하기도 한다.

사용시 주의사항 : 위나 장이 냉한 사람은 지나치게 많이 복용하지 않도록 주의한다.

소화불량, 심복통, 피부나 근육의 종기

산마늘

Allium microdictyon Prokh.

사용부위 어린잎, 비늘줄기

이명 : 망부추, 멩이풀, 서수레, 얼룩산마늘, 명이나물
생약명 : 각총(茖葱), 산총(山葱), 격총(格葱), 산산(山蒜)
과명 : 백합과(Liliaceae)
개화기 : 5~7월

뿌리 채취품

생육특성 : 산마늘은 지리산, 설악산, 울릉도의 숲속이나 북부 지방에서 자라는 여러해살이풀로, 생육환경은 토양에 부엽질이 풍부하고 약간의 습기가 있는 반그늘이다. 키는 25~40cm이고, 잎은 2~3장이 줄기 밑에 붙어서 난다. 잎은 약간 흰빛을 띤 녹색으로 길이는 20~30cm, 너비는 3~10cm이다. 꽃은 흰색으로 5~7월에 줄기 꼭대기에서 뭉쳐서 원형으로 핀다.

산마늘이 마늘과 다른 점은 잎이 주된 식용 부위이며, 전체에서 마늘 냄새가 나고, 뿌리는 한 줄기로 이루어져 있다는 차이다. 산마늘을 '명이나물'이라 부르게 된 시기는 1157년 고려시대의 공도정책으로 울릉도에 사람이 살지 않다가 1882년 조선시대 고종 때 개척령으로 인해 본토에서 울릉도로 100여 명이 이주하였는데 겨울이 되자 식량이 떨어지고 풍랑이 심해양식을 구할 길이 없자 굶주림에 시달리다 눈 속에서 싹이 나오는 이 산마늘을 발견하여 삶아 먹으며 긴 겨울 동안 생명을 이었다고 해서 '명이나물'이라 부르게 되었다고 한다.

지상부

꽃

열매

 채취 방법과 시기 : 이른 봄에 어린잎을 채취하고, 8~9월에 땅속 비늘줄기를 채취하여 햇볕에 말리거나 생것으로 사용한다.

성분 정유, 당분 외에 비타민 A, 베타-카로틴, 사포닌, 아스코르브산(ascorbic acid), 알린(alliin), 알리신(allicin), 알리나제(allinase), 알리치아민(allithiamine) 등이 함유되어 있다.

산마늘 집단

성미 성질이 따뜻하고, 맛은 맵다.

귀경 심(心), 위(胃) 경락에 작용한다.

효능과 주치 : 중초를 따뜻하게 하는 온중(溫中), 위를 튼튼하게 하는 건위, 독을 풀어주는 해독의 효능이 있어 소화불량, 심복통(心腹痛), 피부나 근육에 국부적으로 생긴 종기, 독충에 물린 상처 등을 치료한다.

약용법과 용량 : 말린 약재 6~12g을 물 1L에 넣어 1/3이 될 때까지 달여 하루에 2~3회 마시거나, 신선한 것을 짓찧어 환부에 바른다. 생것 30g을 강판에 갈아 즙을 내 일반 생채소 즙과 같이 먹으면 그 효능이 배가 된다. 어린잎은 섬유질이 연하여 식용으로 사용하는데 장아찌를 담가서 먹는다.

기능성 및 효능에 관한 특허자료

▶ 산마늘 추출물을 함유하는 암 예방 또는 치료용 조성물

본 발명의 산마늘 추출물은 암 발생 또는 암 진행 시 나타나는 간극 결합부의 세포 내 신호전달(GJIC)의 억제를 회복시키는 효과가 있을 뿐만 아니라, 세포 독성도 없어서, 암 예방 또는 치료용 조성물의 유효성분으로 사용될 수 있다. 또한 산마늘은 우리나라 전역에서 서식하므로 구하기가 쉽고, 천연식물로부터 유래하므로 합성 약물에서 나타나는 부작용이 없다.

– 공개번호 : 10-2009-0100573, 출원인 : 덕성여자대학교 산학협력단

식적, 요통, 건위, 퇴행성뇌질환

산사나무

Crataegus pinnatifida Bunge

사용부위 뿌리, 가지, 나무껍질, 열매

이명 : 아아가위나무, 아그배나무, 찔구배나무, 질배나무,
　　　동배, 애광나무, 산사, 양구자(羊仇子)
생약명 : 산사(山査), 산사자(山査子)
과명 : 장미과(Rosaceae)
개화기 : 4~5월

열매 건조

약재 전형

생육특성 : 산사나무는 전국 각지의 산야, 촌락 부근에서 자생 또는 심어 가꾸는 낙엽활엽교목으로, 높이는 6m 정도이며, 가지에는 털이 없고 가시가 나 있다. 잎은 넓은 달걀 모양 또는 삼각상 달걀 모양으로 서로 어긋나고 새 날개깃처럼 깊게 갈라지며 가장자리에는 불규칙한 톱니가 있다. 꽃은 흰색으로 4~5월에 산방꽃차례로 10~12송이가 모여서 피고, 열매는 이과(梨果)로 둥글며 흰색 반점이 있고 9~10월에 붉게 익는다.

| 지상부 | 꽃 | 열매 |

 채취 방법과 시기 : 열매는 가을에 익었을 때, 뿌리는 봄·겨울, 목재는 연중 수시 채취한다.

성분 열매에는 하이페로시드(hyperoside), 쿼세틴(quercetin), 안토시아니딘(anthocyanidin), 올레아놀산(oleanolic acid), 당류, 산류 등이 함유되어 있고, 비타민 C가 많이 들어 있다. 그 외 타닌(tannin), 하이페린(hyperin), 클로로겐산(chlorogenic acid), 아세틸콜린(acetylcholine), 지방유, 시토스테롤(sitosterol), 주석산(tartaric acid), 사과산(malic acid) 등도 함유되어 있다. 종자에는 아미그달린(amygdalin), 하이페린(hyperin), 지방유가 함유되어 있고, 뿌리 및 나무껍질, 목재에는 애스쿠린(aesculin)이 함유되어 있다.

성미 열매는 성질이 조금 따뜻하고, 맛은 시고 달다. 뿌리는 성질이 평범하고, 맛은 달다. 목재는 성질이 차고, 맛은 쓰고, 독성이 없다.

귀경 간(肝), 심(心), 비(脾), 위(胃) 경락에 작용한다.

효능과 주치 : 열매는 생약명을 산사자(山査子)라고 하며 혈압강하작용과 항균작용이 있고 식적(食積: 음식이 잘 소화되지 않고 뭉쳐 생기는 증상)을 치료하고 어혈을 풀어주며 조충(條蟲: 촌충)을 구제해주는 효능이 있고 건위, 육고기 정체(肉積), 소화불량, 식욕부진, 담음(痰飮: 체내의 수액이 잘 돌지 못해 만들어진 병리적인 물질), 하리, 장풍(腸風: 대변을 볼 때 피가 나오는 증상), 요통, 선기(仙氣) 등을 치료한다. 뿌리는 생약명을 산사근(山査根)이라고 하여 소적(消積), 거풍, 지혈, 식적, 이질, 관절염, 객혈을 치료한다. 목재는 생약명을 산사목(山査木)이라고 하여 심한 설사, 두풍(頭風: 머리 통증이 오랫동안 수시로 발작하는 증상), 가려움증을 치료한다. 산사 추출물은 최근에 지질 관련 대사성질환과 건망증 및 뇌질환 치료에 유용한 약학조성물이라는 연구결과가 발표된 바 있다.

약용법과 용량 : 말린 열매 20~30g을 물 900mL에 넣어 반이 될 때까지 달여 하루에 2~3회 나눠 마신다. 외용할 경우에는 열매 달인 액으로 환부를 씻거나 짓찧어서 붙인다. 말린 뿌리 30~50g을 물 900mL에 넣어 반이 될 때까지 달여 하루에 2~3회 나눠 마신다. 말린 목재 50~60g을 물 900mL에 넣어 반이 될 때까지 달여 하루에 2~3회 나눠 마신다.

사용시 주의사항 : 비위 허약자는 복용에 주의한다. 많은 양을 오래 복용하면 치아가 손상될 수 있으니 주의한다.

기능성 및 효능에 관한 특허자료

▶ 산사 및 진피의 복합 추출물을 유효성분으로 함유하는 비만 또는 지질 관련 대사성 질환의 치료 또는 예방용 약학조성물

본 발명은 산사 및 진피의 복합 추출물을 유효성분으로 포함하는 약학조성물 또는 건강기능식품을 제공한다. 상기 복합 추출물은 체중을 감소시키고 혈관 내 지질을 감소시키는 효과를 나타낸다.

− 공개번호 : 10−2014−0028293, 출원인 : (주)뉴메드

자양강장, 정기수렴, 강정, 항산화

산수유
Cornus officinalis Siebold & Zucc.
= *[Macrocarpium officinale (Sieb. et Zucc.) Nakai]*

사용부위 과육

이명 : 산수유나무, 산시유나무, 실조아(實棗兒), 촉산조
(蜀酸棗), 약조(藥棗), 홍조피(紅棗皮), 육조(肉棗)
생약명 : 산수유(山茱萸)
과명 : 층층나무과(Cornaceae)
개화기 : 3~4월

열매   약재 전형

생육특성 : 산수유는 전국 산지의 산비탈, 인가 근처에서 자생 또는 재배하는 낙엽활엽소교목으로, 높이 7m 전후로 자라는데, 나무껍질은 연한 갈색이며 잘 벗겨지고 큰 가지나 작은 가지에는 털이 없다. 잎은 달걀 모양, 타원형 또는 긴 타원형에 서로 마주나고 잎끝이 좁고 날카로우며 밑은 둥글거나 넓은 쐐기형이고 가장자리는 밋밋하다. 꽃은 양성화인데 황색으로 3~4월에 잎보다 먼저 피고 작은 꽃이 산형꽃차례로 20~30송이씩 달려있다. 열매는 씨열매로 긴 타원형에 9~10월경에 적색으로 익는다.

| 지상부 | 꽃 | 열매 |

 채취 방법과 시기 : 9~10월에 열매를 채취한다.

성분 과육의 주성분은 코르닌(cornin), 즉 벨베나린 사포닌(verbenalin saponin), 타닌(tannin), 우르솔산(ursolic acid), 몰식자산(galic acid), 사과산(malic acid), 주석산(tartaric acid), 비타민 A가 함유되어 있으며, 종자의 지방유에는 팔미틴산(palmitic acid), 올레산(oleic acid), 리놀산(linolic acid) 등이 함유되어 있다.

성미 성질이 약간 따뜻하고, 맛은 시고 달고, 독성이 없다.

귀경 간(肝), 신(腎) 경락에 작용한다.

374

효능과 주치 : 과육은 생약명을 산수유(山茱萸)라고 하며 항균작용과 혈압강하 및 이뇨작용이 있고 보간, 보신, 정기수렴, 요슬둔통(腰膝鈍痛), 이명, 양위, 유정, 빈뇨, 간허한열 등을 치료한다. 산수유 추출물은 협전증, 항산화, 노화방지 등에 약효가 있다는 것이 연구결과 밝혀졌다.

 약용법과 용량 : 말린 과육 20~30g을 물 900mL에 넣어 반이 될 때까지 달여 하루에 2~3회 나눠 마신다.

 사용시 주의사항 : 길경(桔梗), 방풍(防風), 방기(防己) 등은 산수유와 배합금기이므로 사용해서는 안 된다.

 # 기능성 및 효능에 관한 특허자료

▶ **산수유 추출물을 함유하는 혈전증 예방 또는 치료용 조성물**
산수유 추출물을 유효성분으로 함유하는 약학조성물은 트롬빈 저해활성 및 혈소판 응집 저해 활성을 나타내어 혈전 생성을 효율적으로 억제할 수 있으며 추출액, 분말, 환, 정 등의 다양한 형태로 가공되어 상시 복용 가능한 제형으로 조제할 수 있는 뛰어난 효과가 있다.
— 공개번호 : 10-2013-0058518, 출원인 : 안동대학교 산학협력단

▶ **포제를 활용한 산수유 추출물을 함유하는 항노화용 화장료 조성물**
포제를 활용한 산수유 추출물을 함유하는 화장료 조성물은 프로콜라겐 생성 촉진 및 콜라게나제 발현 억제효과를 나타냈으며, 두 가지 활성의 복합 상승작용으로 인하여 우수한 피부주름 개선 및 항노화효과를 갖는다.
— 공개번호 : 10-2009-0128677, 출원인 : (주)아모레퍼시픽

▶ **항산화 활성을 증가시킨 산수유 발효 추출물의 제조 방법**
본 발명에 따른 추출 방법은 산수유를 증기로 찌고, 이를 락토바실러스 브레비스로 발효시킨 다음 열수 추출함으로써 로가닌 함량이 높고 항산화 활성을 증가시킨 산수유 발효 추출물을 효율적으로 얻을 수 있다.
— 공개번호 : 10-2012-0139462, 출원인 : 동의대학교 산학협력단

월경과다, 대장염, 치루, 이질, 외상출혈

산오이풀

Sanguisorba hakusanensis Makino

사용부위 뿌리, 어린잎

생약명 : 지유(地榆)
과명 : 장미과(Rosaceae)
개화기 : 8~9월

뿌리 약재

생육특성 : 산오이풀은 중부 이남의 고산 중턱 이상에서 자라는 여러해살이 풀이다. 생육환경은 산 정상이나 중턱부의 햇빛이 잘 드는 곳에서 자라며, 키는 50~70cm이다. 잎은 깃꼴겹잎이며 잔잎이 5~11장 있다. 잎 가장자리에는 치아 모양의 톱니가 있는데 오이풀보다는 좀 큰 편이다. 꽃은 홍자색으로 8~9월에 가지 끝에서 피는데 길이 4~10cm, 지름 1cm 정도의 긴 둥근기둥 모양의 형태를 하고 밑으로 처져 있는데 위에서부터 꽃이 다닥다닥 달려 아래로 피면서 내려온다. 열매는 10월경에 익으며 네모진 형태를 하고 있다. 산짐승들이 산오이풀의 뿌리를 좋아하여 자생지에서는 뿌리가 많이 파헤쳐져 있는 것을 볼 수 있다.

 채취 방법과 시기 : 어린잎은 이른 봄에 채취하여 식용하고, 뿌리는 가을이나 봄에 채취하여 햇볕에 말린다.

성분 상구이소르바(sanguisorba), 타닌(tannin), 트리테르페노이드계 사포닌, 크라이산테민(chrysantemin), 시아닌(cyanin) 등이 함유되어 있다.

성미 성질이 차고, 맛은 쓰고 시다.

귀경 간(肝), 심(心), 대장(大腸) 경락에 작용한다.

효능과 주치 : 혈분의 열을 식히는 양혈, 출혈을 멎게 하는 지혈, 독을 풀어주는 해독, 기를 거두어들이는 수렴(收斂), 종기를 삭이는 소종의 효능이 있어서 피를 토하는 토혈, 코피를 흘리는 육혈, 월경과다, 자궁출혈, 대장염, 치루, 대변에 피가 섞여 나오는 이질, 설사, 피부나 근육에 국부적으로 생기는 종기, 습진, 외상출혈 등을 치료한다.

약용법과 용량 : 말린 약재 6~12g을 물 1L에 넣어 1/3이 될 때까지 달여 하루에 2~3회 나눠 마신다. 외용할 경우에는 가루로 만들거나, 짓찧어서 환부에 바른다.

사용시 주의사항 : 비위가 허하고 냉한 사람은 신중하게 사용하여야 한다.

산초나무

Zanthoxylum schinifolium Siebold & Zucc.

사용부위 뿌리, 잎, 열매

이명 : 분지나무, 산추나무, 상초나무, 천초(川椒), 대초(大椒),
　　　진초(秦椒), 촉초(蜀椒), 남초(南椒), 파초(巴椒), 한초(漢椒)
생약명 : 산초(山椒), 화초(花椒), 화초근(花椒根), 화초엽(花椒葉)
과명 : 운향과(Rutaceae)
개화기 : 8~9월

뿌리 채취품　　　　　열매(약재)

생육특성 : 산초나무는 전국의 산기슭 또는 등산로 주변에서 야생으로 자라거나 밭둑이나 마을 주위에 심어 가꾸는 낙엽활엽관목으로, 높이가 3m 전후로, 작은 가지에는 가시가 나 있다. 잎은 새 날개 모양의 겹잎이고 잔잎은 13~21개로 바소꼴 또는 타원형 바소꼴에 끝이 좁아지며 잎 길이가 1.5~5cm로 가장자리에는 물결 모양의 톱니가 있고 잎 축에는 잔가시가 나 있다. 꽃은 연한 녹색으로 8~9월에 산방꽃차례로 핀다. 열매는 10~11월에 녹갈색으로 익으며 열매껍질이 터져 검은색 종자가 나온다.

| 지상부 | 꽃 | 열매 |

 채취 방법과 시기 : 열매는 10~11월, 뿌리는 연중 수시, 잎은 봄·여름에 채취한다.

성분 열매에는 정유가 함유되어 있고, 산쇼아마이드(sanshoamide), α-, β-, γ-산쇼올(sanshool), 알파-테르피네올(α-terpineol), 게라니올(geraniol), 리모넨(limonene), 쿠믹 알코올(cumic alcohol), 불포화유기산, 벨갑텐(bergapten), 타닌(tannin), 안식향산(benzoic acid), 뿌리에는 알칼로이드가 함유되어 있으며 주성분은 스킴미아닌(skimmianine), 베르베린(berberine), 애스쿨레틴(aesculetin), 디메틸에테르(dimethylether), 잎에는 알부틴, 마그노플로린(magnoflorine) 정유, 수지, 페놀성 성분이 함유되어 있으며 정유에는 메틸-n-노닐-케톤(methyl-n-nonyl-ketone)이 함유되어 있고, 생잎에는 베타-시토스테롤(β-sitosterol)이 함유되어 있다.

성미 열매는 성질이 따뜻하고, 맛은 맵고, 독성이 조금 있다. 뿌리는 성질이 덥고, 맛은 맵고, 독성이 조금 있다. 잎은 성질이 덥고, 맛은 맵고, 독성이 없다.

귀경 비(脾), 폐(肺), 신(腎), 위(胃) 경락에 작용한다.

✚ **효능과 주치 :** 열매는 생약명을 산초(山椒) 또는 화초(花椒)라고 하며 항균시험에서 대장균, 적리균, 황색포도구균, 녹농균 디프테리아균, 폐염구균 및 피부사상균에 억제작용이 있고 진통, 살충, 소화불량, 구토, 해수, 감기몸살, 하리, 치통, 구충, 습진, 피부 가려움증, 피부염 등을 치료한다. 뿌리는 생약명을 산초근(山椒根)이라 하여 방광염으로 인한 혈림(血淋)을 치료한다. 잎은 생약명을 산초엽(山椒葉)이라하고 한적(寒積), 곽란, 각기, 피부염, 피부 가려움증 등을 치료한다. 산초나무의 추출물은 항균, 항바이러스, 항진균작용이 있다.

산초나무_가지(약재 전형)

약용법과 용량 : 말린 열매껍질 5~15g을 물 900mL에 넣어 반이 될 때까지 달여 하루에 2~3회 나눠 마시거나, 가루나 환으로 만들어 복용한다. 외용할 경우에는 가루로 만들어 환부에 뿌리거나 도포한다. 말린 뿌리 10~20g을 물 900mL에 넣어 반이 될 때까지 달여 하루에 2~3회 나눠 마신다. 말린 잎 20~30g을 물 900mL에 넣어 반이 될 때까지 달여 하루에 2~3회 나눠 마신다. 외용할 경우에는 생잎을 짓찧어서 환부에 도포한다.

산초나무 기름

옛날부터 산초나무 열매로 기름을 짜서 민간약재로 사용해오고 있는데 소화불량이나 지사, 정장 염증, 변비, 기침, 가래, 습진, 피부 가려움증, 치통, 감기, 몸살, 구충, 종기, 기타 여러 가지 질병의 치료에 사용하고 있다.

산초나무_잎

개산초나무_잎

산초나무_열매

개산초나무_열매

산초나무_가시(어긋나기)

개산초나무_가시(마주나기)

산초나무와 개산초나무

개산초나무의 잎은 서로 어긋나기로 붙어 있고 줄기에 가시가 마주나 있으며, 산초나무는 새 날개 깃 모양의 겹잎으로 되어 있고 줄기에는 가시가 어긋나 붙어 있다. 또한 개산초의 꽃은 암수딴그루로 5~6월에 피고 9월경에 결실하며, 산초나무의 꽃은 8~9월에 피고 10~11월에 결실한다. 약효는 비슷하지만 산초나무의 약효가 광범위하여 더 쓰임새가 많다.

청열이수(清熱利水), 해독소종(解毒消腫)

삼백초

Saururus chinensis (Lour.) Baill.

사용부위 전초

이명 : 수목통(水木通), 오로백(五路白), 삼점백(三點白)
생약명 : 삼백초(三白草)
과명 : 삼백초과(Saururaceae)
개화기 : 6~8월

약재 전형

생육특성 : 삼백초는 제주도에서 자생하고 남부 지방에서 많이 재배하는 숙근성 여러해살이풀로, 꽃, 잎, 뿌리의 세 곳이 흰색을 띤다고 하여 삼백(三白)으로 이름이 붙여졌다. 키는 50~100cm이다. 잎은 어긋나고 5~7개의 맥이 있으며 뒷면은 연한 흰색이고 끝부분의 2~3장은 잎의 앞면이 흰색이다. 꽃은 흰색으로 6~8월에 수상꽃차례를 이루는데 처음에는 처져 있으나 꽃이 피면 곧추서고 양성이고 꽃잎은 없다. 열매는 둥글고 종자는 각 실에 1개씩 들어 있다.

| 지상부 | 꽃 | 열매 |

 채취 방법과 시기 : 7~8월에 전초를 채취하여 햇볕에 말린다. 토사와 이물질을 제거하고 가늘게 썰어서 사용한다.

성분 정유가 함유되어 있는데 주성분은 메틸-n-노닐케톤(methyl-n-nonylketone)이다. 그 외에 퀘세틴(quercetin), 이소퀘시트린(isoquercitrin), 아비쿨라린(avicularin), 하이페린(hyperin), 루틴(rutin) 등이 함유되어 있다.

성미 성질이 차고, 맛은 쓰고 매우며, 독성이 없다.

귀경 심(心), 폐(肺), 방광(膀胱) 경락에 작용한다.

삼백초 집단

 효능과 주치 : 열을 식히고 소변을 잘 나가게 하는 청열이수, 독을 풀고 종기를 삭히는 해독소종, 담을 제거하는 거담 등의 효능이 있어서 수종과 각기, 황달, 임탁, 대하, 옹종, 종독 등을 치료한다.

 약용법과 용량 : 청열, 이수, 대하 등에는 한 가지 약재를 사용하는데 삼백초의 말린 전초 15g을 물 700mL에 넣어 끓기 시작하면 약하게 줄여 200~300mL가 될 때까지 달여 하루에 2회 나눠 마신다. 특히 민간에서는 간암으로 인한 복수(腹水)가 있을 때, 황달이나 각기, 부녀자들의 대하에 사용한다고 한다.

 사용시 주의사항 : 찬 성질의 약재이므로 비위가 허하고 냉한 경우에는 사용에 신중을 기한다.

🦋 기능성 및 효능에 관한 특허자료

▶ 삼백초 추출물을 포함하는 당뇨병 예방 및 치료용 조성물

본 발명은 현저한 혈당강하 효과를 갖는 삼백초 잎 추출물을 유효성분으로 함유하는 조성물에 관한 것으로서, 본 발명의 삼백초 잎 추출물은 우수한 α−글루코시다제 저해활성을 나타낼 뿐만 아니라 식후 탄수화물의 소화 속도를 느리게 하여 혈중 포도당(glucose) 농도의 급격한 상승을 억제하므로, 이를 포함하는 조성물은 당뇨병 예방 및 치료를 위한 의약품 및 건강기능식품으로 유용하게 이용될 수 있다.

− 공개번호 : 10−2005−0093371, 특허권자 : 학교법인 인제학원

양기를 보하고 허리와 무릎의 무력증

삼지구엽초

Epimedium koreanum Nakai

사용부위 전초

이명 : 음양각, 선령비(仙靈脾), 천냥금(千兩金)
생약명 : 음양곽(淫羊藿)
과명 : 매자나무과(Berberidaceae)
개화기 : 4~5월

약재 전형

생육특성 : 삼지구엽초는 강원도와 경기도 등 주로 경기도 이북의 산속, 숲에서 자생하는 여러해살이풀이다. 키는 30cm 정도로 자라며, 꽃은 황백색으로 4~5월에 아래를 향하여 피고, 열매는 튀는열매로 방추형이며 2개로 갈라진다. 3갈래로 갈라진 가지에 각각 달린 3개의 잔잎은 조금 긴 작은 잎자루를 가지며 끝이 뾰족하고 긴 달걀 모양이다. 잔잎은 길이 5~13cm, 너비 2~7cm이다. 표면은 녹갈색이며 잔잎 뒷면은 엷은 녹갈색이다. 잎의 가장자리에는 잔 톱니가 있고 밑부분은 심장 모양이며 옆으로 난 잔잎은 좌우가 고르지 않고 질은 빳빳하며 부스러지기 쉽다. 줄기는 속이 비었으며 약간 섬유성이다.

중국에서는 음양곽(*E. brevicornum* Maxim.), 유모음양곽(柔毛淫羊藿, *E. pubescens* Maxim.) 등을 사용한다.

지상부   꽃   열매

 채취 방법과 시기 : 여름과 가을에 줄기와 잎이 무성할 때 채취하여 햇볕 또는 그늘에서 말린다. 사용할 때에는 그대로 사용하거나 특별한 가공을 하여 사용하는데, 가공을 하여 사용하면 약효를 높일 수 있다.

① 양지유(羊脂油) 가공 : 양지유(양의 지방 부위를 팬에 눌러가며 기름을 추출하여 모은 것)를 가열하여 용화(溶化)하고 가늘게 절단한 음양곽을 넣어 약한 불[文火]로 볶아서[炙] 음양곽에 양지유가 충분히 흡수되어 겉면이 고르게 광택이 날 때 꺼내어 건조한 후 사용한다.

② 연유(酥乳: 수유) 가공 : 음양곽 무게의 약 15% 무게의 연유를 용기에 넣고 약한 불로 가열하여 완전히 녹인 뒤에 재차 음양곽을 넣고 고르게 저어주면서 볶아낸다.

③ 술 가공[주제(酒製)] : 음양곽에 황주(막걸리)를 분사하여 황주가 음양곽에 충분히 스며들게 한 뒤에 볶아준다(황주 20~25%).

성분 지상부(잎과 줄기)에는 이카린(icariin), 케릴알코올(cerylalcohol), 헤니트리아콘탄(henitriacontane), 파이토스테롤(phytosterol), 팔미트산(palmitic acid), 올레산(oleic acid), 리놀레산(linoleic acid), 뿌리에는 데스-O-메틸이카린(des-O-methylicariin)이 함유되어 있다.

성미 성질이 따뜻하고, 맛은 맵고 달며, 독성이 없다.

귀경 간(肝), 신(腎) 경락에 작용한다.

효능과 주치 : 신(腎)을 보하며 양기를 튼튼하게 하는, 풍사를 물리치고 습사를 제거하는 등의 효능이 있어서 양도가 위축되어 일어서지 않는 증상을 치료한다. 또한 소변임력(小便淋瀝), 반신불수, 허리와 무릎의 무력증인 요슬무력(腰膝無力), 풍사와 습사로 인하여 결리고 아픈 통증인 풍습비통(風濕痺痛), 기타 반신불수나 사지불인(四肢不仁), 갱년기 고혈압증(更年期高血壓症) 등을 치료하는 데 사용한다.

약용법과 용량 : 말린 약재 15g을 물 700mL에 넣어 끓기 시작하면 약하게 줄여 200~300mL가 될 때까지 달여 하루에 2회 나눠 마신다. 풍습을 제거하는 데에는 말린 약재를 그대로 생용(生用)하고, 신(腎)의 양기를 보하고자 할 때, 또는 몸을 따뜻하게 하여 한사를 흩어지게 하고자 할 때에는 양지유로 가공하여 사용한다. 전통적으로 민간에서는 남성불임에 음양곽 20g을 차처럼 달여서 하루 동안 여러 차례 나눠 마셨다. 또한 빈혈 치료, 부인 냉병 치료 등에도 널리 사용되었다.

사용시 주의사항 : 성미가 맵고 따뜻하면서 양기를 튼튼하게 하는 작용이 있으므로 음허로 스트레스가 쉽게 생기는 경우에는 사용을 피한다. 일부 민간에서 '꿩의다리' 종류를 삼지구엽초라고 잘못 알고 사용하는 사람이 있으나 기원이 다르므로 주의해야 한다.

식욕부진, 비위허약, 식은땀

삽 주

Atractylodes ovata (Thunb.) DC.

사용부위 뿌리줄기

이명 : 산계(山薊), 출(朮), 산개(山芥), 천계(天薊), 산강(山薑)
생약명 : 백출(白朮: 큰삽주), 창출(蒼朮: 삽주)
과명 : 국화과(Compositae)
개화기 : 7~10월

백출

창출

뿌리 채취품

388

생육특성 : 삽주(창출)와 큰삽주(백출)를 구분하면, 분류학적으로 백출(白朮)과 창출(蒼朮)은 주의해야 하는데 대한약전에 따르면 백출은 백출(*Atractylodes macrocephala*)과 삽주(*A. japonica*)를 기원으로 하고 창출은 가는잎삽주(=모창출, *A. lancea* D.C.) 또는 만주삽주(=북창출, 당삽주, *A. chinensis* D.C.)의 뿌리줄기라고 기재하고 있으나 본서에서는 국생종에 따라 큰삽주(*A. ovata*)는 백출로, 삽주(*A. japonica*)는 창출로 정리하였다. 일반인들이 가장 쉽게 식물체를 분류할 수 있는 특징은 백출 기원의 큰삽주와 백출의 경우에는 잎자루(엽병)가 있으나 창출 기원의 모창출과 북창출의 경우에는 모창출의 신초 잎을 제외하고는 잎자루(엽병)가 전혀 없다는 점이다. 이를 주의하여 관찰하면 쉽게 구분할 수 있다.

● 삽주(창출) : 삽주는 여러해살이풀로 키가 30∼100cm로 자라고, 꽃은 흰색과 붉은색으로 7∼10월에 원줄기 끝에서 두상꽃차례로 피는데 암수딴그루이며 지름은 1.5∼2cm이다. 암꽃은 모두 흰색이다. 뿌리줄기를 창출이라 하여 약재로 사용하는데 섬유질이 많고, 백출에 비하여 분성이 적다. 불규칙한 연주상 또는 결절상의 둥근기둥 모양으로 약간 구부러졌으며 분지된 것도 있는데 길이 3∼10cm, 지름 1∼2cm이다. 표면은 회갈색으로 주름과 수염뿌리가 남아 있고, 정단에는 줄기의 흔적이 있다. 질은 견실하고, 단면은 황백색 또는 회백색으로 여러 개의 등

| 지상부 | 꽃 | 열매 |

황색 또는 갈홍색의 유실(油室)이 흩어져 존재한다.

● 큰삽주(백출) : 큰삽주는 여러해살이풀로, 키가 50~60cm로 자라고, 꽃은 7~10월에 원줄기 끝에서 암수딴그루로 핀다. 열매는 여윈열매로 부드러운 털이 나 있다. 약재는 불규칙한 덩어리 또는 일정하지 않게 구부러진 둥근기둥 모양을 하고 길이 3~12cm, 지름 1.5~7cm이다. 표면은 회황색 또는 회갈색으로 혹 모양의 돌기가 있으며 끊겼다 이어지는 세로 주름과 수염뿌리가 떨어진 자국이 있고 맨 꼭대기에는 잔기와 싹눈의 흔적이 있다. 질은 단단하고 잘 절단되지 않으며, 단면은 평탄하고 황백색 또는 담갈색으로 갈황색의 점상유실(點狀油室)이 흩어져 있으며 창출에 비하여 섬유질이 적고 분성이 많다. 삽주(창출)는 우리나라 각지에서 분포하고, 백출은 중국의 절강성에서 대량 재배되는데, 다른 지역에서도 재배되고 있다.

 채취 방법과 시기 : 상강(霜降) 무렵부터 입동(立冬) 사이에 뿌리줄기를 채취하여 줄기와 잎의 흙과 모래 등을 제거하고 건조한 후 다시 이물질을 제거하고 저장한다.

성분 뿌리줄기에는 아트락티롤(atractylol), 아트락틸론(atractylon), 푸르푸랄(furfural), 3β-아세톡시아트락틸론(3β-acetoxyatractylon), 셀리나-4(14)-7(11)-디엔-8-원[selina-4(14)-7(11)-diene-8-one], 아트락틸레놀리 Ⅰ~Ⅲ (atractylenolie Ⅰ~Ⅲ) 등이 함유되어 있다.

성미

● 삽주(창출) : 성질이 따뜻하고, 맛은 맵고 쓰며, 독성이 없다.

● 큰삽주(백출) : 성질이 따뜻하고, 맛은 쓰고 달며, 독성이 없다.

귀경 삽주는 간(肝), 비(脾), 위(胃) 경락에 작용한다. 큰삽주는 비(脾), 위(胃) 경락에 작용한다.

 효능과 주치 :

● 삽주(창출) : 습사를 말리고 비(脾)를 튼튼하게 하는 조습건비(燥濕健脾), 풍사와 습사를 제거하는 거풍습(去風濕), 눈을 밝게 하는 명목(明目) 등의 효능이 있어서 식욕부진, 구토설사, 각기, 풍한사에 의한 감기 등을

치료하는 데 사용된다.

- 큰삽주(백출) : 비의 기운을 보하고 기를 더하는 보비익기(補脾益氣), 습사를 말리고 소변을 잘 나가게 하는 조습이수(燥濕利水), 피부를 튼튼하게 하며 땀을 멈추게 하는 고표지한(固表止汗), 태아를 안정시키는 안태(安胎) 등의 효능이 있어서 비위허약과 음식을 못 먹고 헛배가 부르는 증상, 설사, 소변을 못 누는 증상, 기가 허하여 식은땀을 흘리는 증상, 태동불안 등을 치료하는 데 사용된다.

※ 사용상의 주의 : 삽주(창출)와 큰삽주(백출)는 모두 습사를 제거하고 비를 튼튼하게 하는 작용이 있으나 백출은 비를 튼튼하게 하는 보비(補脾)의 효능이 뛰어나지만 습사를 말리는 조습(燥濕) 효능은 창출에 비하여 떨어진다. 반면 창출은 조습의 효능이 백출보다 뛰어나면서 운비(運脾)의 효능이 좋다. 따라서 비위가 허하여 그 기능을 보하고자 할 때에는 백출을 사용하고, 비위가 실(實)하여 그 기능을 사(瀉)하고자 할 때에는 창출을 사용하는 것이 좋다. 그러므로 습사로 인하여 결리고 아픈 증상을 치료하는 데 있어서 허하면서 습이 중할 때에는 백출을, 실할 때에는 창출을 응용하는 것이 좋다.

 약용법과 용량 : 습사를 말리고 수도를 편하게 하기 위해서는 말린 채 가공하지 않고 그대로 사용하고, 기를 보하고 비를 튼튼하게 하는 목적으로 사용할 때에는 쌀뜨물에 담갔다가 건져서 약한 불에 볶아서 사용하면 좋고, 건비지사(健脾止瀉)에는 갈색이 나도록 볶아 사용한다. 민간에서는 음식 먹고 체한 데, 소화불량을 치료하는 데 삽주 가루 5g 정도를 사용하였고, 만성 위염(부드럽게 가루로 만든 것을 4~6g씩 하루 3회 복용), 감기 치료 등에 응용하였다. 민간에서는 말린 뿌리 10g을 물 700mL에 넣어 끓기 시작하면 약하게 줄여 200~300mL가 될 때까지 달여 하루에 2회 나눠 마신다.

 사용시 주의사항 :

- 창출 : 성질이 따뜻하고 건조하고, 맛이 매워 음액(陰液)을 손상시킬 우려가 있으므로 음허내열(陰虛內熱 : 음기가 허하고 내적으로 열이 있는 증상. 음허화왕과 같은 뜻이다)의 경우나 기허다한(氣虛多汗 : 기가 허하여 땀을 많이 흘리는 증상)의 경우에는 사용을 피한다.

삽주(창출)_ 꽃(분홍색, 중국산)

큰삽주(백출)_ 꽃(흰색, 국산)

삽주(창출)_ 잎

큰삽주(백출)_ 잎

● 백출 : 성질이 따뜻하고 건조하고, 맛이 쓰기 때문에 많은 양을 오래 복용할 때에는 음기(陰氣: 진액)가 손상될 염려가 있으므로 음허내열 또는 진액휴모(津液虧耗: 진액이 소진된 경우)의 경우에는 사용에 신중을 기한다.

 기능성 및 효능에 관한 특허자료

▶ 항알레르기 효과를 가지는 백출(삽주) 추출물

본 발명은 항알레르기 효과를 가지는 백출(삽주) 추출물에 관한 것으로, 보다 구체적으로는 전통약재인 백출로부터 열탕 또는 유기용매를 이용하여 항알레르기 효과를 가지는 성분을 추출하는 방법 및 상기 추출된 물질을 함유하는 항알레르기 기능성 식품 또는 의약조성물에 대한 것이다.

– 공개번호 : 10–2005–0051741, 출원인 : 학교법인 건국대학교

어혈, 진통, 신경통, 피부염

생강나무

Lindera obtusiloba Blume = [*Benzoin obtusiloboum* (Bl.) O. Kuntze.]

사용부위 나무껍질

이명 : 아귀나무, 동백나무, 아구사리, 개동백나무,
　　　삼각풍(三角楓), 향려목(香麗木), 단향매(檀香梅)
생약명 : 삼찬풍(三鑽風), 황매목(黃梅木)
과명 : 녹나무과(Lauraceae)
개화기 : 3월

약재 전형

393

생육특성 : 생강나무는 전국의 산기슭 계곡에서 잘 자라는 낙엽활엽관목으로, 높이는 3m 정도로, 가지가 많이 갈라지며 꺾으면 생강 냄새가 난다. 잎은 달걀 모양 또는 넓은 달걀 모양에 서로 어긋나고 잎 밑은 날카로우며 양 끝은 뭉툭하고 가장자리에는 톱니가 없이 윗부분은 3개로 갈라진다. 윗면은 녹색이고 처음에는 단모(短毛)가 있으나 뒤에는 털이 없어지며 아랫면은 명주털이 빽빽하게 나 있거나 털이 없다. 꽃은 암수딴그루인데 황색으로 3월에 잎보다 먼저 피고 꽃자루가 없이 산형꽃차례로 많이 핀다. 열매는 씨열매로 둥글고 9~10월에 검은색으로 익는다.

| 지상부 | 꽃 | 열매 |

 채취 방법과 시기 : 나무껍질을 연중 수시 채취한다.

성분 나무껍질에는 시토스테롤(sitosterol), 스티그마스테롤(stigmasterol), 캄페스테롤(campesterol), 가지와 잎에는 방향유가 함유되어 있으며 주성분은 린데롤(linderol), 즉 l-borneol이다. 종자유 속에는 카프린산(capric acid), 라우린산(lauric acid), 미리스틴산(myristic acid), 린데린산(linderic acid), 동백산(decan-4-oic acid), 추주산(tsuzuic acid), 올레인산(oleic acid), 리놀레산(linoleic acid) 등이 함유되어 있다.

성미 성질이 따뜻하고, 맛은 맵다.

귀경 심(心), 폐(肺), 간(肝) 경락에 작용한다.

효능과 주치 : 나무껍질은 생약명을 삼찬풍(三鑽風)으로 소종, 활혈, 어혈의 효능이 있고 타박상, 어혈종통(瘀血腫痛), 진통, 신경통, 염좌를 치료한다. 생강나무의 추출물은 피부질환의 아토피, 염증, 알레르기, 혈액순환, 심혈관질환, 피부미백 등의 치료효과도 있다.

약용법과 용량 : 말린 나무껍질 20~30g을 물 900mL에 넣어 반이 될 때까지 달여 하루에 2~3회 나눠 마신다. 외용할 경우에는 생것을 짓찧어 환부에 붙인다.

기능성 및 효능에 관한 특허자료

▶ **생강나무 추출물을 유효성분으로 함유하는 혈행 개선 조성물**

본 발명은 생강나무 추출물을 유효성분으로 함유하는 혈행 개선 조성물에 관한 것으로서, 더욱 상세하게는 생강나무 추출물을 유효성분으로 함유하는 혈행 개선에 의한 혈전 질환의 예방 및 치료용 약학조성물 및 건강보조식품에 관한 것이다. 본 발명의 생강나무 추출물 및 조정제물은 물, 에탄올, 메탄올, 부탄올 등의 다양한 용매로 추출하여 획득할 수 있으며, 추출물 및 조정제물은 시험관 내에서 다양한 응집유도에 의해 유도된 혈소판 응집 저해효과가 우수할 뿐 아니라, 생체 내 급격한 혈전생성 저해효과가 우수하므로 혈전 색전증 등과 같이 혈액순환 장애로 수반되는 질환의 예방 및 치료에 유용하게 사용될 수 있다.

– 공개번호 : 10–2011–0055872, 특허권자 : 양지화학(주)

▶ **생강나무 가지의 추출물을 포함하는 심혈관계 질환의 예방 및 치료용 조성물**

본 발명은 생강나무 가지의 추출물을 포함하는 심혈관계 질환의 치료 및 예방을 위한 조성물에 관한 것으로서 구체적으로 생강나무 추출물은 혈관 질환의 주요 원인인 NAD(P)H 옥시다제(oxidase)를 강력하게 저해하는 동시에 혈관평활근(vascular smooth muscle)의 수축과 이완을 조절하여 강력한 혈관 이완효과를 나타내어 혈압 조절 및 혈관 내피세포 기능장애(endothelial dysfunction)를 개선시키므로, 이를 유효성분으로 함유하는 조성물은 심혈관계 질환의 예방 및 치료를 위한 의약품 또는 건강기능식품으로 유용하게 이용될 수 있다.

– 공개번호 : 10–2009–0079584, 특허권자 : 한화제약(주)

소화불량, 월경불순, 항산화

생열귀나무

Rosa davurica Pall. = [*Rosa willdenowii* Sprengel.]

사용부위 뿌리, 꽃, 열매

이명 : 범의찔레, 가마귀밥나무, 붉은인가목,
　　　 뱀찔레, 생열귀, 산자민(山刺玟)
생약명 : 자매과(刺苺果), 자매과근(刺苺果根)
과명 : 장미과(Rosaceae)
개화기 : 5월

뿌리(약재)

약재 전형

생육특성 : 생열귀나무는 중국, 극동러시아와 우리나라 평안도와 함경도에서 강원도 백두대간까지 분포하는 낙엽활엽관목으로, 높이는 1~1.5m이고, 뿌리는 굵고 길며 짙은 갈색이다. 가지는 암자색이며 털이 없다. 작은 가지와 잎자루 밑부분에 한 쌍의 가시가 나 있다. 잎은 어긋나며 타원형이거나 깃 모양으로 길이 1~3.5cm, 너비 0.5~1.5cm이다. 잎 윗면은 짙은 녹색이고 털이 없으며 밑면은 회백색이고 짧고 부드러운 털이 나 있다. 꽃은 홍자색으로 5월에 단생 혹은 2~3송이가 피는데 지름은 4cm 정도이다. 열매는 공 모양 또는 둥근 달걀 모양이며 적색이다. 열매는 9월에 익는데, 열매 내의 종자 수는 24~30여 개다.

| 지상부 | 꽃 | 열매 |

 채취 방법과 시기 : 열매는 9월, 뿌리는 연중 수시, 꽃은 5월에 채취한다.

성분 열매에는 베타-카로틴과 비타민 C 등이 함유되어 있다.

성미 열매는 성질이 따뜻하고, 맛은 시다. 뿌리는 성질이 따뜻하고, 맛은 쓰다. 꽃은 성질이 평범하고, 맛은 달다.

귀경 비(脾), 위(胃), 신(腎) 경락에 작용한다.

? 혼동하기 쉬운 약초 비교

생열귀나무_꽃

해당화_꽃

생열귀나무_열매

해당화_열매

효능과 주치 : 열매는 생약명을 자매과(刺苺果)라고 하며 소화불량, 소화촉진, 위통, 건비, 양혈(養血), 기체복사(氣滯腹瀉), 월경불순 등을 치료한다. 뿌리는 생약명을 자매과근(刺苺果根)이라고 하며 월경부지(月經不止)를 치료하고 세균성 이질의 치료에도 효과가 있다. 꽃은 생약명을 자매화(刺苺花)라고 하며 월경과다를 치료한다. 생열귀나무 추출물은 항산화, 항노화용 피부 화장료 및 비타민 C의 약효에 사용할 수 있다.

약용법과 용량 : 말린 열매 20~30g을 물 900mL에 넣어 반이 될 때까지 달여 하루에 2~3회 나눠 마신다. 말린 뿌리 20~30g을 물 900mL에 넣어 반이 될 때까지 달인 뒤 달걀 1개를 넣어 하루에 2~3회 나눠 마신다. 말린 꽃 10~20개를 물 900mL에 넣어 반이 될 때까지 달여 하루에 2~3회 나눠 마신다.

지혈, 구충, 항균, 월경불순

석류나무

Punica granatum L.

사용부위 뿌리껍질, 잎, 꽃, 열매, 열매껍질

이명 : 석류, 석누나무, 석류수(石榴樹), 석류목(石榴木),
　　　안석류(安石榴)

생약명 : 석류(石榴)

과명 : 석류나무과(Punicaceae)

개화기 : 6~7월

열매 채취품

약재 전형

생육특성 : 석류나무는 남부 지방에서 심어 가꾸는 낙엽활엽소교목으로, 높이가 3~5m에, 작은 가지는 네모지고 가지 끝에는 가시 모양으로 되어 있으며 털은 없다. 잎은 서로 마주나고 거꿀달걀 모양 또는 긴 타원형에 잎 끝은 뭉툭하며 가장자리에는 톱니가 없이 밋밋하고 잎 표면에는 광택이 있고 잎자루는 아주 짧다. 꽃은 홍색으로 6~7월에 1송이 혹은 여러 송이가 가지의 끝 또는 잎겨드랑이에서 피고, 열매는 물열매로 둥글고, 열매껍질은 두꺼우며 가죽질에 9~10월에 황색으로 결실하여 열매껍질이 갈라져 터진다.

지상부   꽃   열매

 채취 방법과 시기 : 열매, 열매껍질은 9~10월, 뿌리껍질은 가을, 잎은 여름, 꽃은 6~7월에 채취한다.

성분 열매껍질에는 타닌(tannin)이 함유되어 있으며, 만니톨(mannitol), 이누린(inulin), 펙틴(pectin), 칼슘, 이소쿼세틴(isoquercetin)과 납, 지방, 점액질, 당, 식물고무, 몰식자산(galic acid), 사과산(malic acid), 수산(oxalic acid) 등이 함유되어 있다. 뿌리에는 이소펠레티에린(isopelletierine), 베타-시토스테롤(β-sitosterol), 만니톨이 함유되어 있고, 이소펠레티에린(isopelletierne), 세우토펠레티에린(seudopelletierine), 메틸이소펠레티에린

(methylisopelletierine) 등의 알칼로이드(alkaloid)가 함유되어 있다. 신맛이 나는 열매의 종자유 중에는 푸니식산(punicic acid)이 함유되어 있고, 그 외에 에스트론(estrone) 및 에스트라디올(estradiol), 베타-시토스테롤, 만니톨 등도 함유되어 있다. 잎에는 쉬키민산(shikimic acid), 디하이드론쉬키민산(dehydroshikimic acid), 키닌산(qunic acid), 아라비노스(arabinose), 디-글루코스(d-glucose), 타닌, 과당, 서당 등이 함유되어 있다.

🌿 **성미** 열매껍질은 성질이 따뜻하고, 맛은 시고 떫고, 독성이 있다. 뿌리껍질은 성질이 따뜻하고, 맛은 시고 떫다. 잎은 성질이 따뜻하고, 맛은 시고 떫고, 독성이 없다. 꽃은 성질이 평범하고, 맛은 시고 떫다.

🌿 **귀경** 대장(大腸), 신(腎) 경락에 작용한다.

✚ **효능과 주치** : 열매의 열매살은 생약명을 산석류(酸石榴)라고 하며 지갈(止渴), 이질, 위장병, 대하증 등을 치료한다. 열매껍질은 생약명을 석류피(石榴皮)라 하며 지혈작용과 구충의 효능이 있으며 치질의 탈항, 자궁출혈, 백대하증으로 인한 복통, 가려움증 등을 치료한다. 뿌리껍질은 생약명을 석류근피(石榴根皮)라 하여 황색포도구균, 적리로 대장균, 장티푸스균, 결핵균 등 항균작용과 항진균 억제작용이 있으며 살충, 대하증, 회충, 조충 등을 치료한다. 잎은 생약명을 석류엽(石榴葉)이라고 하여 타박상의 치료에 사용한다. 꽃은 생약명을 석류화(石榴花)라고 하여 중이염, 코피, 자상(刺傷)에 의한 각종 출혈의 지혈제로 사용하고 토혈, 월경불순, 백대하, 화상, 치통, 중이염 등을 치료한다. 석류의 추출물은 항산화, 비만증, 탈모 방지 등의 효능을 가지고 있다.

🧪 **약용법과 용량** : 열매살 1개를 즙을 내어 하루에 2~3회 나눠 마신다. 말린 열매껍질 10~20g을 물 900mL에 넣어 반이 될 때까지 달여 하루에 2~3회 나눠 마신다. 말린 뿌리껍질 20~30g을 물 900mL에 넣어 반이 될 때까지 달여 하루에 2~3회 나눠 마신다. 말린 잎 10~15g을 짓찧어서 환부에 붙여 치료한다. 말린 꽃 10~20g을 물 900mL에 넣어 반이 될 때까지 달여 하루에 나눠 마시고, 외용할 경우에는 가루로 만들어 환부에 뿌리거나, 기름에 개어 바른다.

석류나무 열매와 꽃봉오리

 기능성 및 효능에 관한 특허자료

▶ 석류 추출물을 함유하는 노화 방지용 화장료 조성물

본 발명은 석류 추출물이 조성물 총 중량에 대하여 0.01~10중량% 함유되어 있는 것을 특징으로 하는 노화 방지용 화장료 조성물에 관한 것으로, 본 발명에 따르면 석류 추출물을 화장료에 배합함으로써 콜라겐 섬유 생합성효과뿐 아니라 피부탄력 증진 효과 및 항산화효과가 우수하여 노화 방지 및 개선효과가 뛰어난 화장료를 얻을 수 있다.

– 공개번호 : 2003-0055950, 출원인 : 나드리화장품(주)

▶ 석류 추출물을 함유하는 비만 예방 및 치료용 조성물

본 발명은 석류 추출물을 유효성분으로 하는 비만 예방 및 치료용 조성물에 관한 것이다. 본 발명은 성숙 지방 세포주 내 지방 축적을 저해하는 석류의 냉수, 에탄올, 열수 추출물을 이용하여 MTT 분석법으로 세포 증식을 검색한 결과 높은 저해능을 나타내었고, 오일 레드 오(Oil red O) 염색법으로 성숙지방세포주 내 지방축적 저해 활성을 검색한 결과 높은 저해능을 나타내었다. 실시간(Real-Time) PCR을 이용해 지방분화에 관여하는 유전자의 발현율을 확인한 결과 또한 높은 저해능을 나타내었다. 이로 인해 비만 예방 및 치료용 기능성식품 및 의약품에 유용하게 사용될 수 있다.

– 공개번호 : 10-2010-0076842, 특허권자 : 고흥석류친환경영농조합법인

거담, 이뇨, 소종, 최토(催吐)

석산(꽃무릇)

Lycoris radiata (L'Hér.) Herb.

사용부위 비늘줄기

이명 : 가을가재무릇, 꽃무릇, 오산(烏蒜), 독산(獨蒜)
생약명 : 석산(石蒜)
과명 : 수선화과(Amaryllidaceae)
개화기 : 9~10월

人

알뿌리 채취품

403

생육특성 : 석산은 여러해살이풀로, 남부 지방에서 주로 분포하는데 전북 고창 선운사와 전남 영광 불갑사 등의 석산 군락지가 유명하여, 습윤한 곳에서 잘 자란다. 비늘줄기는 타원형 또는 공 모양이며 외피는 자갈색이다. 잎은 한곳에 모여나기하고 줄 모양 또는 띠 모양이며 윗면은 청록색, 아랫면은 분녹색(粉綠色)이다. 꽃은 붉은색으로 9~10월에 피지만 잎이 없이 꽃대가 나와서 피며 열매도 맺지 않고, 꽃이 스러진 다음에 짙은 녹색의 잎이 나온다.

비늘줄기는 물에 담가서 알칼로이드를 제거하면 좋은 녹말을 얻을 수 있다. 이 석산을 상사화로 혼동하는 사람들이 더러 있으나 다른 식물이므로 혼동하지 않도록 주의를 요한다.

지상부   꽃   열매

 채취 방법과 시기 : 가을에 꽃이 진 뒤에 채취한 비늘줄기를 깨끗이 씻어서 그늘에서 말린다.

성분 비늘줄기에는 호모라이코린(homolycorine), 라이코레닌(lycorenine), 타제틴(tazettine), 라이코라민(lycoramine), 라이코린(lycorine), 슈도라이코린(pseudolycorine), 칼라르타민(calarthamine) 등과 같은 여러 종류의 알칼로이드가 함유되어 있다. 그 밖에 20%의 전분과 식물의 생장 억제 및 항암작용이 있는 라이코리시디놀(lycoricidinol), 라이코리시딘(lycoricidine)이

함유되어 있다. 잎과 꽃에는 당류와 글리코사이드(glycoside)가 함유되어 있다.

성미 성질이 따뜻하고, 맛은 맵고, 독성이 있다(상사화는 독성이 없음).

귀경 간(肝), 비(脾), 폐(肺), 신(腎) 경락에 작용한다.

효능과 주치 : 가래를 제거하는 거담, 소변을 잘 나가게 하는 이뇨, 종기를 삭히는 소종, 잘 토하도록 도와주는 최토(催吐) 등의 효능이 있어서 해수, 수종(水腫), 림프샘염 등에 사용할 수 있다. 또한 옹저(癰疽), 창종(瘡腫) 등의 치료에 사용하기도 한다.

약용법과 용량 : 말린 비늘줄기 2~3g을 물 700mL에 넣어 끓기 시작하면 약하게 줄여 200~300mL가 될 때까지 달여 하루에 2회 나눠 마신다. 생 것을 짓찧어서 환부에 붙이거나, 달인 물로 환부를 씻어내기도 한다.

사용시 주의사항 : 독성이 있으므로 함부로 복용하면 안 된다. 특히 신체가 허약한 사람, 실사(實邪)가 없고 구역질을 하는 사람은 복용하면 안 된다.

기능성 및 효능에 관한 특허자료

▶ 석산 추출물을 유효성분으로 포함하는 항균용 조성물

본 발명의 석산 추출물은 식중독 병원균인 대장균, 녹농균, 살모넬라균 및 황색포도상구균에 대한 항균활성을 나타낼 뿐만 아니라 헬리코박터 파일로리균(helicobacter pylori)에 대한 항균활성도 우수하므로, 이를 유효성분으로 포함하는 본 발명의 조성물은 항균 용도로 유용하게 사용될 수 있다.

– 공개번호 : 10-2013-0079282, 출원인 : 태극제약(주), 영광군, 충남대학교 산학협력단

대상포진, 인후염, 폐농양, 코피, 자궁염

석잠풀

Stachys japonica Miq.

사용부위 어린순, 전초

이명 : 배암배추, 뱀배추, 민석잠풀
생약명 : 초석잠(草石蠶), 광엽수소(廣葉水蘇)
과명 : 꿀풀과(Labiatae)
개화기 : 6~9월

뿌리 채취품

생육특성 : 석잠풀은 전역에서 자라는 숙근성 여러해살이풀이다. 생육환경은 양지바르고 물 빠짐이 좋은 곳이며, 키는 30~60cm이다. 잎은 마주나며 바소꼴로 길이가 4~8cm, 너비가 1~2.5cm, 잎자루 길이가 0.5~1.5cm이고 끝은 뾰족하다. 꽃은 연한 홍색으로 6~9월에 줄기와 잎 사이에서 돌아가며 피는데 길이는 1.2~1.5cm이다. 열매는 10월경에 달린다. 뿌리의 형태가 누에 번데기처럼 생겨서 초석잠(草石蠶)이라 부른다.

지상부

꽃

열매

 채취 방법과 시기 : 4~5월에 어린순을 채취해 식용하고, 봄부터 초겨울에 걸쳐 전초를 채취하여 햇볕에 말린다.

성분 카페인산(caffeic acid), 클로르게닉산(chorogenic acid), 사포닌 및 3종의 플라보노이드인 7-메톡시바이칼레인(7-methoxy baicalein), 팔러스트린(palustrine), 팔러스트리노사이드(palustrinoside) 등이 함유되어 있다.

성미 성질이 따뜻하고, 맛은 맵다.

귀경 심(心), 간(肝), 폐(肺) 경락에 작용한다.

효능과 주치 : 민간에서는 땀을 잘 나가게 하며 가래를 가라앉히고 출혈을 멈추며 종기를 삭게 하고 항균의 효능이 있어서 감기, 두통, 인후염, 기관

석잠풀_지상부

배암차즈기_지상부

석잠풀_꽃

배암차즈기_꽃

지염, 폐농양, 백일해, 대상포진, 코피, 토혈, 요혈(尿血), 변혈, 월경과다, 월경불순, 자궁염 등을 치료하는 데 사용한다.

 약용법과 용량 : 말린 약재 10~20g을 물 1L에 넣어 1/3이 될 때까지 달여 하루에 2~3회 나눠 마시거나, 환 또는 가루로 만들어 복용한다. 짓찧어서 환부에 붙이기도 하고, 달이거나 가루로 만들어 환부에 바른다.

열병, 간질 발작, 복부창만, 이명, 건망증

석창포

Acorus gramineus Sol.

사용부위 뿌리줄기

이명 : 석장포, 창포(菖蒲), 창본(昌本), 창양(昌陽),
  구절창포(九節菖蒲)

생약명 : 석창포(石菖蒲)

과명 : 천남성과(Araceae)

개화기 : 6~7월

약재 전형

생육특성 : 석창포는 여러해살이풀로, 제주도와 전남에서 분포하고 일부 농가에서는 재배도 한다. 꽃은 연한 황색으로 6~7월에 핀다. 열매는 튀는 열매로 달걀 모양이다. 약재로 쓰는 뿌리줄기는 납작하고 둥근기둥 모양으로 구부러지고 갈라졌으며 길이는 3~20cm, 지름은 0.3~1cm이다. 뿌리줄기의 표면은 자갈색 또는 회갈색으로 거칠고 고르지 않은 둥근 마디가 있으며 마디와 마디 사이 길이는 0.2~0.8cm로 고운 세로 주름이 있다. 다른 한쪽은 수염뿌리가 남아 있거나 둥근 점 모양의 뿌리 흔적이 있다. 잎 흔적은 삼각형으로 좌우로 서로 어긋나게 배열되었고 그 위에는 털비늘 모양의 남은 엽기가 붙어 있다. 질은 단단하고 단면은 섬유성으로 유백색 또는 엷은 홍색이며 내피의 층층고리인 층환(層環)이 뚜렷하고 많은 유관속과 갈색의 유세포를 볼 수 있다.

지상부   꽃

 채취 방법과 시기 : 가을과 겨울에 뿌리줄기를 채취하여 수염뿌리와 이물질을 제거하고 깨끗이 씻어서 햇볕에 말린다.

성분 정유, 베타-아사론(β-asarone), 아사론(asarone), 카리오필렌(caryophyllene), 세키숀(sekishone) 등이 함유되어 있다.

성미 성질이 따뜻하고, 맛은 맵고 쓰며, 독성이 없다.

귀경 간(肝), 심(心), 비(脾) 경락에 작용한다.

효능과 주치 : 담을 없애고 막힌 곳을 뚫어주는 화담개규(化痰開竅), 습사를 없애고 기를 통하게 하는 화습행기(化濕行氣), 풍사를 제거하고 결리고 아픈 증상을 다스리는 거풍이비(祛風利痺), 종기를 다스리고 통증을 없애는 소종지통(消腫止痛) 등의 효능이 있어서 열병으로 정신이 혼미한 증상, 심한 가래, 배가 그득하게 차오르며 통증이 있는 증상, 풍사와 습사로 인하여 결리고 아픈 증상, 간질 발작, 광증(狂症), 건망증, 이명, 이농(耳膿: 귓속의 농), 타박상, 기타 부스럼과 종창, 옴 등을 다스리는 데 응용한다.

 약용법과 용량 : 세정하여 잠시 침포(浸泡)한 다음 윤투(潤透)되면 절편해서 햇볕에 말려 사용한다. 말린 석창포 12g을 물 700mL에 넣어 끓기 시작하면 약하게 줄여 반 정도가 될 때까지 달여 하루에 2~3회 나눠 마시면 간질의 발작 횟수가 줄어들고 발작 증상도 가벼워진다고 한다. 중풍의 치료를 위해서도 활용하는데 얇게 썰어서 말린 석창포 1.8kg을 자루에 넣어 청주 180L에 담가 밀봉해서 100일 동안 두었다가 술이 초록빛이 되면 기장쌀 8kg으로 밥을 지어 술을 넣고 밀봉해 14일 동안 두었다가 걸러서 매일 마신다.

 사용시 주의사항 : 성미가 맵고 따뜻하며 방향성이 있어 공규(孔竅: 오장육부의 기를 여닫는 9개의 구멍)를 열어 통하게 하고, 담을 제거하는 작용이 있으므로 음기가 훼손되고 양기가 항진된 음휴양항(陰虧陽亢)의 경우나 땀이 많이 나는 다한, 정액이 잘 흘러나가는 활정 등의 병증에는 신중하게 사용하여야 한다.

 기능성 및 효능에 관한 특허자료

▶ 석창포 추출물을 함유하는 당뇨병 치료 또는 예방제 그리고 이를 포함하는 약학적 제제

본 발명은 석창포 추출물을 유효성분으로 함유하는 인슐린 분비 촉진제에 관한 것으로, 더욱 상세하게는 수용성 유기용제나 물을 사용하여 추출한 석창포 추출물을 유효성분으로 함유시켜 인슐린 분비 저하로 인해 발생하는 고혈당 및 당뇨 치료에 효과적인 인슐린 분비 촉진 제제 그리고 이를 포함하는 약학적 제제 및 식품에 관한 것이다.

– 공개번호 : 10-2004-0049959, 출원인 : 임강현, 김혜경, 최강덕, 정주호

요로결석, 신장염, 폐열에 의한 기침병

세뿔석위

Pyrrosia hastata (Thunb.) Ching

사용부위 전초

생약명 : 석위(石韋)
과명 : 고란초과(Polypodiaceae)

약재 전형

생육특성 : 세뿔석위는 제주, 전남, 전북, 경남에서 나는 상록 여러해 살이풀이다. 생육환경은 반그늘 혹은 양지의 공중습도가 높은 바위틈 이다. 잎은 길이가 7~10cm, 너비는 2~3cm이며 두꺼우며 표면은 녹색이고 뒷면에는 붉은빛이 도는 갈색 털이 빽빽하게 나 있다. 토양이 마르거나 주변습도가 높지 않으면 가장자리가 뒤로 말린다. 잎몸은 쌍 날칼을 꽂은 창과 비슷한 모양으로 3~5개로 갈라진다. 포자는 잎 뒤 모든 부분에 붙는다.

지상부

지상부

 채취 방법과 시기 : 연중 전초를 채취하는데 뿌리줄기를 제거하고 햇볕에 잘 말린다. 사용 전에 잎 뒷면의 비늘을 깨끗이 닦아내고 잘게 썬다.

성미 성질이 시원하고, 맛은 달고 쓰다.

귀경 폐(肺), 방광(膀胱) 경락에 작용한다.

 효능과 주치 : 소변을 잘 내보내는 이뇨, 폐의 기운을 맑게 하는 청폐(淸肺), 종기를 삭이는 소종 등의 효능이 있어서 임질, 요로결석, 신장염, 요혈, 자궁출혈, 폐열로 인한 여러 가지 기침병, 기관지염, 화농성 피부종양 등을 치료하는 데 사용한다.

 약용법과 용량 : 말린 전초 5~10g을 물 1L에 넣어 1/3이 될 때까지 달여 하루에 2~3회 나눠 마시거나, 가루로 만들어 복용하기도 한다.

 사용시 주의사항 : 음허와 습열이 없는 경우에는 사용을 피한다.

건위, 편도선염, 간암, 항알레르기

소태나무

Picrasma quassioides (D.Don) Benn = [*Picrasma ailanthoides* (Bunge) Planch]

사용부위 뿌리껍질, 나무껍질, 목질부

이명 : 쇠태, 고목(苦木), 고피(苦皮)
생약명 : 고수피(苦樹皮)
과명 : 소태나무과(Simaroubaceae)
개화기 : 5~6월

나무 목질부위

약재 전형

414

생육특성 : 소태나무는 전국의 산기슭, 골짜기, 인가 근처 등에서 자생하는 낙엽활엽소교목이며, 높이 7~10m로 자란다. 나무껍질은 회흑색이고, 어린 가지는 회녹색에 털이 없으며 선명한 황색의 껍질눈이 있다. 잎은 1회 홀수깃꼴겹잎이 서로 어긋나는데 보통 가지의 끝에 모여 달리며 잔잎은 11~12개에 달걀 모양 바소꼴 또는 넓은 달걀 모양으로 잎끝은 날카롭고 밑쪽은 둥글고 잎 가장자리는 고르지 않은 톱니가 있다. 꽃은 청록색으로 5~6월에 암수딴그루로 잎겨드랑이서 6~8송이의 작은 꽃들이 핀다. 열매의 씨열매는 거꿀달걀 모양에 다육질이며 8~9월에 적색으로 익는다.

지상부 　　　　　　　　　　　 꽃 　　　　　　　　　　　 열매

 채취 방법과 시기 : 나무껍질, 뿌리껍질, 목질부를 연중 수시 채취한다.

성분 소태나무에 함유되어 있는 총 알칼로이드(alkaloid)에는 항균·소염 작용이 있다. 알칼로이드 중 쿠무지안(kumujian)이라는 7종의 물질이 분리되고 그중 쿠무지안 D는 메틸 니가키논(methyl nigakinone)이라고도 한다. 특이한 고미질로 콰시인(quassin), 피크라신-A(picrasin-A), 니가키락톤-A(nigakilactone-A), 니가키논(nigakinone), 메틸 니가키논, 하르만(harmane) 등이다.

성미 성질이 차고, 맛은 쓰고, 독성이 있다.

귀경 위(胃), 담(膽), 폐(肺), 대장(大腸) 경락에 작용한다.

효능과 주치 : 나무껍질, 뿌리껍질, 목질부는 생약명을 고수피(苦樹皮)라고 하며 성분 중에 콰시인의 쓴맛이 건위제가 되어 식욕증진을 시키지만 초과량이 되면 구토작용을 일으키기도 한다. 소화불량, 세균성 하리, 위장염, 담도감염, 살충, 해독, 청열조습, 편도선염, 인후염, 습진, 화상 등을 치료한다. 소태나무의 추출물은 간암, 간경화, 지방간, 아토피피부염, 알레르기질환 등에 탁월한 효과가 있다.

약용법과 용량 : 말린 약재 10~30g을 물 900mL에 넣어 반이 될 때까지 달여 하루에 2~3회 나눠 마신다. 외용할 경우에는 달인 액으로 환부를 씻어주거나, 가루로 만들어 환부에 발라준다. 또는 즙을 내어 환부를 씻어주기도 한다.

사용시 주의사항 : 임산부는 사용하면 안 된다.

기능성 및 효능에 관한 특허자료

▶ **소태나무 추출액을 이용한 간암과 간경화 및 지방간 치료 제품 및 그 제조 방법**

본 발명은 간암, 간경화, 지방간 등에 효과가 있는 서목태, 구연산(citric acid) 및 버섯 추출물을 함유한 제품에 관한 것이다. 본 발명의 주첨가물로서 간암, 간경화, 지방간에 효과가 있는 서목태 분말, 구연산(citric acid), 소태나무, 산뽕나무(구찌뽕), 벌나무(산청목) 추출물과 운지버섯, 상황버섯 추출물로 이루어진 군으로 인체 내 노폐물을 배설하는 추출물과 보조 첨가물로서 간 질환과 관련된 성인병을 예방하고 체력을 증진시켜주는 순수 천연 재료를 이용한 제조 방법이다. 본 발명의 제품은 인체 내 노폐물을 배설하여 체력을 활성화시켜 간암, 간경화, 지방간에 탁월한 효능이 있는 것이다.

– 공개번호 : 10-2008-0055771, 출원인 : 권호철

요통, 골절, 자궁냉증, 붕루, 옹종

속단

Phlomis umbrosa Turcz.

사용부위 뿌리, 어린순

이명 : 묏속단, 멧속단, 두메속단
생약명 : 한속단(韓續斷)
과명 : 꿀풀과(Labiatae)
개화기 : 7월

알뿌리 채취품

약재 전형

생육특성 : 속단은 각처의 산에서 자라는 여러해살이풀로, 생육환경은 습기가 많은 반그늘의 비옥한 토양이다. 키는 1m 정도이고, 잎은 길이가 약 13cm, 너비가 10cm 정도이며 뒷면에는 잔털이 나 있다. 또한 잎 가장자리에는 둔하고 규칙적인 톱니가 있으면서 달걀 모양이며 마주난다. 꽃은 붉은빛이 도는데 7월에 원줄기 윗부분에서 마주나며 입술 모양으로 길이는 1.8cm 정도이다. 꽃의 윗입술 부분은 모자 모양으로 겉에 우단과 같은 털이 빽빽하게 나 있고 아랫입술 부분은 3개로 갈라져서 퍼지고 겉에는 털이 나 있다. 열매는 달걀 모양으로 9~10월경에 꽃받침에 싸여 익는다.

지상부   꽃   열매

 채취 방법과 시기 : 4~5월경에 어린순을 채취하여 식용하고 봄·가을에 뿌리를 채취하여 진흙을 털어내고 깨끗이 씻어서 햇볕에 말린다.

성분 어린순에는 정유, 플라보노이드 배당체, 아미노산, 스테로이드(steroid), 타닌(tannin), 뿌리에는 알칼로이드(alkaloid)가 함유되어 있다.

성미 성질이 따뜻하고, 맛은 쓰다.

귀경 간(肝), 심(心), 신(腎) 경락에 작용한다.

속단 집단

 효능과 주치 : 간과 신을 보하는 보간신(補肝腎), 통증을 다스리는 진통, 근육과 뼈를 튼튼하게 하는 강근골(强筋骨), 염증을 제거하는 소염, 태아를 안정시키는 안태 등의 효능이 있어서 허리의 동통, 발목과 무릎의 무력감, 골절, 타박상, 유정, 자궁이 냉한 증상, 붕루, 치질, 옹종 등을 치료한다.

 약용법과 용량 : 말린 약재 9~15g을 물 1L에 넣어 1/3이 될 때까지 달여 하루에 2~3회 나눠 마시거나, 가루 또는 환으로 만들어 복용하기도 한다. 짓찧어서 환부에 붙이기도 한다.

 기능성 및 효능에 관한 특허자료

▶ **속단 추출물을 유효성분으로 포함하는 지질 관련 심혈관질환 또는 비만의 예방 및 치료용 조성물**
본 발명은 물, 알코올 또는 이들의 혼합물을 용매로 하여 추출되는 속단 추출물을 유효성분으로 함유하는 지질 관련 심혈관질환 또는 비만의 예방 및 치료용 조성물에 관한 것이다. 본 발명의 추출물은 고지방식이에 의한 체중 증가 및 체지방 증가를 억제하고, 지방분해 및 열대사를 촉진하며, 혈중 지질인 트리글리세라이드(triglyceride), 총 콜레스테롤(total cholesterol)을 낮춤으로써 비만 증상을 개선시키므로, 지질 관련 심혈관질환 또는 비만의 예방 또는 치료제, 또는 상기 목적의 건강식품으로 유용하게 사용될 수 있다.

– 공개번호 : 10-2011-0114940, 출원인 : 사단법인 진안군친환경홍삼한방산업클러스터사업단

대장염, 장출혈, 탈항, 후두염, 옹종

속새

Equisetum hyemale L.

사용부위 지상부

이명 : 찰초(擦草), 좌초(鎈草), 목적초(木賊草),
　　　절골초(節骨草), 절절초(節節草)
생약명 : 목적(木賊)
과명 : 속새과(Equisetaceae)
개화기 : 포자번식

약재 전형

생육특성 : 속새는 강원도 이북 지방과 제주도에서 분포하는 상록 여러해살이풀로, 생육환경은 산지의 나무 밑이나 음습지이다. 줄기의 키는 30~60cm까지 자라며 지상부 줄기는 곧고 밀집해서 나온다. 땅 위 가까운 곳에서 여러 갈래로 갈라져서 나오기 때문에 여러 줄기가 모여난 것 같다. 잎은 퇴화되어 비늘같이 보인다. 마디 부분을 완전히 둘러싸 엽초(칼집 모양의 잎자루)가 되는데 끝은 톱니가 있고 검정색이나 갈색 기운이 돈다. 뿌리줄기는 짧고 검정색인데 옆으로 뻗는다. 원줄기 속은 비어 있고 가지를 치지 않으며 많은 마디와 세로 방향으로 패인 10~18개의 가느다란 능선을 가지고 있는데 규산염이 축적되어 있어 단단하다.

지상부   꽃   포자낭

 채취 방법과 시기 : 여름부터 가을 사이에 지상부를 채취하여 짧게 절단하여 그늘에서 말리거나 햇볕에 말린다.

성분 줄기에는 파우스트린(paustrine), 디메틸설폰(dimethylsulfone), 티민(thymine), 바닐린(vanillin), 캠페롤(kaempferol), 캠페롤글루코사이드(kaempferol glycoside) 등이 함유되어 있다

성미 성질이 평범하고, 맛은 달고 약간 쓰다.

귀경 간(肝), 폐(肺), 담(膽) 경락에 작용한다.

효능과 주치 : 풍사를 없애는 소풍(疏風), 열을 내리게 하는 해열 등의 효능이 있으며 그 밖에도 이뇨, 소염, 해기(解肌: 외감병 초기에 땀이 약간 나는 표증을 치료하는 방법), 퇴예(退翳: 백내장을 치료함) 등의 효능이 있으며 대장염, 장출혈, 탈항, 후두염, 옹종 등의 치료에 응용한다.

약용법과 용량 : 말린 지상부 10g을 물 700mL에 넣어 끓기 시작하면 약하게 줄여 200~300mL가 될 때까지 달여 하루에 2회 나눠 마신다. 환이나 가루로 만들어 복용하기도 한다.

사용시 주의사항 : 발산작용으로 진액이 손상될 우려가 있으므로 기혈이 허한 경우에는 사용에 신중을 기해야 한다.

? 혼동하기 쉬운 약초 비교

속새_지상부

속새_포자낭

쇠뜨기_지상부

쇠뜨기_포자낭

진정, 해독, 관절염, 광견교상

송 악

Hedera rhombea (Miq.) Siebold & Zucc. ex Bean = [*Hedera tobleri* Nakai.]

사용부위 줄기, 잎, 열매

이명 : 담장나무, 큰잎담장나무, 삼각풍(三角風)
생약명 : 상춘등(常春藤)
과명 : 두릅나무과(Araliaceae)
개화기 : 10월

人

뿌리

열매

생육특성 : 송악은 남부·중부 지방에서 분포하는 상록활엽덩굴성 목본으로, 덩굴 길이가 10m 이상 자라며, 줄기의 어린 가지에는 인편상(鱗片狀)의 부드러운 털이 나 있고 마디의 뿌리에 의해 타 물체에 붙어 뻗어나간다. 잎은 달걀 모양 혹은 넓은 달걀 모양에 서로 어긋나고 가죽질에 광택이 있는 짙은 녹색이며 이제 막 자라는 가지의 잎은 삼각형과 비슷하고 3~5개로 얕게 갈라져 잎 양 끝은 좁다. 꽃은 녹색으로 10월에 산형꽃차례로 1송이 또는 여러 송이의 작은 꽃이 취산상으로 핀다. 열매는 씨열매로 공 모양이며 다음 해 4~5월에 검은색으로 익는다.

지상부   꽃   열매

 채취 방법과 시기 : 줄기와 잎은 가을, 열매는 4~5월에 채취한다.

성분 줄기에는 타닌(tannin), 수지가 함유되어 있고, 잎에는 헤데린(hederin), 이노시톨(inositol), 카로틴(carotene), 타닌, 당류, 열매에는 페트로셀린산(phetrocellinic acid), 팔미틴산(palmitic acid), 올레인산(oleic acid) 등이 함유되어 있다.

성미 줄기, 잎은 성질이 시원하고, 맛은 쓰다. 열매는 성질이 따뜻하고, 맛은 달고, 독성이 없다.

귀경 간(肝), 비(脾) 경락에 작용한다.

424

송악 줄기

 효능과 주치 : 줄기와 잎은 생약명을 상춘등(常春藤)이라고 하며 진정작용이 있고 진균에 억제작용이 있으며 거풍, 해독, 보간, 간염, 황달, 종기, 종독, 관절염, 구안와사, 비출혈, 타박상, 광견교상 등을 치료한다. 열매는 생약명을 상춘등자(常春藤子)라고 하여 빈혈증과 노쇠(老衰)를 치료한다. 송악의 추출물은 멜라닌 생성을 억제하는 효능이 있어 피부미백제로 사용한다.

 약용법과 용량 : 말린 줄기와 잎 20~30g을 물 900mL에 넣어 반이 될 때까지 달여 하루에 2~3회 나눠 마신다. 외용할 경우에는 달인 액으로 환부를 씻어주거나, 짓찧어서 환부에 붙여준다. 말린 열매 20~40g을 물 900mL에 넣어 반이 될 때까지 달여 하루에 2~3회 나눠 마신다.

기능성 및 효능에 관한 특허자료

▶ **송악 추출물을 함유하는 미백 화장료 조성물**

본 발명은 멜라닌 생성 억제성 및 티로시나제 저해 활성을 갖는 송악 추출물을 제조하는 방법에 관한 것으로, 상기 송악 추출물은 미백 화장료 조성물 및 멜라닌 생성 억제제로 사용할 수 있다.

– 공개번호 : 10-2009-0104519, 출원인 : 재단법인 제주하이테크산업진흥원

맛과 향이 뛰어난 고급 식용버섯으로 항암효과

송이버섯

Tricholoma matsutake (S. Ito & S. Imai) Singer

사용부위 자실체

이명 : 송심(松蕈), 송구마(松口蘑)
생약명 : 송이(松栮)
과명 : 송이과(Tricholomataceae)
발생시기 : 가을(땅속 온도가 19℃ 이하로 5~7일간 지속될 때)

자실체 채취품

생육특성 : 송이의 갓은 지름이 5~25cm인데 초기에는 공 모양으로 가장자리 안쪽으로 말리다가 성장하면서 편평하게 펴진다. 갓은 섬유상 막질의 내피막으로 싸여 있다. 갓 표면은 옅은 황색 바탕에 황갈색, 적갈색의 섬유상 인피 또는 누운 섬유상 인피가 있으며, 성장하면 종종 바큇살 모양으로 갈라져 하얀 조직이 나오기도 한다. 주름살은 대에 홈주름살이고 약간 치밀하며, 흰색이지만 성장하면서 갈색 얼룩이 진다.

자실체

자실체 턱받이

 발생 장소 : 소나무 숲의 땅바닥에 흩어져 나거나 무리 지어 균륜 형태로 발생한다.

성분 조단백질 15.6%, 조지방 6.3%, 수용성 무질소물질 62.6%, 조섬유 8.8%, 회분 6%가 함유되어 있다. 글루코스(glucose)만으로 이루어진 다당류인 글루칸(glucan), 에르고스테롤(ergosterol), 만니톨(mannitol), 항종양 성분인 에미타민(emitamin)이 함유되어 있다.

성미 성질이 평범하고, 맛은 달다.

귀경 간(肝), 비(脾), 신(腎) 경락에 작용한다.

효능과 주치 : 송이는 장과 위의 기능을 강화하는 효능이 있어 식욕을 돋우고 설사를 멎게 하며 기운을 나게 한다. 실제로 송이에는 강력한 소화효소가 함유되어 있어 송이밥을 만들어 먹으면 소화가 잘된다. 또한 통증을 멎게 하고, 담을 삭이며, 소변이 뿌옇게 나오는 증상, 소변을 참지 못하는 증상, 허리와 대퇴가 시리고 아픈 증상, 수족이 마비되는 증상 등을 치료한다. 뿐만 아니라 송이는 항암효과가 뛰어난 버섯 중 하나인데 균사체에 있는 다당류 성분인 글루칸이라는 물질이 강력한 항암작용을 할 뿐 아니라 병에 대한 저항력도 높여준다.

 약용법과 용량 : 1회 복용량은 말린 송이 4~12g이다. 물에 달여 마시거나 가루로 만들어 복용한다. 다른 버섯과 달리 향이 있어 오래 달여 복용하는 것은 좋지 않은데 이는 송이뿐 아니라 향이 있는 버섯이나 약초의 공통점이기도 하다. 다른 버섯도 마찬가지지만 송이도 체질이 냉하거나 잘 붓는 사람은 한 번에 많이 복용하지 않도록 한다.

 사용시 주의사항 : 송이를 식용할 때에는 물로 씻지 말고 흙을 잘 긁어 제거하고 젖은 면(綿)으로 닦아 생으로 먹거나 구워서 소금장에 찍어 먹는 것이 일반적이다. 굳이 물에 씻어야 할 때에는 단시간에 끝내 오래 담가 두지 않는다. 칼로 자르면 쇠 냄새가 나므로 잘게 사용할 때에는 손으로 찢어서 사용하는 것이 좋으며, 보관할 때에는 신문지에 싸서 냉장고에 넣는다.

 기능성 및 효능에 관한 특허자료

▶ 우수한 풍미와 증진된 기능성을 갖는 혼합곡물의 송이버섯균사체 발효조성물, 그의 제조방법 및 그의 식품에서의 이용

본 발명에서는 이취가 차폐되고 송이버섯의 향이 가미되어 풍미가 우수하고, 필수아미노산 및 불포화지방산의 함량이 증진되어 영양성이 우수하고, 총 페놀릭스 및 비배당체 이소플라본(아글리콘)의 함량이 증가되고, 항산화 활성 및 소화효소 저해활성이 증진된 혼합곡물의 송이버섯균사체 발효조성물, 그 제조방법 및 이를 포함하는 건강기능성 식품이 제공된다.

본 발명에 따른 발효조성물은 항산화, 체중 조절, 콜레스테롤 저하, 고지혈증 개선, 동맥경화 완화, 당뇨병 완화, 혈액순환 개선, 면역력 개선, 안면홍조 개선 및 골다공증 개선 등의 여성호르몬 불균형에 따른 갱년기질환 개선용 건강기능성 식품으로서 유용하다.

― 공개번호 : 10-2017-0051053, 출원인 : 경남과학기술대학교 산학협력단

토혈, 코피, 장출혈, 해수, 임질

쇠뜨기

Equisetum arvense L.

사용부위 전초

이명 : 뱀밥, 쇠띠기, 즌솔, 토필(土筆), 필두채(筆頭茱),
　　　마봉초(馬蜂草)

생약명 : 문형(問荊)

과명 : 속새과(Equisetaceae)

개화기 : 포자 번식

약재 전형

429

생육특성 : 쇠뜨기는 전국 각지에서 분포하는 여러해살이풀이다. 키는 30～40cm로 자라며, 땅속줄기는 옆으로 뻗으며 번식한다. 생식줄기는 이른 봄에 나와서 포자낭수(胞子囊穗: 이삭 모양의 포자주머니)를 형성하고 마디에는 비늘 같은 잎이 돌려나며 가시는 없다. 포자낭수는 5～6월에 나와서 줄기의 맨 끝에 나며, 영양줄기는 뒤늦게 나오는데 키 30～40cm로 속이 비어 있고 마디에는 비늘 같은 잎이 돌려난다. 쇠뜨기라는 이름은 소가 이 풀을 잘 먹어서 '소가 뜯는 풀'이라는 뜻이다. 연한 생식줄기는 나물로 식용하거나 약용하고 영양줄기는 이뇨제 등의 약재로 쓰인다.

지상부

포자낭

 채취 방법과 시기 : 여름철에 전초를 채취하여 그늘에서 말린다. 더러는 생식하기도 한다.

성분 에퀴세토닌(equisetonin), 에퀴세트린(equisetrin), 마티쿨라린(articulain), 이소쿼레이트린(isoquereitrin), 갈루테올린(galuteolin), 포풀닌(populnin), 캠페롤-3,7-디클루코사이드(kaempferol-3,7-diglucoside), 아스트라갈린(astragalin), 팔러스트린(palustrine), 고시피트린(gossypitrin), 3-메톡시피리딘(3-methoxypyridine), 허바세트린(herbacetrin) 등이 함유되어 있다.

성미 성질이 시원하고, 맛은 쓰다.

쇠뜨기 집단

 귀경 심(心), 폐(肺), 방광(膀胱) 경락에 작용한다.

효능과 주치 : 양혈, 진해, 이뇨하는 효능이 있고 토혈, 장출혈, 코피, 해수, 기천(氣喘), 소변불리, 임질 등에 응용할 수 있다.

 약용법과 용량 : 말린 전초 10g을 물 700mL에 넣어 끓기 시작하면 약하게 줄여 200~300mL가 될 때까지 달여 하루에 2회 나눠 마신다. 생식줄기를 생즙을 내어 마시기도 하며, 짓찧어 환부에 붙이기도 한다.

 사용시 주의사항 : 맛이 쓰고 성질이 서늘하기 때문에 비위가 냉해서 설사를 하는 사람은 신중하게 사용하여야 한다.

기능성 및 효능에 관한 특허자료

▶ 이뇨작용을 갖는 쇠뜨기 등의 천연식물의 음료 조성물

본 발명은 탁월한 이뇨작용을 갖고 있는 것으로 알려진 쇠뜨기 줄기, 등칡 줄기, 으름덩굴 줄기 등, 여러 천연식물의 추출물에 비타민 C, 감미료, 유기산 등을 첨가하여 맛의 신선함과 동시에 이러한 천연식물의 생리적 효능(이뇨작용)을 기대하는 새로운 음료 조성물 및 이에 함유되는 천연식물 추출액의 제조방법에 관한 것이다.

– 등록번호 : 10-0177548-0000, 출원인 : 씨제이(주)

허리와 무릎이 아프고 시린 증상, 월경부조

쇠무릎

Achyranthes japonica (Miq.) Nakai

사용부위 뿌리

이명 : 쇠무릎, 우경(牛莖), 우석(牛夕), 백배(百倍),
　　　접골초(接骨草)

생약명 : 우슬(牛膝)

과명 : 비름과(Amaranthaceae)

개화기 : 8~9월

뿌리 채취품

약재 전형

생육특성 : 쇠무릎은 여러해살이풀로 전국 각처의 산야에서 분포하며, 키는 50~100cm로 자란다. 원줄기는 네모지고 곧추서며 가지가 많이 갈라진다. 줄기에 털이 나 있으며 뿌리는 가늘고 길며 토황색이다. 줄기 마디가 소의 무릎처럼 굵어서 쇠무릎이라고 부른다. 잎은 마주나고 타원형 또는 거꿀달걀 모양이며, 꽃은 녹색으로 8~9월에 잎겨드랑이와 원줄기 끝에서 이삭 모양으로 핀다. 열매는 포과(胞果)로 긴 타원형이며 9~10월에 맺는다. 당우슬은 남서부 섬 지방에, 붉은쇠무릎은 제주도 등지에 분포한다.

| 지상부 | 꽃 | 열매 |

 채취 방법과 시기 : 가을부터 이듬해 봄 사이에 줄기와 잎이 마른 뒤 뿌리를 채취하되 잔털과 이물질을 제거하고 말린다.

성분 엑다이스테론(ecdysterone), 이노코스트론(inokostrone), 미시스틱산(mysistic acid), 팔미틱산(palmitic acid), 올레산(oleic acid), 리놀릭산(linolic acid), 아키란테스사포닌(achiranthes saponin) 등이 함유되어 있다.

성미 성질이 평범하고, 맛은 쓰고 시다.

귀경 간(肝), 심(心), 신(腎) 경락에 작용한다.

효능과 주치 : 혈액순환과 경락을 잘 통하게 하는 활혈통락(活血通絡), 관절을 편하고 이롭게 하는 통리관절(通利關節), 혈을 하초로 인도하는 인혈하행(引血下行), 간과 신장의 기능을 보하는 보간신, 허리와 무릎을 강하게 하는 강요슬(强腰膝), 임질 등의 병증으로 소변이 원활하지 못할 때 이를 잘 통하게 하는 이뇨통림(利尿通淋) 등의 효능이 있어서 월경이 좋지 않은 월경부조(月經不調), 월경을 통하게 하는 통경(通經), 월경이 막힌 경폐(經閉), 출산 후의 태반이 나오지 않아서 오는 복통(腹痛), 습사와 열사로 인하여 관절이 결리고 아플 때, 코피를 흘릴 때, 입안의 종기나 상처, 두통, 어지럼증, 허리와 무릎이 시리고 아프며 무력한 병증인 요슬산통무력(腰膝痠痛無力) 등에 응용할 수 있다.

 약용법과 용량 : 사용할 때에는 노두(蘆頭: 뿌리 꼭대기 줄기가 나오는 부분)를 제거하고 잘게 썰어서 그대로 또는 주초(酒炒: 약재 무게의 약 20%의 술을 흡수시켜 프라이팬에서 약한 불로 노릇노릇하게 볶음)하여 사용한다. 말린 약재 10g을 물 700mL에 넣어 끓기 시작하면 약하게 줄여 200~300mL가 될 때까지 달여 하루에 2회 나눠 마신다. 환, 가루, 또는 고로 만들거나 주침(酒浸)하여 복용하기도 한다. 말린 약재에 간과 신을 보하는 기능이 있는 두충(杜冲), 상기생(桑寄生), 금모구척(金毛狗脊), 모과(木瓜) 등의 약재를 배합하여 허리와 대퇴부의 시리고 아픈 증상, 발과 무릎이 연약해지고 무력해지는 증상 등을 치료하는 데 응용한다. 보통 이들 약재를 같은 양으로 물을 붓고 달여서 먹기도 하지만, 식혜를 만들어 마시기도 한다.

 사용시 주의사항 : 월경과다, 몽정이나 유정일 경우, 임산부 등은 사용하지 않는다.

🧬 기능성 및 효능에 관한 특허자료

▶ 우슬 또는 유백피 추출물을 함유한 류마토이드 관절염 치료용 약제 조성물

본 발명은 관절염 치료를 위하여 슈퍼옥사이드(Superoxide), 프로스타글란딘(PGE2), 인터루킨-1β(Interleukin-1β)의 생성을 억제할 뿐만 아니라 결합조직의 기질인 콜라겐 단백질을 분해하는 콜라게나제 효소의 활성을 억제시킴과 동시에 콜라겐 단백질 합성을 촉진시키는 우슬(쇠무릎 뿌리) 추출물, 유백피 추출물, 또는 이들의 혼합물을 함유한 류마토이드 관절염 치료용 약제 조성물에 관한 것이다.

– 공개번호 : 10–1999–0039416, 출원인 : (주)엘지생활건강

세균성 설사, 옹종, 사충교상, 시력감퇴

쇠비름

Portulaca oleracea L.

사용부위 지상부

이명 : 돼지풀, 마현(馬莧), 오행초(五行草), 마치채(馬齒菜),
　　　오방초(五方草)

생약명 : 마치현(馬齒莧)

과명 : 쇠비름과(Portulacaceae)

개화기 : 6～9월

약재 전형

435

생육특성 : 쇠비름은 한해살이풀로 각지의 산야에서 분포한다. 밭이나 밭둑, 나대지 등에 잡초로 많이 나며, 키는 30cm 정도이다. 줄기는 갈적색의 육질이며 둥근기둥 모양으로 가지가 많이 갈라져 옆으로 비스듬히 퍼진다. 잎은 마주나거나 어긋나지만 밑부분의 잎은 돌려난 것처럼 보인다. 긴 타원형의 잎은 끝이 둥글고 밑부분은 좁아진다. 잎의 길이는 1.5~2.5cm, 지름은 0.5~1.5cm이다. 꽃은 노란색으로 6월부터 가을까지 줄기나 가지 끝에서 3~5송이씩 모여서 피는데 양성화이다. 열매는 타원형으로 가운데가 옆으로 갈라져 많은 종자가 퍼진다. 뿌리는 흰색이지만 손으로 훑으면 원줄기처럼 붉은색으로 변한다.

지상부　　　　　　　　　　　꽃　　　　　　　　　　　열매

 채취 방법과 시기 : 여름과 가을에 지상부를 채취하여 이물질을 제거하고 물로 씻은 다음 살짝 찌거나 끓는 물에 담갔다가 햇볕에 말린 뒤 절단하여 사용한다. 잘 마르지 않으므로 절단하여 열풍식 건조기에 말려 사용하는 것이 효과적이다.

성분 칼륨염, 카테콜라민(catecholamines), 노르에피네프린(nor-epinephrine), 도파민, 비타민 A와 B, 마그네슘 등이 함유되어 있다.

성미 성질이 차고, 맛은 시며, 독성이 없다.

 귀경 간(肝), 대장(大腸) 경락에 작용한다.

효능과 주치 : 열을 식히고 독을 풀어주는 청열해독, 혈의 열을 식히고 출혈을 멈추게 하는 양혈지혈 등의 효능이 있어서 열독과 피가 섞인 설사(대부분 세균성 설사를 말함)를 치료한다. 또한 옹종, 습진, 단독(丹毒), 뱀이나 벌레에 물린 상처인 사충교상을 치료한다. 그리고 변혈, 치출혈(痔出血), 붕루대하 등을 다스리며 눈을 밝게 하고, 청맹(靑盲: 눈뜬 장님)과 시력감퇴 등을 다스린다.

 약용법과 용량 : 말린 지상부 4~8g을 물 1L에 넣어 끓기 시작하면 약하게 줄여 200~300mL가 될 때까지 달여 하루에 2회 나눠 마시거나 생즙을 내어 마시기도 한다. 짓찧어서 환부에 붙이거나, 태워서 재로 만들어 개어 환부에 붙이거나, 물에 끓여서 환부를 세척하기도 한다. 민간에서는 무좀을 치료하기 위하여 말린 약재를 태운 재에 물을 부어 한동안 놓아 두면 위에 맑은 물이 생기는데 이 물에 발을 10~15분씩 담그기도 한다.

 사용시 주의사항 : 청열작용을 하기 때문에 비허변당(脾虛便糖: 비의 기운이 허하여 진흙처럼 무른 설사를 하는 증상) 또는 임신부의 경우에는 신중하게 사용하여야 한다.

🌿 기능성 및 효능에 관한 특허자료

▶ 항암 기능을 가지는 쇠비름 추출물

본 발명은 각종 암세포 성장을 억제할 수 있는 항암 기능을 가진 쇠비름 추출물을 이용한 항암제에 관한 것이다. 본 발명은 쇠비름을 헥산, 메탄올 등의 용매를 사용하여 용해한 후 고순도의 쇠비름 추출물을 구하는 것으로, 본 발명에 의하여 얻어진 쇠비름 추출물은 정상 세포에는 거의 영향을 미치지 않으나 각종 암세포, 즉 간암세포, 대장암세포, 위암세포, 자궁경부암세포 등에는 탁월한 암세포 성장 억제력을 발휘하여 각종 암의 치료 효과를 기대할 수 있는 것이다.

– 공개번호 : 10-1999-0064952, 출원인 : 배지현

당뇨병, 류머티즘, 위염, 십이지장궤양, 폐렴

수리취

Synurus deltoides (Aiton) Nakai

사용부위 전초, 어린잎

이명 : 개취, 조선수리취, 다후리아수리취
생약명 : 산우방(山牛蒡)
과명 : 국화과(Compositae)
개화기 : 9~10월

전초 채취품

438

생육특성 : 수리취는 전역의 높은 산에서 자라는 여러해살이풀이다. 생육환경은 양지 혹은 반그늘의 물 빠짐이 좋고 토양 비옥도가 높은 곳이며, 키는 40~100cm이다. 잎은 어긋나고 길이는 10~20cm로 표면에는 꼬불꼬불한 털이 나 있으며 뒷면에는 흰색 털이 촘촘히 나 있다. 잎은 긴 타원형으로 가장자리에는 결각상의 톱니가 있으며 끝이 뾰족하다. 꽃은 갈자색 또는 검은빛을 띤 녹색으로 9~10월에 피는데 길이는 약 3cm, 지름은 4.5~5.5cm로 겉에는 거미줄과 같은 흰색 선이 감싸고 있다. 열매는 11월경에 갈색으로 달리고 1.8cm 정도 되는 갓털이 있다.

지상부

꽃

열매

 채취 방법과 시기 : 이른 봄에 어린순을 채취하고, 가을에 전초를 채취하여 햇볕에 말린다.

성미 성질이 시원하고, 맛은 달고 쓰다.

귀경 간(肝), 비(脾), 폐(肺), 신(腎) 경락에 작용한다.

수리취 열매

 효능과 주치 : 열을 내리고 독을 풀어주는 청열해독, 출혈을 멈추는 지혈, 소변을 잘 나가게 하고 대변을 잘 통하게 하는 이뇨통변의 효능이 있어서 부종, 토혈, 고혈압, 변비, 당뇨병 치료 및 종기를 삭이고 균을 억제하는 데 사용한다. 또한 기침, 감기, 홍역, 인후종통, 두드러기, 피부병, 폐렴, 폐결핵, 기관지염, 류머티즘, 위염, 위십이지장궤양 등을 치료하는 약재로 쓰인다.

 약용법과 용량 : 말린 약재 15~30g을 물 1L에 넣어 1/3이 될 때까지 달여 하루에 2~3회 나눠 마신다.

 기능성 및 효능에 관한 특허자료

▶ 수리취 추출물을 포함하는 세포노화 억제용 조성물

본 발명은 수리취 추출물을 포함하는 세포노화 억제용 조성물에 관한 것으로, 세포노화 억제 효능이 우수한 수리취 추출물을 유효성분으로 함유하는 조성물은 노화 관련 질환, 예를 들어 피부노화, 류머티즘성 관절염, 골관절염, 간염, 만성 피부손상 조직, 동맥경화, 전립샘 증식증 또는 간암 등과 같은 질환의 예방에 유용하게 사용될 수 있다.

– 공개번호 : 10–2014–0111184, 출원인 : 대한민국(발명자: 이승은 외)

수양버들

거풍, 진통, 간염, 치통

Salix babylonica L.

사용부위 뿌리껍질, 나무껍질, 가지, 잎

이명 : 참수양버들, 수유(垂柳)
생약명 : 유지(柳枝)
과명 : 버드나무과(Salicaceae)
개화기 : 3~4월

잎 채취품

약재 전형

441

생육특성 : 수양버들은 전국적으로 분포하는 낙엽활엽교목으로 높이는 10~20m이며, 가지가 길게 아래로 늘어지고 작은 가지는 갈색에 털이 없으나 어린 가지에는 털이 조금 나 있다. 잎은 바소꼴 또는 선상 바소꼴에 가장자리에는 가는 톱니가 있고 윗면은 녹색이며 아랫면은 흰색을 띠고 있다. 꽃은 녹색으로 3~4월에 자웅 암수딴그루로 봄에 잎이 피기 전에 꽃이 먼저 핀다. 열매는 튀는열매로 4~5월에 결실한다.

지상부   꽃   열매

 채취 방법과 시기 : 가지는 연중 수시, 잎은 봄·여름, 나무껍질과 뿌리껍질은 연중 수시 채취한다.

성분 가지와 뿌리에는 살리신(salicin)이 함유되어 있으며 살리신을 염산 혹은 황산과 함께 달이면 가수분해되어 살리게닌(saligenin, salicylacohol)과 포도당이 된다. 살리신은 고미제로 되어 이 고미질이 위에 국소작용을 일으켜 흡수된 뒤에 일부가 곧 가수분해되어 살리실산(salicylic acid)으로 변화된다. 즉 해열 및 진통의 약효를 발휘한다. 잎과 나무껍질 또는 뿌리의 인피(靭皮)에는 살리신과 타닌(tannin)이 함유되어 있다.

성미 가지는 성질이 차고, 맛은 쓰다. 잎과 나무껍질, 뿌리껍질은 성질이 차고, 맛은 쓰고, 독성이 없다.

귀경 어린 가지는 간(肝), 심(心), 폐(肺), 신(腎) 경락에 작용한다. 잎은 간 (肝), 신(腎), 폐(肺) 경락에 작용한다.

효능과 주치 : 가지는 생약명을 유지(柳枝)라고 하며 거풍, 종기, 이뇨, 진통 의 효능이 있으며 소변불통, 임병, 전염성 간염, 풍종(風腫), 단독, 충치, 치통 등을 치료한다. 잎은 생약명으로 유엽(柳葉)이라 하여 청열, 이뇨, 해 독, 유선염, 갑상선종, 단독, 화상, 치통 등을 치료한다. 나무껍질, 뿌리껍 질은 생약명을 유백피(柳白皮)라고 하여 거풍, 종기, 진통, 이습(利濕)의 효 능이 있으며 류머티즘에 의한 통증, 황달, 임탁(淋濁), 유선염, 치통, 화상 등을 치료한다.

 약용법과 용량 : 말린 가지 100~150g을 물 900mL에 넣어 반이 될 때까지 달여 하루에 2~3회 나눠 마신다. 외용할 경우에는 달인 액으로 환부를 씻거나, 발라주거나, 술을 만들어 온습포를 한다. 말린 잎 30~50g을 물 900mL에 넣어 반이 될 때까지 달여 하루에 2~3회 나눠 마신다. 외용할 경우에는 달인 액으로 환부를 씻거나, 발라주거나, 잎을 가루로 만들어 기 름과 함께 혼합하여 환부에 바른다. 말린 나무껍질, 뿌리껍질 15~30g을 물 900mL에 넣어 반이 될 때까지 달여 하루에 2~3회 나눠 마신다.

🧬 기능성 및 효능에 관한 특허자료

▶ **수양버들 추출물을 함유하는 자연분말치약**

본 발명은 가정에서 식품으로 사용하는 한번구운 천일염과 해체뿌리, 해대뿌리 송진으로 주원료로 하여 분말화된 자연분말치약을 제공하는 자연분말치약의 제조방법에 관한 것이다. 본 발명은 한번 구운 천일염을 400매쉬 이하의 분말로 성형한 30중량%의 한번구운 분말천일염과 해체뿌리, 해대 뿌리 1:1로 혼합한 것을 400매쉬 이하 분말하여 30중량%에 채취하고 송진 200매쉬 이하의 분말로 성형한 송진 분말 30중량% 채취하며 무해한 한약제 계피, 수양버들 잎 1:1로 혼합하여 400매쉬 이 하의 분말로 성형한 계피 5중량% 수양버들 잎 5중량%합한 한약제 10 중량%로 이루어짐을 특징으 로 하여 요약한 것이다.

– 공개번호 : 10-2009-0059653, 출원인 : 재단법인 서울보건연구재단

월경불순, 산후의 어혈복통, 타박상, 부종

쉽싸리

Lycopus lucidus Turcz. ex Benth.

사용부위 어린순, 전초

이명 : 택란, 개조박이, 쉽사리, 털쉽사리
생약명 : 택란(澤蘭), 지순(地筍)
과명 : 꿀풀과(Labiatae)
개화기 : 7~8월

약재 전형

생육특성 : 쉽싸리는 각처의 산에서 자라는 여러해살이풀이다. 생육환경은 낙엽수가 있는 반그늘이나 양지쪽인데, 키가 1m 정도까지 자라는 비교적 큰 초본식물이다. 잎은 마주나는데 길이가 2~4cm, 너비가 1~2cm이고 잎자루가 없이 옆으로 퍼진다. 꽃은 흰색으로 7~8월에 암꽃과 수꽃이 따로 피는 암수딴그루이다. 열매는 9~10월경에 달리고 사각형이다.

지상부

꽃

열매

 채취 방법과 시기 : 4~5월에 어린순을 채취하여 식용하고, 7~8월에 잎과 줄기가 무성해졌을 때 전초를 채취하여 햇볕에 말린다.

성분 3-에피마슬리닉(3-epimaslinic), 아카신(acaciin), 베타-파네신(beta-farnesene), 베툴린산(betulinic acid), 카바크롤(carvacrol), 티몰(thymol), 토르멘틱산(tormentic acid), 베타-피넨(beta-pinene), 1,8-시네롤(1,8-cineloe), 카리오필렌 알파-옥사이드(caryophyllene alpha-oxide), 코로솔릭산(corosolic acid), 다우코스테롤(daucosterol), 올레아놀릭산(oleanolic acid), 스파툴레놀(spathulenol) 등이 함유되어 있다.

성미 성질이 약간 따뜻하고, 맛은 쓰고 맵다.

귀경 간(肝), 비(脾) 경락에 작용한다.

쉽싸리_꽃

초석잠_꽃

쉽싸리_잎

초석잠_잎

효능과 주치 : 혈행을 좋게 하는 활혈, 수도를 이롭게 하는 이수(利水), 종기를 삭이는 소종의 효능이 있어서 월경불순, 폐경, 산후어혈복통, 수종, 타박상, 종기와 부스럼 등을 치료하는 데 사용한다.

약용법과 용량 : 말린 약재 5~10g을 물 1L에 넣어 1/3이 될 때까지 달여 마시거나, 환 또는 가루로 만들어 복용한다. 외용할 경우에는 짓찧어 환부에 바르거나 달인 액으로 환부에 김을 쏘이며 씻어낸다.

감기, 학질, 탈항, 월경부조, 자궁하수

시 호

Bupleurum falcatum L.

사용부위 뿌리

이명 : 큰일시호, 자호(茈胡), 산채(山菜),
　　　여초(茹草), 자초(紫草)
생약명 : 시호(柴胡)
과명 : 산형과(Umbelliferae)
개화기 : 8~9월

人

뿌리 약재

생육특성 : 시호는 각지의 산야에서 분포하는데 지금은 밭에서 재배한다.

- 시호(柴胡) : 시호는 여러해살이풀로, 키는 40~70cm이다. 줄기잎은 넓은 선 모양 또는 바소꼴로 길이는 4~10cm, 너비는 0.5~1.5cm로 끝이 뾰족하고 밑부분이 좁아져서 잎자루처럼 되고 잎맥은 평행하며 가장자리는 밋밋하다. 꽃은 노란색으로 8~9월에 원줄기 끝과 가지 끝에서 겹우산 모양으로 핀다. 열매는 타원형으로 9월에 익는다. 뿌리를 약재로 사용하는데 뿌리의 상부는 굵고, 하부는 가늘고 길며, 머리 부분에는 줄기의 밑부분이 남아 있다. 뿌리 표면은 엷은 갈색 또는 갈색이며 깊은 주름이 있다. 질은 절단하기 쉽고, 단면은 약간 섬유성이다.

 채취 방법과 시기 : 봄과 가을에 뿌리를 채취하여 줄기잎과 흙모래 및 이물질을 제거하고 건조한다. 외감에는 말린 것을 그대로 사용(生用)하고, 내상승기(內傷升氣)에는 약재에 술을 흡수시킨 후 프라이팬에서 약한 불로 볶아내는 주초(酒炒)를 하여 사용한다. 음이 허한 사람에게 사용할 때에는 초초(醋炒 : 식초를 흡수시켜 볶아서 사용하는 것)하거나 또는 별혈초(鼈血炒 : 자라피를 흡수시켜서 볶아서 사용하는 것)한다.

 효능과 주치 : 표사를 풀고 열을 물리치는 해표퇴열(解表退熱), 간의 기운을 통하게 하여 울체된 기운을 풀어주는 소간해울(疏肝解鬱), 양기를 거두어 올리는 승거양기(升擧陽氣)하는 등의 효능이 있는 약물로 감기발열을 치료하고, 한열이 왕래하는 증상, 가슴이 그득하고 옆구리가 통증이 있는 증상, 입이 마르고 귀에 농이 생기는 구고이농(口苦耳聾), 두통과 눈이 침침한 증상, 학질, 심한 설사로 인한 탈항, 월경부조, 자궁하수 등을 다스린다.

 약용법과 용량 : 말린 뿌리 4~12g을 물 1L에 넣어 1/3이 될 때까지 달여 하루에 나눠 마시거나, 환이나 가루로 만들어 복용한다. 민간에서는 해열, 진통, 감기 치료를 위하여 시호, 모과, 진피, 인동덩굴 각 8g씩을 물 1L에 넣어 끓기 시작하면 약하게 줄여 200~300mL가 될 때까지 달여 하루에 2회 나눠 마신다고 한다. 학질 치료를 위하여는 말린 뿌리 15~20g을 물 1L에 넣어 1/3이 될 때까지 달여 발작하기 2~3시간 전에 먹으면 추웠다 더웠다 하는 한열왕래(寒熱往來) 증상을 잘 낫게 한다.

시호종류

섬시호

등대시호

개시호

장수시호

실새삼

Cuscuta australis R. Br.

신체허약, 허리와 무릎의 통증, 당뇨, 음위

사용부위 종자

이명 : 토노(菟蘆), 사실(絲實)
생약명 : 토사자(菟絲子), 토사(菟絲)
과명 : 메꽃과(Convolvulaceae)
개화기 : 7~8월

약재 전형

생육특성 : 새삼이나 실새삼은 우리나라 각지에서 자생하고 있으며 중국의 요녕, 길림, 하북, 하남, 산동, 산서, 강소성 등지에서 '토사자'를 생산하고 있다. 대토사자는 섬서, 귀주, 운남, 사천성 등지에서 생산하며 거의 전량을 중국에서 수입한다.

① 새삼 : 새삼(*Cuscuta japonica* Choisy)은 한해살이 덩굴성 기생 풀로 줄기는 가늘고 황색이며 기생하는 식물체에 붙어서 왼쪽으로 감아 올라간다. 잎은 어긋나고 비늘 같은 것이 드문드문 달린다. 꽃은 흰색으로 8~9월에 가지의 각 부분에서 총상꽃차례로 핀다. 꽃자루는 매우 짧거나 없다. 열매는 9~10월에 황갈색으로 익는다. 전초를 토사(菟絲)라고 하고, 종자를 토사자(菟絲子)라고 부른다. 열매는 튀는열매로 달걀 모양이며 지름은 0.25~0.3cm이다. 표면은 회갈색 또는 황갈색으로 세밀한 돌기의 작은 점이 있고 한쪽 끝에는 조금 들어간 홈의 종자배꼽(種臍)이 있다. 질은 견실하여 손가락으로 눌러도 부서지지 않는다.

② 실새삼 : 실새삼은 새삼에 비하여 줄기가 가늘고 꽃은 새삼보다 한 달 가량 이른 7~8월에 흰색으로 핀다. 꽃자루가 짧고 몇 개의 잔꽃이 모여 달리며, 암술대는 1개이고 열매는 타원형이다. 그 밖의 약성, 약효 등은 유사종인 새삼과 동일하다.

| 지상부 | 꽃 | 열매 |

채취 방법과 시기 : 9~10월에 성숙한 종자를 채취하여 이물질을 제거하고 깨끗이 씻어서 햇볕에 말린 다음 사용한다. 전제(煎劑 : 끓이는 약)에 넣을 때는 프라이팬에 미초(微炒 : 약한 불로 살짝 볶음)하여 가루로 만들고, 환에 넣을 때에는 소금물(2% 정도)에 삶은 후 갈아서 떡(餠)으로 만들어 햇볕에 말려서 사용한다.

 성분 배당체로서 종자에는 베타-카로틴(β-carotene), 감마-카로틴(γ-carotene), 5,6-에폭시-알파-카로틴(5,6-epoxy-α-carotene, tetraxanthine), 루테인(lutein) 등이 함유되어 있다.

 성미 성질이 평범하고, 맛은 맵고 달며, 독성이 없다.

귀경 간(肝), 비(脾), 신(腎) 경락에 작용한다.

효능과 주치 : 간과 신을 보하며, 정액을 단단하게 하는 고정(固精), 간 기능을 자양하고 눈을 밝게 한다. 또한 안태(安胎)하며 진액을 생성하는 생진(生津)의 효능이 있어서 강장, 강정하고 정수를 보하는 기능이 있다. 신체 허약, 허리와 무릎이 시리고 아픈 통증을 치료하며, 유정, 소갈(消渴 : 당뇨), 음위(陰痿), 빈뇨 및 잔뇨감, 당뇨, 비허설사, 습관성 유산 등을 치료하는 데 사용한다.

 약용법과 용량 : 말린 종자 6~15g을 물 1L에 넣어 1/3이 될 때까지 달여 마시거나, 환이나 가루로 만들어 복용한다. 숙지황, 구기자, 오미자, 육종용 등을 가미하여 신(腎)의 양기를 보양하고, 두충과 함께 사용하여 간과 신을 보하고 안태하는 효과를 얻는다. 민간에서는 말린 종자(토사자) 15g을 물 700mL에 넣어 끓기 시작하면 약하게 줄여 200~300mL가 될 때까지 달여 하루에 2회 나눠 마신다고 한다.

사용시 주의사항 : 양기를 튼튼하게 하고 지사작용이 있기 때문에 신(腎)에 열이 많거나 양기가 강성하여 위축되지 않는 강양불위(强陽不萎), 대변조결(大便燥結)인 경우에는 모두 피한다.

쑥부쟁이

기침, 감기, 기관지염, 유선염, 종기

Aster yomena (Kitam.) Honda

사용부위 어린순, 전초

이명 : 권영초
생약명 : 산백국(山白菊)
과명 : 국화과(Compositae)
개화기 : 7~10월

약재 전형

생육특성 : 쑥부쟁이는 각처의 산과 들에서 자라는 여러해살이풀이다. 생육환경은 반그늘 혹은 양지이며, 키는 35~50cm이다. 잎은 어긋나고 길이가 5~6cm, 너비가 2.5~3.5cm로 타원형이며 잎자루가 길고 잎 끝에는 큰 톱니와 털이 나 있고 처음 올라온 잎은 꽃이 필 때 말라 죽는다. 꽃은 연한 자색, 노란색으로 7~10월에 가지 끝과 원줄기 끝에서 여러 송이가 핀다. 열매는 10~11월경에 달리는데 종자 끝에는 붉은빛이 도는 갓털이 있으며 길이는 0.25~0.3cm이다.

지상부   꽃   열매

 채취 방법과 시기 : 이른 봄에 어린순을 채취하여 식용하고, 여름부터 가을에 걸쳐 전초를 채취하여 신선한 것으로 사용하거나 햇볕에 말려 사용한다.

성분 캄페롤(kaempferol), 쿼세틴(quercetin), 쿼세틴 람노사이드(quercetin rhamnoside), 쿼세틴 글루코사이드(quercetin glucoside), 쿼세틴 글루코람노사이드(quercetin glucorhamnoside), 캄페롤-3-글루코람노사이드(kaempferol-3-glucorhamnoside) 등이 함유되어 있다.

성미 성질이 시원하고, 맛은 쓰고 맵다.

귀경 간(肝), 폐(肺) 경락에 작용한다.

 혼동하기 쉬운 약초 비교

쑥부쟁이_꽃

구절초_꽃

쑥부쟁이_잎

구절초_잎

 효능과 주치 : 해열, 진해, 거담, 소염, 해독 등의 효능이 있어서 기침, 감기, 발열, 기관지염, 편도선염, 유선염, 종기나 부스럼 등을 치료하며 뱀이나 벌레에 물린 상처를 치료하기도 한다.

 약용법과 용량 : 말린 약재 15~30g을 물 1L에 넣어 1/3이 될 때까지 달여 하루에 2~3회 나눠 마시거나, 짓찧어 환부에 붙인다.

기능성 및 효능에 관한 특허자료

▶ 쑥부쟁이 추출물을 함유하는 생리활성 조성물

본 발명은 항산화 효과, 아질산염 제거 효과 및 항암 효과를 가지는 쑥부쟁이 추출물을 활성성분으로 하는 생리활성 조성물에 관한 것이다. 또한 쑥부쟁이 추출물이 폐암, 결장암 및 폐암 세포의 증식 억제에 미치는 효과를 조사한 결과 400mg/L 이상의 농도에서 모두 78% 이상의 억제 효과를 나타냈다.

– 공개번호 : 10-2013-0057145, 출원인 : 전남도립대학교 산학협력단

약모밀

Houttuynia cordata Thunb.

폐농양, 폐렴, 수종, 암종, 자궁염, 냉증

사용부위 건초

이명 : 즙채, 십약, 집약초, 십자풀, 자배어성초(紫背魚星草)
생약명 : 어성초(魚腥草), 중약(重藥)
과명 : 삼백초과(Saururaceae)
개화기 : 5~6월

약재 전형

생육특성 : 약모밀은 여러해살이풀로 흔히 생약명인 어성초로도 불린다. 제주도, 남부 지방의 습지에서 잘 자라며 중부 지방에도 분포하고 농가에서도 재배하고 있다. 줄기는 납작한 둥근기둥 모양으로 비틀려 구부러졌고 키는 20~50cm이다. 줄기 표면은 갈황색으로 세로로 능선이 여러 개가 있고, 마디는 뚜렷하여 하부의 마디 위에는 수염뿌리가 남아 있으며, 질은 부스러지기 쉽다. 잎은 어긋나고 잎몸은 말려 쭈그러지는데 펴보면 심장 모양으로 길이 3~8cm, 너비 3~6cm이다. 끝은 뾰족하고 가장자리에는 톱니가 없이 매끈하며 잎자루는 가늘고 길다. 꽃은 흰색으로 5~6월에 이삭 모양의 수상꽃차례로 줄기 끝에서 피는데 삼백초와는 달리 꽃차례가 짧다. 잎을 비비면 생선 비린내가 난다고 하여 어성초(魚腥草)라는 이름이 붙여졌다.

지상부

꽃

열매

 채취 방법과 시기 : 주로 여름철 줄기와 잎이 무성하고 꽃이 많이 필 때, 때로는 가을까지 전초를 채취하여 햇볕에 말리는데 이물질을 제거하고 절단하여 사용한다.

성분 지상부에는 정유, 후투이니움(houttuynium), 데카노일아세트알데하이드(decanoyl acetaldehyde), 쿼시트린(quercitrin), 이소쿼시트린(isoquercitrin) 등이 함유되어 있다.

성미 성질이 약간 차고(약간 따뜻하다고 함), 맛은 맵다.

 귀경 폐(肺), 대장(大腸), 방광(膀胱) 경락에 작용한다.

효능과 주치 : 열을 식히고 독을 푸는 청열해독, 염증을 없애는 소염, 종기를 삭히는 소종 등의 효능이 있어서 폐에 고름이 고이는 폐농양, 폐렴, 기관지염, 인후염, 수종, 자궁염, 대하, 탈항, 치루, 일체의 옹종, 악창, 습진, 이질, 암종 등의 치료에 다양하게 사용되고 있다.

 약용법과 용량 : 그냥 사용하면 생선 비린내 때문에 복용하기 힘들다. 따라서 채취한 후 약간 말려 시들시들할 때 술을 뿌려서 시루에 넣어 찌고 햇볕에 널어 말리고, 다시 술을 뿌려 찌고 말리는 과정을 반복하여 비린내가 완전히 가시고 고소한 냄새가 날 때까지 반복하면 복용하기도 좋고 약효도 더 좋아진다. 민간에서는 길경, 황금, 노근 등을 배합하여 폐옹(肺癰: 폐의 악창)을 다스리거나 기침과 혈담을 치료하는 데 사용했고, 폐렴이나 급만성 기관지염, 장염, 요로감염증 등에 사용하여 많은 효과를 보았다. 물을 부어 달여 마시기도 하고, 환이나 가루로 만들어 복용하기도 한다. 외용할 경우에는 짓찧어 환부에 바르기도 한다. 가정에서는 말린 전초 15g을 물 700mL에 넣어 끓기 시작하면 약하게 줄여 200~300mL가 될 때까지 달여 하루에 2회 나눠 마신다.

 사용시 주의사항 : 이뇨작용이 있으므로 허약한 사람은 피한다.

 기능성 및 효능에 관한 특허자료

▶ **항당뇨 활성을 갖는 어성초 혼합 추출액**

본 발명에 따른 어성초(약모밀 전초) 혼합 추출액은 당뇨 흰쥐의 체중 감소를 억제시키고 식이효율 저하를 방지하며, 췌장 β–세포로부터의 인슐린 분비를 증진시킬 뿐만 아니라 췌장조직을 보호하는 효과가 있어 항당뇨 활성이 우수하다.

– 공개번호 : 10–2010–0004328, 출원인 : 성숙경 외

허리와 무릎의 산통, 신경통, 두통, 당뇨

어수리
Heracleum moellendorffii

사용부위 뿌리, 어린순

이명 : 개독활
생약명 : 만주독활(滿州獨活), 백지(白芷), 노산근(老山芹)
과명 : 산형과(Umbelliferae)
개화기 : 7~8월

뿌리 채취품

생육특성 : 어수리는 제주도와 도서 지방을 제외한 전국에서 분포하는 여러해살이풀이다. 생육환경은 비옥한 토질과 반그늘 혹은 양지이며, 키는 70~150cm이다. 잎에는 잎자루가 있는데 크고 새의 깃과 같은 모양으로 3~5개의 잔잎으로 구성되어 있다. 옆에서 나온 잎은 2~3개로 갈라지고 길이는 7~20cm이다. 꽃은 흰색으로 7~8월에 가지와 원줄기 끝에서 달리는데 길이가 7~10cm의 작은 줄기 20~30개가 갈라져 25~30송이의 꽃이 각각 핀다. 열매는 9~10월경에 달리는데 납작하며 윗부분에 무늬가 있다.

지상부

꽃

열매

 채취 방법과 시기 : 이른 봄에 어린순을 채취하고, 가을에 뿌리를 채취하여 햇볕에 말린다.

성분 정유, 쿠마린(coumarin), 사포닌, 플라보노이드(flavonoid), 이소베르갑텐(isobergapten), 안젤리신(angelicin), 산토톡신(xanthotoxin), 스폰딘(sphondin) 등이 함유되어 있다.

성미 성질이 따뜻하고, 맛은 맵고 달다.

귀경 간(肝), 비(脾), 방광(膀胱) 경락에 작용한다.

460

어수리꽃 집단

 효능과 주지 : 땀을 잘 나가게 하는 발표(發表), 풍사를 없애 풍을 치료하는 거풍, 혈액순환을 좋게 하는 활혈 효능이 있어서 허리와 무릎이 시리고 아픈 요슬산통(腰膝酸痛), 풍습, 두통 등을 다스린다. 뿌리는 요통, 두통, 신경통, 감기, 당뇨 치료와 노화 방지 효과가 있다.

 약용법과 용량 : 말린 약재 10~20g을 물 1L에 넣어 1/3이 될 때까지 달여 하루에 2~3회 나눠 마신다. 어린순은 나물로 식용하는데 어수리의 연한 잎 200g에 초고추장과 꿀 2큰술, 현미식초와 배즙 각 1큰술, 레몬즙 반 큰술, 다진 마늘 1작은술, 깨소금과 참기름 약간을 넣고 무쳐 먹는다.

 사용시 주의사항 : 따뜻하고 매운 성질이 있으므로 진액이 부족한 사람은 신중하게 사용하여야 한다.

기능성 및 효능에 관한 특허자료

▶ **어수리의 잎으로부터 추출된 어수리 천연정유를 포함하는 향장 조성물**

본 발명은 어수리의 잎으로부터 추출된 천연정유를 포함하는 향장 조성물에 관한 것으로, 본 발명의 어수리의 잎으로부터 추출된 천연정유는 인간의 뇌파 중 슬로우 알파(slow alpha)파를 감소시키고, 하이 베타(high beta)파를 증가시켜, 정신집중 효과 및 각성 효과를 유발하므로 본 발명은 향장 산업에 광범위하게 적용될 수 있다.

– 공개번호 : 10-2013-0048021, 출원인 : 강원대학교 산학협력단

감기, 백일해, 신장염, 자궁출혈

엉겅퀴

Cirsium japonicum var *maackii* (Maxim.) Matsum.

사용부위 뿌리, 어린순, 잎

이명 : 가시엉겅퀴, 가시나물, 항가새
생약명 : 대계(大薊)
과명 : 국화과(Compositae)
개화기 : 6~8월

잎 채취품

약재 전형

생육특성 : 엉겅퀴는 전역의 산과 들에서 자라는 여러해살이풀이다. 생육환경은 양지의 물 빠짐이 좋은 토양이며, 키는 50~100cm 내외이다. 잎은 길이가 15~30cm, 너비는 6~15cm로 타원형 또는 뾰족한 타원형이며 밑부분이 좁고 새의 깃털과 같은 모양으로 6~7쌍이 갈라진다. 잎 가장자리에는 결각상의 톱니가 가시와 더불어 있다. 꽃은 6~8월에 피며 가지 끝과 원줄기 끝에서 1송이씩 피는데 지름은 3~5cm이다. 꽃부리는 자주색 또는 적색이며 길이는 1.9~2.4cm이다. 열매는 9~10월경에 달리는데 흰색 갓털은 길이가 1.6~1.9cm이다.

지상부   꽃   열매

 채취 방법과 시기 : 이른 봄이나 가을에 잎을 채취하고, 가을에는 뿌리를 채취하여 햇볕에 말린다.

성분 리나린(linarin), 타락사스테릴(taraxasteryl), 아세테이트(acetate), 스티그마스테롤(stigmasterol), 알파-아미린(α-amyrin) 등이 함유되어 있다.

성미 성질이 시원하고, 맛은 쓰고 달다.

귀경 간(肝), 심(心), 비(脾) 경락에 작용한다.

엉겅퀴 꽃

효능과 주치 : 혈분의 열을 식혀주는 양혈, 출혈을 멎게 하는 지혈, 열을 내리는 해열, 종기를 삭이는 소종의 효능이 있어서 감기, 백일해, 고혈압, 장염, 신장염, 토혈, 혈뇨, 혈변, 산후출혈 등 자궁출혈이 멎지 않고 지속되는 병증, 대하증, 종기를 치료하는 데 사용한다.

약용법과 용량 : 말린 약재 6~12g을 물 1L에 넣어 1/3이 될 때까지 달여 하루에 2~3회 나눠 마시거나, 가루 또는 즙을 내서 복용하기도 하며 짓찧어서 환부에 붙인다.

사용시 주의사항 : 비위가 차고 허하면서 어혈과 적체가 없는 경우에는 사용을 피한다.

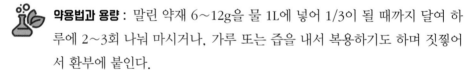

기능성 및 효능에 관한 특허자료

▶ **대계(엉겅퀴) 추출물을 포함하는 골다공증 예방 또는 치료용 조성물**

본 발명은 골다공증 예방 또는 치료용 조성물에 관한 것으로, 보다 상세하게는 대계(엉겅퀴) 추출물을 유효성분으로 함유하는 골다공증 예방 또는 치료용 약학적 조성물 및 건강식품에 관한 것이다. 본 발명의 대계 추출물을 포함하는 조성물은 파골세포 분화 및 관련 유전자 발현의 억제 효과가 뛰어나므로 골다공증의 예방 및 치료용으로 유용하게 사용될 수 있다.

– 공개번호 : 10-2012-0044450, 출원인 : 한국한의학연구원

이질, 임질, 주독, 야뇨증, 유정

연꽃

Nelumbo nucifera Gaertn.

사용부위 뿌리, 잎, 열매, 종자

이명 : 연
생약명 : 연자심(蓮子·心), 연자육(蓮子肉)
과명 : 수련과(Nymphaeaceae)
개화기 : 7~8월

씨앗 채취품

약재 전형

생육특성 : 연꽃은 원산지가 인도로 추정되나 확실치 않지만 일부에서는 이집트라고도 한다. 우리나라에서는 중부 이남 지방에서 재배되는 여러해살이 수초이다. 생육환경은 습지나 마을 근처의 연못과 같은 곳이다. 키는 1m 정도 자라고, 잎은 지름이 40cm 정도인데 방패 모양으로 물 위로 올라와 있다. 뿌리에서 나온 잎은 잎자루가 길며 물에 잘 젖지 않고 꽃잎과 같이 수면보다 위에서 전개된다. 꽃은 연한 홍색 또는 흰색으로 7~8월에 꽃줄기 끝에서 대형 꽃이 1송이 피는데 지름이 15~20cm로 뿌리에서 꽃줄기가 나오고 꽃줄기는 잎자루처럼 가시가 나 있다. 열매는 검은색이고 타원형이며 길이는 2cm 정도이다.

지상부   꽃   열매

 채취 방법과 시기 : 열매와 종자는 늦가을에 채취하고, 뿌리줄기와 뿌리줄기 마디는 연중 채취하며, 잎은 여름에 채취하여 말린다.

성분 종자에는 누시페린(nuciferine), 노르누시페린(nornuciferine), 노르마르메파빈(norarmepavine), 잎에는 로메린(roemerine), 누시페린, 노르누시페린, 아르메파빈(armepavine), 프로누시페린(pronuciferine), 리리오데닌(liriodenine), 아노나인(anonaine), 퀴세틴(quercetin), 이소퀴시트린(isoquercitrin), 넬럼보사이드(nelumboside) 등이 함유되어 있다.

성미 부위에 따라서 약간씩 차이가 있다. 연자육(열매, 종자)은 성질이 평범하고, 맛은 달고 떫다. 연자심(익은 종자에서 빼낸 녹색의 배아)은 맛이 달다. 연근(뿌리줄기)은 성질이 차고, 맛은 달다. 하엽(잎)은 성질이 평범하고, 맛은 쓰다.

 귀경 열매는 심(心), 비(脾), 신(腎) 경락에 작용한다. 뿌리는 심(心), 비(脾) 경락에 작용한다. 잎은 심(心), 비(脾), 간(肝) 경락에 작용한다.

효능과 주치 : 부위에 따라 정리하면 다음과 같다.

● 연자(蓮子, 열매와 종자) : 허약한 심기를 길러주고 신(腎) 경락의 기운을 더해주어 유정을 멈추게 하는 효능이 있다. 또한 수렴작용 및 비장을 강화하는 효능이 있어서 오래된 이질이나 설사를 멈추게 하고 꿈이 많아 숙면을 취하지 못하는 다몽(多夢), 임질, 대하를 치료하는 데 사용한다.

● 우절(藕節, 뿌리줄기) : 열을 내리고 어혈을 제거하며 독성을 풀어주는 효능이 있어서 가슴이 답답하고 열이 나며 목이 마르는 열병번갈(熱病煩渴), 주독, 토혈, 열이 하초에 몰려 생기는 임질을 치료하는 데 사용한다.

● 하엽(荷葉, 잎) : 수렴제 및 지혈제로 사용하거나 민간요법으로 야뇨증 치료에 사용했다.

● 꽃봉오리 : 혈액순환을 돕고 풍사와 습사를 제거하며 지혈의 효능이 있다.

● 연방(蓮房) : 뭉친 응어리를 풀어주고 습사를 제거하며 지혈의 효능이 있다. 연꽃의 익은 종자에서 빼낸 녹색의 배아(胚芽), 즉 연자심(蓮子·心)은 마음을 진정시키고 열을 내려주며 지혈, 신장 기능을 강화하여 유정을 멈추게 하는 효능이 있다.

 약용법과 용량 : 말린 연자육 12~24g에 물 1L를 붓고 1/3이 될 때까지 달여 하루에 나눠 마시거나, 환 또는 가루로 만들어 복용하며, 말린 연잎 6~12g에 물 1L를 붓고 1/3이 될 때까지 달여 하루에 나눠 마시거나, 환 또는 가루로 만들어 복용한다.

 사용시 주의사항 : 변비가 심한 사람은 과용하지 않도록 한다.

자양강장, 강정, 면역력 증강, 신경통

오갈피나무

Eleutherococcus sessiliflorus (Rupr. & Maxim.) S.Y.Hu

사용부위 뿌리껍질, 나무껍질, 잎, 열매

이명 : 오갈피, 서울오갈피나무, 서울오갈피,
　　　참오갈피나무, 아관목, 문장초(文章草)
생약명 : 오가피(五加皮), 오가엽(五加葉)
과명 : 두릅나무과(Araliaceae)
개화기 : 8~9월

뿌리(약재)

열매 약재 전형

생육특성 : 오갈피나무는 전국적으로 분포하는 낙엽활엽관목으로, 높이는 3~4m에, 뿌리 근처에서 가지가 많이 갈라져 사방으로 뻗치는데 털이 없고 가시가 드문드문 하나씩 나 있다. 밑쪽은 손바닥 모양 겹잎에 서로 어긋나고 잔잎은 3~5장으로 거꿀달걀 모양 또는 거꿀달걀 타원형이다. 잎가장자리에는 톱니가 있고 표면은 녹색에 털이 없으며 잎맥 위에는 잔털이 나 있다. 꽃은 자주색으로 8~9월에 산형꽃차례로 가지 끝에서 피는데 취산상으로 배열된다. 열매는 물렁열매로 타원형이며 10~11월에 결실한다.

지상부

꽃

열매

채취 방법과 시기 : 나무껍질은 가을 이후, 뿌리껍질은 봄부터 초여름, 잎은 봄·여름에 채취한다.

성분 나무껍질 및 뿌리껍질에는 아칸토시드 A, B, C, D(acanthoside A, B, C, D), 시링가레시놀(syringaresinol), 타닌(tannin), 팔미틴산(palmitin acid), 강심 배당체, 세사민(sesamin), 사비닌(savinin), 사포닌, 안토사이드(antoside), 캠페리트린(kaempferitrin), 다우코스테롤(daucosterol), 글루칸(glucan), 쿠마린(coumarin) 등이 함유되어 있다. 정유성분으로 4-메틸사이르실 알데하이드(4-methylsailcyl aldehyde)도 함유되어 있다. 잎에는 강심 배당체, 정유, 사포닌 및 여러 종류의 엘레우테로사이드(eleutheroside), 엘레우테로시드 A, B, C, D, E(eleutheroside A, B, C, D, E), 쿠마린

X(coumarin X), 베타-시토스테린(β-sitosterin), 카페인산(caffeic acid), 올레아놀릭산(oleanolic acid), 콘페릴알데히드(conferylaldehyde), 에틸에스테르(ethylester), 세사민 등이 함유되어 있다.

 성미 나무껍질은 성질이 따뜻하고, 맛은 맵고 쓰며 약간 달고, 독성이 없다. 뿌리껍질, 잎은 성질이 따뜻하고, 맛은 쓰고 맵다.

귀경 폐(肺), 신(腎) 경락에 작용한다.

효능과 주치 : 나무껍질, 뿌리껍질은 생약명을 오가피(五加皮)라고 하며 자양강장, 강정, 강심, 항종양, 항염증, 면역증강약으로 독특한 효력을 지니고 있고 보간, 보신, 진통, 진정, 신경통, 관절염, 요통, 마비 통증, 타박상, 각기, 불면증 등을 치료하며 간세포 보호작용과 항지간(抗脂肝)작용도 있다. 잎은 생약명을 오가엽(五加葉)이라고 하여 심장병의 치료에 효과적이며 피부 풍습이나 피부 가려움증, 타박상, 어혈 등을 치료한다. 오갈피 추출물은 골다공증, 위염, 위궤양, 치매, C형 간염 등에 치료 효과가 있다.

 약용법과 용량 : 말린 나무껍질, 뿌리껍질 20~30g을 물 900mL에 넣어 반이 될 때까지 달여 하루에 2~3회 나눠 마시며, 외용할 경우에는 짓찧어서 타박상이나 염좌 등에 도포한다. 말린 잎 30~40g을 물 900mL에 넣어 반이 될 때까지 달여 하루에 2~3회 나눠 마시며, 피부 풍습이나 가려움증에 생잎을 채소로 식용하고, 타박상이나 어혈 치료를 위해 외용할 경우에는 짓찧어서 환부에 도포한다.

기능성 및 효능에 관한 특허자료

▶ 오갈피 추출물을 포함하는 치매 예방 또는 치료용 조성물

본 발명은 오갈피 추출물을 포함하는 치매 예방 또는 치료용 조성물에 관한 것이다. 본 발명에 따른 상기 오갈피 추출물은 오가피에 물, 증류수, 알코올, 핵산, 에틸아세테이트, 아세톤, 클로로포름, 메틸렌 클로라이드 또는 이들의 혼합 용매를 첨가하여 추출된 것이다.

― 공개번호 : 10-2005-0014710, 출원인 : (주)바이오시너젠 · 성광수

자양강장, 해수, 수렴, 항암

오미자

Schisandra chinensis (Turcz.) Baill.

사용부위 열매

이명 : 개오미자, 오매자(五梅子)
생약명 : 오미자(五味子)
과명 : 오미자과(Schisandraceae)
개화기 : 5~6월

약재 전형

471

생육특성 : 오미자는 전국의 깊은 산 계곡 골짜기에서 자생 또는 재배하는 낙엽활엽덩굴성 목본으로, 높이가 3m 전후이다. 작은 가지는 홍갈색이고 오래된 가지는 회갈색이며 겉 나무껍질은 조각조각으로 떨어져 벗겨진다. 잎은 넓은 타원형, 타원형 또는 달걀 모양이고 서로 어긋나며 가장자리에는 치아 모양의 톱니가 있으며 잎자루 길이는 1.5~3cm이다. 꽃은 붉은빛이 도는 황백색으로 5~6월에 자웅 암수딴그루로 피고, 열매는 물열매로 둥글며 9~10월에 심홍색으로 익는다.

| 지상부 | 꽃 | 열매 |

 채취 방법과 시기 : 9~10월에 열매를 채취한다.

성분 열매에는 데옥시쉬잔드린(deoxyschizandrin), 감마-쉬잔드린(γ-schizandrin), 쉬잔드린 A, B, C(schzandrin A, B, C), 이소쉬잔드린(isoschizandrin), 안겔로일이소고미신 H, O, P, Q(angeloylisogomisin H, O, P, Q), 벤조일고미신 H(benzoylgomisin H), 벤조일이소고미신 O(benzoylisogomisin O), 티그로일고미신 H, P(tigloylgomisin H, P), 에피고민 O(epigomin O), 데옥시고미신 A(deoxygomisin A), 프레곤미신(pregonmisin), 우웨이지수 A-C(wuweizisu A-C), 우웨이지춘 A, B(wuweizichun A, B), 쉬잔헤놀(shizanherol) 등이 함유되어 있고, 정유에는 시트랄(citral), 알파, 베타-차미그레날(α, β-chamigrenal)과 기타 유기산

인 시트린산(citric acid), 말린산(malic acid), 타타린산(tataric acid), 비타민 C, 지방산 등이 함유되어 있다.

성미 성질이 따뜻하고, 맛은 시고 달다.

귀경 심(心), 폐(肺), 신(腎) 경락에 작용한다.

효능과 주치 : 열매는 생약명을 오미자(五味子)라고 하며 자양강장작용, 중추신경 흥분작용, 간세포 보호작용, 진해, 거담작용이 있고 수렴, 지사, 만성 설사, 몽정, 유정, 도한, 자한, 구갈, 해수, 삽정, 고혈압 등을 치료한다. 열매 및 종자 추출물은 항암, 대장염, 알츠하이머병, 비만 등의 치료 효과도 있다.

흙오미자_열매

약용법과 용량 : 말린 열매 20~30g을 물 900mL에 넣어 반이 될 때까지 달여 하루에 2~3회 나눠 마신다. 외용할 경우에는 가루로 만들어 환부에 문지르거나 달인 액으로 환부를 씻어준다.

🧬 기능성 및 효능에 관한 특허자료

▶ **오미자 씨앗 추출물을 함유하는 항암 및 항암 보조용 조성물**
본 발명은 항암 및 항암 보조용 조성물에 관한 것으로서, 오미자 씨앗 추출물을 유효성분으로 함유하는 것을 특징으로 한다.
– 공개번호 : 10-2012-0060676, 출원인 : 문경시

▶ **오미자 추출물로부터 분리된 화합물을 유효성분으로 함유하는 대장염 질환의 예방 및 치료용 조성물**
오미자 추출물로부터 분리된 화합물을 유효성분으로 함유하는 조성물을 대장염 질환의 예방 및 치료용 약학조성물 또는 건강기능식품으로 유용하게 이용할 수 있다.
– 공개번호 : 10-2012-0008366, 출원인 : 김대기

소적, 살충, 어혈, 진통

옻나무

Rhus verniciflua Stokes

사용부위 뿌리껍질, 목질부, 수지, 나무껍질

이명 : 옻나무, 참옻나무, 칠수(漆樹), 대목칠(大木漆)
생약명 : 건칠(乾漆), 생칠(生漆), 칠수피(漆樹皮),
　　　　칠수목심(漆樹木心)
과명 : 옻나무과(Anacardiaceae)
개화기 : 5~6월

껍질 채취품　　　　　　　　　약재 전형

생육특성 : 옻나무는 전국의 산지에서 자생 또는 재배하는 낙엽활엽교목으로, 높이 20m 내외로 자라고, 작은 가지는 굵으며 회황색이고 어릴 때는 털이 있으나 차츰 없어진다. 잎은 1회 홀수깃꼴겹잎이 나선상으로 서로 어긋나고 잔잎은 9~11장인데 달걀 모양 또는 타원형 달걀 모양으로 잎끝은 점차적으로 날카로운 모양이고 밑부분은 쐐기형 또는 원형으로 가장자리는 밋밋하다. 꽃은 황록색으로 5~6월에 단성이거나 양성, 자웅이주 혹은 잡성에 원뿔꽃차례로 잎겨드랑이에서 피는데 꽃자루는 짧다. 열매는 씨열매로 편평한 원형에 10~11월경 결실한다.

지상부   꽃   열매

 채취 방법과 시기 : 수지는 4~5월, 나무껍질, 뿌리껍질은 봄·가을, 목질부는 연중 수시 채취한다.

성분 수지의 생약명을 생칠(生漆)이라고 하는데, 이 생칠을 가공한 건조품을 건칠(乾漆)이라고 한다. 건칠의 성분은 생칠 중의 우르시올(urushiol)이 라카아제(laccase)작용으로 공기 중에서 산화되어 생성된 검은색의 수지 물질을 가공한 건조품이다. 생칠은 나무껍질을 긁어 상처를 내어 나오는 지방액을 모아서 저장하였다가 사용한다. 수지는 스텔라시아닌(stellacyanin), 라카아제(laccase), 페놀라아제(phenolase), 타닌과 콜로이드질도 함유되어 있다. 콜로이드(colloid) 주요 성분은 다당류로 글루크론산

(glucuronic acid), 갈락토스(galactose), 자일로스(xylose)도 함유되어 있다.

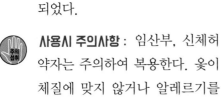 **성미** 수지는 성질이 따뜻하고, 맛은 쓰고, 독성이 있다. 건칠은 약성이 따뜻하고, 맛이 맵고, 독성이 있다. 나무껍질, 목질부는 성질이 따뜻하고, 맛은 맵고, 독성이 조금 있다.

귀경 간(肝), 비(脾), 위(胃) 경락에 작용한다.

효능과 주치 : 건칠은 살충, 소적(消積), 어혈, 해열, 학질, 소염, 건위, 통경, 월경폐지, 진해, 관절염을 치료한다. 나무껍질과 뿌리껍질은 생약명을 칠수피(漆樹皮)라고 하여 접골, 타박상을 치료하는 데 사용하며 특히 흉부손상에 효과적이고 심재는 생약명을 칠수목심(漆樹木心)이라고 하여 진통, 행기(行氣), 심위기통(心胃氣痛)을 치료한다.

약용법과 용량 : 건칠 10~15g을 가루나 환으로 만들어 하루에 2~3회 나눠 복용한다. 말린 나무껍질 5~10g을 물 900mL에 넣어 반이 될 때까지 달여 하루에 2~3회 나눠 마시거나 10~20g을 닭 한 마리에 넣고 고와서 적당히 복용한다. 외용할 경우에는 짓찧어서 술에 볶아 환부에 붙인다. 말린 심재 10~20g을 물 900mL에 넣어 반이 될 때까지 달여 하루에 2~3회 나눠 마신다. 옻나무의 추출물은 간 질환의 예방 및 치료에 효과적이라는 연구도 발표되었다.

덩굴옻나무_지상부

사용시 주의사항 : 임산부, 신체허약자는 주의하여 복용한다. 옻이 체질에 맞지 않거나 알레르기를 일으키는 사람은 복용을 금지한다. 반하(半夏)는 배합금기이다. 수지의 독성은 피부염이나 알레르기 질환을 일으키므로 주의를 요한다.

옻나무_잎 　차이점　 붉나무_잎

옻나무와 붉나무

옻나무과에 속하는 옻나무와 붉나무는 둘다 낙엽교목으로 두 나무 모두 잎이 1회 홀수깃꼴겹잎이고 꽃차례도 원뿔꽃차례이며 열매도 씨열매로 비슷하다. 단지 옻나무는 독성이 있어 접촉하면 피부 알레르기를 일으켜 가렵고 홍반이 생기며 심지어 호흡곤란을 일으키는 등 심한 부작용이 일어나지만, 붉나무는 그렇지 않다. 옻나무와 붉나무는 성분이나 약효도 모두 다르다. 특히 붉나무 잎에는 오배자 진딧물에 의하여 생긴 벌레집을 오배자라고 하여 수렴제로 사용하는 점이 특이하다.

 기능성 및 효능에 관한 특허자료

▶ **옻나무로부터 분리된 추출물 및 플라보노이드 화합물들을 함유한 간질환 치료제**

본 발명은 옻나무의 극성용매 또는 비극성용매 가용추출물 및 그 분획물로부터 분리된 푸스틴 및 설퍼레틴 화합물을 함유하는 간기능 개선, 간세포 섬유화에 따른 간경화 예방 및 치료를 위한 조성물에 관한 것으로서 담도 결찰하여 간 섬유화를 유도한 군에서 발생하는 AST, ALT, SDH, γ—GT 활성을 저해할 뿐만 아니라 총 빌리루빈, 히드록시프롤린 및 MDA 농도량을 유의성 있게 억제하여 간질환의 예방 및 치료에 효과적이고 안전한 의약품 및 건강보조식품을 제공한다.

— 공개번호 : 10—2004—0043255, 출원인 : 학교법인 상지학원

소화불량, 간열증, 담낭염, 뇌염, 방광염

용담

Gentiana scabra Bunge

사용부위 뿌리

이명 : 초룡담, 섬용담, 과남풀, 선용담, 초용담, 룡담
생약명 : 용담(龍膽)
과명 : 용담과(Gentianaceae)
개화기 : 8~10월

약재 전형

생육특성 : 용담은 전국의 산과 들에서 자라는 숙근성 여러해살이풀로, 생육환경은 풀숲이나 양지이다. 키는 20~60cm이고, 잎은 표면이 녹색이고 뒷면은 회백색을 띤 연녹색이며 길이는 4~8cm, 너비는 1~3cm로 마주나고 잎자루가 없이 뾰족하다. 꽃은 자주색으로 8~10월에 윗부분의 잎 겨드랑이와 끝에서 피는데 꽃자루는 없고 길이는 4.5~6cm이다. 열매는 10~11월에 달리는데 시든 꽃부리와 꽃받침에 달려 있다. 작은 종자들이 씨방에 많이 들어 있다. 꽃이 많이 달리면 옆으로 처지는 경향이 있고 바람에도 약해 쓰러진다. 하지만 쓰러진 잎과 잎 사이에서 꽃이 많이 피기 때문에 줄기가 상했다고 해서 끊어내서는 안 된다.

지상부 꽃 열매

 채취 방법과 시기 : 봄과 가을에 뿌리를 채취하여 햇볕에 말리는데 가을에 말린 것이 약성이 더 좋다.

성분 겐티오피크린(gentiopicrin), 겐티아닌(gentianine), 겐티아노스(gentianose), 스웨르티아마린(swertiamarin) 등이 함유되어 있다.

성미 성질이 차고, 맛은 쓰다.

귀경 간(肝), 심(心), 담(膽) 경락에 작용한다.

 효능과 주치 : 위를 튼튼하게 하는 건위, 열을 풀어주는 해열, 담 기능을 이롭게 하는 이담, 간열을 내리는 사간(瀉肝), 염증을 없애는 소염의 효능이

479

용담꽃과 봉오리

있어서 소화불량, 간열증(肝熱症), 담낭염, 황달, 두통, 간질, 뇌염, 방광염, 요도염, 눈에 핏발이 서는 증상등을 치료하는 데 사용한다.

 약용법과 용량 : 말린 뿌리 3~10g을 물 1L에 넣어 1/3이 될 때까지 달여 하루에 2~3회 나눠 마신다.

 사용시 주의사항 : 쓰고 찬 성질이 강하므로 전문가의 처방에 따라 신중하게 사용해야 한다.

기능성 및 효능에 관한 특허자료

▶ 용담 추출물의 분획물을 유효성분으로 포함하는 당뇨병 전증 또는 당뇨병의 예방 또는 치료용 조성물

본 발명은 용담 추출물의 특정 분획물의 당뇨병 전증 또는 당뇨병의 예방 또는 치료용 조성물에 관한 것이다. 상기 조성물은 생체 내 독성이 없으면서도, 인간 장내분비세포에서의 GLP-1의 분비를 촉진하고 혈당 강하 효능을 가지므로, 당뇨병 전증 또는 당뇨병의 예방 또는 치료에 효과적인 의약품 또는 건강기능식품으로 사용할 수 있다.

– 공개번호 : 10-2014-0147482, 출원인 : 경희대학교 산학협력단

가슴 답답증, 불면증, 소변불리, 자궁출혈

원추리

Hemerocallis fulva (L.) L.

사용부위 어린순, 전초

이명 : 넘나물, 들원추리, 큰겹원추리, 겹첩넘나물,
홑왕원추리
생약명 : 훤초근(萱草根), 금침채(金針菜)
과명 : 백합과(Liliaceae)
개화기 : 6~8월

전초 채취품

생육특성 : 원추리는 각처의 산지 계곡이나 산기슭에서 자라는 숙근성 여러 해살이풀이다. 생육환경은 습도가 높고 토양이 비옥한 곳이며, 키는 50~ 100cm이다. 잎은 길이가 60~80cm, 너비가 1.2~2.5cm로 밑에서 2줄로 마주나고 끝이 둥글게 뒤로 젖혀지며 흰빛이 도는 녹색이다. 꽃은 노란색 으로 6~8월에 원줄기 끝에서 짧은 가지가 갈라지며 6~8송이가 뭉쳐 피는 데 아침에 피었다가 저녁에 시들며 계속 꽃이 피고 진다. 열매는 9~10월 경에 타원형으로 달리고, 종자는 광택이 나며 검은색이다.

지상부   꽃   열매

 채취 방법과 시기 : 이른 봄에 어린순을 채취하고, 여름에는 꽃, 가을에는 뿌 리를 채취하여 햇볕에 말린다.

성분 꽃에는 비타민 A가 풍부하고, 잎에는 비타민 C가 함유되어 있다. 뿌리에는 아스파라긴(asparagine), 콜히친(colchicine), 감마-하이드로글루 타민산(γ-hydro glutaminic acid), 프리델린(friedelin), 베타-시토스테롤(β -sitosterol), D-글루코사이드(D-glucoside), 비타민 A·B·C, 티로신(tyrosine), 아르기닌(arginine), 락트산(lactic acid), 리신(lysine), 에틸벤조에이트(ethyl- benzoate)가 함유되어 있다.

성미 성질이 시원하고, 맛은 달다.

귀경 심(心), 비(脾), 방광(膀胱) 경락에 작용한다.

효능과 주치 : 사용 부위에 따라 나타나는 효능은 다음과 같다.

① 원추리 뿌리 : 수도를 이롭게 하는 이수(利水), 혈분의 열을 식히는 양혈의 효능이 있어서 체내 수습이 정체되어 발생하는 부종, 배뇨 곤란, 임질, 대하, 황달, 코피, 혈변, 월경기가 아닌 때 갑자기 대량의 자궁출혈이 멎지않고 지속되는 병증인 붕루, 유선염이나 유방암을 말하는 유옹(乳癰), 석림(石淋: 임질의 하나. 콩팥이나 방광에 돌처럼 굳은 것이 생겨서 소변 볼 때 요도 통증이 심하며 돌이 섞여 나옴) 등을 치료한다.

② 원추리 어린순 : 습사와 열사를 내려주는 효능이 있으며 가슴을 편안하게 해준다. 또한 소화를 촉진하고 체증을 가라앉히는 효능이 있어서 가슴이 답답하고 열이 나는 증상을 다스리며, 황달을 치료하고, 소변이 붉고 시원치 않은 증세를 개선하는 데 사용한다.

③ 원추리 꽃 : 습사와 열사를 내려주고 흉격의 기를 잘 통하게 하는 관흉격(寬胸膈)의 효능이 있어서 소변이 붉고 시원치 않은 증세, 가슴 답답증, 번열증, 우울증, 불면증, 치질로 인한 혈변을 치료한다.

 약용법과 용량 : 말린 뿌리 6~15g, 신선한 어린순 15~30g, 말린 꽃 15~30g을 사용하는데 각각 물 1L에 넣어 1/3이 될 때까지 달여 하루에 2~3회 나눠 마시거나, 짓찧어서 즙을 마시기도 한다.

 기능성 및 효능에 관한 특허자료

▶ **원추리 꽃 추출물을 유효성분으로 함유하는 우울증의 예방 및 치료용 조성물**

본 발명은 원추리 꽃 추출물을 유효성분으로 함유하는 우울증의 예방 및 치료를 위한 조성물에 관한 것으로, 상세하게는 본 발명의 원추리 추출물은 기존의 우울증 치료제에 비하여 강력하게 우울증을 억제시킴을 확인하였으므로, 우울증의 예방 및 치료에 유용한 약학조성물 및 건강기능식품에 이용될 수 있다.

– 공개번호 : 10-2011-0064917, 출원인 : 대구한의대학교 산학협력단

으름덩굴

Akebia quinata (Houtt.) Decne. = [*Rojania quinata* Thunb.]

사용부위 뿌리, 덩기줄기와 목질, 열매

이명 : 으름, 목통, 통초(通草), 연복자(燕覆子)
생약명 : 목통(木通), 팔월찰(八月札), 목통근(木通根)
과명 : 으름덩굴과(Lardizabalaceae)
개화기 : 4~5월

덩쿨줄기(약재)

약재 전형

생육특성 : 으름덩굴은 전국의 산기슭 계곡에서 자라는 낙엽활엽덩굴성 목본으로, 덩굴 길이는 5m 전후로 뻗어나가고, 가지는 회색에 가는 줄이 있으며 껍질눈은 돌출한다. 잎은 손바닥처럼 생긴 손꼴겹잎이고 3~5장의 겹잎이 가지 끝에 모여나거나 서로 어긋나며 잎자루는 가늘고 길다. 잔잎은 보통 5장으로 거꿀달걀 모양 또는 타원형에 잎끝은 약간 오목하고 양면에 털이 나 있으며 가장자리는 밋밋하다. 꽃은 4~5월에 암자색으로 피며, 열매는 물열매로 원기둥 모양에 양 끝은 둥글고 9~10월에 익어 벌어진다.

지상부   꽃   열매

채취 방법과 시기 : 열매는 9~10월, 덩굴줄기와 목질은 가을, 뿌리는 9~10월에 채취한다.

성분 열매에는 트리테르페노이드 사포닌(triterpenoid saponin), 올레아놀릭산(oleanolic acid), 헤드라게닌(hedragenin), 콜린소니딘(collinsonidin), 카로파낙스사포닌 A(kalopanaxsaponin A), 헤데로시드 D2(hederoside D2), 덩굴줄기와 목질부에는 사포닌의 헤드라게닌 및 올레아놀릭산을 게닌(genin)으로 하는 아케보시드(akeboside) st b~f, h~k, 키나토시드(quinatosid) A~D 등과 트리테르페노이드(triterpenoid), 노라주노린산(norajunolic acid), 기타 스티그마스테롤(stigmasterol), 스테롤(sterol) 등이 함유되어 있다. 뿌리에는 스티그마스테롤, 베타-시토스테롤(β-sitosterol),

베타-시토스테롤-베타-디-글루코시드(β-sitosterol-β-d-glucoside), 아케보시드 stg. 등이 함유되어 있다.

 성미 열매는 성질이 차고, 맛은 달다. 덩굴줄기와 목질은 성질이 시원하고, 맛은 쓰다. 뿌리는 성질이 평범하고, 맛은 쓰다.

귀경 심(心), 소장(小腸), 방광(膀胱) 경락에 작용한다.

효능과 주치 : 열매는 생약명을 팔월찰(八月札)이라고 하며 진통, 이뇨, 활혈, 번갈, 이질, 요통, 월경통, 헤르니아, 혈뇨, 탁뇨, 요로결석을 치료한다. 덩굴줄기와 목질은 생약명을 목통(木桶)이라고 하여 이뇨작용과 항균작용이 있고 병원성 진균에 대한 억제작용이 있으며 소변불리, 혈맥통리(血脈通利), 사화(瀉火), 진통, 진정, 소변혼탁, 수종, 부종, 항염, 전신의 경직통, 유즙불통 등을 치료한다. 뿌리는 생약명을 목통근(木桶根)이라고 하여 거풍, 이뇨, 활혈, 행기(行氣), 보신, 보정, 관절통, 소변곤란, 헤르니아, 타박상 등을 치료한다. 으름덩굴의 종자 추출물은 암 예방과 치료에 효과적이다.

 약용법과 용량 : 말린 열매 50~100g을 물 900mL에 넣어 반이 될 때까지 달여 하루에 2~3회 나눠 마신다. 또는 술에 용출하여 아침저녁으로 마셔도 된다. 말린 덩굴줄기와 목질 20~30g을 물 900mL에 넣어 반이 될 때까지 달여 하루에 2~3회 나눠 마신다. 말린 뿌리 30~50g을 물 900mL에 넣어 반이 될 때까지 달여 하루에 2~3회 나눠 마신다. 또는 즙을 내어 마셔도 되고, 술에 용출하여 마셔도 된다. 외용할 경우에는 뿌리를 짓찧어서 환부에 붙인다.

 기능성 및 효능에 관한 특허자료

▶ **으름덩굴 종자 추출물을 포함하는 항암 조성물 및 그의 제조 방법**

본 발명은 으름덩굴 종자 추출물을 포함하는 항암 조성물 및 그의 제조 방법에 관한 것으로, 본 발명의 조성물은 우수한 항암성을 나타내며, 이에 추가적으로 전호, 인삼 또는 울금 추출물을 처방하여 보다 증강된 항암효과를 얻을 수 있어 암의 예방 또는 치료제로서 유용하게 사용할 수 있다.

– 공개번호 : 10-2005-0087498, 출원인 : 김숭진

신경통, 관절염, 손발 마비, 통풍, 간염

으아리

Clematis terniflora var. mandshurica (Rupr.)

사용부위 뿌리, 뿌리줄기

이명 : 큰위령선, 노선(露仙), 능소(能消),
　　　 철각위령선(鐵脚威靈仙)
생약명 : 위령선(威靈仙)
과명 : 미나리아재비과(Ranunculaceae)
개화기 : 6~8월

약재 전형

487

생육특성 : 으아리는 낙엽활엽 만경목(덩굴식물)으로, 줄기는 2m 정도 뻗으며, 잎은 마주나고 깃꼴겹잎이며 보통 5장의 잔잎을 가진다. 잔잎은 달걀 모양 또는 타원형이다. 꽃은 흰색으로 6~8월에 피는데 취산꽃차례는 줄기 끝에서 나오는 정생(頂生) 또는 줄기와 잎 사이에서 나오는 액생(腋生: 잎겨드랑이나기)이며, 열매는 9~10월에 결실한다. 어린잎은 식용한다.

① 위령선(威靈仙: 뿌리) : 뿌리줄기는 기둥 모양으로 길이 1.5~10cm, 지름 0.3~1.5cm이다. 표면은 담갈황색으로 정단(頂端)에는 줄기의 밑부분이 잔류되어 있고, 질은 단단하고 질기며, 단면은 섬유성으로 아래쪽에는 많은 가는 뿌리가 붙어 있다. 뿌리는 가늘고 긴 둥근기둥 모양으로 약간 구부러졌고 길이 7~15cm, 지름 0.1~0.3cm이다. 표면은 흑갈색으로 가는 세로 주름이 있으며 껍질 부분은 탈락되어 황백색의 목질부가 노출되어 있다. 질은 단단하면서 부스러지기 쉽고, 단면의 껍질부분은 비교적 넓고, 목질부는 담황색으로 방형(方形)이며 껍질 부분과 목질부 사이는 항상 벌어져 있다.

② 면단철선연(棉團鐵線蓮) : 이 약의 뿌리줄기는 짧은 기둥 모양[短柱狀]으로 길이 1~4cm, 지름은 0.5~1cm이다. 뿌리는 길이 4~20cm, 지름 0.1~0.2cm이다. 표면은 자갈색 또는 흑갈색이며, 단면의 목질부는 원형이다.

| 지상부 | 꽃 | 열매 |

③ 동북철선연(東北鐵線蓮) : 이 약의 뿌리줄기는 기둥 모양으로 길이 1~
11cm, 지름 0.5~2.5cm이다. 뿌리는 비교적 밀집되었고 길이 5~
23cm, 지름 0.1~0.4cm이다. 표면은 자흑색으로, 단면의 물관부는 원
형에 가깝다.

 채취 방법과 시기 : 가을에 채취하는데 이물질을 제거하고 가늘게 절단하여
말려서 사용한다.

성분 뿌리에는 아네모닌(anemonin), 아네모놀(anemonol), 스테롤
(sterol), 락톤(lactone), 프로토아네모닌(protoanemonin), 사포닌 등이 함
유되어 있다.

성미 성질이 따뜻하고, 맛은 맵고 짜며, 독성이 없다.

귀경 간(肝), 폐(肺), 방광(膀胱) 경락에 작용한다.

 효능과 주치 : 통증을 가라앉히는 진통, 풍사와 습사를 제거하는 거풍습, 경
락을 통하게 하는 통경락(通經絡) 등의 효능이 있어서 각종 신경통, 관절
염, 근육통, 수족마비, 언어장애, 통풍, 각기병, 편도염, 볼거리, 간염, 황
달 등에 유효하다.

약용법과 용량 : 말린 약재 4~12g을 물 700mL에 넣어 끓기 시작하면 약하
게 줄여 200~300mL가 될 때까지 달여 하루에 2회 나눠 마신다. 환이나
가루로 만들어 복용하며, 짓찧어 환부에 붙이기도 한다. 민간에서는 구안
와사증(口眼喎斜: 풍으로 인하여 입이 돌아가는 증상), 류머티즘성 관절염, 편
도염의 치료에 다음과 같이 사용하기도 한다.

① 구안와사증 : 잎, 줄기, 뿌리 등 어떤 부위라도 마늘 한 쪽과 함께 찧어
중간 정도 크기의 조개껍질에 소복하게 채워서 팔목관절에서 4cm 정
도 손바닥 안쪽, 또는 엄지와 검지손가락 사이 합곡혈(合谷穴)에 붙이는
데 왼쪽으로 돌아가면 오른쪽 손에, 오른쪽으로 돌아가면 왼쪽 손에 붙
인다. 하루에 7시간 정도를 붙이고 있다가 살이 불에 데인 자국처럼 물
집이 생기면 떼어낸다.

② 류머티즘성 관절염 : 뿌리를 병에 잘게 썰어 넣고 푹 잠기게 술을 부어
넣고 마개를 꼭 막아 일주일 정도 두었다가 꺼내어 잘 말려서 부드럽

게 가루로 만든 다음 꿀로 반죽하여 환으로 만들어 하루에 3회, 한 번에 4~6g씩 식후에 먹는다. 또는 잘게 썬 말린 뿌리 20g을 물 1L에 넣어 반이 될 때까지 달여 하루에 3회 나눠 마시거나, 으아리 12g, 오가피 10g을 물 1L에 넣어 1/3이 될 때까지 달여 하루에 3회 나눠 마셔도 좋다.

③ 편도염 : 말린 줄기, 잎 30~60g을 물 1L에 넣어 1/3이 될 때까지 달여 하루에 2~3회 나눠 공복에 마시면 염증을 가라앉히고 진통작용을 한다.

 사용시 주의사항 : 약성이 매우 강하여 기혈을 소모시킬 우려가 있기 때문에 기혈이 허약한 사람이나 임산부는 신중하게 사용해야 한다.

？ 혼동하기 쉬운 약초 비교

으아리_꽃

사위질빵_꽃

기능성 및 효능에 관한 특허자료

▶ 으아리 추출물을 유효성분으로 포함하는 피부상태 개선용 조성물

본 발명은 으아리 추출물을 유효성분으로 포함하는 피부상태 개선용 화장료, 약제학적 및 식품 조성물에 관한 것이다. 본 발명의 조성물은 콜라겐 합성을 증대시키고 콜라겐을 분해시키는 효소인 콜라게나아제의 활성을 억제시켜 우수한 주름 개선 및 피부재생 효능을 가진다. 또한 활성산소에 의하여 손상된 세포의 재생을 촉진시켜 우수한 피부 노화 방지 효능을 가진다.

– 공개번호 : 10-2014-0117055, 출원인 : 바이오스펙트럼(주)

거풍, 관절염, 수렴, 진통

음나무

Kalopanax septemlobus (Thunb.) Koidz. =
[*Kalopanax pictus* (Thunb.) Nakai.]

사용부위 뿌리, 나무껍질

이명 : 개두릅나무, 당엄나무, 당음나무, 멍구나무,
　　　엉개나무, 엄나무, 해동목(海桐木)

생약명 : 해동피(海桐皮), 해동수근(海桐樹根)

과명 : 두릅나무과(Araliaceae)

개화기 : 8월

가지줄기(약재)

약재 전형

생육특성 : 음나무는 전국의 산기슭 양지쪽 길가에서 자라는 낙엽활엽교목으로, 높이가 20m 전후로 자라며, 나무와 가지에 굵은 가시가 많이 나 있다. 잎은 긴 가지에서는 서로 어긋나고 짧은 가지에서는 모여나며 손바닥 모양으로 5~7갈래로 찢어져 잎끝은 길게 뾰족하고 가장자리에는 톱니가 있다. 꽃은 황록색으로 7~8월에 우산 모양의 산형꽃차례로 피는데 윤기가 나며 다섯으로 갈라진다. 열매는 공 모양에 가깝고 9~10월에 결실한다.

| 지상부 | 꽃 | 열매 |

채취 방법과 시기 : 나무껍질은 연중 수시, 뿌리는 늦여름부터 가을에 채취한다.

성분 나무껍질에는 트리터펜사포닌(triterpene saponin)으로 카로파낙스사포닌(kalopanaxsaponin) A, B, G, K, 페리칼프사포닌(pericarpsaponin) P13, 헤데라사포닌(hederasaponin) B, 픽토시드(pictoside) A가 함유되어 있고 리그난(lignan)으로 리리오덴드린(liriodendrin)이 함유되어 있으며 페놀 화합물(phenolic compound)로 코니페린(coniferin), 카로파낙신(kalopanaxin) A, B, C, 기타 포리아세치렌(polyacetylen) 화합물, 타닌(tannin), 플라보노이드(flavonoid), 쿠마린(coumarin), 글루코시드(glucoside), 알칼로이드(alkaloid)류, 정유, 레신(resin), 전분 등이 함유되어 있다. 뿌리에는 다당류가 함유되어 있고 가수분해 후에 갈락투론산

음나무_어린순

두릅나무_어린순

음나무_잎

두릅나무_잎

음나무 수피

두릅나무_열매

(galacturonic acid), 글루코스(glucose), 아라비노스(arabinose), 갈락토스(galactose), 글루칸(glucan), 펙틴(pectin)질이 함유되어 있다.

성미 나무껍질은 성질이 평범하고, 맛은 쓰고 맵다. 뿌리는 성질이 시원하고, 맛은 쓰고, 독성이 없다.

귀경 간(肝), 심(心), 비(脾) 경락에 작용한다.

효능과 주치 : 나무껍질은 생약명을 해동피(海桐皮)라고 하며 수렴, 진통약으로 거풍습, 살충, 활혈의 효능이 있고 류머티즘에 의한 근육마비, 근육통, 관절염, 가려움증 등을 치료한다. 또 항산화작용을 비롯해서 항염, 항진균, 항종양, 혈당강하, 지질저하작용 등이 있다. 뿌리 또는 뿌리껍질에는 생약명을 해동수근(海桐樹根)이라 하여 거풍, 제습, 양혈, 어혈의 효능이 있고 장풍치혈(腸風痔血), 타박상, 류머티즘에 의한 골통 등을 치료한다. 음나무 추출물은 HIV증식 억제 활성으로 AIDS(후천성 면역 결핍증), 퇴행성 중추신경계질환 개선 등의 치료효과를 가지고 있다.

약용법과 용량 : 말린 나무껍질 30~50g을 물 900mL에 넣어 반이 될 때까지 달여 하루에 2~3회 나눠 마신다. 외용할 경우에는 달인 액으로 환부를 씻거나 짓찧어서 환부에 붙이거나 가루로 만들어 기름에 개어 환부에 붙인다. 말린 뿌리 20~40g을 물 900mL에 넣어 반이 될 때까지 달여 하루에 2~3회 나눠 마신다. 외용할 경우에는 짓찧어서 환부에 붙인다.

기능성 및 효능에 관한 특허자료

▶ HIV 증식 억제 활성을 갖는 음나무 추출물 및 이를 유효성분으로 함유하는 AIDS 치료제
본 발명은 HIV 억제 활성을 갖는 음나무 추출물 및 이를 유효성분으로 함유하는 AIDS 치료제에 관한 것이다. 본 발명의 음나무 추출물은 HIV 역전사효소 활성 억제, 프로테아제 활성 억제, 글루코시다제 활성 억제 및 HIV 증식 억제 활성이 뛰어나므로 AIDS를 치료하고 진행을 억제시키며 감염을 억제하는 데 유용하게 사용될 수 있다.
― 공개번호 : 10-2005-0045117, 특허권자 : 유영법 · 최승훈 · 심범상 · 안규석

이질풀

활혈과 해독의 효능으로 풍습동통, 장염, 설사

Geranium thunbergii Siebold & Zucc.

사용부위 전초

이명 : 개발초, 이질초, 방우아초, 오엽초(五葉草), 오판화(五瓣花)

생약명 : 현초(玄草), 노관초(老鸛草)

과명 : 쥐손이풀과(Geraniaceae)

개화기 : 8~9월

약재 전형

생육특성 : 이질풀은 여러해살이풀로 전국 각지의 산야에서 자란다. 키는 50cm 정도로 비스듬하게 자라며, 잎은 마주나고 잎자루가 있다. 잎의 모양은 손바닥을 편 것 같으며 잎몸은 3~5개로 갈라진다. 꽃은 연한 홍색, 홍자색 또는 흰색으로 8~9월에 꽃줄기에서 2개의 작은꽃줄기가 갈라져 각 1송이씩 피는데 지름은 1~1.5cm이다. 열매는 10월경에 달리는데 길이가 1.5~2cm로 학의 부리처럼 생겼다. 검은색의 씨방은 5개로 갈라져서 위로 말리는데 각각의 씨방에는 종자가 1개씩 들어 있다.

이질풀 및 쥐손이풀(이명: 손잎풀, 이질풀)의 동속근연식물 열매가 달린 전초는 모두 '노관초(老鸛草)'라는 생약명으로 부르며 약용하는데, 특히 이질에 걸렸을 때 달여 마시면 탁월한 효과가 있다고 하여 이질풀이라는 이름이 붙었다.

| 지상부 | 꽃 | 열매 |

 채취 방법과 시기 : 꽃이 피는 시기의 약효가 가장 좋기 때문에 이때 채취하여 말려두고 사용하면 된다.

성분 타닌이 50~70%로 주성분은 게라닌(geraniin)이다. 디하이드로게라닌(dehydrogeraniin), 후로신(furosin)이 소량 함유되어 있고, 쿼세틴(quercetin), 캠페롤-7-람노사이드(kaempferol-7-rhamnoside), 캠페롤(kaempferol) 등의 플라보노이드(flavonoid) 성분이 함유되어 있다.

성미 성질이 평범하고, 맛은 쓰고 맵고, 독성이 없다.

 귀경 간(肝), 심(心), 대장(大腸) 경락에 작용한다.

효능과 주치 : 수렴(收斂)하는 성질이 강하며, 풍을 제거하고, 활혈과 해독의 효능이 있어서 풍사와 습사로 인하여 결리며 쑤시고 아픈 풍습동통(風濕疼痛)과 구격마목(拘擊麻木), 장염, 이질, 설사 등을 다스리는 데 아주 유용하다. 이질풀은 설사에는 최고의 효과를 가지는데 수렴성이 강하고 위장의 점막을 보호하며 염증을 완화하는 효과도 있다. 설사를 멈추고, 장내 세균을 억제하는 효과가 있어 식중독이 많이 발생하는 여름철에 아주 요긴한 약재이다. 차 대신 자주 마시면 건위와 정장약으로 뛰어난 효과가 있는데, 설사약으로 사용할 때에는 진하게 달여서 마셔야 한다.

 약용법과 용량 : 말린 전초 15~20g을 물 700mL에 넣어 끓기 시작하면 약하게 줄여 200~300mL가 될 때까지 달여 하루에 2회 나눠 마신다.

사용시 주의사항 : 설사와 변비에 함께 사용할 수 있다. 달인 것을 따뜻하게 마시면 설사를 멈추게 하고, 식혀서 마시면 숙변을 배출하는 데 도움이 되므로 주의해야 한다. 과민성대장증후군에 응용할 수도 있다.

🌿 기능성 및 효능에 관한 특허자료

▶ **항염증 효능을 가지는 이질풀 추출물 및 이를 유효성분으로 함유하는 조성물**

본 발명은 NF-κB, 사이클로옥시게나제-2(Cyclooxygenase-2), 콘드로이티나제(chondroitinase)의 활성화 저해를 통해 항염증 효능을 가지는 이질풀 추출물 및 이를 유효성분으로 함유하는 항염증용 조성물, 발효유, 음료 및 건강기능식품에 관한 것으로서, 이질풀 추출물은 항염증 효능을 가지는 작용이 탁월하여 염증성 질환의 치료 및 예방을 목적으로 하는 약학적 조성물 등으로 이용될 수 있다.

– 공개번호 : 10-2009-0056171, 출원인 : (주)한국야쿠르트

월경불순, 월경통, 급성 신염, 소화불량, 혈뇨

익모초

Leonurus japonicus Houtt.

사용부위 잎, 줄기, 종자

이명 : 임모초, 개방아, 충울(茺蔚), 익명(益明), 익모(益母)
생약명 : 익모초(益母草)
과명 : 꿀풀과(Labiatae)
개화기 : 7~8월

전초(약재)

약재 전형

생육특성 : 익모초는 두해살이풀로 전국 각지에서 자생하며, 키는 1~2m 이다. 줄기는 참깨 줄기처럼 모가 나고 곧추서며, 잎은 서로 마주난다. 뿌리에서 난 잎은 약간 둥글고 깊게 갈라지며 꽃이 필 때 없어진다. 줄기에 달린 잎은 3갈래의 깃 모양으로 갈라진다. 꽃은 홍자색으로 7~8월에 잎 겨드랑이에서 뭉쳐서 피는데 꽃받침은 5갈래로 갈라진다. 열매는 분과로 8~9월에 달걀 모양으로 익는다. 충울자(茺蔚子)라고 부르는 종자는 3개의 능각이 있어서 단면이 삼각형처럼 보이고 검게 익는다.

여성들의 부인병을 치료하는 데 효과가 있어 익모초(益母草)라는 이름이 붙었으며 농가에서 약용작물로 재배하거나 화단이나 작은 화분에 관상용 으로 재배하기도 한다.

지상부

꽃

열매

 채취 방법과 시기 : 줄기잎이 무성하고 꽃이 피기 전인 여름철에 채취하여 이물질을 제거하고 절단하여 그늘에서 말려서 사용한다.

성분 리누린(leonurine), 스타키드린(stachydrine), 리누리딘(leonuridine), 리누리닌(leonurinine), 루테인(rutein), 벤조익산(benzoic acid), 라우릭산 (lauric acid), 스테롤, 비타민 A, 아르기닌(arginine), 스타키오스(stachyose) 등이 함유되어 있다.

성미 성질이 약간 차고, 맛은 쓰고 맵고, 독성이 없다.

499

귀경 간(肝), 심(心), 비(脾), 신(腎) 경락에 작용한다.

효능과 주치 : 어혈을 풀어주고 월경을 조화롭게 하며, 혈의 순환을 돕고, 수도를 이롭게 하고, 자궁수축 등의 효능이 있어서 월경불순, 출산 시 후산이 잘 안 되는 오로불하(惡露不下)와 어혈복통(瘀血腹痛), 월경통, 붕루, 타박상, 소화불량, 급성 신염, 소변불리, 혈뇨, 식욕부진 등을 치료하는 데 유용하다.

 약용법과 용량 : 말린 약재를 가루로 만들어 한 번에 5g 정도를 물 700mL에 넣어 끓기 시작하면 약하게 줄여 200~300mL가 될 때까지 달여 하루에 2회 나눠 마신다. 민간에서는 이 방법으로 여성의 손발이 차고 월경이 고르지 못한 부인병을 치료하거나 대하증을 치료하는 데 사용하였고, 산후에 배앓이를 치료하기 위하여 꽃이 필

어린잎(둥근 모양)

무렵 채취하여 깨끗이 씻은 다음 짓찧어 즙을 내는데 한 번에 익모초 즙 한 숟가락에 술을 약간씩 섞어서 먹는데 하루에 3회 나눠 마신다. 또한 무더운 여름에 더위를 먹고 토하면서 설사를 할 때에는 익모초를 짓찧어 즙을 내서 한 번에 1~2숟가락씩 자주 마신다.

 사용시 주의사항 : 혈이 허하고 어혈이 없을 때에는 사용을 금한다.

🌿🧬 기능성 및 효능에 관한 특허자료

▶ **익모초 추출물을 함유하는 고혈압의 예방 및 치료용 약학 조성물**

본 발명은 익모초 추출물을 함유하는 조성물에 관한 것으로, 본 발명의 익모초 추출물은 ACE(안지오텐신 전환효소)를 저해함으로써 안지오텐신 전환효소의 작용으로 발생하는 혈압상승을 효과적으로 억제할 뿐만 아니라, 인체에 대한 안전성이 높으므로, 이를 함유하는 조성물은 고혈압의 예방 및 치료용 약학 조성물 및 건강기능식품으로 유용하게 이용될 수 있다.

– 등록번호 : 10-0845338, 출원인 : 동국대학교 산학협력단

해열, 항균, 항염

인동덩굴

Lonicera japonica Thunb. =
[*Lonicera acuminata* var. *japonica* Miq.]

사용부위 덩굴줄기, 잎, 꽃봉오리

이명 : 인동, 눙박나무, 능박나무, 털인동덩굴, 우단인동,
덩굴섬인동, 금은등(金銀藤), 이포화(二包花), 노옹수, 금채고
생약명 : 금은화(金銀花), 인동등(忍冬藤)
과명 : 인동과(Caprifoliaceae)
개화기 : 6~7월

꽃(약재)

약재 전형

501

생육특성 : 인동덩굴은 전국 산기슭이나 울타리 근처에서 자생하는 반상록 활엽 덩굴성 관목으로, 덩굴줄기가 오른쪽으로 감아 올라가고 덩굴줄기는 3m 전후로 뻗어나간다. 작은 가지는 적갈색에 털이 나 있고, 줄기 속은 비어 있으며, 잎은 달걀형 또는 긴 달걀 모양으로 서로 마주난다. 잎끝은 뾰족하고 밑부분은 둥글거나 심장 모양에 가깝고 가장자리는 밋밋하다. 꽃은 흰색으로 6~7월에 피는데 3~4일이 지나면 황금색으로 변하며, 꽃잎은 입술 모양으로 위쪽 꽃잎은 얕고 4개로 갈라져 바깥면은 부드러운 털로 덮여 있다. 꽃이 처음 필 때에는 흰색을 띠는 은빛이고 3~4일이 지나면 황금색이 되어 이 꽃을 '금은화(金銀花)'라고 이름 지었다고 한다. 열매는 물열매로 둥글고 9~10월에 검은색으로 익는다.

지상부   꽃   열매

 채취 방법과 시기 : 덩굴줄기와 잎은 가을·겨울, 꽃봉오리는 5~6월에 채취한다.

성분 잎과 덩굴줄기에는 로니세린(lonicerin), 루테올린(luteolin) 등의 플라보노이드류가 함유되어 있으며, 줄기에는 타닌(tannin), 알칼로이드(alkaloid)가 함유되어 있다. 그 외 로가닌(loganin), 세코로가닌(secologanin), 트리터펜사포닌(tritepene saponin)의 로니세로시드(loniceroside) A~C 등도 함유되어 있다. 꽃봉오리에는 루테올린, 이노

인동덩굴_잎

댕댕이덩굴_잎

인동덩굴_열매

댕댕이덩굴_열매

시톨(inositol), 로가닌, 세코로가닌, 로니세린, 사포닌 중에 헤데라게닌 (hederagenin), 클로로게닌산(chlorogenic acid), 긴놀(ginnol), 아우로잔틴 (auroxanthin) 등이 함유되어 있다.

성미 성질이 차고, 맛은 달다.

귀경 심(心), 폐(肺) 경락에 작용한다.

효능과 주치 : 덩굴줄기와 잎은 생약명을 인동등(忍冬藤)이라 하며 약성은 차고, 맛이 달며 달인 액은 황색포도상구균과 대장균 등의 발육을 억제하 는 항균작용과 항염증작용이 있다. 또한 에탄올 추출물에는 고지혈증의 치료 효과가 있으며 메탄올의 추출물은 암세포주에 대하여 세포 독성을 나타내고 감기몸살로 인한 해열작용이 있다. 또한 이뇨·소염약으로 종기 의 부종을 삭여주고 버섯 중독의 해독제로도 사용하며 전염성 간염의 치

료에도 도움을 준다. 꽃은 생약명을 금은화라고 한다. 또한 알코올 추출물은 살모넬라균, 티프스균, 대장균 등의 성장을 억제하는 항균작용이 있고 인플루엔자 바이러스에 대한 항바이러스작용도 있다. 특히 전염성 질환의 발열의 치료 효과가 있고 청열, 해독의 효능이 있으며 감기몸살의 발열, 해수, 장염, 종독, 세균성 적리, 이하선염, 염증, 패혈증, 외상감염, 종기, 창독 등을 치료한다. 인동덩굴의 추출물은 성장호르몬 분비촉진, 자외선에 의한 세포변이 억제 효과가 있다.

 약용법과 용량 : 말린 덩굴줄기와 잎 50~100g을 물 900mL에 넣어 반이 될 때까지 달여 하루에 2~3회 나눠 마신다. 외용할 경우에는 달인 액으로 환부를 씻거나 달인 액을 조려서 고(膏)로 만들어 환부에 붙이거나 가루로 만들어 기름과 조합하여 환부에 붙인다. 말린 꽃봉오리 10~30g을 물 900mL에 넣어 반이 될 때까지 달여 하루에 2~3회 나눠 마신다.

 기능성 및 효능에 관한 특허자료

▶ 성장호르몬 분비 촉진 활성이 뛰어난 인동 추출물, 이의 제조 방법 및 용도

본 발명의 인동초 추출물은 강력한 성장호르몬 분비 촉진 활성을 나타냄은 물론 천연 약재로서 안전성이 확보되어 있으므로 성장호르몬 분비 촉진제용 의약품, 화장품 및 식품 등으로 유용하게 사용될 수 있다.

— 공개번호 : 10-2005-0005633, 출원인 : (주)엠디바이오알파

▶ 자외선에 의한 세포 변이 억제 효과를 갖는 인동 추출물을 포함하는 조성물

본 발명에서는 인동을 이용하여 자외선에 의한 세포 손상 또는 세포 변이에 따른 질환을 방지, 억제할 수 있는 추출물 및 그 추출 방법을 제안한다. 본 발명에 따라 얻어진 인동 추출물은 예를 들어 자외선 노출로 인한 세포 계획사(apoptosis), 세포막 변이, 세포분열 정지, DNA 변이와 같은 핵 성분의 파괴 등을 억제할 수 있음을 확인하였다.

— 공개번호 : 10-2009-0001237, 출원인 : 순천대학교 산학협력단

심신불안, 건망, 불면

자귀나무

Albizzia julibrissin Durazz.

사용부위 나무껍질, 꽃, 꽃봉오리

이명 : 합혼피(合昏皮), 합환목, 애정목, 합환수
생약명 : 합환피(合歡皮), 합환화(合歡花)
과명 : 콩과(Leguminosae)
개화기 : 6~7월

껍질(약재)

약재 전형

ㅈ

생육특성 : 자귀나무는 전국적으로 분포하는 낙엽활엽소교목으로, 키는 3~5m이며 관목상으로 작은 가지는 털이 없고 능선이 있다. 잎은 2회 새 날개깃 모양의 겹잎이고 서로 어긋나며 잔잎은 낫처럼 생기고 원줄기를 향해 굽어 좌우가 같지 않은 타원형에 양면으로 털이 없거나 뒷면 맥 위에 털이 나 있으며 밤에는 잎이 접힌다. 꽃은 담홍색으로 6~7월에 두상꽃차례로 가지 끝에서 핀다. 열매는 콩과로 편평한데 9~10월에 꼬투리 안에서 5~6개의 타원형의 종자가 갈색으로 익는다.

| 지상부 | 꽃 | 열매 |

 채취 방법과 시기 : 나무껍질에는 여름·가을, 꽃, 꽃봉오리는 6~7월에 채취한다.

성분 나무껍질에는 사포닌, 타닌(tannin)이 함유되어 있으며, 처음 새로 핀 신선한 잎에는 비타민 C가 많이 함유되어 있다.

성미 성질이 평범하고, 맛은 달다.

귀경 간(肝), 심(心), 폐(肺) 경락에 작용한다.

자귀나무 꽃 집단

 효능과 주치 : 나무껍질은 생약명을 합환피(合歡皮)라고 하며 약성은 평범하고 맛이 달아 심신불안을 안정화하고 근심, 걱정을 덜어주며 마음을 편안하게 하며 우울불면, 근골절상, 옹종종독, 소종, 신경과민, 히스테리 등을 치료한다. 꽃은 생약명을 합환화(合歡花)라고 하고, 꽃봉오리는 생약명을 합환미(合歡米)라고 하여 불안, 초조, 불면, 건망, 옹종, 타박상, 동통 등을 치료한다. 자귀나무 추출물은 항암작용이 있다.

 약용법과 용량 : 말린 나무껍질 15~30g을 물 900mL에 넣어 반이 될 때까지 달여 하루에 2~3회 나눠 마신다. 외용할 경우에는 가루로 만들어 기름에 개어 환부에 붙인다. 말린 꽃과 꽃봉오리 10~20g을 물 900mL에 넣어 반이 될 때까지 달여 하루에 2~3회 나눠 마신다. 외용할 경우에는 가루로 만들어 기름에 개어 환부에 붙인다.

기능성 및 효능에 관한 특허자료

▶ 자귀나무 추출물을 포함하는 항암 또는 항암 보조용 조성물

본 발명은 자귀나무 껍질 추출물을 포함하는 항암 또는 항암 보조용 조성물에 관한 것이다. 본 발명에 따른 자귀나무 껍질 추출물은 천연식물로부터 유래하여 소비자에게도 안전하며, 기존의 항암제와의 병용 투여 시 기존 항암제를 적은 용량으로 투여하는 경우에도 약물의 상승효과가 나타나 항암 활성이 극대화되므로 적은 투여용량의 기존 항암제를 사용함으로써 항암제 투여에 따른 독성 및 부작용은 줄일 수 있는 항암 또는 항암 보조용 조성물에 관한 것이다.

― 공개번호 : 10-2012-0090118, 출원인 : 학교법인 동의학원

항암, 항산화, 면역력 강화

자작나무시루뻔버섯

Inonotus obliquus (Ach. ex Pers.) Pilát

사용부위 자실체

이명 : 차가버섯
생약명 : 차가(чага)(러시아어를 우리말로 발음한 것)
과명 : 소나무비늘버섯과(Hymenochaetaceae)
발생시기 : 여름~가을

자실체

생육특성 : 자작나무시루뻔버섯은 소나무비늘버섯과의 버섯으로, 차가버섯 이라고도 불리며 약용한다. 크기는 9~25cm이고, 덩어리로 되어 있고 형 태가 불규칙하다. 표면은 암갈색 또는 검은색으로 거북등과 같이 갈라지 며, 조직은 싱싱할 때에는 부드러운 코르크질이나 건조하면 딱딱해지고 쉽게 부서지고 자르면 검은색으로 변색된다. 자실층은 배착형이며, 표면 은 관공형이고, 종종 나무껍질 아랫부분에서 군데군데 발생한다. 자실층 의 색은 어릴 때에는 흰색을 띠나 자라면 갈색으로 변하며, 오래되면 암갈 색을 띤다. 관공구는 각진 모양이거나 타원형이고 길이는 약 1cm이다.

자실체(겉)   자실체(속)

 발생 장소 : 대부분 자작나무에서 발생하지만 드물게 오리나무, 물푸레나 무, 버드나무 등에서 발생하는 경우도 있다.

성분 다당류(식이섬유)의 하나인 베타글루칸(beta glukan)이 다량 함유되어 있어 면역기능 강화 및 항종양 효과가 있다고 보고되었다.

성미 성질이 평범하고, 맛은 달고 약간 쓰다.

귀경 간(肝), 심(心), 비(脾) 경락에 작용한다.

 효능과 주치 : 차가버섯은 러시아에서 공식적인 암 치료제로 인정할 만큼 항암 효과가 뛰어나다. 또한 강력한 항산화 효과가 있으며 베타글루칸이

? 혼동하기 쉬운 약초 비교

자작나무시루뻔버섯

목질열대구멍버섯

풍부하게 들어 있어 면역력을 강화해준다. 뿐만 아니라 혈중콜레스테롤 강하, 심혈관질환 예방, 혈당저하 등의 효능도 있다.

 약용법과 용량 : 다양한 효능들이 인정된 데에 따른 여러 가지 이용법들이 연구 중에 있다. 다만 뜨거운 물로 차를 우려내면 건강에 유익한 성분이 파괴되기 때문에 효율적인 추출법과 섭취 방법에 대한 연구가 다양하게 진행 중에 있다.

 사용시 주의사항 : 아스피린이나 항응고성 물질인 와파린 같은 약물과 함께 사용하면 출혈 위험이 크기 때문에 반드시 피해야 한다. 또한 당뇨병 환자나 자가면역 질환 환자 등도 차가버섯 복용에 각별히 주의해야 한다.

 기능성 및 효능에 관한 특허자료

▶ 항염증 활성을 갖는 차가버섯 추출물을 함유하는 조성물

본 발명은 항염증 활성을 갖는 차가버섯 추출물 및 이를 함유하는 조성물에 관한 것으로, 본 발명의 차가버섯 추출물은 NF-kB 활성을 저해하여 LPS에 의해 유도되는 iNOS 및 COX-2 유전자의 발현을 저해함으로써 우수한 항염증 효과를 나타내므로 각종 염증 관련 질환의 예방 및 치료를 위한 의약품 및 건강기능식품으로 이용될 수 있다.

– 공개번호 : 10-2005-0100719, 출원인 : 박희준

폐수, 옹종 , 출산 후 회복기의 산모

잔대

Adenophora triphylla var. *japonica* (Regel) H. Hara

사용부위 뿌리

이명 : 갯딱주, 남사삼(南沙參), 지모(知母),
　　　사엽사삼(四葉沙參)
생약명 : 사삼(沙蔘)
과명 : 초롱꽃과(Campanulaceae)
개화기 : 7~9월

ㅈ

뿌리 채취품

약재 전형

생육특성 : 잔대는 여러해살이풀로, 전국 산야에서 자생하며, 키는 40~120cm로 자란다. 뿌리는 도라지처럼 엷은 황백색을 띠며 굵은데 이를 '사삼(沙蔘)'이라 부르며 약으로 사용한다. 뿌리의 질은 가볍고 절단하기 쉬우며, 절단면은 유백색을 띠고 빈틈이 많다. 줄기는 곧추서고 잔털이 많이 나 있다. 뿌리에서 나온 잎은 원심형으로 길지만 꽃이 필 때쯤 사라지고, 줄기잎은 마주나기 또는 돌려나기, 어긋나며 타원형 또는 바소꼴, 넓은 선형 등 다양하다. 줄기잎은 양 끝이 좁고 톱니가 있다. 꽃은 보라색이나 분홍색으로 7~9월에 원뿔꽃차례로 원줄기 끝에서 피는데 종 모양이고 길이는 1.5~2cm이다. 열매는 10월경에 달리는데 갈색으로 된 씨방에는 먼지와 같은 작은 종자들이 많이 들어 있다.

| 지상부 | 꽃 | 열매 |

 채취 방법과 시기 : 가을에 뿌리를 채취하여 이물질을 제거하고 세정한 후 두껍게 절편하여 건조해서 사용한다.

성분 뿌리에는 사세노사이드(shashenoside) Ⅰ~Ⅲ, 시린지노사이드(siringinoside), 베타-시토스테롤글루코사이드(β-sitosterolglucoside), 리놀레익산(linoleic acid), 메티스테아레이트(methystearate), 6-하이드록시유게놀(6-hydroxyeugenol), 사포닌(saponin), 이눌린(inulin) 등이 함유되어 있다.

?? 혼동하기 쉬운 약초 비교

잔대_꽃

모시대_꽃

잔대_잎

모시대_잎

성미 성질이 약간 차고, 맛은 달며, 독성이 없다.

귀경 간(肝), 비(脾), 폐(肺) 경락에 작용한다.

효능과 주치 : 강장, 청폐(淸肺), 진해, 거담, 소종하는 효능이 있어서 폐결핵성 해수나 해수, 옹종 등의 치료에 유용하다. 특히 잔대는 각종 독성을 해독하는 효능이 뛰어나고 자궁의 수축 기능이 있기 때문에 출산 후 회복기의 산모에게 매우 유용하게 사용될 수 있다·

약용법과 용량 : 말린 뿌리 10~20g 을 물 700mL에 넣어 끓기 시작하 면 약하게 줄여 200~300mL가 될 때까지 달여 하루에 2회 나눠 마신 다. 환이나 가루로 만들어 복용하 기도 한다.

민간에서는 주로 독성을 제거하는 데 유용하게 사용해왔다. 아울러

숫잔대_꽃

민간에서는 산후조리를 위하여 다음의 방법으로 약재로 사용했다. 먼저 말린 잔대 100~150g과 대추 100g을 함께 넣고 푹 달인 다음 삼베에 거른 다. 여기에 잘 익은 늙은 호박 하나를 골라 속을 긁어내고 작게 토막 내어 넣고 푹 삶은 다음, 호박을 으깨어 삼베에 거른다. 여기에 막걸리 1병을 넣어 다시 끓인 다음, 하루 2~3차례 한 대접씩 먹는데, 맛도 좋고 산후의 부기를 빼주며 자궁의 수축 효과가 있어 산모의 산후 회복에 도움을 준다. 산후에 2번 정도 만들어 먹으면 산모의 회복에 매우 좋다.

 사용시 주의사항 : 성미가 달고 차므로 풍사와 한사로 인하여 기침을 하는 풍한해수(風寒咳嗽) 및 비위가 허하고 찬 경우에는 부적당하다. 방기(防己) 나 여로(藜蘆)와 함께 사용하지 않는다.

 기능성 및 효능에 관한 특허자료

▶ 잔대로부터 추출된 콜레스테롤 생성 저해 조성물

본 발명은 잔대의 에탄올 추출물을 유효성분을 포함하는 콜레스테롤 생성 저해기능을 갖는 조성물 및 그 제조방법에 관한 것으로, 잔대의 유효성분이 콜레스테롤 생합성 과정 중 후반부 경로에 관여 하는 효소를 특이적으로 저해하는 것을 특징으로 한다. 이러한 본 발명은 현재 가장 많이 복용되는 스타틴(statin)계 약물이 콜레스테롤 생합성 전반부에 작용하면서 부작용을 동반하고 있는 것과는 달 리 콜레스테롤 생합성 후반부에 작용함으로써 부작용이 적은 치료제나 건강식품의 성분으로써 유 용하게 사용될 수 있다.

— 공개번호 : 10-2003-0013482, 출원인 : (주)한국야쿠르트

자양강장, 콜레스테롤, 당뇨

잣나무

Pinus koraiensis Siebold & Zucc.

사용부위 종자

이명 : 홍송(紅松), 송자(松子), 송자인(松子仁),
신라송자(新羅松子)
생약명 : 해송자(海松子)
과명 : 소나무과(Pinaceae)
개화기 : 4∼5월

약재 전형

생육특성 : 잣나무는 전국의 산야에서 분포하는 상록침엽교목으로, 높이가 30m 정도로 자라고, 나무껍질은 회갈색이며 비늘 모양으로 갈라진다. 잎은 침형으로 5장씩 모여 나고 3개의 능선이 있으며 양면에 흰색의 기공선이 5~7줄 있고 가장자리에는 잔톱니가 있다. 꽃은 적황색으로 4~5월에 암수한그루로 핀다. 열매는 솔방울의 방울열매로 긴 달걀 모양 또는 달걀모양 타원형으로 10~11월에 결실한다. 열매 속에 들어 있는 종자는 달걀모양 삼각형으로 날개는 없고 양면에는 얇은 막이 있다.

| 지상부 | 꽃 | 열매 |

 채취 방법과 시기 : 10~11월에 종자를 채취한다.

성분 종자에는 지방유가 74% 함유되어 있는데 주성분은 에틸올레산(ethyloleic acid), 에틸리놀레산(ethyllinoleic acid)이며 팔미틴(palmitin), 단백질, 정유 등도 함유되어 있다. 유수지(油樹脂)에는 알파 및 베타-피넨(α, β-pinene), 캄펜(camphene), 3-카렌(3-carene), 사비넨(sabinene), 디펜텐(dipentene), 밀센(myrsene), 베타-펠란드렌(β-pellandrene), 감마-테피넨(γ-terpinene), 피-시멘(p-cymene), 셈부렌(cembrene), 이소셈부롤(isocembrol), 이랑게(ylange), 롤기포렌(longifolene), 피나센(pinacene) 등이 함유되어 있다.

성미 성질이 따뜻하고, 맛은 달고, 독성이 없다.

귀경 비(脾), 폐(肺), 대장(大腸) 경락에 작용한다.

✚ **효능과 주치** : 종자는 식용 또는 약용하는데 생약명을 해송자(海松子)라고 하며 자양강장, 보기(補氣), 양혈, 토혈, 변비, 두현(頭眩)을 치료한다. 잎 추출물은 혈중 콜레스테롤을 내려주고 당뇨의 예방 치료에 효과적으로 사용할 수 있다.

약용법과 용량 : 말린 종자 20~30g을 물 900mL에 넣어 반이 될 때까지 달여 하루에 2~3회 나눠 마신다.

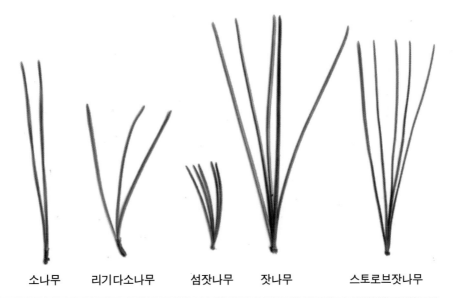

소나무　　리기다소나무　　섬잣나무　　잣나무　　스토로브잣나무

🧬 기능성 및 효능에 관한 특허자료

▶ **잣나무 잎 추출물을 유효성분으로 함유하는 혈중 콜레스테롤 강하용 조성물**

본 발명은 혈당 그리고 콜레스테롤을 조절하는 데 있어서의 잣나무 잎 추출물의 용도 및 이용 방법에 관한 것이다. 본 발명에 따른 추출물은 췌장세포에서 인슐린 분비 결핍으로 인한 체중 감소를 억제하며 혈당을 강하할 뿐만 아니라, 혈중 콜레스테롤 수준을 낮추며 지질 대사를 개선하고 신장 기능 저하를 억제하며 탁월한 항당뇨효과를 나타낸다. 따라서 안전한 치료제, 건강식품, 건강기능식품 및 식품 원료물질로 제조될 수 있다.

― 공개번호 : 10-2012-0074269, 출원인 : (주)메테르젠

종양, 유방종통, 유즙불통, 골절동통, 치질

절굿대

Echinops setifer Iljin

사용부위 뿌리

이명 : 절구대, 절구때, 개수리취, 둥둥방망이, 분취아재비
생약명 : 누로(漏蘆)
과명 : 국화과(Compositae)
개화기 : 7~8월

약재 전형

생육특성 : 절굿대는 전국의 산지에서 자라는 여러해살이풀이다. 생육환경은 물 빠짐이 좋은 산 경사지의 반그늘 혹은 양지이며, 키는 1m 정도이다. 잎은 엉겅퀴의 잎처럼 어긋나며 길이 0.2~0.3cm 되는 가시가 달린 뾰족한 톱니가 있다. 잎 앞면은 녹색이고 뒷면은 면모로 덮여 있는 흰색인데 수분이 적고 건조하면 검은색으로 변한다. 꽃은 남자색으로 7~8월에 원줄기 끝과 가지 끝에서 여러 송이가 피는데 지름은 5cm 정도이다. 열매는 9~10월에 달리는데 원기둥 모양으로 황갈색 털이 촘촘히 나 있으며 갓털은 가시처럼 되고 밑부분은 뾰족하게 도드라진다. 속명은 그리스어로 'echinos(고슴도치)'와 'pos(발)'의 합성어인데 둥근 꽃 모양이 가시 돋은 고슴도치의 발처럼 생긴 데서 유래했다.

지상부   꽃   열매

 채취 방법과 시기 : 가을에 뿌리를 채취하여 그늘에 말린다.

성분 에키놉신(echinopsine), 에키노린(echinorine), 에키닌(echinine), 아세틸렌컴파운드(acetylene compound) 등이 함유되어 있다.

성미 성질이 차고, 맛은 짜고 쓰다.

귀경 폐(肺), 신(腎), 위(胃) 경락에 작용한다.

절굿대_꽃

엉겅퀴_꽃

절굿대_잎

엉겅퀴_잎

 효능과 주치 : 열을 내리고 독성을 풀어주며 고름을 배출시키는 효능이 있다. 또한 종기를 삭이고 젖을 잘 나오게 하며 힘줄과 혈맥을 소통시키는 효능이 있어서 종양, 유방종통, 유즙불통, 골절동통, 치질로 인한 출혈을 치료한다.

 약용법과 용량 : 말린 뿌리 6~15g을 물 1L에 넣어 1/3이 될 때까지 달여 하루에 2~3회 나눠 마시거나, 환 또는 가루로 만들어 복용하기도 하고, 갈아서 환부에 뿌리거나, 물로 달여서 환부를 씻어낸다.

 사용시 주의사항 : 쓰고 찬 성질이 있으므로 기가 허한 사람 또는 임신부는 사용을 피한다.

열병, 구건, 소아경풍, 정신불안, 해역

조릿대

Sasa borealis (Hack.) Makino

사용부위 잎

이명 : 기주조릿대, 산대, 산죽, 신우대, 조리대
생약명 : 죽엽(竹葉)
과명 : 벼과(Gramineae)
개화기 : 5~7월

ㅈ

약재 전형

생육특성 : 조릿대는 제주도와 울릉도를 제외한 한반도 전역에서 자생하는 상록활엽 관목으로, 대나무 종류 중에서 줄기가 매우 가늘고 키가 작으며 잎집이 그대로 붙어 있다는 특징이 있다. 높이는 1~2m로 자라는데, 지름 0.3~0.6cm인 가느다란 녹색 줄기에는 털이 없으며 공 모양의 마디는 도드라지고 그 주위가 옅은 자주색을 띤다. 잎은 타원형 바소꼴로 가지 끝에서 2~3장씩 나는데 길이는 10~25cm이며 잎 가장자리에 가시 같은 잔 톱니가 있다. 꽃차례는 털과 흰 가루로 덮여 있으며 아랫부분이 검은 빛을 띤 자주색 포로 싸여 있는데 어긋나게 갈라지며 원뿔형의 꽃대가 나와 그 끝마다 10송이 정도의 이삭 같은 꽃이 달린다. 열매는 꽃이 핀 해의 5~6월에 작고 타원형의 열매가 회갈색으로 달린다. 유사종인 섬조릿대, 제주조릿대, 섬대 등의 잎도 약재로 사용하고 있는데 민간에서는 조릿대를 담죽엽(淡竹葉)이라고도 부르지만 담죽엽은 여러해살이풀인 조릿대풀(*Lophatherum gracile* Brongn.)의 생약명으로, 혼동의 우려가 있으므로 구분하여 사용해야 한다.

지상부 꽃 열매

 채취 방법과 시기 : 연중 어느 때나 가능하나 여름에 아주 작은 잎을 채취하여 햇볕에 말리거나 그늘에 말려서 사용한다. 죽엽은 성장 후 1년이 된 것으로 어리고 탄력이 있으며 신선한 잎이 좋다.

성분 조릿대는 항암 활성물질이 있는 것으로 알려져 있다. 잘게 썬 마른 잎 1kg을 물로 씻고 생석회 포화용액 18L에 염화칼슘 1.5g을 넣고 2시간 정도 끓인 다음 걸러낸 액에 탄산가스를 통과시켜 탄산칼슘의 앙금이 완전히 생기도록 하룻밤 두었다가 거른다. 거른 액을 1/20로 졸이고 앙금이 생기면 다시 거른다. 거른 액을 졸여서 말리면 8~11%의 노란빛의 밤색 물질을 얻을 수 있는데 이것이 강한 항암 활성물질이다. 이 물질은 총당 43%, 질소 1% 정도이다.

성미 성질이 차고, 맛은 달고 담담하고, 독성이 없다.

귀경 심(心), 폐(肺), 담(膽) 경락에 작용한다.

효능과 주치 : 열을 식히고 번조를 제거하는 청열제번, 소변을 잘 나가게 하는 이뇨, 갈증을 멈추게 하는 지갈, 진액을 생성시켜주는 생진(生津) 등의 효능이 있어서 열병과 번갈을 치료하며, 소아경풍(小兒驚風), 정신불안, 소변불리, 구건(口乾: 입안이 마르는 증상), 해역(咳逆: 기침을 하며 기가 위로 거스르는 증상) 등의 치료에 사용한다.

약용법과 용량 : 민간요법에서는 만성 간염, 땀띠, 여드름, 습진 치료 등에 사용한다고 한다. 만성 간염에는 말린 잎과 줄기 10~20g을 잘게 썰어 물 700mL에 넣어 끓기 시작하면 약하게 줄여 200~300mL가 될 때까지 달여 하루에 3회, 식전에 마시면 입맛이 없고 몸이 노곤하며 소화가 잘 안 되고 헛배가 부르며 머리가 아프고 간 부위가 붓고 아픈 증상을 치료한다. 말린 잎 100g을 물 5~6L에 넣어 2~3시간 약한 불로 끓여 그 물을 욕조에 붓고 찌꺼기는 베주머니에 넣어 욕조 속에 넣은 다음 그 물로 목욕하면 땀띠, 여드름, 습진을 치료하는 데 효과적이다. 또한 민간에서는 봄철에 채취한 조릿대 잎을 잘게 썰어 그늘에서 말려 5년쯤 묵혀두었다가 오랫동안 달여 농축액을 만들어놓고 약용하는데, 이렇게 하면 조릿대의 찬 성질이 없어지며 조금씩 먹으면 면역기능을 강화하는 좋은 약이 된다고 한다.

사용시 주의사항 : 담죽엽(淡竹葉)의 기원식물로 풀인 조릿대풀과 혼동하지 않도록 주의한다.

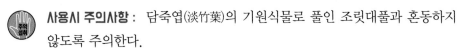

풍한사로 인한 감기, 코 막힘, 가래와 천식

족도리풀

Asarum sieboldii Miq.

사용부위 전초

이명 : 족두리풀, 세삼, 소신(小辛, 少辛), 세초(細草)
생약명 : 세신(細辛)
과명 : 쥐방울덩굴과(Aristolochiaceae)
개화기 : 4~6월

약재 전형

생육특성 : 족도리풀은 전국 각처의 산지에서 자라는 여러해살이풀로, 반그늘 또는 양지의 토양이 비옥한 곳에서 잘 자란다. 키는 15~20cm이며, 줄기는 자줏빛을 띤다. 잎은 줄기 끝에서 2장이 나오는데 너비는 5~10cm이고 하트 모양이다. 잎의 표면은 녹색이고 뒷면에는 잔털이 많이 나 있다. 꽃은 검은 홍자색으로 4~6월에 피는데 항아리 모양이고 끝이 3갈래로 갈라진다. 꽃은 잎 사이에서 올라오기 때문에 잎 주위의 쌓여 있는 낙엽들을 살짝 걷어내면 그 속에 수줍은 듯 숨어 있다. 열매는 8~9월경에 두툼하고 둥글게 달린다. 뿌리줄기는 마디가 많고 옆으로 비스듬히 기며 마디에서 뿌리가 내린다.

지상부

꽃

 채취 방법과 시기 : 5~7월에 전초를 뿌리째 채취하는데 이물질을 제거하고 부스러지지 않도록 습기를 줘 부드럽게 만든 뒤 절단해 햇볕에 말려 사용한다. 또는 봄·가을에 뿌리만을 채취하여 같은 방법으로 약재로 가공한다.

성분 뿌리에는 메틸류게놀(methylleugenol), 아사릴케톤(asarylketone), 사프롤(safrol), 1,8-시네올(1,8-cineol), 유카본(eucarvone), 아사리닌(asarinin), 히게나민(higenamine) 등이 함유되어 있다.

성미 성질이 따뜻하고, 맛은 맵고, 독성이 없다.

귀경 심(心), 폐(肺), 신(腎) 경락에 작용한다.

혼동하기 쉬운 약초 비교

족도리풀_잎

개족도리풀_잎

 효능과 주치 : 풍사를 제거하고 한사를 흩어지게 하는 거풍산한(祛風散寒), 구규(九竅: 몸의 9개의 구멍으로 눈, 코, 귀, 입, 요도, 항문 등을 가리키며 오장 육부의 상태나 병증을 나타내는 창문의 역할)를 통하게 하고 통증을 멈추게 하 는 통규지통(通竅止痛), 폐기를 따뜻하게 하고 음식을 잘 소화시키는 온폐 화음(溫肺化飮) 등의 효능이 있어서 풍사와 한사로 인한 감기를 치료하고, 두통, 치통, 코 막힘을 치료하며, 풍습비통(風濕痺痛)과 담음천해(痰飮喘咳: 가래와 천식, 기침)를 다스린다.

약용법과 용량 : 말린 전초 1.5~4g을 물에 넣어 끓여 탕전하거나 환이나 가 루로 만들어 복용하는데 가루를 코 안에 뿌리기도 한다. 매운맛이 강하여 차나 음료로 마시기에는 부적당하며 약재로 사용한다. 추위나 바람에 노 출되어 얻은 감기로 인하여 오는 오한발열, 두통, 비색(鼻塞: 코막힘) 등의 병증을 다스리는데 특히 두통이 심한 감기증상에 적합하다.

사용시 주의사항 : 발산작용이 있는 약재이므로 음허, 혈허, 기허다한(氣虛 多汗), 음허양항두통(陰虛陽亢頭痛: 음적인 에너지 소스가 부족하면서 양기가 항성하여 오는 두통), 음허폐열해수(陰虛肺熱咳嗽) 등에는 모두 사용하면 안 되며 가루약의 사용량이 너무 많지 않도록 주의한다. 안면홍조나 어지럼 증, 다한 등을 일으킬 수 있고 심하면 가슴이 답답하고 오심, 구토, 심계 (心悸) 등의 증상을 일으킬 수 있다.

당뇨병, 이뇨, 항암

주 목

Taxus cuspidata Siebold & Zucc.

사용부위 가지, 잎

이명 : 화솔나무, 적목, 경목, 노가리나무, 적백송(赤柏松),
동북홍두삼(東北紅豆杉)

생약명 : 자삼(紫杉)

과명 : 주목과(Taxaceae)

개화기 : 5~6월

약재 전형

ㅈ

생육특성 : 주목은 전국의 높고 깊은 산에서 분포하는 상록침엽교목으로, 높이는 15~20m에 나무껍질은 적갈색으로 얇게 갈라지고, 가지는 빽빽하게 나며 작은 가지는 서로 어긋나 붙어 있다. 선 모양의 잎은 나선 모양으로 달려 있지만 옆으로 뻗은 가지에서는 새 날개깃 모양으로 보이는데 밑부분은 좁으며 잎끝은 뾰족하다. 꽃은 암수한그루로 5~6월에 수꽃은 갈색의 꽃이 피고 암꽃은 달걀 모양으로 녹색의 꽃이 핀다. 열매는 원형으로 9~10월경에 적색으로 결실한다.

지상부 　　　　　　　　　　꽃 　　　　　　　　　　열매

 채취 방법과 시기 : 가지, 잎을 연중 수시 채취한다.

성분 어린 가지에는 탁신(taxine), 줄기껍질에는 항백혈병작용과 항종양작용이 있는 택솔(taxol)이 함유되어 있는데 자궁암, 난소암에 선택적으로 작용한다. 목질부에는 탁수신(taxusin), 잎에는 디터페네스(ditepenes) 화합물과, 탁시닌(taxinine), 탁시닌 A, H, K, L, 파나스테론(panasterone) A, 에크디스테론(ecdysterone), 시아도피티신(sciadopitysin)도 함유되어 있다.

성미 성질이 시원하고, 맛은 달고 쓰고, 잎에는 독성이 조금 있다.

귀경 비(脾), 방광(膀胱) 경락에 작용한다.

잘 익은 주목 열매

 효능과 주치 : 가지와 잎은 생약명을 자삼(紫杉)이라고 하며 혈당강하, 항암 작용이 있으며 이뇨, 통경의 효능이 있고 당뇨병, 난소암, 자궁암, 백혈 병, 신장병을 치료한다. 주목의 형성층 또는 전형성층 유래 세포주를 유효 성분으로 항산화, 항염증, 항노화, 미백효과가 있다.

 약용법과 용량 : 말린 약재 20~30g을 물 900mL에 넣어 반이 될 때까지 달 여 하루에 2~3회 나눠 마신다. 껍질을 벗겨 말린 작은 가지 30~40g을 물 900mL에 넣어 반이 될 때까지 달여 하루에 2~3회 나눠 마신다. 말린 잎 10~20g을 물 900mL에 넣어 반이 될 때까지 달여 하루에 2~3회 나눠 마신다. 당뇨병을 치료할 때에는 말린 잎 20g을 물 900mL에 넣어 반이 될 때까지 달여 하루에 2회 나눠 마시는데 오심, 구토 등의 부작용이 나타나 면 사용을 중지하고 용량을 줄이고 부작용이 없으면 30g을 달여 아침저녁 마신다.

 기능성 및 효능에 관한 특허자료

▶ 주목의 형성층 또는 전형성층 유래 식물 줄기세포주를 유효성분으로 함유하는 항산화, 항염증 또는 항노화용 조성물

본 발명은 주목의 형성층 또는 전형성층 유래 세포주, 그 추출물, 그 파쇄물 및 그 배양액 중 어느 하나 이상을 함유하는 항산화, 항염증 또는 항노화용 조성물에 관한 것이다. 본 발명에 따른 조성물 은 기존 항산화제와 항염증제의 부작용을 최소화하며, 세포 내의 대사작용에 관여하여 세포 내 활 성산소를 감소시키고, 노화와 관련된 신호들을 감소 및 유도시키는 효과가 있으므로 노화의 방지 및 지연에 유용하다. 아울러 본 발명에 따른 조성물은 멜라닌 생성을 억제하는 효과가 있어 미백용 화장료 조성물로서도 유용하다.

– 공개번호 : 10–2009–0118877, 출원인 : (주)운화

강장, 지혈, 신체허약

쥐똥나무

Ligustrum obtusifolium Siebold & Zucc.

사용부위 열매

이명 : 개쥐똥나무, 남정실, 검정알나무, 귀똥나무, 수랍수(水蠟樹), 여정(女貞), 착엽여정(窄葉女貞), 싸리버들
생약명 : 수랍과(水蠟果)
과명 : 물푸레나무과(Oleaceae)
개화기 : 5~6월

약재 전형

생육특성 : 쥐똥나무는 전국에서 분포하는 낙엽활엽관목으로, 높이는 2m 전후로 자라고, 가지는 가늘고 잔털이 나 있으나 2년째 가지에서는 없어진다. 잎은 타원형에 서로 어긋나 붙어 있고 양 끝이 뭉뚝하며 가장자리에는 톱니가 없이 뒷면에는 털이 나 있다. 꽃은 흰색으로 5~6월에 가지 끝에서 총상 또는 겹총상꽃차례로 많은 꽃이 핀다. 열매는 달걀 모양 원형으로 10~11월에 검은색으로 익는다.

지상부   꽃   열매

 채취 방법과 시기 : 열매는 10~11월에 채취한다.

성분 열매에는 베타-시토스테롤(β-sitosterol), 세로틴산(cerotic acid), 팔미틴산(palmitic acid)이 함유되어 있다.

성미 성질이 평범하고, 맛은 달고, 독성이 없다.

귀경 심(心), 비(脾), 신(腎) 경락에 작용한다.

효능과 주치 : 잘 익은 열매는 말려서 약용하는데 생약명을 수랍과(水蠟果)라고 하며 약성은 평범하며 맛이 달고 독성이 없어 강장, 자한, 지혈, 신체허약, 신허(腎虛), 유정, 토혈, 혈변 등을 치료한다.

약용법과 용량 : 말린 열매 30~50g을 물 900mL에 넣어 반이 될 때까지 달여 하루에 2~3회 나눠 마신다.

쥐똥나무_잎

광나무_잎

쥐똥나무_열매

광나무_열매

 기능성 및 효능에 관한 특허자료

▶ 쥐똥나무속 식물 열매와 홍삼 함유 청국장 분말로 이루어진 항당뇨 활성 조성물

본 발명은 쥐똥나무속(Ligustrum) 식물 열매 분말 또는 추출물과 홍삼 함유 청국장 분말이 0.5 내지 1 : 1로 이루어진 항당뇨 활성 조성물 및 이를 유효성분으로 함유하는 당뇨병 예방 또는 치료용 약학 조성물 및 기능성 식품 조성물에 관한 것으로, 본 발명에 따른 조성물은 당뇨 유발 동물에서 혈당을 유의적으로 강하시킬 수 있어 당뇨병의 예방 및 치료에 매우 우수한 효과가 있다.

— 공개번호 : 10-2010-0081116, 출원인 : 김순동

신경쇠약, 월경불순, 심장과 위장의 쇠약

쥐오줌풀

Valeriana fauriei Briq.

사용부위 뿌리, 어린순

이명 : 길초, 긴잎쥐오줌, 줄댕가리, 은댕가리, 바구니나물
생약명 : 길초근(吉草根)
과명 : 마타리과(Valerianaceae)
개화기 : 5~7월

ㅈ

약재 전형

생육특성 : 쥐오줌풀은 전국의 각처에서 분포하는 숙근성 여러해살이풀인데, 척박한 토양에서도 잘 자라지만 비교적 토양 비옥도가 높은 곳과 반그늘 혹은 양지에서 잘 자란다. 키는 40~80cm이고, 잎은 지상부로 올라오고 난 후에는 뿌리잎이 자라지만 개화 때에는 없어지고 줄기잎이 자라는데 줄기잎은 5~7장으로 갈라지고 톱니가 있다. 꽃은 연한 붉은색으로 5~7월에 원줄기 끝과 옆 가지에서 둥근 형태로 핀다. 열매는 길이 0.4cm 정도인데 8월경에 꽃잎이 붙은 자리에서 짧은 갓털을 가지고 달리는데 가을의 약한 바람에도 쉽게 떨어져나간다.

| 지상부 | 꽃 | 열매 |

 채취 방법과 시기 : 이른 봄에 어린순을 채취하고, 가을에 뿌리를 채취하여 햇볕에 말린다.

성분 뿌리에는 정유가 함유되어 있으며 주성분은 보닐이소발레리아네이트(bornyl isovalerianate)이다. 기타 성분으로는 보네올(borneol), 캄펜(camphene), 알파-피넨(α-pinene), d-터피네올(d-terpineol), 1-리미넨(l-liminen), 펠란드렌(phellandrene), 미르센(myrcene), 발레리아놀(valerianol), 발러레닉산(valerenic acid), 헤스페리티닉산(hesperitinic acid), 비헤닉산(behenic acid), 이소발레릭산(isovaleric acid), 마알리알콜(maali alcohol), 보닐아세테이트(bornyl acetate) 등이 함유되어 있다.

성미 성질이 따뜻하고, 맛은 맵고 쓰다.

귀경 심(心), 위(胃) 경락에 작용한다.

쥐오줌풀_꽃

효능과 주치 : 진정작용과 경련을 멈추는 진경작용 등의 효능이 있어서 신경쇠약, 정신불안, 요통, 월경불순, 무월경, 심장이나 위장의 쇠약을 치료하는 데 사용한다. 또한 심장쇠약의 합병증에 따르는 심근염(心筋炎), 류머티즘성 심장병, 위장경련, 관절염, 타박상, 외상출혈 등을 치료한다. 뿌리는 진정제로 특히 히스테리, 신경과민을 다스리는 데 효능이 매우 크다.

약용법과 용량 : 말린 약재 3~5g을 물 1L에 넣어 1/3이 될 때까지 달여 하루에 2~3회 나눠 마시거나, 술에 우려서 마신다.

🧬 기능성 및 효능에 관한 특허자료

▶ **쥐오줌풀 뿌리 등 담배맛을 없애주는 복합 조성물**

본 발명은 담배맛을 없애주는 복합 조성물 및 그의 제조방법에 관한 것으로 길초근(쥐오줌풀 뿌리), 작약, 백지, 감초, 계피, 익모초, 백단향, 현호색, 후추, 박하 및 복령을 함유하며, 안전하고 효과적으로 금연할 수 있는 복합 조성물 및 그의 제조방법에 관한 것이다.

– 공개번호 : 10-2013-0001546, 출원인 : (주)비바(VIVA)

간염, 황달, 변비, 동상, 화상, 습진

지 치

Lithospermum erythrorhizon Siebold & Zucc.

사용부위 뿌리

이명 : 지초, 지추, 자초(紫草), 자초근(紫草根),
　　　 자단(紫丹), 자초용(紫草茸)
생약명 : 자근(紫根)
과명 : 지치과(Boraginaceae)
개화기 : 5~6월

약재 전형

생육특성 : 지치는 각지에서 분포하며 재배도 하는 여러해살이풀이다. 키는 30~70cm이며, 줄기는 곧게 자라고 전체에 털이 있다. 잎은 바소꼴로 잎자루가 없는 채로 어긋나며 질은 두터운 편이다. 꽃은 흰색으로 5~6월에 줄기와 가지 끝에서 총상꽃차례로 피는데 잎 모양의 포가 있다. 자근(紫根)이라 부르며 약용하는 뿌리는 곧게 뻗어나가는 편인데 원기둥 모양으로 비틀려 구부러졌고 가지가 갈라지며 길이 7~14cm, 지름 1~2cm이다. 약재 표면은 자홍색 또는 자흑색으로 거칠고 주름이 있으며 껍질부는 얇아 쉽게 탈락한다. 질은 단단하면서도 부스러지기 쉽고 단면은 고르지 않으며 목질부는 비교적 작고 황백색 또는 황색이다.

지상부   꽃   열매

 채취 방법과 시기 : 가을부터 이듬해 봄 사이에 뿌리를 채취하여 이물질을 제거하고 건조하며 절단해 사용한다.

성분 뿌리에는 쉬코닌(shikonin), 아세틸쉬코닌(acetylshikonin), 알카닌(alkanin), 이소바이틸쉬코닌(isobytylshikonin), 베타,베타-디메틸아크릴-쉬코닌(β,β-dimethylacryl-shikonin), 베타-하이드록시이소발러릴쉬코닌(β-hydroxyisovalerylshikonin), 테트라크릴쉬코닌(tetracrylshikonin) 등이 함유되어 있으며, 주성분인 쉬코닌, 아세틸쉬코닌은 항염증, 창상 치유, 항종양작용 등이 있어 고약으로 만들어 화상, 피부염증, 항균작용 등에

사용한다.

🌿 **성미** 성질이 차고, 맛은 달며, 독성이 없다.

🌿 **귀경** 간(肝), 심(心) 경락에 작용한다.

✚ **효능과 주치** : 열을 풀어주는 해열, 혈액순환을 잘 되게 하는 활혈, 심기능을 강화하는 강심, 독을 풀어주는 해독, 종기를 제거하는 소종 등의 효능이 있어서 간염, 습열황달(濕熱黃疸), 열결변비(熱結便秘), 토혈, 코피, 요혈, 자반병, 단독, 동상, 화상, 습진 등을 치료하는 데 사용한다.

⚗️ **약용법과 용량** : 말린 뿌리 4~12g을 물 1L에 넣어 1/3이 될 때까지 달여 마시거나, 가루로 만들어 복용한다. 민간에서는 말린 뿌리 10g을 물 700mL에 넣어 끓기 시작하면 약하게 줄여 200~300mL가 될 때까지 달여 하루에 2회 나눠 마셨다. 외용할 경우에는 고약으로 만들어 환부에 붙인다. 민간에서는 황백(황벽나무 껍질)과 지치를 3:1로 섞어 가루로 만들어 참기름에 개어 연고처럼 만들어 주부습진에 사용하는데 저녁에 잠자리에 들기 전 손을 깨끗이 씻고 참기름에 개어둔 연고를 바르고 자면 효과가 매우 좋다고 한다. 그 밖에도 증류주를 내릴 때 소줏고리를 통과한 술을 지치를 통과하게 하여 붉은 색소와 약효를 동시에 얻는 전통 민속주로 활용하기도 하고(진도 홍주), 공업적으로는 자줏빛 염료로 활용하기도 하는데 그 빛깔이 고와 예로부터 민간에서 애용되어왔다.

 사용시 주의사항 : 성질이 차고 활설(滑泄)하므로 비 기능이 약하여 변이 무른 사람은 신중하게 사용하여야 한다.

🌿🧬 **기능성 및 효능에 관한 특허자료**

▶ **지치 추출물을 유효성분으로 하는 지방간 개선용 식품조성물**

본 발명은 지방간 개선용 식품조성물에 관한 것으로서, 구체적으로는 지치 추출물을 유효성분으로 하는 지방간 개선용 식품조성물에 관한 것이다.

— 공개번호 : 10-2011-0059572, 출원인 : 남종현

청열, 자양, 강장, 양혈, 강심, 진액 생성

지황

Rehmannia glutinosa (Gaertn.) Libosch. ex Steud.

사용부위 덩이뿌리

이명 : 지수(地髓), 숙지(熟地)
생약명 : 생지황(生地黃), 건지황(乾地黃), 숙지황(熟地黃)
과명 : 현삼과(Scrophulariaceae)
개화기 : 6~7월

ㅈ

뿌리 채취품

숙지황(약재)

생육특성 : 지황은 여러해살이풀로, 전국 각지에서 분포하고 재배도 많이 하는데 특히 전북 정읍 옹동면은 전통적으로 지황의 주산지이고 최근 충남 서천과 서산 지방에서도 많이 재배하고 있다. 키는 20~30cm로 자라고, 줄기는 곧추서며 전체에 짧은 털이 나 있다. 뿌리는 감색으로 굵고 옆으로 뻗는데, 생뿌리는 생지황(生地黃), 건조한 뿌리는 건지황(乾地黃), 말린 뿌리는 숙지황(熟地黃)이라고 한다. 뿌리에서 나온 잎은 뭉쳐나고 타원형이다. 잎끝은 둔하고 밑부분이 뾰족하며 가장자리에 물결 모양의 톱니가 있다. 잎 표면에는 주름이 있으며 뒷면에는 맥이 튀어나와 그물 모양이 된다. 줄기에 달린 잎은 타원형으로 어긋난다. 꽃은 홍자색으로 6~7월에 총상꽃차례로 15~18cm의 꽃대 위에서 핀다. 열매는 튀는열매로 타원형이다.

지상부

꽃

 채취 방법과 시기 : 숙지황 제조하는 방법[가을에 지상부가 고사하면 덩이뿌리를 채취하는데 겨울에 동해(凍害)가 없는 곳에서는 이듬해 이른 봄에 채취하기도 함]

① 지황즙(地黃汁)으로 제조하는 방법 : 먼저 깨끗이 씻은 지황을 물에 담가 물에 가라앉는 지황을 숙지황 원재료로 준비하고, 물의 중간부에 뜨는 지황[인황(人黃)]과 수면 위에 전부 뜨는 지황[천황(天黃)]을 건져내어 함께 짓찧어 즙액을 만든다. 먼저 건져둔 지황에 짓찧어 준비한 천황과

인황을 버무린 다음 찜통에 넣고 충분히 쪄서 꺼내 햇볕에 말리고 다시 지황즙 속에 하룻밤 담갔다가 찐 후 햇볕에 말린다. 이렇게 찌고 말리는 과정을 9번 반복하여 제조한다.

② 술, 사인(砂仁), 진피(陳皮) 등을 보료로 하여 제조하는 방법 : 술(주로 막걸리를 빚어서 사용)에 지황을 버무려 찌고 말리는 과정을 반복하는데 겉과 속이 검은색이며 질이 유윤하면 햇볕에 말려서 제조한다.

성분 뿌리에는 카탈폴(catalpol), 아쿠빈(aucubin), 레오누리드(leonuride), 멜리토사이드(melitoside), 세레브로사이드(cerebroside), 렘니오사이드(rhemnnioside) A~C, 모노멜리토사이드(monomelitoside) 등이 함유되어 있다.

성미 생지황은 성질이 차고, 맛은 달고 쓰며, 숙지황은 성질이 따뜻하고, 맛은 달다. 생지황과 숙지황 모두 독성이 없다.

귀경 생지황은 심(心), 간(肝), 신(腎) 경락에 작용한다. 숙지황은 간(肝), 비(脾), 신(腎) 경락에 작용한다.

효능과 주치 :

① 생지황은 열을 내리게 하는 청열, 혈분의 나쁜 사기를 제거하는 양혈, 양기를 길러주는 자양, 진액을 생성하는 생진(生津), 심장 기능을 강화하는 강심 등의 효능이 있어서 월경불순, 혈붕, 토혈, 육혈(衄血), 소갈, 당뇨병, 관절동통(關節疼痛), 습진 등을 치료한다.

② 숙지황은 혈을 보하는 보혈, 몸을 튼튼하게 하는 강장, 태아를 안정되게 하는 안태 등의 효능이 있어, 빈혈, 신체허약, 양위(陽萎), 유정, 골증(骨蒸: 골증조열의 준말), 태동불안(胎動不安), 월경불순, 소갈증, 이농(耳膿) 등을 치료하는 데 유용하다.

 약용법과 용량 : 숙지황 4~20g을 각종 배합에 넣어 물을 붓고 끓여 마신다 [사물탕(四物湯), 팔물탕(八物湯), 십전대보탕(十全大補湯) 등]. 또는 환으로 만들어 복용하기도 한다[육미지황환(六味地黃丸)]. 숙지황을 삶아서 추출한 물을 팥 앙금에 소량 첨가하여 반죽하면 팥 앙금이 쉽게 상하는 것을 방지할 수 있다.

사용시 주의사항 : 숙지황이나 건지황의 경우 성질이 끈끈하고 점액질이기 때문에 비위가 허약한 사람, 기가 울체되어 담이 많은 사람, 복부가 팽만되고 변이 진흙처럼 무른 사람 등은 모두 사용하지 말고, 무를 함께 사용할 수 없다. 또한 반드시 충분하게 찌고 말리는 과정을 반복하여 사용하여야 복통, 소화불량 등을 방지할 수 있다. 생지황의 경우에는 다액(多液)인데다가 그 성질이 응체(凝滯)되기 쉬우므로 비 기능이 허하고 습이 많은 경우와 위 기능이 허하고 소화기능이 떨어지는 경우, 복부가 팽만하고 진흙처럼 무른 변을 누는 사람은 사용을 피한다.

생지황

건지황

숙지황

 기능성 및 효능에 관한 특허자료

▶ 항산화 활성을 갖는 지황 추출물을 유효성분으로 함유하는 조성물

본 발명은 항산화 활성을 갖는 지황 추출물을 유효성분으로 함유하는 조성물에 관한 것으로, 본 발명의 지황 추출물은 활성산소종(ROS) 제거 효과, UV에 의한 세포보호 효과, 세포사멸 저해 효과, 티로시나아제 활성 저해 효과를 나타냄을 확인함으로써 피부 노화 방지, 미백 또는 각질 제거용 피부 외용 약학 조성물 및 화장료 조성물로 이용될 수 있다.

– 공개번호 : 10-2009-0072850, 출원인 : 대구한의대학교 산학협력단

이뇨, 거담, 해열작용을 하고 간의 독

질경이

Plantago asiatica L.

사용부위 전초, 종자

이명 : 길장구, 빼뿌쟁이, 길짱귀, 차전초(車前草)
생약명 : 차전자(車前子), 차전(車前)
과명 : 질경이과(Plantaginaceae)
개화기 : 6~8월

ㅈ

전초(약재)

약재 전형

생육특성 : 질경이는 각지의 들이나 길가에서 흔하게 분포하는 여러해살이 풀로, 키는 10~50cm로 자란다. 수염뿌리가 있으며 원줄기는 없고 많은 잎이 뿌리에서 뭉쳐 올라와 비스듬히 퍼진다. 잎은 달걀 모양 또는 타원형에 잎 끝은 날카롭거나 뭉툭하며 잎맥이 5~7개 정도가 나타난다. 잎의 길이는 4~15cm, 너비는 3~8cm이다. 꽃은 흰색으로 6~8월에 핀다. 열매가 튀는열매[삭과(蒴果 : 열매 속이 여러 칸으로 나뉘어졌고, 각 칸 속에 많은 종자가 들어 있음)]로 결실하면 옆으로 갈라지면서 6~8개의 흑갈색 종자가 나온다. 마차가 지나간 바퀴자국 옆에서 잘 자란다고 하여 차전초(車前草) 혹은 차과로초(車過路草)라는 이름으로 불렸으며, 종자는 차전자(車前子)라고 하여 약으로 사용한다.

지상부   꽃   열매

 채취 방법과 시기 : 전초는 여름에 잎이 무성할 때 채취하여 물에 씻고 햇볕에 건조하여 그대로 썰어서 사용한다. 종자는 가을에 종자가 성숙할 때 채취하여 말린 다음 이물질을 제거하고 살짝 볶아서 사용하거나 소금물에 침지한 후 볶아서 사용한다.

성분 전초에는 헨트리아콘탄(hentriacontane), 플란타긴-인(plantagin-in), 우르솔산(ursolic acid), 아우큐빈(aucubin), 베타-시토스테롤(β-sitosterol)이 함유되어 있다. 종자에는 숙신산(succinic acid), 콜린(choline), 팔미트산

(palmitic acid), 올레산(oleic acid) 등이 함유되어 있다.

🏷️ **성미** 전초는 차전(車前), 종자는 차전자(車前子)라 하며 약용한다.

① 차전 : 성질이 차고, 맛은 달며, 독성이 없다.

② 차전자 : 성질이 차고, 맛은 달며, 독성이 없다.

🏷️ **귀경** 전초는 간(肝), 비(脾), 폐(肺), 신(腎) 경락에 작용한다. 종자는 간(肝), 신(腎), 폐(肺), 방광(膀胱) 경락에 작용한다.

✚🌱 **효능과 주치 :**

① 차전 : 소변을 잘 나가게 하는 이뇨, 간의 독을 풀어주는 청간, 열을 내리게 하는 해열, 담을 제거하는 거담의 효능이 있어 소변불리, 수종, 혈뇨, 백탁, 간염, 황달, 감기, 후두염, 기관지염, 해수, 대하, 이질 등에 사용한다.

② 차전자 : 소변을 잘 나가게 하는 이뇨, 간의 기운을 더하는 익간(益肝), 기침을 멈추게 하는 진해, 담을 제거하는 거담 효능이 있어 소변불리, 복수(腹水), 임탁(淋濁), 방광염, 요도염, 해수, 간염, 설사, 고혈압, 변비 등에 사용할 수 있다.

🧪🌿 **약용법과 용량 :** 말린 약재 12~20g을 사용하는데, 민간요법에서는 다이어트를 위해 약한 불에 볶은 차전자와 율무를 1:3으로 섞어 하루 2~3회 한 숟가락씩 따뜻한 물과 함께 복용하라고 말하기도 했다. 또한 현재 제약업계에서는 변비치료제로 주목받고 있다.

✋ **사용시 주의사항 :** 성질이 차고 활설(滑泄: 오래되거나 심한 설사)하므로 양기가 하함(下陷: 기가 아래로 내려감. 주로 비기가 허약하여 수렴하지 못하고 조직이 느슨해져서 장기탈수 등의 병증이 발생)하거나 신기능이 허하여 오는 유정 및 습열이 없는 경우에는 사용을 피한다. 특히 이수(利水: 이뇨)하면서 기가 함께 빠져나가기 때문에 반드시 기를 보충하는 대책을 세워주어야 한다. 다이어트를 위해 차전자를 약재로 사용할 경우 율무를 함께 사용하는 것은 이러한 원리이다.

각종 출혈, 붕루, 위궤양, 학질, 장염

짚신나물

Agrimonia pilosa Ledeb.

사용부위 전초

이명 : 선학초(仙鶴草), 등골짚신나물, 산짚신나물,
　　　 선주용아초(施州龍牙草), 황룡미(黃龍尾)
생약명 : 용아초(龍芽草)
과명 : 장미과(Rosaceae)
개화기 : 6~8월

약재 전형

생육특성 : 짚신나물은 여러해살이풀로, 각지의 산과 들에서 흔하게 자생한다. 키는 30~100cm로 전체에 부드러운 흰 털이 덮여 있다. 줄기의 하부는 둥근기둥 모양으로 지름이 0.4~0.6cm이고 홍갈색이며, 상부는 각진 기둥 모양으로 4면이 약간 움푹하며 녹갈색으로 세로 골과 능선이 있고 마디가 있다. 몸체는 가볍고 질은 단단하나 절단하기 쉽고 단면은 가운데가 비어 있다. 잎은 홀수깃꼴겹잎으로 어긋나고 어두운 녹색이며 쭈그러져 말려 있고 질은 부서지기 쉽다. 잎몸은 크고 작은 2종이 있는데 잎줄기 위에 나며 꼭대기의 잔잎은 비교적 크고 완전한 잔잎을 펴보면 달걀 모양 또는 타원형으로 선단은 뾰족하고 잎 가장자리에는 톱니가 있다. 꽃은 노란색으로 6~8월경에 수상꽃차례로 피는데 꽃잎은 5장이다. 열매는 여윗열매로 8~9월경에 익는데 가시 모양의 털이 많이 나 있어 옷이나 짐승의 몸에 잘 달라붙는다. 짚신나물의 열매에 난 털 때문에 옛날에는 짚신이나 버선에 잘 달라붙었다 하여 짚신나물이라는 이름이 붙었다는 이야기도 전한다.

지상부

꽃

열매

 채취 방법과 시기 : 여름철 줄기와 잎이 무성하고 개화 직전에 전초를 채취하여 이물질을 제거하고 물을 뿌려 촉촉하게 만든 뒤 절단하여 사용한다.

성분 전초에 함유된 성분은 대부분 정유이며 아그리모닌(agrimonin),

아그리모놀라이드(agrimonolide), 루테올린-7-글루코사이드(luteolin-7-glucoside), 아피게닌-7-글루코사이드(apigenin-7-glucoside), 타닌(tannin), 탁시폴린(taxifolin), 바닐릭산(vanillic acid), 아그리모놀(agrimonol), 사포닌 등이 함유되어 있다.

성미 성질이 평범하고, 맛은 쓰며, 독성이 없다.

귀경 간(肝), 비(脾), 폐(肺) 경락에 작용한다.

효능과 주치 : 기혈이 밖으로 흘러나가는 것을 막고 안으로 거두어들이는 수렴지혈(收斂止血), 설사를 멈추게 하는 지리(止痢), 독을 풀어주는 해독 등의 효능이 있어서 각종 출혈과 외상출혈, 붕루, 대하, 위궤양, 심장쇠약, 장염, 적백리(赤白痢), 토혈, 학질, 혈리(血痢) 등을 치료한다.

약용법과 용량 : 말린 전초 10g을 물 700mL에 넣어 끓기 시작하면 약하게 줄여 200~300mL가 될때까지 달여 하루에 2회 나눠 마시거나, 가루 또는 생즙을 내어 복용한다. 외용할 경우에는 짓찧어 환부에 붙인다. 민간에서는 전초를 항암제로 사용해왔다고 하는데 특히 항균 및 소염 작용이 뛰어나서 예로부터 민간에서 많이 사용해왔는데 말린 약재를 달여서 마시거나 생초를 짓찧어서 환부에 붙이는 방법을 사용했다.

기능성 및 효능에 관한 특허자료

▶ **선학초(짚신나물) 추출물을 유효성분으로 함유하는 장출혈성 대장균 감염증의 예방 또는 치료용 약학 조성물**

본 발명은 선학초(짚신나물) 추출물을 유효성분으로 함유하는 장출혈성 대장균 감염증의 예방 또는 치료용 약학 조성물에 관한 것이다. 본 발명에 따른 선학초 추출물은 장출혈성 대장균 O157:H7에 대한 항균활성을 우수하게 나타냄으로써, 장출혈성 대장균 감염증의 예방 또는 치료에 유용하게 사용될 수 있다.

– 공개번호 : 10-2013-0096093, 출원인 : 경희대학교 산학협력단

지혈, 해독, 신장염

찔레꽃

Rosa multiflora Thunb.

사용부위 뿌리, 꽃, 열매

이명 : 찔레나무, 설널네나무, 새버나무, 질꾸나무, 들장미, 가시나무, 질누나무, 자매화(刺梅花), 자매장미화(刺梅薔薇花)
생약명 : 장미화(薔薇花), 영실(營實), 장미근(薔薇根)
과명 : 장미과(Rosaceae)
개화기 : 5~6월

ㅈ

열매(약재)

약재 전형

생육특성 : 찔레꽃은 전국에서 분포하는 낙엽활엽관목으로, 높이는 2m 정도로 자라며, 줄기와 가지에는 억센 가시가 많이 나 있고, 가지는 덩굴처럼 밑으로 늘어져 서로 엉킨다. 잎은 기수 깃꼴 겹잎이 서로 어긋나 붙어 있고 잔잎은 보통 9장이며 타원형 또는 넓은 달걀 모양에 잎끝은 둥글거나 날카롭고 가장자리에는 톱니가 있다. 꽃은 흰색으로 5~6월에 원뿔꽃차례로 한데 모여서 피는데 방향성의 향기를 풍긴다. 열매는 둥글며 10~11월에 적색으로 익는다.

| 지상부 | 꽃 | 열매 |

 채취 방법과 시기 : 꽃은 5~6월, 뿌리는 연중 수시, 열매는 익기 전인 9~10월에 채취한다.

성분 꽃에는 아스트라갈린(astragalin), 정유, 뿌리에는 톨멘틱산(tormentic acid), 뿌리껍질에는 타닌(tannin), 생잎에는 비타민 C, 열매에는 멀티플로린(multflorin), 루틴(rutin), 지방유가 함유되어 있는데 지방유에는 팔미틴산(palmitic acid), 리놀산(linolic acid), 리노렌(linolen)산, 스테아린(stearin)산 등이 들어 있다. 열매껍질에는 리코펜(licopene), 알파-카로틴(α-carotene)이 함유되어 있다.

성미 꽃은 성질이 시원하고, 맛은 달고, 독성이 없다. 뿌리는 성질이 시원하고, 맛은 쓰고 떫다. 열매는 성질이 시원하고, 맛은 시다.

귀경 심(心), 신(腎) 경락에 작용한다.

 효능과 주치 : 꽃은 생약명을 장미화(薔薇花)라고 하며 각종 출혈에 지혈 효과가 있으며 여름철 더위를 타서 지쳤을 때나 당뇨로 입이 마를 때, 위가 불편할 때 치료 효과가 있다. 뿌리는 생약명을 장미근(薔薇根)이라고 하여 청열, 거풍, 활혈의 효능이 있고 신염, 부종, 각기, 창개옹종(瘡疥癰腫), 월경복통을 치료한다. 열매는 생약명을 영실(營實)이라고 하며 이뇨, 해독, 설사, 해열, 활혈, 부종, 소변불리, 각기, 창개옹종, 월경복통, 신장염 등을 치료한다. 찔레나무의 추출물은 항산화작용이 있어 노화방지, 성인병의 일부 치료 효과가 있다.

 약용법과 용량 : 말린 꽃 10~20g을 물 900mL에 넣어 반이 될 때까지 달여 하루에 2~3회 나눠 마신다. 외용할 경우에는 가루로 만들어 환부에 뿌린다. 말린 뿌리 30~50g을 물 900mL에 넣어 반이 될 때까지 달여 하루에 나눠 마신다. 외용할 경우에는 짓찧어서 환부에 붙인다. 말린 열매 20~30g을 물 900mL에 넣어 반이 될 때까지 달여 하루에 2~3회 나눠 마신다. 외용할 경우에는 짓찧어서 환부에 붙이거나, 달인 액으로 환부를 씻는다.

🧬 기능성 및 효능에 관한 특허자료

▶ 항산화 활성을 가지는 찔레꽃 추출물을 포함하는 식품 조성물

본 발명은 항산화 활성을 가지는 찔레꽃 추출물을 포함하는 식품 조성물에 관한 것이다. 구체적으로 본 발명은 프로시아니딘 B3(pro시아니딘(cyanidin) B3)를 함유하며 항산화 활성을 가지는 찔레꽃 추출물을 포함하는 식품 조성물에 관한 것이다. 본 발명에 따른 찔레꽃 추출물 및 이를 포함하는 조성물은 활성산소에 의해 유발되는 질병의 치료 또는 예방, 식품의 품질 유지 및 피부의 산화에 의한 손상을 방지하는 데 매우 유용하게 사용될 수 있다.

– 공개번호 : 10-2005-0040123, 특허권자 : (주)이롬

신체허약, 정신불안, 폐나 기관지 관련 질환

참나리

Lilium lancifolium Thunb.

사용부위 비늘줄기의 인경

이명 : 백백합(白百合), 산뇌과(蒜腦薯)
생약명 : 백합(百合)
과명 : 백합과(Liliaceae)
개화기 : 7~8월

알뿌리 채취품

생육특성 : 참나리는 숙근성 여러해살이풀로 전국 각지에서 분포하고 있다. 줄기는 흑자색이 감도는데, 키가 1~2m이며 곧게 자라는데 어릴 때는 흰 털이 나 있다. 둥근 알뿌리 모양의 비늘줄기가 원줄기의 아래에 달리는데 그 밑에서 뿌리가 난다. 잎은 어긋나고 바소꼴이며 잎겨드랑이에는 자갈 색의 주아(珠芽: 자라서 줄기가 되어 꽃을 피우거나 열매를 맺는 싹)가 달린다. 7~8월경에 황적색 바탕에 흑자색 점이 퍼진 꽃이 아래를 향해 피는데 가지 끝과 원줄기 끝에서 4~20송이가 달린다. 번식할 때에는 검은색 주아를 심거나 알뿌리 비늘조각을 심는데 주아 번식은 시간이 많이 걸린다.

지상부   꽃   열매

 채취 방법과 시기 : 가을에 비늘줄기를 채취하여 끓는 물에 약간 삶아 비늘 조각을 햇볕에 말린다.

- 생용(生用) : 심열을 내리고 정신을 안정시키는 청심안신(淸心安神) 효능이 있어서 열병 후에 남은 열이 완전히 제거되지 않아 정신이 황홀하고 심번(心煩: 가슴이 답답한 증상)한 등의 증상에 적용할 때에는 그대로 사용한다.

- 밀자(蜜炙) : 폐를 윤활하게 하여 기침을 멈추게 하는 윤폐지해(潤肺止咳)의 효능이 증강되므로 음기가 허해서 오는 마른기침, 즉 음허조해(陰虛燥咳)의 증상을 치료하는 데는 건조한 약재에 꿀물을 흡수시켜 낮은 온도에서 볶아서 사용한다. 이때 꿀의 양은 일반적으로 약재 무게의

20% 정도를 사용하는데 밀폐용기에 약재를 넣고 꿀에 물을 섞어서 부은 뒤 충분히 흔들어 약재 속에 꿀물이 충분히 스며들게 하고 약한 불로 예열된 프라이팬에 넣고 손에 찐득찐득한 꿀의 기운이 묻어나지 않을 정도까지 볶아낸다.

성분 전분(starch), 당류(saccharides), 카로티노이드(carotenoid), 콜히친(colchicine) 등이 함유되어 있다.

성미 성질이 평범하고, 맛은 달고 약간 쓰며, 독성이 없다.

귀경 심(心), 비(脾), 폐(肺) 경락에 작용한다.

효능과 주치 : 폐의 기운을 윤활하고 촉촉하게 하는 윤폐(潤肺), 기침을 멈추게 하는 지해(止咳), 심열을 내리는 청심, 정신을 안정시키는 안신(安神), 몸을 튼튼하게 하는 강장 등의 효능이 있어서 폐결핵, 해수, 정신불안, 신체허약 등에 사용하며, 폐나 기관지 관련 질환에 널리 응용할 수 있다.

약용법과 용량 : 말린 인편 20~30g을 물 1L에 넣어 끓기 시작하면 약하게 줄여 200~300mL가 될 때까지 달여 하루에 2회 나눠 마시는데, 죽을 쑤어 먹기도 한다. 양심안신(養心安神: 심의 허한 기운을 길러주면서 정신을 안정시키는 기능)작용이 있는 산조인(酸棗仁: 묏대추의 씨), 원지(遠志) 등을 배합하여 신경쇠약이나 불면증 등을 치료하기도 한다.

사용시 주의사항 : 성미가 달고 차며 활설(滑泄)한 특성이 있으므로 중초(中焦: 주로 비위)가 차고 변이 무른 경우 및 풍사나 한사로 인하여 담이 많고 기침이 많은 경우에는 사용을 피한다.

기능성 및 효능에 관한 특허자료

▶ 참나리 추출물을 함유하는 염증성 질환 및 천식의 예방 및 치료용 약학적 조성물

본 발명은 참나리 인경 추출물을 유효성분으로 함유하는 염증 질환 또는 천식의 예방 또는 치료용 조성물에 관한 것이다. 본 발명의 조성물은 in vivo 및 in vitro에서 우수한 염증 억제 및 천식 억제 효과를 나타내며 세포독성은 없으므로, 염증 또는 천식 질환의 예방 또는 치료에 유용하게 이용될 수 있다.

– 공개번호 : 10–2010–0137223, 출원인 : 한국생명공학연구원

궤양, 요통, 항암, 수렴

참느릅나무

Ulmus parvifolia Jacq.

사용부위 뿌리껍질, 나무껍질, 줄기, 잎

이명 : 좀참느릅나무, 둥근참느릅나무, 둥근참느릅,
　　　좀참느릅, 소엽유(小葉榆), 세엽랑유(細葉榔榆)
생약명 : 낭유피(榔榆皮), 낭유경엽(榔榆莖葉)
과명 : 느릅나무과(Ulmaceae)
개화기 : 8～9월

大

나무껍질(약재)

약재 전형

생육특성: 참느릅나무는 경기 이남의 산기슭 및 하천 등에서 자라는 낙엽 활엽교목으로, 높이는 10m 전후로 자라며, 나무껍질은 회갈색이고 작은 가지에는 털이 나 있다. 잎은 두텁고 타원형 거꿀달걀 모양 또는 거꿀달걀 모양 바소꼴이며 밑부분은 원형에 잎끝은 뾰족하고 가장자리에는 톱니가 있다. 잎의 윗면은 반들반들하고 윤기가 나며 뒷면은 어린잎일 때에는 잔털이 나 있으나 자라면서 없어지고 잎자루는 짧다. 꽃은 황갈색으로 8~9월에 잎겨드랑이에서 모여 핀다. 열매는 타원형으로 10~11월에 익는데 날개 같은 것이 붙어 있다.

지상부   꽃   열매

 채취 방법과 시기: 나무껍질, 뿌리껍질은 가을, 줄기, 잎은 여름·가을에 채취한다.

성분 나무껍질과 뿌리껍질에는 전분, 점액질, 타닌(tannin), 스티그마스테롤(stigmasterol) 등의 피토스테롤(phytosterol)이 함유되어 있고 그밖에 셀룰로스(cellulose), 헤미셀룰로스(hemicellulose), 리그닌(lignin), 펙틴(pectin), 유지가 함유되어 있다. 줄기와 잎에는 7-하이드록시카다네랄(7-hydroxycadalenal), 만소논(mansonone) C, G, 시토스테롤(sitosterol)이 함유되어 있다.

흑느릅나무 수피

🌿 **성미** 나무껍질, 뿌리껍질은 성질이 차고, 맛은 달고, 독성이 없다. 줄기, 잎은 성질이 평범하고, 맛은 쓰다.

🌿 **귀경** 간(肝), 방광(膀胱) 경락에 작용한다.

➕ **효능과 주치** : 나무껍질 또는 뿌리껍질은 생약명을 낭유피(榔楡皮)라 하며 종기, 수렴, 지사, 궤양, 젖멍울, 항암, 위암, 습진 등을 치료한다. 줄기와 잎은 생약명을 낭유경엽(榔楡莖葉)이라 하여 요통, 치통, 창종을 치료한다. 참느릅나무의 나무껍질 추출물은 염증 및 면역억제의 효과가 있다.

🧪 **약용법과 용량** : 말린 나무껍질 또는 뿌리껍질 30~50g을 물 900mL에 넣어 반이 될 때까지 달여 하루에 2~3회 나눠 마신다. 말린 줄기와 잎 50~100g을 물 900mL에 넣어 반이 될 때까지 달여 하루에 2~3회 나눠 마신다. 외용할 경우에는 생줄기와 생잎을 적당량 짓찧어 환부에 붙여 창종을 치료하고, 말린 잎 50~60g을 물 900mL에 넣어 반이 될 때까지 달여 수시로 양치질을 하여 치통을 치료한다.

🧬 기능성 및 효능에 관한 특허자료

▶ **참느릅나무 수피 추출물을 유효성분으로 함유한 면역 억제제 및 이의 이용 방법**

본 발명은 참느릅나무 수피 추출물을 유효성분으로 함유한 면역 억제제 및 이의 이용 방법에 관한 것으로서 더욱 상세하게는 참느릅나무의 수피를 환류냉각장치를 이용해 유기용제 및 증류수로 추출, 여과하여 얻은 수용성 고분자를 유효성분으로 함유시킴으로써 장기이식 시 발생하는 거부 반응의 제어, 자가면역 질환의 치료 및 만성 염증의 치료에 효과적인 면역 억제제와 이의 이용 방법에 관한 것이다.

― 공개번호 : 10-1998-0086059, 출원인 : 한솔제지(주)

항암, 항노화, 항산화작용 및 월경부조

참당귀
Angelica gigas Nakai

사용부위 뿌리

이명 : 조선당귀, 건귀(乾歸), 문귀(文歸), 대부(大斧),
상마(象馬)
생약명 : 당귀(當歸)
과명 : 산형과(Umbelliferae)
개화기 : 8~9월

뿌리 채취품

약재 전형

생육특성 : 참당귀는 숙근성 여러해살이풀로 전국의 산 계곡, 습기가 있는 토양에서 잘 자라는데 농가에서 약용식물로도 재배하고 있다. 줄기의 키는 1~2m로 곧게 자라며, 뿌리는 굵은 편이고 강한 향기가 있다. 잎은 1~3회 깃꼴겹잎인데 잔잎은 3장으로 갈라지고 다시 2~3장으로 갈라진다. 꽃은 짙은 보라색으로 8~9월에 피며 겹산형꽃차례로 20~40송이가 핀다. 열매는 9~10월에 맺히는데 어린순은 나물로 식용한다. 원뿌리의 길이는 3~7cm, 지름은 2~5cm이고 가지뿌리의 길이는 15~20cm이다. 뿌리의 표면은 엷은 황갈색 또는 흑갈색으로 절단면은 평탄하고 형성층에 의해 목질부와 식물의 껍질의 구별이 뚜렷하고, 목질부와 형성층 부근의 식물의 껍질은 어두운 황색이지만 나머지 부분은 유백색이다.

지상부   꽃   열매

 채취 방법과 시기 : 가을부터 봄 사이에 뿌리를 채취하여 토사를 제거하고 1차 말린 다음 절단하여 2차 말리고 저장한다. 사용 목적에 따라서 가공 방법을 달리하는데 보혈, 조경(調經), 윤장통변(潤腸通便)을 목적으로 할 때에는 당귀를 살짝 볶아서 사용한다. 주자(酒炙: 술을 흡수시켜 프라이팬에 약한 불로 볶음)하여 사용하면 혈액순환을 돕고 어혈을 제거하는 활혈 산어(活血散瘀)의 효능이 증강되어 혈어경폐(血瘀經閉: 어혈로 인한 월경의 막힘)와 월경이 잘 나오게 하는 통경(通經), 출산 후의 어혈이 막힌 증상인 산후어체(産後瘀滯), 복통, 타박상 및 풍사와 습사로 인하여 결리고 아

픈 풍습비통(風濕痺痛)을 치료한다. 토초(土炒: 약재를 황토물에 적셔서 불에 볶는 일)하여 사용하면 혈허로 인한 변당(便糖: 변이 진흙처럼 무른 증상)을 치료하고, 초탄(炒炭: 프라이팬에 넣고 가열하여 불이 붙으면 산소를 차단해서 검은 숯을 만드는 포제 방법)하면 지혈작용이 증가한다. 꽃이 피면 뿌리가 목질화되어 약재로 사용할 수 없으므로 꽃대가 올라오지 않도록 재배하는 것이 중요하다.

성분 뿌리에는 데쿠르신(decursin), 종자에는 데쿠르시놀(decursinol), 이소-임페라틴(iso-imperatin), 데쿠르시딘(decursidin) 등이 함유되어 있다.

성미 성질이 따뜻하고, 맛은 달고 맵고, 독성이 없다.

귀경 간(肝), 심(心), 비(脾) 경락에 작용한다.

효능과 주치 : 혈을 보충하고 조화롭게 하는 보혈화혈(補血和血), 어혈을 풀어주는 구어혈(驅瘀血), 월경을 조화롭게 하며 통증을 멈추는 조경지통(調經止痛), 진정(鎭靜), 장의 건조를 막고 윤활하게 하는 윤조활장(潤燥滑腸) 등의 효능이 있어서 월경이 조화롭지 못한 월경부조(月經不調) 증상을 다스리고, 폐경 및 복통(經閉腹痛)을 다스린다. 붕루(崩漏), 혈이 허해서 오는 두통인 혈허두통(血虛頭痛), 어지럼증, 장이 건조하여 오는 변비, 타박상 등에도 사용한다. 특히 참당귀에는 일당귀나 당당귀에 들어 있지 않은 데커신(decursin)이라는 물질이 다량 함유되어 있어서 항노화, 항산화 및 항암작용에 관여하는 것으로 알려져 최근 한국산 참당귀가 각광을 받고 있다. 반면에 일당귀나 당당귀에는 조혈작용

꽃봉우리

에 관여하는 비타민 B_{12}가 다량으로 함유되어 있는 것으로 보고되었다.

약용법과 용량 : 말린 약재 5~15g을 물 700mL에 넣어 끓기 시작하면 약하게 줄여 200~300mL가 될 때까지 달여 하루에 2회 나눠 마신다. 차 재료

참당귀_잎

일당귀_잎

로 다른 약재들과 함께 배합하여 다양하게 사용되기도 한다. 또한 약선의 재료로 다양한 용도로 사용되기도 하는데 민간요법에서는 습관성 변비, 특히 노인, 소아, 해산 후 및 허약한 사람의 변비 치료에 많이 사용된다. 외용할 경우에는 약재 달인 물로 환부를 씻는다.

 사용시 주의사항 : 성질이 따뜻하므로 열성출혈의 경우에는 사용을 피하는 데 습윤하고 활설(滑泄)한 성질을 가지고 있으므로 습사로 인하여 중초가 팽만한 경우나 대변당설(大便溏泄 : 변이 진흙처럼 무른 것)의 경우에는 모두 신중하게 사용하여야 한다.

기능성 및 효능에 관한 특허자료

▶ 당귀 추출물을 포함하는 골수 유래 줄기세포 증식 촉진용 조성물

본 발명은 당귀 추출물을 이용하여 골수 유래 줄기세포의 증식을 촉진시키는 조성물에 관한 것으로, 본 발명의 조성물은 줄기세포의 증식 및 분화를 위해 G-CSF만을 단독 투여했던 방법에 의해 야기되었던 비장종대와 같은 부작용을 해결하여, 당귀 추출물의 병용 투여로 현저히 완화시켰으며, 줄기세포의 증식 및 분화를 보다 촉진시키는 효과가 있다.

− 공개번호 : 10-1373100-0000, 출원인 : 재단법인 통합의료진흥원

월경부조, 복통, 흉협자통, 풍습비통, 두통

천 궁

Cnidium officinale Makino

사용부위 뿌리줄기

이명 : 궁궁이, 천궁(川芎), 향과(香果), 호궁(湖芎),
　　　경궁(京芎)

생약명 : 천궁(川芎)

과명 : 산형과(Umbelliferae)

개화기 : 8~9월

뿌리 채취품

약재 전형

562

생육특성 : 중국이 원산지인 천궁은 우리나라의 울릉도를 비롯 전국 각지에서 재배하고 있는 여러해살이풀이다. 줄기의 키는 30~60cm로 곧게 자라며, 땅속 뿌리줄기는 부정형의 덩어리 모양으로 비대하다. 뿌리의 표면은 황갈색으로 거친 주름이 평행으로 돌기되어 있다. 잎은 어긋나는 2회 깃꼴겹잎으로 잔잎은 달걀 모양 또는 바소꼴이며 가장자리에는 톱니가 있다. 꽃은 흰색으로 8~9월에 줄기 끝이나 가지 끝에서 겹산형꽃차례로 올라와 그 끝에 핀다. 꽃잎 5개가 안으로 굽는데 수술은 5개, 암술은 1개이다. 꽃차례의 줄기는 10개이며 작은꽃차례의 줄기는 15개이다. 열매는 달걀 모양이며 성숙하지 않는다.

천궁의 재배 역사는 400년 이상으로 생각되며 본래 이름은 '궁궁(芎藭)이'였는데, 궁궁이 중에서 특히 중국의 사천(四川) 지방의 궁궁이가 품질이 우수하여 그것을 다른 궁궁이와 구분하기 위해 '천궁(川芎)'이라고 부르던 것이 고유명사화된 것으로 보인다. 우리나라에는 고려시대부터 발견된 기록이 나타나는데 조선시대의 향약채취월령에 '사피초(蛇避草)'로 기록되었고 동의보감에는 '궁궁이'라고 기록하고 있으며 『탕액본초』에는 처음으로 '천궁'이라고 하였다. 중국에서 천궁이 도입되기 전부터 우리나라에 자생하던 궁궁이는 *Angelica polymorpha* Maxim.이며 키가 60cm 이상으로 농가에서 재배하는 천궁보다 크게 자란다. 물론 토천궁에 대한 기원에 관해서는 몇 가지의 이론(異論)이 있다. 실제 상당수 농가에서 '토천궁'이라고

지상부

꽃

열매

재배하고 있는 천궁은 '*Ligusticum chuanxiong* Hort.'이며, 대부분의 농가에서는 '*Cnidium officinale Makino*'를 '천궁'으로 재배하고 있다. 또한 중국에서는 중국천궁(*Ligusticum chuanxiong* Hort.)을 기원식물로 하고 있다.

 채취 방법과 시기 : 9~10월에 뿌리줄기를 채취하여 잎과 줄기를 제거하고 햇볕에 말린다. 중국 천궁의 경우 평원에서 재배한 것은 소만(小滿) 이후 4~5일이 지난 다음 채취하는 것이 좋고, 산지에서 재배한 것은 8~9월에 채취하여 잎과 줄기와 수염뿌리를 제거하고 세정한 다음 햇볕에 말리거나 건조기에 건조한다. 일반적으로 이물질을 제거하고 세정한 다음 물을 뿌려 윤투(潤透)되면 얇게 썰어 햇볕 또는 건조기에 말린다. 절편(切片)한 천궁을 황주와 고루 섞어서 약한 불로 황갈색이 되도록 볶아서 햇볕에 말려 사용한다(천궁 100g에 황주 25g). 토천궁의 경우에는 그냥 사용하면 두통이 생길 수 있으므로 두통의 원인물질인 휘발성 정유 성분을 제거하기 위해 흐르는 물에 하룻밤 정도 담가두었다가 건져서 말려 사용한다.

성분 뿌리에는 크니딜라이드(cnidilide), 리구스틸라이드(ligustilide), 네오크니딜라이드(neocnidilide), 부틸프탈라이드(butylphthalide), 세다노익산(sedanoic acid) 등이 함유되어 있다

성미 성질이 따뜻하고, 맛은 맵고, 독성이 없다.

귀경 간(肝), 담(膽), 심포(心包) 경락에 작용한다.

효능과 주치 : 혈액순환을 활성화시키는 활혈, 기의 순환을 돕는 행기, 풍사를 제거하는 거풍, 경련을 가라앉히는 진경, 통증을 멈추게 하는 지통 등의 효능이 있어서 월경부조, 경폐통경(經閉通經), 복통, 흉협자통(胸脇刺痛: 가슴이나 옆구리가 찌르는 듯 아픈 증상), 두통, 풍습비통(風濕痺痛: 풍사나 습사로 인하여 결리고 아픈 증상) 등을 치료하는 데 사용한다.

 약용법과 용량 : 말린 약재 4~12g을 물을 넣어 끓이는 탕전(湯煎)하여 복용하거나, 가루 또는 환으로 만들어 복용하는데, 일반적으로 다른 생약재들과 배합하여 차 또는 탕제의 형태로 복용하는 경우가 많고 약선의 재료로

천궁꽃 집단

활용하기도 한다. 약선 재료로 사용할 경우에는 향이 강한 약재이므로 음식 주재료의 향이나 맛에 영향을 미치지 않도록 최소량(보통 기준 용량의 10~20% 정도)으로 사용하도록 주의한다. 민간에서는 두통 치료를 위해 쌀 뜨물에 담가두었다가 말린 천궁을 부드럽게 가루로 만들어 4 : 6의 비율로 꿀에 재운 다음(천궁 가루는 꿀 무게의 40%) 한 번에 3~4g씩 하루 3회, 식사 전에 복용한다.

 사용시 주의사항 : 맛이 맵고 성질이 따뜻하기 때문에 승산(昇散: 기를 위로 끌어올리고 발산하는 성질)하는 작용이 있다. 따라서 음허화왕(陰虛火旺: 음기가 허한 상태에서 양기가 성한 상태)으로 인한 두통이나 월경과다에는 사용을 피하는 것이 좋고, 특히 토천궁의 경우에는 휘발성 정유 물질이 많아서 두통을 유발하는 원인이 될 수 있으므로 흐르는 물에 하룻밤 정도 담가서 충분히 정유 성분을 빼내고 사용해야 한다.

 기능성 및 효능에 관한 특허자료

▶ 천궁 추출물을 함유하는 신경변성 질환 예방 또는 치료용 약학조성물

본 발명은 신경교세포에 의해 야기되는 신경염증에 있어서 천궁 추출물이 활성화된 신경소교세포의 전염증 매개인자를 억제함으로써 신경염증 억제에 효능을 가질 수 있도록 하는 신경변성 질환 예방 또는 치료용 약학조성물 및 건강기능식품과 그러한 천궁 추출물을 추출하는 추출 방법에 관한 것이다.

― 공개번호 : 10-2014-0148168, 출원인 : 건국대학교 산학협력단

구안와사, 반신불수, 간질, 파상풍

천남성

Arisaema amurense f. serratum (Nakai) Kitag.

사용부위 덩이줄기

이명 : 가새천남성, 남성, 치엽동북천남성, 천남생이,
      청사두초, 남생이, 남셍이
생약명 : 천남성(天南星)
과명 : 천남성과(Araceae)
개화기 : 5~7월

알뿌리 채취품

약재 전형

생육특성 : 천남성은 여러해살이풀로 전국의 산지에서 볼 수 있으며, 높은 지대에서도 분포하는데 습하고 그늘진 곳을 좋아한다. 키는 15~30cm로 자라며, 줄기는 곧추서는데 겉은 녹색이나 속은 때론 자색 반점이 있기도 하다. 잎은 달걀 모양 바소꼴 또는 타원형이고, 잔잎은 양 끝이 뾰족하고 톱니가 있다. 꽃은 녹색 바탕에 흰 선이 있으며 5~7월에 피는데 깔때기 모양을 한 불염포[佛焰苞: 육수(肉穗)꽃차례의 꽃을 싸는 포가 변형된 것]는 판통의 길이가 8cm 정도로 윗부분이 모자처럼 앞으로 꼬부라지고 끝이 뾰족하다. 열매는 물렁열매로 옥수수 알처럼 달리고 10~11월에 붉은색으로 익는다. 땅속의 덩이줄기는 약용식물로 사용되지만 유독성 식물이므로 주의를 요한다. 덩이줄기는 한쪽으로 눌린 공 모양인데 표면은 유백색 또는 담갈색이다. 질은 단단하고 잘 파쇄되지 않으며 단면은 평탄하지 않고 흰색이며 분성(粉性)이다.

| 지상부 | 꽃 | 열매 |

 채취 방법과 시기 : 가을과 겨울에 덩이줄기를 채취하여 잔가지와 수염뿌리 및 겉껍질을 제거하고 햇볕 또는 건조기에 말린다.

① 생천남성(生天南星) : 이물질을 제거하고 물로 씻은 다음 건조한다.

② 제천남성(製天南星) : 정선한 천남성을 냉수에 담가 매일 2~3회씩 물을 갈아주어 흰 거품이 나오면 백반수[천남성(天南星) 100kg에 백반(白礬) 2kg]에 하루 정도 담갔다가 다시 물을 갈아준다. 이와 같이 한 다음 쪼개어 혀끝으로 맛을 보아 아린 맛이 없으면 꺼내어 생강편과 백반을 용기에

넣고 적당량의 물로 끓인 후 여기에 천남성을 넣고 내부에 백심(白心)이 없어질 때까지 끓인 다음 꺼내어 생강편을 제거하고 어느 정도 말린 다음 얇게 썰어 건조한다.

성분 덩이줄기에는 안식향산(benzoic acid), 녹말, 아미노산, 트리테르페노이드(triterpenoid), 사포닌 등이 함유되어 있다.

성미 성질이 따뜻하고, 맛은 쓰고 맵고, 독성이 있다.

귀경 간(肝), 비(脾), 폐(肺) 경락에 작용한다.

효능과 주치 : 습사를 말리고 담을 삭히는 조습화담(燥濕化痰), 풍사를 제거하고 경련을 멈추게 하는 거풍지경(祛風止痙), 뭉친 것을 흩어지게 하고 종기를 없애는 산결소종(散結消腫) 등의 효능이 있어서 담을 무르게 하고 해수를 치료하며, 풍담현훈(風痰眩暈: 풍담과 어지럼증), 중풍담옹(中風痰壅), 입과 눈이 돌아가는 구안와사, 반신불수, 전간(癲癇), 경풍(驚風), 파상풍, 뱀이나 벌레 물린 상처인 사충교상의 치료에 사용한다.

약용법과 용량 : 말린 약재 4~12g을 물 1L에 넣어 1/3이 될 때까지 달여 마시거나, 가루 또는 환으로 만들어 복용하는데 유독성이 강하기 때문에 가공에 주의해야 한다.

사용시 주의사항 : 건조한 성미가 매우 강한 약재로 음기를 상하게 하고 진액을 말리는 부작용을 가져올 수 있으므로 음기가 허하고 건조한 담이 있는 경우, 열이 매우 높은 경우, 혈이 허하며 풍사가 동하는 경우, 그리고 임산부의 경우에는 사용을 피한다.

기능성 및 효능에 관한 특허자료

▶ 천남성 추출물을 함유하는 탈모 방지 및 발모 촉진용 조성물

본 발명은 천남성 추출물을 함유하는 탈모 방지 및 발모 촉진용 조성물에 관한 것으로서, 본 발명에 따른 천남성 추출물 및 분획물은 모낭을 성장기 중기 또는 후기로 분화시키며, TGF-β 및 프로락틴을 억제하고, IGF 및 태반성 락토겐을 증가시키며, VEGF, c-kit, PKC-α 및 FGF의 발현을 증가시켜서 탈모를 방지하고 발모를 촉진시키는 효과가 있다.

― 공개번호 : 10-2010-0009725, 출원인 : 우석대학교 산학협력단

두통, 어지럼증, 수족마비, 간질, 파상풍

천 마

Gastrodia elata Blume

사용부위 덩이줄기

이명 : 수자해좃, 적마, 신초, 귀독우(鬼督郵),
　　　명천마(明天麻)

생약명 : 천마(天麻)

과명 : 난초과(Orchidaceae)

개화기 : 6~7월

大

뿌리 채취품　　　　　　　약재 전형

생육특성 : 천마는 여러해살이풀로, 중부 지방 이북에서 분포하는데 남부 지방에서는 고지대에서 재배하고 있다. 키는 60~100cm로 자라며, 줄기는 황갈색으로 곧게 선다. 줄기에서 잎이 듬성듬성 나지만 퇴화되어 없어지고 잎의 밑부분은 줄기로 싸여 있다. 꽃은 황갈색으로 6~7월에 곧게 선 이삭 모양의 총상꽃차례로 줄기 끝에서 피는데 꽃차례는 줄기에 붙어 층층이 많은 꽃들이 달리는데 길이는 10~30cm이다. 열매는 9~10월경에 튀는열매로 달리는데 달걀을 거꾸로 세운 모양이다. 타원형의 땅속 덩이줄기는 비대하며 가로로 뻗는데 길이가 10~18cm, 지름은 3.5cm 정도이고 뚜렷하지는 않으나 테가 있다. 표면은 황백색 또는 담황갈색이며 정단(頂端)에는 홍갈색 또는 심갈색의 앵무새 부리 모양으로 된 잔기가 남아 있다. 질은 단단하여 절단하기 어렵고 단면은 비교적 평탄하며 황백색 또는 담갈색의 각질(角質) 모양이다. 덩이줄기는 더벅머리 총각의 성기를 닮았다고 하여 수자해좃이라는 이명으로도 불린다.

| 지상부 | 꽃 | 열매 |

 채취 방법과 시기 : 가을부터 이듬해 봄 사이에 덩이줄기를 채취하여 햇볕에 말린다. 천마는 그냥 복용하면 고유의 오줌 지린내가 많이 나서 복용에 어려움이 있다. 이때에는 이물질을 제거하고 윤투(潤透)시킨 다음 가늘게 썰어서 밀기울과 함께 볶아서 가공하면 천마 고유의 지린 냄새를 제거할 수 있다.

성분 덩이줄기의 주성분은 가스트로딘(gastrodin)으로 그 외에 바닐린(vanillin), 바닐릴알콜(vanillyl alcohol), 4-에토이메틸페놀(4-ethoymethyl phenol), 파라-하이드록시벤질알콜(ρ-hydroxy benzyl alcohol), 3,4-디하이드록시벤즈알데하이드(3,4-dihydroxybenzaldehyde) 등이 함유되어 있다.

성미 성질이 평범하고, 맛은 달며, 독성이 없다.

귀경 간(肝) 경락에 작용한다.

효능과 주치 : 간기를 다스리고 풍사를 가라앉히는 평간식풍(平肝息風), 경기를 멈추게 하는 정경지경(定驚止痙)의 효능이 있어서 두통과 어지럼증을 치료하며, 팔다리가 마비되는 증상, 어린이들의 경풍, 간질, 파상풍 등의 치료에 사용한다.

약용법과 용량 : 말린 덩이줄기 4~12g을 물 1L에 넣어 1/3이 될 때까지 달여 마시거나, 환이나 가루로 만들어 복용하기도 하며, 소주를 부어 침출주로 마시기도 하는데, 밀기울로 잘 포제하여 말린 천마 50~100g에 소주(30%) 3.6L를 넣고 밀봉하여 1달 이상 두었다가 식후에 소주잔으로 1잔씩 복용하면 편두통에 매우 좋은 효과가 있다. 민간요법에서는 편두통 치료를 위해 마른 천마를 가루로 만들어 식후 5~10g씩 1일 2~3회 나눠 복용했다. 또한 소화불량에는 말린 천마 1,200g과 산약(山藥: 마) 600g을 섞어 가루로 복용했다. 현기증과 두통, 감기의 열을 치료하는 방법으로는 하루에 천마 3~5g에 말린 천궁을 첨가하여 복용하면 강장에 매우 효과가 좋다고 한다.

사용시 주의사항 : 기혈이 심하게 허약한 경우에는 신중하게 사용하여야 한다.

기능성 및 효능에 관한 특허자료

▶ 천마 추출물을 함유하는 위염 또는 위궤양의 예방 또는 치료용 조성물

본 발명에 따른 천마 추출물은 침수성 스트레스 유발로 인한 위 점막 세포의 손상을 보호하고, 염증 유발 인자인 산화질소의 합성을 억제하여 위염 또는 위궤양 억제 효과를 나타내므로 위염 또는 위궤양의 예방 또는 치료에 유용하다.

– 공개번호 : 10-2009-0046425, 출원인 : 경북대학교 산학협력단

음허화왕, 해수토혈, 폐옹, 소갈, 변비

천문동

Asparagus cochinchinensis (Lour) Merr

사용부위 덩이뿌리

이명 : 천동(天冬), 천문동(天文冬)
생약명 : 천문동(天門冬)
과명 : 백합과(Liliaceae)
개화기 : 5~6월

뿌리 채취품

약재 전형

생육특성 : 천문동은 덩굴성 여러해살이풀로 중부 지방 이남의 서해안 바닷가에서 주로 자생한다. 양끝이 뾰족한 원기둥꼴의 덩이뿌리가 사방으로 퍼지며, 원줄기는 1~2m까지 자란다. 잎처럼 생긴 가지는 선 모양인데 1개 또는 3개씩 모여나면서 활처럼 약간 굽는다. 꽃은 담황색으로 5~6월에 잎겨드랑이에서 1~3송이씩 핀다. 약재인 덩이뿌리는 양끝이 뾰족한 긴 원기둥꼴로 조금 구부러져 있고 길이는 5~15cm, 지름은 0.5~2cm이다. 덩이뿌리의 표면은 황백색 또는 엷은 황갈색으로 반투명하고 넓으며 고르지 않은 가로 주름이 있고 더러는 회갈색의 외피가 남아 있는 것도 있다. 질은 단단하고 또는 유윤(柔潤)하기도 하며 점성이 있다. 단면은 각질 모양으로 중심주는 황백색이다.

지상부   꽃   열매

채취 방법과 시기 : 가을과 겨울에 덩이뿌리를 채취하여 끓는 물에 데쳐서 껍질을 벗기고 햇볕에 말린다. 이물질을 제거하고 물로 깨끗이 씻어 속심을 제거하고 절단하여 말린다. 때로는 거심하지 않고 그대로 절단하여 사용하기도 한다.

성분 뿌리줄기에는 아스파라긴(asparagine) Ⅳ, Ⅴ, Ⅵ, Ⅶ, 5-메톡시메틸푸프랄(5-methoxymethylfurfural), 베타-시토스테롤(β-sitosterol) 등이 함유되어 있다.

성미 성질이 차고, 맛은 달고 쓰며, 독성이 없다.

귀경 폐(肺), 신(腎) 경락에 작용한다.

효능과 주치 : 몸 안의 음액을 기르는 자음(滋陰), 건조함을 윤활하게 하는 윤조(潤燥), 폐의 기운을 깨끗하게 하는 청폐, 위로 치솟는 화를 가라앉히는 강화(降火) 등의 효능이 있어서 음허발열(陰虛發熱: 음기가 허하여 열이 발생하는 증상, 음허화왕과 같다), 해수토혈(咳嗽吐血: 기침을 하면서 피를 토하는 증상)을 치료하고, 그 밖에도 폐위(肺痿), 폐옹(肺癰), 인후종통(咽喉腫痛), 소갈, 변비 등을 치료하는 데 유용하다.

약용법과 용량 : 말린 덩이뿌리 5~15g을 사용하는데, 흔히 민간요법에서는 당뇨병 치료를 위하여 물에 달여서 장기간 복용하면 허로증(虛勞症)을 다스리는 데 좋고, 술에 담가서 공복에 1잔씩 먹으면 좋다고 한다. 또한 해수와 각혈을 치료하고 폐의 양기를 도우므로 달여서 먹거나 가루 또는 술에 담가서 먹는다. 또 설탕에 당침(설탕과 약재를 1:1로 취하여 유리병이나 토기에 한 켜씩 교차로 다져 넣고 밀봉하여 100일 이상을 우려내는 것)하여 식용하면 담을 제거하는 데 도움이 된다. 특히 마른기침을 하면서 가래가 없거나 적은 양의 끈끈한 가래가 나오고 심하면 피가 섞이는 증상에는 뽕잎(상엽), 사삼, 행인 등과 같이 사용하면 좋다.

사용시 주의사항 : 달고 쓰며 찬 성미가 있기 때문에 허한(虛寒)으로 설사를 하는 경우와 풍사나 한사로 인하여 해수를 하는 경우에는 사용을 피한다.

기능성 및 효능에 관한 특허자료

▶ **천문동 추출물을 유효성분으로 포함하는 발암 예방 및 치료용 항암 조성물**

본 발명은 천문동 추출물을 유효성분으로 포함하는 발암 예방 및 치료용 항암 조성물에 관한 것으로, 구체적으로 물, 알코올 또는 이들의 혼합물로 추출된 천문동 추출물을 추가로 n-헥산, 메틸렌클로라이드, 에틸아세테이트, n-부탄올 및 물의 순으로 계통 분획하여 에틸아세테이트 또는 n-부탄올로 분획되는 에틸아세테이트 또는 n-부탄올 분획물을 유효성분으로 포함하고, 세포 괴사에 의해 암세포에 대해 세포 독성을 나타내는 예방 또는 치료용 약학적 조성물에 관한 것이다.

― 공개번호 : 10-2011-0057972, 출원인 : 한국한의학연구원

관절통, 해독, 이뇨, 혈관강화

청미래덩굴

Smilax china L. = [*Coprosmanthus japonicus* Kunth.]

사용부위 뿌리줄기, 잎

이명 : 망개나무, 명감나무, 매발톱가시, 종가시나무,
　　　청열매덤불, 팔청미래
생약명 : 발계(菝葜), 발계엽(菝葜葉), 토복령(土茯苓)
과명 : 백합과(Liliaceae)
개화기 : 5월

뿌리 채취품

약재 전형

생육특성 : 청미래덩굴은 일본, 중국, 필리핀, 인도차이나 등지와 우리나라 황해도 이남의 해발 1600m 이하의 양지바른 산기슭이나 숲 가장자리에서 자생하는 낙엽활엽덩굴성 목본이다. 줄기는 마디에서 굽어 자라고 덩굴 길이가 3m에 이르며 갈고리 같은 덩굴과 가시가 있어 다른 나무를 기어올라 덤불을 이룬다. 잎은 두꺼우며 광택이 나고 넓은 타원형이다. 꽃은 암수딴그루인데 5월에 산형꽃차례로 잎겨드랑이에서 황록색으로 핀다. 열매는 9~10월에 둥글고 붉은색으로 한곳에서 5~10개씩 익는데 종자는 황갈색이다.

지상부   꽃   열매

 채취 방법과 시기 : 뿌리줄기는 2, 8월, 잎은 봄·여름에 채취한다.

성분 뿌리줄기에는 사포닌, 알칼로이드(alkaloid), 페놀류, 아미노산, 디오스게닌(diosgenin), 유기산, 당류가 함유되어 있다. 잎에는 루틴(rutin)이 함유되어 있다.

성미 뿌리줄기는 성질이 따뜻하고, 맛은 달다. 잎은 성질이 따뜻하고, 맛은 달고, 독성이 없다.

귀경 간(肝), 방광(膀胱), 대장(大腸) 경락에 작용한다.

효능과 주치 : 뿌리줄기는 생약명을 발계(菝葜) 또는 토복령(土茯苓)이라고 하며 이뇨, 해독, 부종, 수종, 풍습, 소변불리, 종독, 관절통, 근육마비, 설사, 이질, 치질 등을 치료한다. 특히 수은이나 납 등 중금속 물질의 해독에 효과적이다. 잎은 생약명을 발계엽(菝葜葉)이라고 하며 종독, 풍독(風毒), 화상 등을 치료한다. 청미래덩굴의 추출물은 혈관질환을 예방 및 치료하는 데 효과적이다.

 약용법과 용량 : 말린 뿌리줄기 30~50g을 물 900mL에 넣어 반이 될 때까지 달여 하루에 2~3회 나눠 마시거나, 술에 담가 우려 마신다. 환이나 가루로 만들어 복용해도 된다. 말린 잎 40~60g을 물 900mL에 넣어 반이 될 때까지 달여 하루에 2~3회 나눠 마신다. 외용할 경우에는 짓찧어서 환부에 붙이거나 가루로 만들어 뿌린다.

大

 기능성 및 효능에 관한 특허자료

▶ **청미래덩굴 잎 추출물을 함유하는 당뇨 예방 및 치료용 조성물**

본 발명은 항당뇨 조성물에 관한 것으로, 더욱 상세하게는 인체 독성이 없으며, 체중증가나 감소와 같은 부작용도 나타내지 않고, 매우 우수한 α-글루코시다제 활성저해능을 나타내는 청미래덩굴 잎 추출물을 함유하는 항당뇨 조성물에 관한 것이다.

– 공개번호 : 10-2014-0102864, 출원인 : 강원대학교 산학협력단

▶ **청미래덩굴 추출물을 함유하는 혈관질환의 예방 또는 치료용 약학 조성물**

본 발명은 청미래덩굴 잎 추출물을 함유하는 약학조성물에 관한 것이다. 보다 구체적으로 본 발명의 청미래덩굴 잎 추출물은 혈관 이완과 항염증 인자 저해 효능을 가지므로 이를 함유하는 약학 조성물은 혈관질환의 예방 또는 치료를 위한 약학조성물 및 건강기능식품으로 유용하게 이용될 수 있다.

– 공개번호 : 10-2012-0059832, 출원인 : 동국대학교 경주캠퍼스 산학협력단

폐의 피로에 의한 기침, 병후 신체허약

층층둥굴레

Polygonatum stenophyllum Maxim.

사용부위 뿌리줄기

이명 : 수레둥굴레, 옥죽황정(玉竹黃精), 녹죽(鹿竹),
　　　 야생강(野生薑), 산생강(山生薑)
생약명 : 황정(黃精)
과명 : 백합과(Liliaceae)
개화기 : 6월

뿌리 채취품

약재 전형

생육특성: 층층둥굴레는 여러해살이풀로, 중국에서는 흑룡강, 길림, 요녕, 하북, 산동, 강소, 산서, 내몽고 등지에서 분포하고 우리나라에서는 중부 지방에서 재배된다. 키는 30~90cm이며, 잎은 좁은 바소꼴 또는 선 모양으로 3~5장이 돌려난다. 꽃은 연한 황색으로 6월경에 잎겨드랑이에서 밑을 향해 핀다. 열매는 물렁열매이며 둥글고 흑색으로 익는다. 뿌리는 구부러진 둥근기둥 모양 또는 덩어리 모양으로 길이는 6~20cm, 너비는 1~3cm이다. 표면은 황백색 또는 황갈색으로 가로로 마디가 있고 반투명하다. 한쪽에는 줄기가 붙었던 자국이 둥글게 오목하게 패여 있고 뿌리가 붙었던 자국은 돌출되어 있다.

재배산 둥굴레인 옥죽[玉竹=위유(萎蕤)]은 아무리 굵어도 이 자국이 없기 때문에 쉽게 구분이 가능하다. 그 밖에도 옥죽(둥굴레) 뿌리는 지름이 1cm 내외로 가늘고 길어 황정과 쉽게 구분된다.

층층둥굴레와 층층갈고리둥굴레(*Polygonatum sibiricum* F. Delaroche), 진황정(*Polygonatum falcatum* A. Gray), 전황정(*P. kingianum* Coll. et Hemsley), 다화황정(*P. cyrtonema*)의 뿌리는 모두 황정(黃精)이라는 동일한 생약명으로 부르며 약으로 사용한다.

| 지상부 | 꽃 | 열매 |

채취 방법과 시기: 가을에 뿌리줄기를 채취해서 이물질을 제거하고 물에 씻은 후 시루에 쪄서 햇볕에 말린다. 주증(酒蒸: 술을 섞어서 증숙함)하여 사용

한다.

성분 뿌리줄기에는 점액질 성분이 있으며 콘발라린(convallarin), 콘발라마린(convallamarin), 스테로이달사포닌(steroidal saponin) POD-Ⅱ, 베타-시토스테롤(β-sitosterol) 등이 함유되어 있다.

성미 성질이 평범하고, 맛은 달고, 독성이 없다.

귀경 비(脾), 폐(肺), 신(腎) 경락에 작용한다.

효능과 주치 : 보기(補氣) 약재로서 중초를 보하고 기를 더하는 보중익기(補中益氣), 심폐를 윤활하게 하는 윤심폐(潤心肺), 근골을 강하게 하는 강근골(強筋骨) 등의 효능이 있어서 한사와 열사에 의하여 기가 손상된 증상을 치료하며 폐의 피로에 의한 기침, 병후 몸이 허한 증상, 근골의 연약증상 등을 다스린다.

약용법과 용량 : 말린 약재 10g을 물 700mL에 넣어 끓기 시작하면 약하게 줄여 200~300mL가 될 때까지 달여 하루에 2회 나눠 마신다. 현재 민간에서는 이 약재를 사용할 때 약재의 모양이 비슷하고, 자음윤폐(滋陰潤肺)하는 효능이 같아서 황정과 옥죽(둥굴레=위유)을 혼용하는 경향이 있는데 황정은 보비익기(補脾益氣)의 작용이 강한 보기(補氣) 약재이고, 옥죽(둥굴레=위유)은 생진양위(生津養胃)의 작용이 강한 자음(滋陰) 약재이므로 구분하여 사용하는 것이 그 효능을 극대화시킬 수 있을 것이다.

사용시 주의사항 : 성질이 끈끈한 점액성이기 때문에 중초(中焦)가 차서 설사를 하는 경우나, 담과 습사로 인하여 기가 막히고 아픈 증상에는 사용하지 않는다.

응용 : 황정을 솥에 넣고 볶아서 사용하면 유효성분도 잘 추출될 뿐만 아니라 맛도 매우 고소하여 차로 우려먹기 좋은데 특히 팽화(튀밥을 튀기는 기계에 넣고 가온 시간을 절반 정도만 주어 살짝 볶아냄)하여 사용하면 좋다.

해열, 지갈, 해독
칡

Pueraria lobata (Willd.) Ohwi =
[*Pueraria thunbergiana* (Sieb. et Zucc.) Benth.]

사용부위 뿌리, 꽃

이명 : 칙, 칙덤불, 칡덩굴, 칡넝굴, 갈등(葛藤),
　　　갈마(葛痲), 갈자(葛子), 갈화(葛花)
생약명 : 갈근(葛根), 갈화(葛花)
과명 : 콩과(Leguminosae)
개화기 : 8~9월

大

뿌리(약재)　　　　　　약재 전형

생육특성 : 칡은 전국의 산야, 계곡, 초원의 음습지 등에서 자생하는 낙엽 활엽덩굴성 목본으로, 다른 물체를 감아 올라가는데 덩굴의 길이는 10m 전후로 뻗어 나간다. 잎자루는 길고 서로 어긋나며 잔잎은 능상 원형이고 잎 가장자리는 밋밋하거나 얕게 3개로 갈라진다. 꽃은 홍자색 혹은 홍색 으로 8~9월에 총상꽃차례로 잎겨드랑이에서 핀다. 열매의 꼬투리는 넓은 선 모양이며 편평하고 황갈색으로 길며 딱딱한 털이 빽빽하게 나 있는데 9~10월에 익는다.

지상부   꽃   열매

 채취 방법과 시기 : 뿌리는 봄·가을, 꽃은 8월 상순경 꽃이 피기 전에 채취 한다.

성분 뿌리에는 이소플라본(isoflavone) 성분의 푸에라린(puerarin), 푸에라 린 자일로시드(puerarin xyloside), 다이드제인(daidzein), 베타-시토스테롤 (β-sitosterol), 아락킨산(arackin acid), 전분 등이 함유되어 있다. 잎에는 로 비닌(robinin)이 함유되어 있다.

성미 뿌리는 성질이 평범하고, 맛은 달고 맵다. 꽃은 성질이 시원하고, 맛 은 달다.

귀경 갈근은 비(脾), 위(胃) 경락에 작용한다. 갈화는 위(胃) 경락에 작용 한다.

효능과 주치 : 뿌리는 생약명을 갈근(葛根)이라고 하며 해열, 두통, 발한, 감기, 진경, 지갈, 지사, 이질, 고혈압, 협심증, 해독, 난청 등을 치료한다. 꽃은 생약명을 갈화(葛花)라고 하며 주독을 풀어주고 속쓰림과 오심, 구토, 식욕부진 등을 치료하며 치질의 내치 및 장풍하혈, 토혈 등의 치료에 효과적이다. 칡 추출물은 암의 예방 및 치료와 여성폐경기 질환의 예방 및 치료, 골다공증의 예방 및 치료에 사용할 수 있다.

 약용법과 용량 : 말린 뿌리 20~30g을 물 900mL에 넣어 반이 될 때까지 달여 하루에 2~3회 나눠 마시거나, 짓찧어 즙을 내어 먹어도 된다. 외용할 경우에는 짓찧어서 환부에 붙인다. 말린 꽃 20~30g을 물 900mL에 넣어 반이 될 때까지 달여 하루에 2~3회 나눠 마신다.

약재 부위

갈근(생뿌리)

꽃 건조(갈화)

어린줄기 건조(갈용)

 기능성 및 효능에 관한 특허자료

▶ 칡 추출물을 이용한 폐경기 여성 건강 예방 및 치료

본 발명은 폐경기 여성 건강 예방 및 치료용 칡 추출물에 관한 것으로, 본 발명에 따르면 칡 추출물을 유효성분으로 포함하는 폐경기 여성 건강 개선용 약학적 조성물 및 건강기능식품의 활용이 기대된다.

― 공개번호 : 10-2011-0088814, 출원인 : 고려대학교 산학협력단

관절염, 타박상, 목의 통증, 붕루, 자궁염

큰뱀무

Geum aleppicum Jacq.

사용부위 어린순, 전초

이명 : 큰배암무
생약명 : 오기조양초(五氣朝陽草)
과명 : 장미과(Rosaceae)
개화기 : 6~7월

전초 채취품

어린순

생육특성 : 큰뱀무는 전국 각지의 산야에서 자라는 여러해살이풀로, 생육환경은 햇빛이 잘 들고 부엽질이 풍부한 곳이다. 키는 30~100cm이며, 잎은 뿌리에서 생긴 것은 밀집해서 나고 잔잎은 3~5장이며 끝은 뾰족하고 고르지 못한 톱니가 깊이 패어 있다. 잎줄기 끝에 달린 잔잎은 사각형 달걀 모양 또는 원형이며 잎 끝이 뾰족하거나 둥글고 잎 밑은 뾰족하거나 약간 심장 모양으로 불규칙한 톱니가 있다. 줄기는 곧추서며 전체에는 옆으로 벌어진 털이 나 있다. 꽃은 노란색으로 6~7월에 줄기나 가지 끝에서 3~10송이가 펼쳐지듯 핀다. 열매는 8월경에 타원형으로 달리는데 황갈색 털이 빽빽하게 나 있고 꼭대기에는 갈고리 모양의 암술대가 달려 있다.

지상부   꽃   종자결실

 채취 방법과 시기 : 이른 봄에 어린순을 채취하고, 여름부터 가을에 전초를 채취하여 그늘에서 건조하거나 신선한 것을 쓴다.

성분 타닌(tannin), 플라보노이드(flavonoid) 등이 함유되어 있다.

성미 성질이 평범하고, 맛은 달고 맵다.

귀경 간(肝), 비(脾), 폐(肺) 경락에 작용한다.

큰엉겅퀴

Cirsium pendulum Fisch. ex DC.

사용부위 어린순, 뿌리

이명 : 장수엉겅퀴
생약명 : 대계(大薊)
과명 : 국화과(Compositae)
개화기 : 7~10월

어린순 채취품

뿌리 채취품

생육특성 : 큰엉겅퀴는 중부 이북의 주로 낮은 지대에서 자라는 여러해살이 풀로, 생육환경은 반그늘 혹은 양지의 풀숲이다. 키는 1~2m이고, 잎은 길이가 40~50cm, 너비는 20cm 정도로 양면에 털이 나 있으며 뿌리에서 올라오는 잎은 꽃이 필 때 없어지고 중앙에 있는 잎은 끝이 꼬리처럼 뾰족하며 길이는 15~25cm이다. 꽃은 자주색으로 7~10월에 가지 끝과 원줄기 끝에서 피는데 길이는 1.2~2.2cm, 지름은 3~4cm이다. 열매는 10~11월경에 달리고 흰색 갓털이 있다.

 채취 방법과 시기 : 이른 봄에는 어린순을, 꽃이 피는 시기인 여름부터 가을에는 전초를 채취하여 햇볕에 말린다.

성분 정유가 함유되어 있으며 이 외에 알칼로이드(alkaloid), 타락삭스테릴아세테이트(taraxaxteryl acetate), 스티그마스테롤(stigmasterol), 알파-아미린(α-amyrin), 베타-시토스테롤(β-sitosterol) 등이 함유되어 있다.

성미 성질이 시원하고, 맛은 쓰고 달다.

귀경 간(肝), 심(心), 비(脾) 경락에 작용한다.

지상부   꽃   종자결실

잎

간과 신을 보호하고, 뼈를 튼튼히 하며, 소화

큰조롱

Cynanchum wilfordii (Maxim.) Hemsl.

사용부위 덩이뿌리

이명 : 은조롱, 격산소(隔山消), 태산하수오(泰山何首烏)
생약명 : 백수오(白首烏)
과명 : 박주가리과(Asclepiadaceae)
개화기 : 7~8월

뿌리 채취품

약재 전형

생육특성 : 큰조롱은 덩굴성 여러해살이풀로 각지의 산야 또는 양지바른 곳에서 분포하는데 농가에서도 재배한다. 덩굴은 1~3m까지 뻗는데, 원줄기는 둥근기둥 모양으로 가늘고 왼쪽으로 감아 오르는데 상처에서 흰 유액이 흐른다. 꽃은 연한 황록색으로 7~8월에 잎겨드랑이에서 산형꽃차례로 핀다. 열매는 골돌과로 익는데 길이가 약 8cm, 지름이 1cm 정도이다. 약재로 사용하는 육질의 덩이뿌리는 타원형으로 줄기가 붙는 머리 부분은 가늘지만 아래로 내려갈수록 두꺼워지다가 다시 가늘어진다.

한방에서는 큰조롱의 덩이뿌리를 백수오(白首烏)라고 부르며 약재로 사용한다. 그런데 일반인들 사이에서 큰조롱은 흔히 은조롱, 하수오라는 이명으로 부르면서, 마디풀과의 약용식물인 하수오(*Fallopia multiflora*)와 혼동하는 경우를 자주 볼 수 있다. 이처럼 혼동하게 된 이유는 붉은빛이 도는 하수오의 덩이뿌리를 적하수오라고 하면서 백수오라는 생약명이 있는 큰조롱의 덩이뿌리를 백하수오라고 잘못 부른 데서 비롯되었다. 두 식물 모두 덩이뿌리를 약용하긴 하지만 동일한 약재는 아니므로 구분해서 사용해야 한다.

ㅋ

지상부　　　　　　　　　　　꽃　　　　　　　　　　　열매

채취 방법과 시기 : 가을에 잎이 마른 다음이나 이른 봄에 싹이 나오기 전에 채취하여 수염뿌리와 겉껍질을 제거하고 건조한다. 이물질을 제거하고 절편하여 햇볕에 말린다. 하수오처럼 검정콩 삶은 물을(약재 무게의 10~15%

의 검정콩을 물에 충분히 삶아서 우려낸 물을 모아 사용) 흡수시켜 시루에 찌고 말리는 과정을 반복하면 더욱 좋으나 하수오에 비해 독성이 없으므로 반드시 포제를 해야 하는 것은 아니다.

성분 시난콜(cynanchol), 크리소파놀(chrysophanol), 에모딘(emodin), 레인(rhein) 등이 함유되어 있다.

성미 성질이 약간 따뜻하고, 맛은 달고 약간 쓰며 떫고, 독성이 없다.

귀경 간(肝), 비(脾), 신(腎) 경락에 작용한다.

효능과 주치 : 간과 신을 보하는 보간신(補肝腎), 근육과 뼈를 튼튼하게 하는 강근골(强筋骨), 소화기능을 튼튼하게 하는 건비보위(健脾補胃), 독을 풀어주는 해독 등의 효능이 있어서 간과 신이 모두 허한 증상, 머리가 어지럽고 눈이 어지러운 증상, 잠을 못 이루는 불면증이나 건망증, 머리가 빨리 희어지는 증상, 유정, 허리와 무릎이 시리고 아픈 증상, 비의 기능이 허하여 기를 온몸에 돌려주는 기능이 저하된 증상, 위가 더부룩하고 헛배 부른 증상, 식욕부진, 설사, 출산 후 젖이 잘 나오지 않는 증상 등에 사용할 수 있다.

약용법과 용량 : 말린 덩이뿌리 15g을 물 700mL에 넣어 끓기 시작하면 약하게 줄여 200~300mL가 될 때까지 달여 하루에 2회 나눠 마신다. 가루 또는 환으로 만들어 복용하기도 하고, 술에 담가서 마시기도 한다. 술을 담글 때에는 큰조롱 덩이뿌리 100g에 소주 1.8L짜리 1병을 부어 3달 이상 두었다가 반주로 1잔씩 마신다.

사용시 주의사항 : 수렴(收斂)하는 성질이 있는 보익 약재로서 감기 초기에는 사용하지 않는다. 백수오로 사용하는 큰조롱과 나마(蘿藦)로 쓰이는 박주가리의 경우 줄기를 자르면 유백색 유즙이 흘러나오지만 하수오(*Fallopia multiflora*)의 경우에는 유즙이 흘러나오지 않으므로 구별이 가능하다. 또한 유사한 형태의 식물 이엽우피소와 혼동하지 않도록 주의해야 한다.

큰조롱_꽃

박주가리_꽃

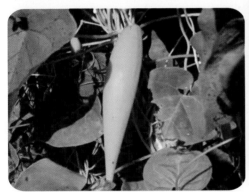

큰조롱_열매

박주가리_열매

 기능성 및 효능에 관한 특허자료

▶ 백수오 추출물을 포함하는 항균 조성물 및 이의 용도

본 발명은 백수오(큰조롱 뿌리) 추출물을 포함하는 항균 조성물에 관한 것이다. 본 발명에 따른 항균 조성물의 유효성분인 백수오 추출물이 식중독 원인균 중 하나인 바실러스 세레우스(Bacillus cereus) 에 대하여 우수한 항균 활성을 가지는 바, 식중독을 개선, 예방 또는 치료하는 약학적 조성물, 기능 성 식품 조성물 등으로 유용하게 이용될 수 있을 것으로 기대된다.

– 등록번호 : 10–1467698–0000, 출원인 : 중앙대학교 산학협력단

택사 (질경이택사)

신장염, 부종, 유정, 시력저하

Alisma canaliculatum

사용부위 덩이줄기

이명 : 수사(水瀉), 택지(澤芝), 급사(及瀉), 천독(天禿)
생약명 : 택사(澤瀉)
과명 : 택사과(Alismataceae)
개화기 : 7~8월

뿌리 건조

약재 전형

생육특성 : 질경이택사는 여러해살이풀로, 경남 지방 이북에서 자생한다. 꽃대의 높이는 60~90cm로 자란다. 잎은 뿌리로부터 나오며 긴 달걀 모양의 타원형으로 끝은 뾰족하고 밑부분은 둥글며 가장자리는 밋밋하다. 꽃은 흰색으로 7~8월에 피고, 열매는 여윈열매로 뒷면에 2개의 홈이 있고 9~10월에 열린다. 약재로 사용하는 덩이줄기는 짧고 공 모양이며 겉껍질은 갈색이고 수염뿌리가 많다. 뿌리 밑부분에는 혹 모양의 눈 흔적인 아흔(芽痕)이 있다. 질은 견실하고 단면은 황백색의 분성(粉性)이며 작은 구멍이 많이 있다.

택사(*Alisma canaliculatum* A. Br. & Bouche)라는 식물의 뿌리 또한 택사(澤瀉)라는 생약명으로 불리며 동일한 약재로 사용하는데 뿌리잎은 넓은 바소꼴로 밑은 좁아져서 잎자루로 흐르며 여윈열매 뒷면에는 1개의 홈이 있다. 택사는 남부 지방의 소택지(沼澤地)와 중부 지방에서 자생하며 전남 여천 지역에서 소규모 농가에서 재배하고 있다.

지상부

꽃

열매

채취 방법과 시기 : 겨울에 잎이 마른 다음에 덩이줄기를 채취하여 수염뿌리와 겉껍질인 조피(粗皮)를 제거하고 건조한다. 이물질을 제거하고 절편하여 볶아주거나 소금물에 담갔다가 볶아주는 염수초(鹽水炒: 약재 무게의 2~3% 정도의 소금을 물에 풀어 약재에 흡수시킨 다음 약한 불에서 프라이팬에 볶아냄)를 하여 사용한다.

🌿 성분 덩이줄기에는 알리솔(alisol) A와 B, 폴리사카라이드(polysaccharide), 알리솔(alisol) 모노아세테이트(monoacetate), 세스퀴테르펜스 (sesquiterpenes), 트리테르펜스(triterpenes), 글루칸(glucan), 에피알리솔 A(epialisol A=essential oil) 등이 함유되어 있다.

🌿 성미 성질이 차고, 맛은 달며, 독성이 없다.

🌿 귀경 신(腎), 방광(膀胱) 경락에 작용한다.

➕ 효능과 주치 : 수도를 이롭게 하여 소변을 잘 나가게 하며 습사를 조절하는 이수삼습(利水滲濕), 열을 내리게 하는 설열 등의 효능이 있으며, 소변이 잘 나가지 않는 증을 치료하고, 몸 안에 습사가 머물러 온몸이 붓고 배가 몹시 불러오면서 그득한 느낌을 주는 수종창만(水腫脹滿), 설사와 소변량이 줄어드는 설사요소(泄瀉尿少), 담음현훈(痰飮眩暈: 담음은 여러 가지 원인으로 몸 안의 진액이 순환하지 못하고 일정 부위에 머물러 생기는 증상), 열림삽통(熱淋澁痛: 습열사가 하초에 몰려 소변을 조금씩 자주 누면서 잘 나오지 않고 요도에 작열감이 있는 증상), 고지혈증 등을 치료한다.

🧪 약용법과 용량 : 민간에서는 부종 치료를 하거나 급성 신장염, 이뇨작용과 어지럼증, 유정, 시력저하 등에 사용한다. 말린 택사와 백출 각각 12g을 물 1,200mL에 넣어 끓기 시작하면 약하게 줄여 200~300mL가 될 때까지 달여 하루에 3회 나눠 마시면 부종 치료에 효과적이다.

✋ 사용시 주의사항 : 습열을 내보내는 작용이 있으므로 습열이 없는 경우나, 신 기능이 허하고 정액이 흘러나가는 신허정활(腎虛精滑)의 경우에는 사용하지 않는다. 이뇨작용이 있어 비만자들의 다이어트에 사용하는 경우가 있으나 택사는 이수(利水)작용뿐만 아니라 기를 소모하는 작용이 커서 부작용이 있으므로 주의를 요한다.

둥근잎 택사

 기능성 및 효능에 관한 특허자료

▶ 택사 추출물을 유효성분으로 포함하는 염증성 폐질환의 예방 또는 치료용 조성물

본 발명의 택사 추출물은 염증 억제에 관여하는 대표적인 전사인자인 Nrf2를 활성화시킴으로써 염증세포를 효과적으로 감소시킬 수 있으며, 특히 택사 추출물을 투여한 동물 실험군에서 급성 폐렴증이 두드러지게 개선되는 효과를 in vivo 실험으로 입증하였는 바, 이를 유효성분으로 포함하는 본 발명의 조성물은 폐의 염증을 효과적으로 억제할 수 있어 염증성 폐질환에 유용하게 사용될 수 있다.

— 공개번호 : 10-2014-0013792, 출원인 : 부산대학교 산학협력단

건위, 해독, 간염, 항알레르기

탱자나무

Poncirus trifoliata (L.) Raf.

사용부위 뿌리, 뿌리껍질, 잎, 열매

이명 : 야등자(野橙子), 취길자(臭桔子), 취극자(臭棘子),
　　　지수(枳樹), 동사자(銅楂子)
생약명 : 구귤(枸橘), 지각(枳殼), 지근피(枳根皮), 구귤엽(枸橘葉)
과명 : 운향과(Rutaceae)
개화기 : 5~6월

열매 건조

약재 전형

생육특성 : 탱자나무는 중부·남부 지방의 마을 근처, 과수원, 울타리 등에서 심어 가꾸는 낙엽활엽관목으로, 높이는 3m 전후로 자란다. 줄기와 가지가 많이 갈라지고 약간 편평하며 길이 3~5cm의 가시가 서로 어긋난다. 잎은 3출 겹잎에 서로 어긋나고 잔잎은 타원형 혹은 달걀 모양이며 가죽질에 가장자리에는 톱니가 있고 잎자루에는 좁은 날개가 붙어 있다. 꽃은 흰색으로 5~6월에 먼저 피고, 열매는 둥글며 9~10월에 황색으로 익는다.

| 지상부 | 꽃 | 열매 |

 채취 방법과 시기 : 열매는 익기 전인 8~9월, 뿌리, 뿌리껍질은 연중 수시, 잎은 봄·여름에 채취한다.

성분 열매에는 폰시린(poncirin), 헤스페리딘(hesperidin), 로포린(rhofolin), 나린긴(nalingin), 네오헤스피리딘(neohespiridin) 등의 플라보노이드(flavonoid)가 함유되어 있으며 알칼로이드(alkaloid)의 스키미아닌(skimmianine)도 함유되어 있다. 열매껍질에 함유되어 있는 정유의 성분은 알파-피넨(α-pinene), 베타-피넨(β-pinene), 밀센(myrcene), 리모넨(limonene), 캄펜(kaempfen), 감마-터피넨(γ-terpinene), 파라-시멘(ρ-cymen), 카리오필렌(caryophyllene) 등이 함유되어 있다. 뿌리 및 뿌리껍질에는 리모닌(limonin), 말메신(marmesin), 세세린(seselin), 베타-시토스

탱자나무_꽃

유자나무_꽃

탱자나무_열매

유자나무_열매

테롤(β-sitosterol), 폰시트린(poncitrin)이 함유되어 있다. 잎에는 폰시린, 네오폰시린(neoponcirin), 나린진, 적은 양의 로이포린(rhoifolin)이 함유되어 있고, 꽃에는 폰시티린(poncitirin)이 함유되어 있다.

🏷️ **성미** 열매는 성질이 따뜻하고, 맛은 맵고 쓰다. 뿌리, 잎은 성질이 따뜻하고, 맛은 맵다.

🏷️ **귀경** 비(脾), 위(胃), 신(腎), 대장(大腸) 경락에 작용한다.

✚ **효능과 주치 :** 덜 익은 열매는 생약명을 구귤(枸橘) 또는 지각(枳殼)이라고 하며 건위작용이 있으며 소화불량, 식욕부진, 변비, 식적(食積), 위통, 위하수, 자궁하수, 치질, 진통, 타박상, 주독 등을 치료한다. 뿌리 및 뿌리껍질은 생약명을 지근피(枳根皮)라고 하여 치통, 치질을 치료한다. 잎은 생약명을 구귤엽(枸橘葉)이라고 하여 거풍(祛風), 제독(除毒)의 치료에 도움을 준다. 탱자나무의 추출물은 B·C형 간염과 항염, 항알레르기, 살충 등의 효능이 있다.

약용법과 용량 : 말린 덜 익은 열매 20~30g을 물 900mL에 넣어 반이 될 때까지 달여 하루에 2~3회 나눠 마신다. 외용할 경우에는 달인 액으로 환부를 씻어주거나 달인 농축액을 환부에 발라준다. 말린 뿌리 및 뿌리껍질 20~30g을 물 900mL에 넣어 반이 될 때까지 달여 하루에 2~3회 매 식후 마신다. 외용할 경우에는 달인 액을 입에 머금어 치료하고 치질에는 달인 액으로 환부를 자주 씻어준다. 말린 잎 30~50g을 물 900mL에 넣어 반이 될 때까지 달여 하루에 2~3회 나눠 마신다.

 ## 기능성 및 효능에 관한 특허자료

▶ 탱자나무 추출물을 함유하는 B형 간염 치료제

본 발명은 간염 바이러스의 증식을 특이적으로 저해하며 간세포에 대한 독성이 적은 탱자나무의 추출물을 함유하는 B형 간염 치료제에 관한 것이다. 본 발명의 탱자나무 추출물을 유효성분으로 함유하는 B형 간염 치료제는 HBV-P에 대한 선택적이고 강한 저해작용이 있으며 HBV의 증식을 억제할 뿐만 아니라 인체에는 독성이 매우 적기 때문에 간염 치료제로서 매우 유용하다.

– 공개번호 : 특2002-0033942, 특허권자 : (주)내비켐

▶ 탱자나무 추출물을 함유하는 C형 간염 치료제

본 발명은 간염 바이러스의 증식을 특이적으로 저해하며 간세포에 대한 독성이 적은 탱자나무의 추출물을 함유하는 C형 간염 치료제에 관한 것이다. 본 발명의 탱자나무 추출물을 유효성분으로 함유하는 C형 간염 치료제는 HCV-P에 대한 선택적이며 강한 저해작용이 있으며 HCV의 증식을 억제할 뿐만 아니라 인체에는 독성이 매우 적기 때문에 간염 치료제로서 매우 유용하다.

– 공개번호 : 2002-0084312, 출원인 : (주)내비켐

▶ 탱자나무 추출물 또는 이로부터 분리된 화합물을 유효성분으로 함유하는 항염증 및 항알레르기용 조성물

본 발명은 탱자나무 추출물 또는 이로부터 분리된 화합물을 유효성분으로 함유하는 염증 질환 및 알레르기 질환의 예방 및 치료용 조성물에 관한 것으로, 상세하게는 본 발명의 탱자나무 추출물 또는 이로부터 분리된 21α-메틸멜리아노디올(21α-methylmelianodiol) 또는 21β-메틸멜리아노디올(21β-methylmelianodiol)은 인터루킨-5 의존적 Y16 세포의 증식 억제, 세포 주기 변화 및 세포 사멸효과를 나타내므로 염증 질환 및 알레르기 질환의 예방 치료용 약학조성물 및 건강기능식품에 유용하게 사용될 수 있다.

– 공개번호 : 10-2009-0051874, 출원인 : 영남대학교 산학협력단

피부질환, 반신불수, 관절염, 신경통

투구꽃

Aconitum jaluense Kom.

사용부위 덩이뿌리

이명 : 선투구꽃, 개싹눈바꽃, 진돌쩌귀, 싹눈바꽃,
　　　세잎돌쩌귀, 그늘돌쩌귀

생약명 : 초오(草烏), 부자(附子)

과명 : 미나리아재비과(Ranunculaceae)

개화기 : 8~9월

뿌리 건조　　　　　　　　약재 전형

생육특성 : 투구꽃은 각처의 산에서 자라는 여러해살이풀이다. 생육환경은 반그늘 혹은 양지의 물 빠짐이 좋은 곳이다. 키는 1m 정도이고, 잎은 잎자루 끝에서 손바닥을 편 모양으로 3~5장으로 깊이 갈라지고 어긋난다. 꽃은 자주색으로 8~9월에 줄기에서 여러 송이가 어긋나며 아래에서 위로 올라가며 피는데 모양은 고깔이나 투구와 같다. 열매는 10~11월에 달리고 타원형이며 뾰족한 암술대가 남아 있다.

로마 병정의 투구를 닮은 꽃의 모양으로도 꽃 이름을 유추할 수 있고, 우리 조상들이 머리에 쓰던 남바위와 생김새가 유사하며, 영문 이름인 'Monk's hood'는 '수도승의 두건'을 뜻한다. 또한 식물 가운데 가장 독성이 강하여 아메리카 인디언이 화살에 독을 바를 때 투구꽃의 뿌리를 갈아 사용했다고 한다.

지상부

종자결실

생뿌리

 채취 방법과 시기 : 가을에 뿌리를 채취하여 줄기, 잎, 흙을 제거하고 햇볕이나 불에 쬐어 말린다.

성분 애크모톰(acpmotome), 메스아코니틴(mesaconitine), 케옥시아코니틴(ceoxyaconitine), 디옥시아코니틴(deoxyaconitine), 비우틴(beiwutine), 하이프아코니틴(hypaconitine) 등이 함유되어 있다.

성미 성질이 따뜻하고, 맛은 맵다.

귀경 간(肝), 비(脾) 경락에 작용한다.

소변불통, 임병, 혈뇨, 무월경

패랭이꽃

Dianthus chinensis L.

사용부위 전초

이명 : 패랭이, 꽃패랭이꽃, 석죽
생약명 : 석죽(石竹), 구맥(瞿麥)
과명 : 석죽과(Caryophyllaceae)
개화기 : 6~8월

전초 약재

생육특성 : 패랭이꽃은 전국 각처에서 자생하는 숙근성 여러해살이풀로, 반그늘이나 양지쪽에서 많은 군락은 이루지 않고 조금씩 간격을 두고 서식한다. 키는 30cm 정도이고, 잎은 길이가 3~4cm, 너비가 0.7~1cm이고 끝이 뾰족하며 마주난다. 꽃은 진분홍색으로 6~8월에 줄기 끝에서 2~3송이가 피는데 길이는 2cm 정도 된다. 꽃잎은 5장으로 끝이 약하게 갈라지며 안쪽에는 붉은색 선이 선명하고 전체적으로 둥글게 보인다. 열매는 9월에 검게 익으며 원통 모양이다.

꽃 모양이 옛날 민초들이 쓰던 모자 패랭이를 닮아서 이런 이름이 붙여졌는데 그런 이유로 우리 문학작품에서도 서민을 패랭이꽃에 비유하기도 한다. 기독교에서는 십자가에 못 박힌 예수를 보고 성모마리아가 흘린 눈물에서 피어난 꽃이라 하며 꽃말은 '영원하고 순결한 사랑'이다.

 채취 방법과 시기 : 줄기가 시든 가을에 전초를 채취하여 이물질을 제거하고 햇볕에 말린다.

 효능과 주치 : 염증을 다스리는 소염, 열을 식혀주는 청열, 수도를 이롭게 하는 이수, 어혈을 깨뜨리는 파혈(破血), 월경을 통하게 하는 통경 등의 효능이 있어서 소변불통, 혈뇨, 신염(腎炎), 성전염병인 임병, 무월경, 피부나 근육에 국부적으로 생기는 종기나 부스럼, 눈에 흰자위에 핏발이 서는 목적(目赤), 타박상 등을 치료하는 데 사용한다.

 약용법과 용량 : 말린 전초 6~15g을 물 1L에 넣어 1/3이 될 때까지 달여 하루에 2~3회 나눠 마시거나, 환 또는 가루로 만들어 복용하기도 하고, 가루로 만들어 환부에 개어 붙이기도 한다.

 사용시 주의사항 : 차고 쓴 성질이 있으므로 비위가 허하고 냉한 사람은 신중하게 사용하여야 한다.

식욕부진, 소화력감퇴, 고혈압, 중풍, 간경화, 각종 암 치료

표 고

Lentinula edodes (Berk.) Pegler

사용부위 자실체

이명 : 표고버섯
생약명 : 향심(香蕈)
과명 : 화경버섯과(Omphalotaceae)
발생시기 : 봄~가을

자실체 채취품

자실체 절편

생육특성 : 표고는 숙주 나무에 붙는 상태로 한쪽으로 기울어 자라는데, 버섯 중 으뜸으로 여겨 식용 및 약용한다. 갓의 지름은 4~10cm, 대는 3~6cm이다. 갓은 처음에는 반구형이나 점차 편평해진다. 표면은 다갈색이며 흑갈색의 비늘조각으로 덮여 있고 더러 속이 터지기도 한다. 갓의 가장자리는 처음에는 안쪽으로 감기지만 후에 가장자리와 버섯대에 떨어져 붙는다. 대에는 흰색의 주름살이 촘촘히 난다.

야생 자실체   원목제배 자실체

 발생장소 : 참나무류, 밤나무, 서어나무 등 활엽수의 마른 나무에서 발생한다.

성분 신선한 표고에는 85~90%의 수분 외에 고형물 중 조단백질, 조지방, 가용성무질소물질, 조섬유, 회분 등이 함유되어 있다. 단백질에는 알부민(albumin), 글루텔린(glutelin), 프롤라민(prolamin) 등 3종류가 함유되어 있고, 마른 향심의 물 추출물에는 히스틴산, 글루타민산(glutamic acid), 알라닌(alanine), 로이신(reusin), 페닐알라닌(phenyilalanine), 발린(valine), 아스파라긴산(asparaginic acid), 아스파라긴(asparaginie), 아세타마이드(acetamide), 콜린(choline), 아데닌(adenine) 및 소량의 트리메틸아민(trimethylamine) 등이 함유되어 있다.

성미 성질이 평범하고, 맛은 달다

귀경 간(肝), 심(心), 위(胃) 경락에 작용한다.

효능과 주치 : 표고는 장과 위의 기능을 강화하는 효능이 있어 식욕을 돋우고 설사와 구토를 멎게 한다. 따라서 소화력이 약하고 소화불량과 설사가 있을 때 사용하면 좋다. 또한 가래를 삭이는 효능이 있고, 유즙 분비를 촉진하며, 모세혈관이 약해 쉽게 터지는 증상을

자실체 건조

치료한다. 최근에는 항암 물질이 있다고 밝혀져 각광받고 있으며, 혈압과 콜레스테롤 수치를 낮추는 효능이 입증된 바 있다.

 약용법과 용량 : 1회 복용량은 말린 표고 8~12g이다. 소화불량과 설사 치료에는 표고 30~40g을 물에 달여 하루에 3번 나눠 마시는데 1주일 정도 마시면 좋다.

 사용시 주의사항 : 독은 없지만 체질이 냉한 사람은 버섯이 맞지 않기 때문에 많은 양을 복용하면 안 된다.

 기능성 및 효능에 관한 특허자료

▶ **표고버섯 열수 추출물을 이용한 골길이 성장에 도움을 주는 조성물**

본 발명은 IGF-1 및 성장 호르몬의 발현을 촉진하는 표고버섯 열수 추출물을 유효성분으로 함유하는 골길이 성장 도움 및 성장 장애 예방용 조성물, 발효유, 음료 및 건강기능식품에 관한 것으로, 본 발명의 표고버섯 열수 추출물 및 이를 함유하는 제제는 골길이 성장을 촉진하는 작용이 탁월하여 골길이 성장 장애의 치료 및 예방을 목적으로 사용될 경우에 매우 효과적이다.
– 공개번호 : 10-2008-0110212, 출원인 : (주)한국야쿠르트

▶ **표고버섯 균사체 추출물을 포함하는 γδT 세포 면역활성 증강제**

본 발명은 표고버섯 균사체 추출물이 γδT 세포의 활성을 현저하게 증강하는 작용을 갖는 것을 이용하여 종양의 치료 또는 세균 감염증 또는 바이러스 감염증의 치료 및 예방에 사용하기 위한, 표고버섯 균사체 추출물을 포함하는 γδT 세포 활성 증강제, 나아가서는 면역 활성제를 개발·제공한다.
– 공개번호 : 10-2001-0089497, 출원인 : 고바야시 세이야쿠 가부시키가이샤 · 나가오카

관절염, 신경통, 염좌, 종기와 부스럼

피나물

Hylomecon vernalis Maxim.

사용부위 뿌리, 어린순

이명 : 노랑매미꽃, 매미꽃, 봄매미꽃, 선매미꽃
생약명 : 하청화(荷青花)
과명 : 양귀비과(Papaveraceae)
개화기 : 4~5월

ㅍ

뿌리 채취품

생육특성 : 피나물은 중부 이북 숲에서 자라는 여러해살이풀로, 생육환경은 반그늘이며 주변에 습기가 많은 곳이다. 키는 30cm 정도이고, 잎은 줄기 아래에서 난 것은 크고 깃 모양이며 윗부분의 잎은 잔잎이 3~5장 정도 달리고 가장자리에는 불규칙한 톱니가 있다. 꽃은 선명한 노란색으로 4~5월에 원줄기 끝의 잎겨드랑이에서 1~3개의 긴 꽃줄기가 나오는데 그 끝에 1송이씩 핀다. 열매는 6~7월경에 길이 3~5cm, 지름 0.3cm 정도로 뾰족하게 달리는데, 안에는 많은 종자가 들어 있다.

피나물은 줄기를 자르면 붉은색 액체가 나오기 때문에 '피나물'이라는 이름이 붙여졌으며, 흔히 '노랑매미꽃'으로도 불린다.

 채취 방법과 시기 : 이른 봄에 어린순을 채취하고, 연중 뿌리를 채취하여 햇볕에 말린다.

성분 알칼로이드(alkaloid), 크립토핀(cryptopine), 프로토핀(protopine), 켈리도닌(chelidonine), 알로크립토핀(allocryptopine), 콥티신(coptisine), 베르베린(berberine), 상귀나린(sanguinarine), 켈러리스린(chelerythrine), 켈리루빈(chelirubine) 등이 함유되어 있다.

성미 성질이 평범하고, 맛은 쓰다.

귀경 간(肝), 심(心) 경락에 작용한다.

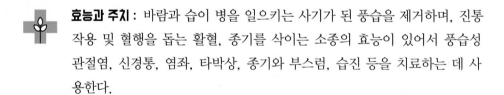 **효능과 주치** : 바람과 습이 병을 일으키는 사기가 된 풍습을 제거하며, 진통작용 및 혈행을 돕는 활혈, 종기를 삭이는 소종의 효능이 있어서 풍습성 관절염, 신경통, 염좌, 타박상, 종기와 부스럼, 습진 등을 치료하는 데 사용한다.

 약용법과 용량 : 말린 약재 6~12g을 물 1L에 넣어 1/3이 될 때까지 달여 하루에 2~3회 나눠 마시거나, 환 또는 가루로 만들어 복용하기도 하고, 짓찧어 환부에 붙인다.

 사용시 주의사항 : 독성이 강하기 때문에 물에 충분히 우려내 독성을 제거한 후 먹어야 한다.

열병으로 입이 마르는 증상, 소갈, 옹종

하늘타리

Trichosanthes kirilowii Maxim.

사용부위 덩이뿌리, 열매, 잘 익은 종자

이명 : 쥐참외, 하늘타리, 하늘수박, 천선지루, 괄루
생약명 : 괄루근(栝蔞根), 괄루인(栝蔞仁)
과명 : 박과(Cucurbitaceae)
개화기 : 7~8월

ㅎ

익은 열매

약재 전형

생육특성 : 하늘타리는 덩굴성 여러해살이풀로 중부 이남의 산야에서 분포한다. 약재로 쓰이는 덩이뿌리는 불규칙한 둥근기둥 모양, 양끝이 뾰족한 원기둥꼴 또는 편괴상으로 길이 8~16cm, 지름 1.5~5.5cm이다. 표면은 황백색 또는 엷은 갈황색으로 세로 주름과 가는 뿌리의 흔적 및 약간 움푹하게 들어간 가로로 긴 피공(皮孔)이 있고 황갈색의 겉껍질이 잔류되어 있다. 질은 견실하고, 단면은 흰색 또는 담황색으로 분성(粉性)이 풍부하며, 곁뿌리의 절단면에는 황색의 도관공(導管孔)이 약간 바큇살 모양으로 배열되어 있다. 잎은 어긋나고 둥글며 손바닥처럼 5~7장으로 갈라지고 거친 톱니가 있다. 밑은 심장 모양으로 양면에 털이 나 있다. 꽃은 암수딴그루이고 7~8월에 흰색으로 핀다. 열매는 물렁열매로 지름은 7cm 정도이며 오렌지색으로 익고 안에는 엷은 회갈색의 종자가 많이 들어 있다.

지상부   꽃   열매

 채취 방법과 시기 : 열매와 종자는 가을과 겨울에 채취한다. 채취한 열매는 겉껍질을 제거하고 쪼개서 건조하거나 이물질을 제거하고 가늘게 썰어서 사용한다. 종자는 채취하여 햇볕에 말려서 사용한다. 뿌리는 가을부터 이른 봄 사이에 채취하여 깨끗이 씻은 후 겉껍질을 벗겨내고 햇볕에 말려서 사용한다.

성분 열매에는 트리테르페노이드(triterpenoid) 사포닌, 유기산(organic acid), 리신(resin) 등이 함유되었으며, 종자에는 지방이 함유되어 있다. 열매에 함유되어 있는 프로테인과 덩이뿌리에 함유되어 있는 프로테인은 서로 다르다. 덩이뿌리의 유효성분은 트리코사틴(trichosanthin)으로 이것은 여러 종류의 단백질 혼합물이다. 또한 덩이뿌리에는 1% 정도의 사포닌이 함유되어 있다.

성미

① 덩이뿌리(괄루근) : 약성이 차고, 약간 달며 쓰다.
② 종자(괄루인) : 약성이 차고, 달다.

귀경

덩이뿌리는 폐(肺), 위(胃) 경락에 작용한다. 종자는 폐(肺), 위(胃), 대장(大腸) 경락에 작용한다.

효능과 주치 : 진액을 생성하고 갈증을 멈추는 생진지갈(生津止渴), 하기를 내리고 조성을 윤택하게 하는 강화윤조(降火潤燥), 농을 배출하고 종양을 삭히는 배농소종(排膿消腫) 등의 효능이 있어서 열병으로 입이 마르는 증상을 치료하고, 소갈, 황달, 폐조해혈(肺燥咳血), 옹종치루 등을 치료한다.

약용법과 용량 : 말린 약재 15g을 물 700mL에 넣어 200~300mL가 될 때까지 달여 하루에 2~3회 나눠 마시거나, 환이나 가루로 만들어 복용한다. 심한 기침 치료를 위해서도 하늘타리를 이용하는데 잘 익은 하늘타리 열매를 반으로 쪼갠 다음 그 속에 하늘타리 종자 몇 개와 같은 숫자의 살구씨를 넣고 다시 덮어서 젖은 종이로 싸고 이것을 다시 진흙으로 싸서 잿불에 타지 않을 정도로 굽는다. 이것을 가루로 만들어 같은 양의 패모 가루를 섞고 하룻밤 냉수에 담근 다음 같은 양의 꿀을 섞어서 한 번에 두 숟가락씩 하루에 3회 식후 20~30분 후에 먹는데 며칠 동안 꾸준히 복용하면 오래된 심한 기침도 잘 낫는다. 민간에서는 신경통 치료를 위하여 열매의 열매살 부분을 술에 담가 하루에 2~3회 나눠 복용하기도 한다.

사용시 주의사항 : 성미가 쓰고 차기 때문에 비위가 허하고 냉한 사람, 대변이 진흙처럼 나오는 대변당설(大便溏泄)의 경우에는 신중하게 사용해야 하며, 오두(烏頭)와는 함께 사용하지 않는다.

덜 익은 하늘타리 열매

 기능성 및 효능에 관한 특허자료

▶ **괄루인 추출물을 포함하는 궤양성 대장염 또는 크론병 치료용 약학 조성물**

본 발명은 괄루인(하늘타리 씨) 추출물을 유효성분으로 포함하는 궤양성 대장염(ulcerative colitis) 또는 크론병(Crohn's disease) 치료용 약학 조성물을 제공한다. 상기 괄루인 추출물은 트리니트로벤젠 술폰산(trinitrobenzene sulfonic acid, TNBS)으로 유도된 염증성 장질환을 효과적으로 억제하고, 또한 MPO(Myeloperoxidase) 활성을 낮춤으로써, 염증성 장질환으로 통칭되는 궤양성 대장염 또는 크론병에 대한 치료활성을 갖는다. 따라서 상기 괄루인 추출물은 궤양성 대장염 또는 크론병 치료용 약학 조성물에 유용하게 사용될 수 있다.

– 공개번호 : 10-2010-0096473, 출원인 : 삼일제약(주)

근골산통, 간(肝)과 신(腎)의 음기가 훼손된 것

하수오

Fallopia multiflora (Thunb.) Haraldson

사용부위 덩이뿌리

이명 : 지정(地精), 진지백(陳知白), 마간석(馬肝石),
수오(首烏)
생약명 : 하수오(何首烏)
과명 : 마디풀과(Polygonaceae)
개화기 : 8~9월

ㅎ

뿌리 채취품

약재 전형

생육특성 : 하수오는 덩굴성 여러해살이풀로, 전국 각지에서 자생하는데 중남부 지방에서 재배되고 있다. 줄기는 가늘고 전체에 털이 나 있으며 2∼3m로 자란다. 줄기 밑동은 목질화되는데 뿌리는 가늘고 길며 그 끝에 비대한 덩이뿌리가 달린다. 덩이뿌리의 겉껍질은 적갈색이며 몸통은 무겁고 질은 견실하고 단단하다. 잎은 어긋나고 좁은 심장 모양으로 끝이 뾰족하다. 꽃은 흰색으로 8∼9월에 작은 꽃이 원뿔꽃차례로 핀다. 꽃잎은 없고 수술은 8개, 자방은 달걀 모양이고 암술대는 3개이다. 열매는 여윈열매로 익는다.

| 지상부 | 꽃 | 열매 |

 채취 방법과 시기 : 가을과 겨울에 덩이뿌리를 채취하여 이물질을 제거하고 절편하여 사용하는데 하수오는 독성이 있어서 반드시 포제를 잘 하여 사용하는 것이 좋다. 포제하고자 하는 하수오 무게의 10∼15% 정도에 해당하는 검정콩을 2∼3회 삶아서 물을 모으고, 준비된 하수오에 이 검정콩 삶은 물을 흡수시킨 다음, 시루에 넣고 쪄서 이를 햇볕에 건조시키고, 다시 똑같은 과정을 반복하여 하수오의 단면이 흑갈색으로 변할 때까지 반복하면 독성이 제거되면서 좋은 하수오가 된다.

성분 덩이뿌리에는 안트라퀴논(anthraquinone)계 성분인 크리소파놀(chrysophanol), 에모딘(emodin), 레인(rhein), 피스치온(physcione) 등이 함유되어 있으며, 줄기에도 유사한 성분들이 함유되어 있다. 덩이뿌리에는 전분과 지방도 함유되어 있다.

하수오 꽃 집단

성미 성질이 따뜻하고, 맛은 쓰고 달며, 독성이 없다.

귀경 간(肝), 심(心), 신(腎) 경락에 작용한다.

효능과 주치 : 간을 보하는 보간, 신의 기운을 더하는 익신(益腎), 혈을 기르는 양혈, 풍사를 제거하는 거풍 등의 효능이 있어서 간과 신의 음기가 훼손된 것을 치유하며, 머리가 일찍 희어지는 수발조백(鬚髮早白), 혈이 허하여 머리가 어지러운 혈허두훈, 허리와 무릎이 연약해진 요슬연약(腰膝軟弱), 근골이 시리고 아픈 근골산통(筋骨酸痛), 정액이 저절로 흘러나가는 유정, 붕루대하, 오래된 설사(구리久痢) 등을 치료하며, 그 밖에도 만성 간염, 옹종, 나력, 치질 등의 치료에 사용한다. 민간요법에서는 간과 신 기능의 허약을 치료하며 해독작용, 변비, 불면증, 거풍(祛風), 피부 가려움증, 백일해 등의 치료에 사용한다.

약용법과 용량 : 말린 덩이뿌리 15g을 물 700mL에 넣어 끓기 시작하면 약하게 줄여 200~300mL가 될 때까지 달여 하루에 2회 나눠 마신다. 가루 또는 환으로 만들어 복용하기도 하고, 술에 담가서 마시기도 한다.

ㅎ

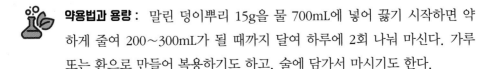

사용시 주의사항 : 줄기는 야교등(夜交藤), 잎은 하수엽(何首葉)이라 하여 약재로 사용한다. 약재 사용에 있어서 주의할 것은 하수오와 현재 농가에서 많이 재배하고 있는 박주가리과의 큰조롱[*Cynanchum wilfordii* (Maxim.) Hemsl.]은 그 기원식물이 다르므로 혼동해서는 안 된다는 점이다. 한방에서는 큰조롱 덩이뿌리를 '백수오(白首烏)'라고 부르며 약재로 사용한다. 그런데 일반인들 사이에서 큰조롱을 흔히 백하수오라는 이름으로 부르면서 마디풀과의 약용식물인 하수오와 혼동하는 경우를 자주 볼 수 있다. 이처럼 혼동하게 된 이유는 붉은빛이 도는 하수오의 덩이뿌리를 '적하수오'라고 하면서 백수오라는 생약명이 있는 큰조롱의 덩이뿌리를 '백하수오'라고 잘못 부른 데서 비롯되었다. 두 식물 모두 덩이뿌리를 약용하긴 하지만 동일한 약재는 아니므로 구분해서 사용해야 한다. 또한 일반인들이 하수오와 혼동하는 큰조롱은 연한 황록색의 산형꽃차례, 박주가리(나마)는 연한 자줏빛의 총상꽃차례로 꽃이 핀다. 천장각 또는 나마로 쓰이는 박주가리는 골돌과 표주박 모양, 백수오라는 생약명으로 불리는 큰조롱의 열매는 골돌과(갈라진 여러 개의 씨방으로 된 열매)이므로 비교 가능하다. 윤장통변(潤腸通便) 및 수렴하는 작용이 있으므로 대변당설(大便溏泄) 또는 습담(濕痰 : 비의 운화運化하는 기운이 장애되어 수습水濕이 한곳에 오래 몰려 있어 생기는 담증)의 경우에는 부적당하고, 무 씨와 함께 사용할 수 없다.

 기능성 및 효능에 관한 특허자료

▶ 하수오 추출물의 제조방법과 그 추출물을 함유한 당뇨병 관련 질환 치료용 의약 조성물

본 발명은 하수오 추출물의 제조방법과 그 추출물을 함유한 당뇨병 관련 질환 치료용 의약 조성물에 관한 것으로, 하수오를 물, 극성 유기용매 또는 이들의 혼합용매로 추출하는 단계, 상기 추출액으로부터 고형분을 제거하는 단계 및 상기 추출액으로부터 추출용매를 제거하여 하수오 추출물을 얻는 단계를 통해 혈당강하 효과가 있는 하수오 추출물을 얻고, 이를 함유시켜 당뇨병 관련 치료용 조성물을 제조함으로써, 우수한 혈당강하 효과를 갖는 하수오 추출물과 그 추출물을 함유한 당뇨병 관련 질환 치료용 의약 조성물에 관한 것이다.

– 공개번호 : 10-2004-0063291, 출원인 : 에스케이케미칼(주)

해열, 해독, 소염, 살균

할미꽃

Pulsatilla cernua var. *koreana* (Yabe ex Nakai) U. C. La

사용부위 뿌리

이명 : 노고초, 조선백두옹, 할미씨까비, 야장인(野丈人), 백두공(白頭公)
생약명 : 백두옹(白頭翁)
과명 : 미나리아재비과(Ranunculaceae)
개화기 : 4월

약재 전형

ㅎ

생육특성 : 할미꽃은 여러해살이풀로 전국 각지의 산야에서 분포하는데, 주로 양지쪽에 자란다. 잎은 뿌리에서 모여 나고 깃꼴겹잎이며, 줄기 전체에 긴 털이 빽빽하게 나 있고 흰빛이 돈다. 꽃은 적자색으로 4월에 꽃줄기 끝에서 밑을 향해 1송이가 피는데 꽃대 높이는 30~40cm로 자란다. 열매는 여윈열매로 긴 달걀 모양이고 겉에는 흰색 털이 나 있다. 약재로 사용하는 뿌리는 둥근기둥 모양에 가깝거나 원뿔형으로 약간 비틀려 구부러졌고 길이는 6~20cm, 지름은 0.5~2cm이다. 표면은 황갈색 또는 자갈색으로 불규칙한 세로 주름과 세로 홈이 있으며, 뿌리의 머리 부분은 썩어서 움푹 들어가 있다. 뿌리의 질은 단단하면서도 잘 부스러지고, 단면의 껍질부는 흰색 또는 황갈색이며, 목질부는 담황색이다.

지상부   꽃   열매

 채취 방법과 시기 : 가을부터 이듬해 봄에 꽃이 피기 전 뿌리를 채취하여 이물질을 제거하고 햇볕에 말린다. 약재로 가공할 때에는 윤투(潤透)시킨 다음 얇게 절편하고 건조하여 사용한다.

성분 뿌리에는 사포닌 9%가 함유되어 있고, 아네모닌(anemonin), 헤데라게닌(hederagenin), 올레아놀릭산(oleanolic acid), 아세틸올레아놀릭산(acethyloleanolic acid) 등이 함유되어 있다

성미 성질이 차고, 맛은 쓰며, 독성이 조금 있다.

귀경 폐(肺), 위(胃), 대장(大腸) 경락에 작용한다.

효능과 주치 : 열을 내리게 하는 해열, 독을 푸는 해독, 염증을 가라앉히는 소염, 유해한 균을 죽이는 살균 등의 효능이 있어 열을 내리고 독을 풀며, 양혈하며 설사를 멈추게 한다. 열독을 치료하고 혈변을 치료하며, 음부의 가려움증과 대하를 치료하고, 그 밖에도 아메바성 이질, 말라리아 등을 치료하는 데 사용한다.

약용법과 용량 : 말린 전초 15g을 물 700mL에 넣어 끓기 시작하면 약하게 줄여 200~300mL가 될 때까지 달여 하루에 2회 나눠 마시거나, 가루 또는 환으로 만들어 복용한다. 외용할 경우에는 전초를 짓찧어 환부에 바른다. 민간에서는 만성 위염 치료를 위해 잘 말려 가루로 만든 할미꽃 뿌리를 2~3g씩 하루 3회 식후에 복용한다. 15~20일간을 1주기로 하여 듣지 않는다면 7일간을 쉬었다가 다시 1주기를 반복해서 복용한다. 그 밖에도 부인의 냉병이나 질염 치료에도 요긴하게 사용하는데 말린 약재 5~10g을 물 700mL에 넣어 끓기 시작하면 약하게 줄여 200~300mL가 될 때까지 달여 하루에 2회 나눠 마시거나, 말린 약재를 변기에 넣고 태워 그 김을 환부에 쏘이기도 한다.

사용시 주의사항 : 독성이 있으므로 전문가와 상의해서 사용하는 것이 좋다. 또한 이 약재는 성질이 찬 약재이므로 허한에서 오는 설사에는 사용할 수 없다. 강력한 피부점막 자극으로 발포, 눈물, 재채기를 유발시키기도 해서 관상용으로 심을 땐 꽃가루 알레르기가 있는 사람은 피하는 것이 좋다.

ㅎ

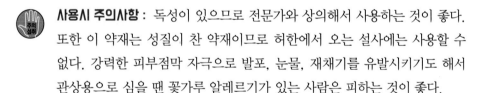

기능성 및 효능에 관한 특허자료

▶ **백두옹(할미꽃 뿌리) 추출물을 포함하는 항암제 부작용 억제용 조성물**

본 발명은 백두옹(할미꽃 뿌리) 추출물을 유효성분으로 포함하는 항암제 투여로 인한 신장 독성 억제용 조성물에 관한 것이다. 보다 구체적으로는 백두옹 추출물을 유효성분으로 포함하는 항암제 투여로 인한 신장 독성 억제용 조성물, 기존 항암제와 병용 투여하여 항암 활성을 상승시키는 항암 활성 증강용 조성물에 관한 것이다.

― 공개번호 : 10-2011-0101803, 출원인 : 경희대학교 산학협력단

월경불순, 당뇨, 항산화, 항암

해당화
Rosa rugosa Thunb.

사용부위 꽃

이명 : 해당나무, 해당과(海棠果)
생약명 : 매괴화(玫瑰花)
과명 : 장미과(Rosaceae)
개화기 : 5~6월

약재 전형

생육특성 : 해당화는 전국의 바닷가 및 산기슭에서 자생하는 낙엽활엽관목으로, 높이가 1.5m 전후로 자란다. 줄기는 굵고 튼튼하며 가시가 나 있고 가시털과 작고 가는 털이 나 있으며 가시에도 작고 가는 털이 나 있다. 잎은 5~9장의 잔잎이 새 날개깃 모양의 겹잎으로 타원형 또는 긴 거꿀달걀 모양으로 서로 어긋나고 잎끝이 뾰족하거나 둔하며 끝부분은 원형 또는 쐐기 모양에 가장자리에는 가는 톱니가 있다. 꽃은 흰색 또는 홍색으로 5~6월에 새로운 가지 끝에서 원뿔꽃차례로 핀다. 열매는 편평한 공 모양에 등홍색 또는 암적색으로 8~9월에 익는다.

지상부   꽃   열매

 채취 방법과 시기 : 5~6월에 막 피어난 꽃을 채취한다.

성분 신선한 꽃에는 정유가 함유되어 있고 그 주요 성분은 시트로넬롤(citronellol), 게라니올(geraniol), 네롤(nerol), 오이게놀(eugenol), 페닐에칠알코올(phenylethyl alcohol) 등이며 그 외 쿼세틴(quercetin), 타닌(tannin), 시아닌(cyanin) 고미질, 황색소, 유기산(organic acid), 지방유, 베타-카로틴(β-carotene)이 함유되어 있다.

성미 성질이 따뜻하고, 맛은 달고 약간 쓰고, 독성이 없다.

귀경 간(肝), 비(脾) 경락에 작용한다.

서부 해당화

 효능과 주치 : 꽃은 관상용, 공업용, 밀원용으로 기르거나 약용하는데 생약명을 매괴화(玫瑰花)라고 하며 약성은 따뜻하고 맛이 달고 약간 쓰며 독성은 없으며 기를 다스려 우울한 정신을 맑게 해주고 어혈을 풀어주며 혈액 순환을 좋게 해주는 효능이 있다. 그리고 치통, 진통, 관절염, 토혈, 객혈, 월경불순, 적대하, 백대하, 이질, 종독 등을 치료한다. 잎차는 당뇨의 예방과 치료 및 항산화 효과가 있고, 줄기 추출물은 항암효과 특히 호르몬 수용체 매개암, 예를 들어 전립선 암의 예방, 개선 또는 치료에 뛰어난 효과가 있다는 연구결과도 나왔다.

 약용법과 용량 : 말린 꽃 20~30g을 물 900mL에 넣어 반 정도가 될 때까지 달여 하루에 2~3회 나눠 마신다.

 기능성 및 효능에 관한 특허자료

▶ 해당화 줄기 추출물을 포함하는 암 예방 또는 치료용 조성물

본 발명에 따른 해당화 줄기 추출물은 히스톤 아세틸 전이효소의 활성을 억제하는 효과가 우수하여 암, 특히 호르몬 수용체 매개 암, 예를 들어 전립선암의 예방, 개선 또는 치료에 뛰어난 효과가 있다.

— 등록번호 : 10-0927431, 출원인 : 연세대학교 산학협력단

자양강장, 진해, 천식, 발모촉진

호두나무

Juglans regia L. = [*Juglans sinensis* Dode.]

사용부위 뿌리껍질, 나무껍질, 잎 종인, 열매껍질

이명 : 호두나무, 핵도수(核桃樹), 당추자(唐楸子), 호두
생약명 : 호도(胡桃), 호도인(胡桃仁)
과명 : 가래나무과(Juglandaceae)
개화기 : 5월

ㅎ

껍질 제거된 열매

약재 전형

생육특성 : 호두나무는 전국의 산기슭 및 산골마을 근처에서 자라는 낙엽활엽교목으로, 높이가 20m 전후로 자라며, 나무껍질은 회백색이다. 잎은 1회 홀수깃꼴겹잎으로 서로 어긋나 붙어 있고 잔잎은 타원형 달걀 모양에 잔톱니가 있으며 잎의 윗면에는 털이 없으나 뒷면에는 어릴 때 잎맥 부근에 부드러운 털이 나 있다. 꽃은 미황색으로 5월에 단성(單性)에 암수한나무로 핀다. 열매는 둥글고 10월에 익는다.

| 지상부 | 꽃 | 열매 |

 채취 방법과 시기 : 종인은 열매가 익었을 때인 10월, 나무껍질은 봄, 잎은 봄·여름, 뿌리, 뿌리껍질은 연중 수시, 열매껍질은 9~10월에 덜 익은 것을 채취한다.

성분 종인에는 지방유가 함유되어 있으며 주성분은 리놀산 그리세라이드(glyceride)로 적은 양의 리놀렌산(linoleic acid), 글리세라이드(glyceride)가 혼합되어 있다. 또 단백질, 탄수화물, 칼슘, 인, 철, 카로틴(carotene), 비타민 B_2가 함유되어 있고, 완전히 익은 과일 속에는 셀룰로스(cellulose)와 펜토산(pentosan), 미성숙 열매 속에는 시트룰린(citrulline), 주글론

(juglone), 비타민 C 등이 함유되어 있다. 나무껍질에는 베타-시토스테롤 (β-sitosterol), 베툴린(betulin), 피로갈롤(pyrogallol), 타닌(tannin)과 소량의 배당체, 무기염, 칼슘, 마그네슘, 칼륨, 나트륨, 철, 인 등이 함유되어 있다. 잎에는 몰식자산(galic acid), 축합몰식자산, 엘라이딕산(elaidic acid), 알파-피넨(α-pinene), 베타-피넨(β-pinene), 리모넨(limonene), 주글론(juglone), 베타-카로틴(β-carotene), 주글라닌(juglanin), 하이페린(hyperin), 폴리페놀(polyphenol) 복합물과 세로토닌(serotonin)이 함유되어 있다. 뿌리 및 뿌리껍질에는 시토스테롤(sitosterol), 바닐린(vanillin), 4, 8-디하이드록시테트라논(dihydroxytetralone)을 분리 확인했다. 미성숙한 열매껍질에는 알파-디하이드로주그론(α-dihydrojugron), 베타-디하이드로주그론(β-dihydrojugron)이 함유되어 있다.

성미 종인, 잎은 성질이 따뜻하고, 맛은 달다. 나무껍질, 뿌리껍질은 맛은 쓰고 떫고, 독성이 있다. 덜 익은 열매껍질은 성질이 평범하고, 맛은 쓰고 떫다.

귀경 비(脾), 폐(肺), 신(腎) 경락에 작용한다.

효능과 주치: 종인은 생약명을 호도인(胡桃仁)이라고 하며 자양강장, 진해, 거담, 천식, 보신고정(補身固精), 윤장(潤腸), 요통, 유정, 빈뇨, 변비 등을 치료한다. 나무껍질은 생약명을 호도수피(胡桃樹皮)라 하여 살충제로 쓰고 수양성 하리(水樣性下痢), 피부염, 가려움증 등을 치료한다. 잎은 생약명을 호도엽(胡桃葉)이라고 하며 물에 추출한 엑기스가 탄저균, 디프테리아균에 대해 강력한 살균작용을 가지고 있고 콜레라균, 고초균, 폐렴구균, 연쇄구균, 황색포도구균, 대장균, 장티푸스균, 적리균에 대해서는 약한 살균력을 가지고 있다. 살충, 해독의 효능이 있고 대하증, 가려움증 등을 치료한다. 뿌리와 뿌리껍질에는 생약명을 호도근(胡桃根)이라 하며 살충, 치통, 변비, 보기(補氣)의 효능이 있다. 미성숙한 열매껍질은 생약명을 호도청피(胡桃靑皮)라고 하며 위통, 복통, 설사, 가려움증, 종기독 등을 치료한다. 호도 추출물은 발모성장촉진을 도와주고, 호두 추출물과 은행 추출물을 이용한 천식치료제로 사용한다.

ㅎ

약용법과 용량 : 말린 종인 30~50g을 물 900mL에 넣어 반이 될 때까지 달여 하루에 2~3회 나눠 마신다. 외용할 경우에는 짓찧어서 환부에 도포한다. 말린 나무껍질 30~60g을 물 900mL에 넣어 반이 될 때까지 달여 하루에 2~3회 나눠 마신다. 말린 잎 50~100g을 물 900mL에 넣어 반이 될 때까지 달여 하루에 2~3회 나눠 마신다. 외용할 경우에는 달인 액으로 환부를 씻거나 발라준다. 말린 뿌리와 뿌리껍질 30~60g을 물 900mL에 넣어 반이 될 때까지 달여 하루에 2~3회 나눠 마신다. 말린 미성숙한 열매껍질 120~180g을 물 900mL에 넣어 반이 될 때까지 달여 하루에 2~3회 나눠 마신다. 외용할 경우에는 달인 액으로 환부를 씻는다.

❓ 혼동하기 쉬운 약초 비교

호두나무_열매

가래나무_열매

호두나무_열매껍질을 벗긴 종자

가래나무_열매껍질을 벗긴 종자

항암, 혈당강하, 통경, 자궁출혈, 당뇨

화살나무

Euonymus alatus (Thunb.) Siebold

사용부위 가지의 날개

이명 : 흔립나무, 홋잎나무, 참빗나무, 참빗살나무, 챔빗나무,
　　　위모(衛矛), 귀전(鬼箭), 4능수(四綾樹), 파능압자(巴綾鴨子)
생약명 : 귀전우(鬼箭羽)
과명 : 노박덩굴과(Celastraceae)
개화기 : 5~6월

ㅎ

약재 전형

627

생육특성 : 화살나무는 전국 산야에서 분포하는 낙엽활엽관목으로, 높이가 3m 전후로 자란다. 가지는 많이 갈라지고 작은 가지는 보통 네모각에 녹색을 띤다. 굵은 가지는 납작하고 가느다란 코르크질의 날개가 붙어 있으며 넓이가 대개 1cm 정도에 다갈색이다. 잎은 홑잎이 비스듬히 나는데 거꿀달걀 모양 혹은 타원형으로 양 끝이 뾰족하고 밑부분에는 작은 톱니가 있으며 윗면은 윤채가 있는 녹색이고 뒷면은 담녹색에 잎자루가 0.2cm 정도이다. 꽃은 담황록색으로 5월에 양성화로 취산꽃차례를 이루며 핀다. 열매의 튀는열매는 타원형으로 9~10월에 익으면 담갈색의 열매껍질이 벌어지고 그 속에서 빨간 종자가 나온다.

| 지상부 | 꽃 | 열매 |

채취 방법과 시기 : 가지의 날개를 연중 수시 채취한다.

성분 잎에는 플라보노이드(flavonoid)로 류코시아니딘(leucocyanidin), 류코델피니딘(leucodelphinidin), 퀘세틴(quercetin), 캠페롤(kaempferol), 에피후리에데라놀(epifriedelanol), 프리에데린(friedelin), 둘시톨(dulcitol) 등이 함유되어 있다. 열매에는 알칼로이드로 에보닌(evonine), 네오에보닌(neoevonin), 알라타민(alatamine), 윌포르딘(wilfordine), 알라투시닌

(alatusinin), 네오아라타민(neoalatamine) 등이 함유되어 있다. 그 외 칼데노라이드(cardenolide)로서 아코베노시게닌(acovenosigenin) A, 에우오니모시드(euonymoside) A, 에우오니무소시드(euonymusoside) A 등이 함유되어 있다. 가지의 날개에는 칼데노라이드(cardenolide)계 성분인 아코베노시게닌 A(acovenosigenin A), 3-O-알파-L-람노피라노사이드(3-O-α-L-rhamnopyranoside)와 유니모사이드(euonymoside) A, 유오니무소사이드(euonymusoside) A는 몇 종류의 암세포주에 대해서 세포독성을 나타낸다.

성미 성질이 차고, 맛은 쓰다.

귀경 심(心) 경락에 작용한다.

✚ **효능과 주치 :** 가지에 날개 모양으로 달린 익상물(翼狀物)은 약용하는데 생약명을 귀전우(鬼箭羽)라고 하며 약성은 차며 맛이 쓰고 산후어혈, 충적복통, 피부병, 대하증, 항암, 심통, 당뇨병, 통경, 자궁출혈 등을 치료한다. 화살나무의 추출물은 항암활성 및 항암제 보조용으로 사용한다.

 약용법과 용량 : 말린 가지의 날개 20∼30g을 물 900mL에 넣어 반이 될 때까지 달여 하루에 2∼3회 나눠 마신다. 외용할 경우에는 가지와 날개(귀전우)를 짓찧어 참기름과 혼합하여 환부에 도포한다.

 사용시 주의사항 : 임산부는 복용을 금지한다.

ㅎ

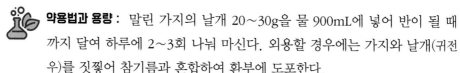

기능성 및 효능에 관한 특허자료

▶ 항암 활성 및 항암제의 보조제 역할을 하는 화살나무 수용성 추출물

본 발명은 화살나무 수용성 추출물 및 이의 용도에 관한 것으로서 더욱 상세하게는 화살나무를 유기용매로 처리하여 유기용매 용해성 분획을 제거한 후 남은 잔사를 물로 추출하여 기존의 화살나무 수추출물과는 다른 새로운 수용성 추출물을 얻고, 이 수용성 추출물이 항암 활성을 가지고, 또한 항암제의 보조제 역할로 항암제의 독성 완화 및 활성을 증강시키는 등의 효능이 강하고 독특한 생리활성을 밝힘으로써 이를 이용한 항암 및 항암제 보조용의 기능성 건강식품의 제조에 관한 것이다.

– 공개번호 : 10-2004-0097446, 출원인 : 동성제약(주)·이정호

항암작용으로 피부암, 자궁경부암, 위암, 간암

활나물

Crotalaria sessiliflora L

사용부위 전초

이명 : 구령초(拘鈴草), 불지갑(佛指甲)
생약명 : 야백합(野百合), 농길리(農吉利)
과명 : 콩과(Leguminosae)
개화기 : 7~9월

전초 약재 전형

생육특성 : 활나물은 각처의 산과 들에서 자라는 한해살이풀이다. 생육환경은 반그늘 혹은 양지의 풀숲이며, 키는 20~70cm이다. 잎은 길이가 4~10cm, 너비가 0.3~1cm로 끝이 뾰족하고 어긋난다. 꽃은 7~9월에 청자색으로 원줄기와 가지 끝에서 이삭 모양으로 피는데 뒷부분에는 잔털이 많이 나 있다. 열매는 9~10월경에 달리는데 길이는 1~1.2cm로 타원형이다.

 채취 방법과 시기 : 꽃이 피어 있을 때 전초를 채취하여 햇볕에 말린다.

성분 모노크로탈린(monocrotaline), 아미노산(amino acid) 등이 함유되어 있다.

성미 성질이 평범하고, 맛은 달다.

귀경 폐(肺), 비(脾), 신(腎) 경락에 작용한다.

효능과 주치 : 열을 식혀주는 청열, 습이 병을 일으키는 사기가 된 습사의 배출을 이롭게 하는 이습, 종기를 삭이는 소종, 독을 풀어주는 해독의 효능이 있어서 이질, 염증성 발열, 소변 배출이 원활하지 않은 소변불리, 복수, 체내 수습이 정체되어 발생하는 부종인 수종, 이명, 어지럼증, 암종, 소아감적(小兒疳積) 등을 치료한다. 최근에는 암 치료제로 활용되는데 외용과 내복, 주사제로도 쓰이며, 종양 치료에는 생약을 3~4개월가량 매일 60~120g 사용한다. 항암작용을 하는데 피부암, 자궁경부암, 음경암, 유선암, 위암, 간암, 식도암, 폐암을 개선하고 만성 기관지염을 완화하는 효과가 높은 것으로 알려졌다.

꽃, 열매

 약용법과 용량 : 말린 전초 15~30g에 물 1L를 붓고 1/3이 될 때까지 달여서 마시거나 짓찧어서 환부에 붙인다.

631

고혈압, 동맥경화, 담낭염, 위염, 장염

황금(속썩은풀)

Scutellaria baicalensis

사용부위 뿌리

이명 : 부장(腐腸), 내허(內虛), 공장(空腸), 자금(子芩),
　　　조금(條芩)
생약명 : 황금(黃芩)
과명 : 꿀풀과(Labiatae)
개화기 : 7～8월

약재 전형

생육특성 : 황금은 여러해살이풀로 각지의 밭에서 재배하고 있는데 특히 경북 안동, 봉화가 유명한 산지이며 전남 여천 지방에서도 많이 재배한다. 키는 60cm 정도로 자란다. 주요 약재로 사용하는 뿌리는 원뿔형으로 길이 7~27cm, 지름 1~2cm이다. 뿌리 표면은 짙은 황색 또는 황갈색을 띠며 윗부분은 껍질이 비교적 거칠고 세로로 구부러진 쭈그러진 주름이 있으며 아래쪽은 껍질이 얇다. 질은 단단하면서도 취약하여 절단이 쉽다. 단면은 짙은 황색이며 중앙부에는 홍갈색의 심이 있다. 오래 묵은 뿌리의 절단면은 중앙부가 짙은 갈색 혹은 흑갈색의 두터운 조각 모양이며 간혹 속이 비어 있는데 보통 고황금(枯黃芩) 혹은 고금(枯芩)이라고 한다. 굵고 길며 질이 견실하고 색이 노랗고 겉껍질이 깨끗하게 제거된 것이 좋은 황금이다. 줄기는 가지가 많이 갈라지며 곧게 서거나 비스듬히 올라간다. 줄기 전체에는 털이 나 있고 원줄기는 네모지며 한군데에서 여러 대가 나온다. 잎은 마주나고 양끝이 좁은 바소꼴로 가장자리가 밋밋하다. 꽃은 자색으로 7~8월에 원줄기 끝과 가지 끝에서 총상꽃차례로 피는데 꽃차례에 잎이 있으며 각 잎겨드랑이에서 1송이씩 달린다. 열매는 8~9월에 여윈열매로 결실하는데 열매는 황금자(黃芩子)라고 하여 약으로 사용한다.

| 지상부 | 꽃 | 열매 |

채취 방법과 시기 : 가을에 뿌리를 채취하여 수염뿌리를 제거하고 햇볕에 말린다. 약재는 이물질을 제거하고 윤투(潤透)시킨 다음 절편하여 건조한 뒤 사용한다. 눈근(嫩根: 어린 뿌리)으로 안팎이 모두 실하며 황색으로 연한 녹색을 띤 것을 자금(子芩) 또는 조금(條芩)이라 하고, 오래 묵은 뿌리인 노근(老根)으로 중심이 비어 있고 흑색을 띤 것을 고금(枯芩)이라 하며 구분하기도 한다.

성분 뿌리에는 바이칼린(baicalin), 바이칼레인(baicalein), 우고닌(woogonin), 베타-시토스테롤(β-sitosterol) 등이 함유되어 있다.

성미 성질이 차고, 맛은 쓰며, 독성이 없다.

귀경 폐(肺), 담(膽), 위(胃), 대장(大腸) 경락에 작용한다.

 효능과 주치 : 열을 내리고 습사를 말리는 청열조습(淸熱燥濕), 화를 내리고 독을 해소하는 사화해독(瀉火解毒), 출혈을 멈추는 지혈, 태아를 안정시키는 안태 등의 효능이 있어서, 발열, 폐열해수, 번열, 고혈압, 동맥경화, 담낭염, 습열황달, 위염, 장염, 세균성 이질, 목적동통, 옹종, 태동불안 등의 치료에 사용한다.

 약용법과 용량 : 말린 뿌리 10g을 물 700mL에 넣어 끓기 시작하면 약하게 줄여 200~300mL가 될 때까지 달여 하루에 2회 나눠 마신다. 가루나 환으로 만들어 복용하기도 하며, 외용할 경우에는 가루로 만들어 환부에 뿌리거나, 달여서 환부를 씻어낸다. 민간요법으로 편도선염과 구내염, 복통 치료에 많이 사용되는데 편도선염에는 황금, 황련, 황백을 부드럽게 가루로 만들어 각각 2g씩을 컵에 넣고 끓는 물에 부어 노랗게 우린 물로 하루에 6~10회 입가심을 한다. 복통 치료를 위해서는 말린 황금과 작약 각 8g, 감초 4g을 물 1,200mL에 넣어 300~400mL가 될 때까지 달여 하루에 3회 나눠 마신다.

황금꽃 집단

 사용시 주의사항 : 쓰고 찬 성미로 인하여 생기를 손상시킬 수 있으므로 비위가 허하고 냉한 사람이나 임산부의 경우에는 사용을 금해야 하며, 산수유, 용골과는 서로 도움을 주는 작용을 하지만, 목단이나 여로와는 서로 해치는 작용을 하므로 함께 쓰지 않는다.

 기능성 및 효능에 관한 특허자료

▶ 황금 정제 추출물, 이의 제조 방법 및 이를 유효성분으로 함유하는 간 보호 및 간경변증 예방 및 치료용 조성물

본 발명의 제조방법에 의해 제조된 황금 표준화시료용 정제 추출물 또는 이를 함유하는 조성물은 간보호 및 담즙성 간경변증 예방 및 치료용 조성물로 사용될 수 있다.

— 등록번호 : 10–0830186, 출원인 : 원광대학교 산학협력단

몸을 튼튼하게 하고, 살을 돋게 하며, 독배출

황기

Astragalus membranaceus

사용부위 뿌리

이명 : 단너삼, 금황(綿黃), 재분(戴粉), 촉태(蜀胎)
　　　백본(百本)
생약명 : 황기(黃芪 · 黃耆)
과명 : 콩과(Leguminosae)
개화기 : 7~8월

뿌리 채취품　　　　　　　약재 전형

생육특성 : 황기는 여러해살이풀로 경북, 강원, 함남과 함북의 산지에서 분포해 자생하며 현재는 전국 각지에서 재배하는데 강원도 정선과 충북 제천 등이 주산지이다. 키는 1m 이상으로 곧게 자란다. 약재로 쓰이는 뿌리는 긴 둥근기둥 모양을 이루는데 길이 30~90cm, 지름 1~3.5cm이고 드문드문 작은 가지뿌리가 붙어 있으나 분지되는 일은 없고 뿌리의 머리 부분에는 줄기의 잔기가 남아 있다. 뿌리의 표면은 엷은 갈황색 또는 엷은 갈색이며 회갈색의 코르크층이 군데군데 남아 있다. 질은 단단하고 절단하기 힘들며 단면은 섬유성이다. 횡단면을 현미경으로 보면 가장 바깥층은 주피(主皮)이고 껍질부는 엷은 황백색, 목질부는 엷은 황색이며 형성층 부근은 약간의 황갈색을 띤다. 줄기 전체에 부드러운 털이 나 있다. 잎은 어긋나고 잎자루가 짧으며 6~11쌍의 잔잎으로 구성된 홀수깃꼴겹잎이다. 잔잎은 달걀 모양 타원형으로 끝이 둥글며 가장자리는 밋밋하다. 꽃은 엷은 황색 또는 담자색으로 7~8월에 총상꽃차례로 잎과 줄기 사이에서 잎겨드랑이 나거나 줄기의 끝에서 나오는 정생(頂生)으로 핀다. 열매는 8~9월에 꼬투리 모양의 꼬투리열매로 달린다.

| 지상부 | 꽃 | 열매 |

채취 방법과 시기 : 잎이 지는 가을인 9~10월이나 이른 봄에 뿌리를 채취하여 수염뿌리와 머리 부분을 제거하고 햇볕에 말린 다음 이물질을 제거하고 절편하여 보관한다.

성분 뿌리에는 자당(蔗糖), 점액질, 포도당이 함유되어 있으며 이 외에 글루쿨로닉산(gluculoninc acid), 콜린(choline), 베타인(betaine), 아미노산 등이 함유되어 있다.

성미 성질이 따뜻하고, 맛은 달며, 독성이 없다.

귀경 폐(肺), 비(脾), 신(腎) 경락에 작용한다.

효능과 주치: 몸을 튼튼하게 하는 강장, 기를 더하는 익기(益氣), 땀을 멈추게 하는 지한, 소변을 잘 통하게 하는 이수, 살을 돋게 하는 생기(生肌), 종기를 제거하는 소종, 몸 안의 독을 밖으로 내보내는 탁독(托毒) 등의 효능이 있으며 다음과 같이 응용한다.

① 생용(生用: 말린 것을 그대로 사용하는 것) : 위기(衛氣)를 더하여 피부를 튼튼하게 하며, 수도를 이롭게 하고 종기를 없애고, 독을 배출하며, 살을 잘 돋게 하고, 자한과 도한을 치료하며, 부종과 옹저를 치료한다.

② 자용(炙用: 꿀물을 흡수시켜 볶아서 사용하는 것) : 중초(中焦)를 보하고 기를 더하는 보중익기(補中益氣), 내상노권(內傷勞倦)을 치료한다. 비가 허하여 오는 설사, 탈항, 기가 허하여 오는 혈탈(血脫), 붕루대하 등을 다스리고 기타 일체의 기가 쇠약한 증상이나 혈허 증상에 응용한다.

약용법과 용량: 말린 뿌리 4~12g을 사용하는데, 대제(大劑)에는 37.5~75g까지 사용할 수 있다. 자한(自汗: 기가 허해서 오는 식은땀), 도한(盜汗: 잠잘 때 나는 식은땀) 및 익위고표(益衛固表)에는 생용하고, 보기승양(補氣升陽: 기를 보하고 양기를 끌어올림)에는 밀자(蜜炙: 약재에 꿀물을 흡수시킨 다음 약한 불에서 천천히 볶아내는 것)하여 사용한다. 민간에서는 산후증이나 식은땀, 어지럼증 치료를 위해 황기를 애용해 왔다. 산후증 치료에는 말린 황기 15~20g을 물 700mL에 넣어 끓기 시작하면 약하게 줄여 200~300mL가 될 때까지 달여 하루에 2~3회 나눠 마신다. 식은땀 치료를 위해서는 말린 황기 12g을 물 1,200mL에 넣어 끓기 시작하면 약하게 줄여 200~300mL가 될 때까지 달여 하루에 3회 나눠 식후에 마신다. 어지럼증이 심한 경우에는 노란색 닭 한 마리를 잡아 뱃 속의 내장을 꺼내 거기에 말린

강화 황기꽃과 줄기

황기 30~50g을 넣은 다음 중탕으로 푹 고아서 닭고기와 물을 하루에 2~
3회 나눠 먹는다. 여러 가지 원인으로 오는 빈혈과 어지럼증에도 효과가
있다.

 사용시 주의사항 : 이 약재는 정기를 증진시키는 약재이므로 모든 실증(實
證), 양증(陽症) 또는 음허양성(陰虛陽盛: 진액이 부족한 상태에서 양기가 심하
게 항진된 경우)의 경우에는 사용하면 안 된다.

 기능성 및 효능에 관한 특허자료

▶ **황기 추출물을 유효 성분으로 하는 골다공증 치료제**

황기를 저급 알코올로 추출하여 물을 가한 다음 다시 헥산으로 부분 정제한 황기 추출물은 골다공
증 치료제에 관한 것으로, 이는 노화 또는 폐경 등의 다양한 원인에 의하여 유발되는 골다공증을 부
작용이 없이 예방 및 치료하는 데 효과적으로 사용될 수 있다.

– 등록번호 : 10-0284657, 출원인 : 한국한의학연구원

고미건위, 지사, 수렴, 신경통

황벽나무

Phellodendron amurense Rupr.

사용부위 나무껍질

이명 : 황경피나무, 황병나무, 황병피나무
생약명 : 황백(黃柏), 황벽(黃蘗), 황벽피(黃蘗皮)
과명 : 운향과(Rutaceae)
개화기 : 5~6월

나무 속껍질 채취품

약재 전형

생육특성 : 황벽나무는 전국에서 분포하는 낙엽활엽교목으로, 높이는 10m 전후로 자라고, 나무껍질은 회색이며 두꺼운 코르크층이 발달하여 깊이 갈라지고 내피는 황색이다. 잎은 마주나고 1회 홀수깃꼴겹잎으로 잔잎은 5~13장이 달걀 모양 또는 바소꼴 달걀 모양이고 잎끝은 뾰족하며 밑부분은 좌우가 같지 않고 가장자리는 가늘고 둥근 톱니가 있거나 밋밋하다. 꽃은 황색 혹은 황록색으로 5~6월에 암수딴그루로 원뿔꽃차례를 이루며 핀다. 물열매 모양 씨열매인 열매는 둥글고 9~10월에 흑색 또는 자흑색으로 익는다.

지상부   꽃   열매

 채취 방법과 시기 : 10년 이상 된 나무의 나무껍질을 3~6월에 채취한다.

성분 나무껍질에는 알칼로이드(alkaloid)가 함유되었으며 주성분이 베르베린(berberine)과 팔미틴(palmitin), 자테오리진(jateorrhizine), 펠로덴드린(phellodendrine), 칸디신(candicine), 메니스펠민(menispermine), 마그노플로린(magnoflorine) 등이고 후로퀴놀린 타입 알칼로이드(furoquinoline-type alkaloid)로서 딕타민(dictamine), 감마-파가린(γ-fagarine), 스키미아닌(skimmianine=β-fagarine) 리모노이드(limonoid) 고미질로서 오바쿠논(obacunone), 리모닌(limonin) 등이고 피토스테롤(phytosterol)으로서

캄페스테롤(campesterol), 베타-시토스테롤(β-sitosterol), 플라보노이드(flavonoid)로서 펠로덴신 A~C(phellodensin A~C), 아무렌신(amurensin), 쿼세틴(quercetin), 캠페롤(kaempferol), 펠라무레틴(phellamuretin), 펠라무린(phellamurin) 등이며 쿠마린(coumarin)으로서는 펠로데놀 A~C(phellodenol A~C) 등이 함유되어 있다.

성미 성질이 차고, 맛은 쓰다.

귀경 심(心), 간(肝), 신(腎), 위(胃), 대장(大腸), 방광(膀胱) 경락에 작용한다.

효능과 주치 : 나무껍질 중 외피의 코르크질을 제거하고 내피는 약용하는데 생약명을 황백(黃柏) 또는 황백피(黃柏皮)라고 하며 약성은 차며 맛이 쓰고 고미건위약으로 건위, 지사, 정장작용이 뛰어나고 또 소염성 수렴약으로 위장염, 복통, 황달 등의 치료제로 쓴다. 또한 신경통이나 타박상에 외용으로 쓰기도 한다. 한편 약리실험에서는 항균, 항진균, 항염작용 등이 밝혀지기도 했다. 그 외 약리 효과는 미약하지만 고혈압, 근수축력 증강작용, 해열, 콜레스테롤 저하작용 등도 밝혀졌다. 나무껍질과 지모(知母)를 혼합하여 물로 추출한 추출물은 소염, 진통 효과가 있고, 나무껍질에서 추출한 추출물은 약물중독 예방 및 치료효과가 있다.

약용법과 용량 : 말린 나무껍질 20~30g을 물 900mL에 넣어 반이 될 때까지 달여 하루에 2~3회 나눠 마신다. 외용할 경우에는 짓찧어서 환부에 도포한다.

사용시 주의사항 : 비장이 허하여 설사를 하는 사람이나 위가 약하고 식욕이 부진한 사람은 황백을 금지하는 것이 좋다.

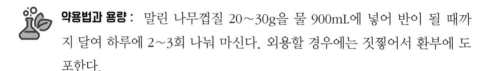

기능성 및 효능에 관한 특허자료

▶ 황백을 이용한 약물 중독 예방 및 치료를 위한 약제학적 조성물

본 발명은 황백(黃柏, 황벽나무 껍질)에서 추출한 물질로서, 중독성 약물의 반복 투여에 따라 증가되는 도파민의 작용을 억제시키는 물질을 유효성분으로 포함하는 황백을 이용한 약물 중독 예방 및 치료를 위한 약제학적 조성물을 제공한다.

— 공개번호 : 10-2004-0097425, 출원인 : 심인섭

자양강장, 항산화, 간보호, 진통

황칠나무

Dendropanax trifidus (Thunb.) Makino ex H. Hara

사용부위 뿌리줄기, 수지, 잎

이명 : 황제목(黃帝木), 수삼(樹參), 압각목(鴨脚木), 압장시
(鴨掌柴), 노란옻나무, 황칠목(黃漆木), 금계지(金鷄趾)

생약명 : 풍하이(楓荷梨), 황칠(黃漆)

과명 : 두릅나무과(Araliaceae)

개화기 : 6월경

ㅎ

수지

약재 전형

생육특성 : 황칠나무는 상록활엽교목으로, 높이는 15m 전후로 자라고 우리나라 특산식물이며 제주도를 비롯한 남부 지방 경남, 전남 등지의 해변 섬 지방의 산기슭, 수림 속에 자생 또는 재배하는 방향성 식물이다. 두릅나무과에 속하는 황칠나무의 어린 가지는 녹색이며 털이 없고 윤채가 난다. 잎은 달걀 모양 또는 타원형에 서로 어긋나고 가장자리에는 톱니가 없거나 3~5개로 갈라진다. 꽃은 양성화인데 녹황색으로 6월경에 산형꽃차례로 가지 끝에서 1송이씩 핀다. 열매는 씨열매로 타원형이고 10월에 흑색으로 익는다.

지상부   꽃   열매

 채취 방법과 시기 : 뿌리줄기, 잎, 수지(나뭇진)를 가을·겨울에 채취한다.

성분 뿌리줄기, 잎, 수지 등에는 정유가 함유되어 있고 정유 중에는 베타-엘레멘(β-elemene), 베타-셀리넨(β-selinene), 게르마크렌 D(germacrene D), 카디넨(cadinene), 베타-쿠베벤(β-cubebene)이 함유되어 있다. 트리테르페노이드(triterpenoid)의 알파-아미린(α-amyrin), 베타-아미린(β-amyrin), 오레이포리오시드(oleifolioside) A·B가 함유되어 있고, 포리아세티렌(polyacetylene)과 스테로이드(steroid) 중에는 베타-시토스테롤(β-sitosterol)이 함유되어 있고 카로테노이드(carotenoid), 리그난(lignan), 지방산 그리고 글루코스(glucose), 프럭토스(fructose), 자일로스(xylose), 아미노산에는 알기닌(arginin), 글루타민산(glutamic acid) 등 그 외 단백질, 비타민 C, 타닌(tannin), 칼슘, 칼륨 등 다양한 성분이 함유되어 있다.

 성미 성질이 따뜻하고, 맛은 달다.

 귀경 간(肝), 심(心), 비(脾), 신(腎) 경락에 작용한다.

효능과 주치 : 뿌리줄기는 항산화작용으로 성인병의 예방 및 치료에 특별한 효과를 가지고 있다. 자양강장, 피로회복, 간기능개선, 지방간, 해독, 콜레스테롤치 저하, 혈액순환, 당뇨, 고혈압, 강정, 진정, 우울증, 건위, 위장질환, 청열, 지혈, 구토, 설사, 월경불순, 면역증강, 신경통, 관절염, 진통, 말라리아, 항염, 항균, 항암 등의 치료효과가 있다. 황칠나무의 추출물은 간염, 간경화, 황달, 지방간 등과 같은 간질환을 예방 및 치료한다. 황칠나무의 잎 추출물은 장운동을 촉진하며 변비를 치료한다.

 약용법과 용량 : 말린 뿌리줄기 30~60g을 물 900mL에 넣어 반이 될 때까지 달여 하루에 2~3회 나눠 마신다.

사용시 주의사항 : 임산부의 복용은 금기이다.

기능성 및 효능에 관한 특허자료

▶ 황칠나무 추출물을 포함하는 남성 성기능 개선용 조성물

본 발명은 황칠나무 추출물을 유효성분으로 포함하는 남성 성기능 개선용 조성물에 관한 것이다. 상기 황칠나무 추출물에 대해 토끼 음경해면체를 이용한 실험을 통하여 확인한 결과, 상기 황칠나무 잎의 물 추출물, 에탄올 추출물 및 에탄올 수용액 추출물과 상기 황칠나무 열수 추출물의 부탄올, 헥산, 에틸아세테이트 및 클로로포름으로 이루어진 군으로부터 선택된 어느 하나를 분획용매로 이용하여 분획한 분획물이 음경 해면체 평활근을 이완시켜 음경의 발기 증진, 구체적으로 토끼 음경해면체에 대한 우수한 이완효과를 통해 남성 성 기능을 개선할 수 있으므로 상기 황칠나무 추출물 또는 황칠나무 분획물을 유효성분으로 포함하는 남성 성기능 개선용 조성물은 발기부전 개선 또는 예방 등을 위한 남성 성 기능 개선용 기능성 식품 조성물과 발기부전, 조루, 지루 또는 음위증과 같은 남성 성 질환의 치료 또는 예방을 위한 의약 조성물로 이용될 수 있다.

— 출원번호 : 10-2011-0146389, 특허권자 : 재단법인 전라남도생물산업진흥재단

간세포보호, 천식, 수렴, 항암

후박나무

Machilus thunbergii Siebold & Zucc.

사용부위 뿌리껍질, 나무껍질

이명 : 왕후박나무, 홍남(紅楠), 저각남(猪脚楠),
　　　상피수(橡皮樹), 홍윤남(紅潤楠)
생약명 : 한후박(韓厚朴), 홍남피(紅楠皮)
과명 : 녹나무과(Lauraceae)
개화기 : 5~6월

약재 전형

생육특성 : 후박나무는 상록활엽교목으로, 높이가 20m 전후로 자라며, 잎은 어긋나고 거꿀달걀 모양 타원형에 길이는 7~15cm이고 잎끝은 뾰족하고 가장자리는 밋밋하다. 꽃은 양성화인데 황록색으로 5~6월에 원뿔꽃차례로 잎겨드랑이에서 많은 꽃이 핀다. 열매는 다음해 7~8월에 흑자색으로 익는다.

| 지상부 | 꽃 | 열매 |

 채취 방법과 시기 : 뿌리껍질, 나무껍질을 여름에 채취한다.

성분 나무껍질과 뿌리껍질에는 타닌(tannin)과 수지, 다량의 점액질이 함유되어 있으며 dl-N-노르아메파빈(dl-N-noramepavine), 케르세틴(quercetin), N-노르아메파빈(N-noramepavine), 레티큘린(reticuline), 리그노세릭산(lignoceric acid), dl-카테콜(dl-catechol), 알파-피넨(α-pinene), 베타-피넨(β-pinene), 캄펜(camphene), 카리오필렌(caryophyllene) 등이 함유되어 있다.

성미 성질이 따뜻하고, 맛은 맵고 쓰다.

귀경 간(肝), 위(胃), 대장(大腸) 경락에 작용한다.

일본 후박나무 꽃과 잎

효능과 주치 : 뿌리껍질 및 나무껍질은 생약명을 한후박(韓厚朴) 또는 홍남피(紅楠皮)라고 하며 약성은 따뜻하고 맛은 맵고 쓰며 간세포 보호작용과 해독작용으로 간염의 치료에 도움을 주며 위장병의 복부 팽만감, 소화불량, 변비, 정장, 지사, 변비, 수렴, 습진, 항궤양, 타박상 등을 치료한다.

약용법과 용량 : 말린 뿌리껍질 및 나무껍질 20~30g을 물 900mL에 넣어 반이 될 때까지 달여 하루에 2~3회 나눠 마신다. 외용할 경우에는 생것을 짓찧어서 환부에 도포한다.

동의보감 속의 **야생 산약초 대백과**

알기 쉬운 한방용어

[ㄱ]

개라(疥癩) : 옴. ＝개창.

개창(疥瘡) : 옴. 살갗이 몹시 가려운 전염성 피부병. 풍(風), 습(濕), 열(熱) 등의 사기가 피부에 엉키어 생긴
다. 개라(疥癩)라고도 함.

객담(喀痰) : 각담(咯痰)이라고도 함. 가래. 가래가 끼는 증상.

거담(祛痰) : 담을 제거함.

거풍(祛風) : 풍사(風邪)를 없애는 것.

거풍활락(祛風活絡) : 풍사를 제거하고 경락을 통하게 함.

경간(驚癎) : ① 놀라서 발생한 발작, 간질. ② 소아경풍을 가리킴. 경(驚)은 몸에 열이 나고 얼굴이 붉어지
며 잠을 잘 자지 못하지만 경련은 나지 않는 증상. 간(癎)은 경(驚)의 증상 외에 몸이 뻣뻣해지며 손발이
오그라들면서 경련이 발생함.

골절동통(骨節疼痛) : 뼈마디가 쑤시고 아픈 증상.

관중(寬中) : 정서적 억울로 기가 막힌 것을 잘 통하게 함. 소울이기(疏鬱理氣).

구어혈(驅瘀血) : 어혈을 풀어주는 작용.

구창(口瘡) : 입안이 허는 병증. 입안이 헐고 부스럼이 생기는 일종의 궤양성 구내염. 입 안쪽으로 입술, 뺨
부위의 점막에 원형 또는 타원형의 담황색 또는 회백색의 작은 점이 한 개 또는 여러 개 발생하는 것.
빨간 테두리가 있고 표면은 오목하게 패이며 국소가 화끈거리고 아프다.

구해(久咳) : 오래된 기침.

근골동통(筋骨疼痛) : 근육과 뼈가 쑤시고 아픔.

근골산통(筋骨痠痛) : 근육과 뼈가 시큰거리면서 아픔.

금창(金瘡) : 쇠붙이로 인한 상처.

[ㄴ]

나력(瘰癧) : 림프절에 멍울이 생기는 병증. 주로 목, 귀 뒤, 겨드랑이에 생김. 연주창.

냉리(冷痢) : 장이나 위가 허한(虛寒)한데 한사(寒邪)가 침입하여 발생하는 이질. 대개는 차고 날것, 불결한 음
식 등을 지나치게 먹고, 한기가 막혀서 통하지 않음으로 인해 비의 양기가 상해서 발생한다.

[ㄷ]

단독(丹毒) : 화상과 같이 피부가 벌겋게 되면서 화끈거리고 열이 나는 증상.

담다불리(痰多不利) : 가래가 많고 이를 뱉어내지 못하는 증세.

담마진(蕁麻疹) : 발진성 전염병의 하나로 피부에 돋는 발진이 마립(麻粒)처럼 생겨서 붙은 이름.

담옹(痰壅) : 가래가 목구멍에 막히는 증세. 목에 가래가 낀 듯한 느낌임.

도체(導滯) : 적체를 없애서 기를 잘 통하게 함.

도한(盜汗) : 몸이 쇠약하여 잠잘 때 나는 식은땀. 잠잘 때 땀 흘리는 병증으로 대부분 허로(虛勞)한 사람에게서 많이 나타남.

독사교상(毒蛇咬傷) : 독사에 물린 상처.

독충교상(毒蟲咬傷) : 독충에 물린 상처.

동통(疼痛) : 신경 자극으로 몸이 쑤시고 아프게 느껴지는 고통. 심한 통증.

두정통(頭頂痛) : 머리 정수리가 아픈 증상.

두훈(頭暈) : 어지럼증, 현기증. = 현훈(眩暈).

[ㅁ]

마진(麻疹) : 홍역. 병독 등으로 인하여 생기는 발진성 전염병.

명목(明目) : 눈을 밝게 함.

목예(目翳) : 눈 다래끼.

목적(目赤) : 눈에 핏발이 서는 증상. 목적종통.

목적종통(目赤腫痛) : 눈의 흰자위에 핏발이 서고 부으며 아픈 증상.

무명종독(無名腫毒) : 각종 종기나 부스럼으로 인한 독.

[ㅂ]

반위(反胃) : 음식물을 소화시켜 아래로 내리지 못하고 위로 토하는 증상으로 위암 등의 병증이 있을 때 나타남.

백탁(白濁) : 뿌연 오줌, 단백뇨.

변당(便溏) : 변당설사의 줄임말. 대변이 묽고 배변 횟수가 많은 증상.

보간(補肝) : 간의 기운을 보함.

보익(補益) : 보기(補氣)와 익기(益氣). 보법(補法)과 같은 말. 기, 혈, 음, 양이 허해서 생긴 여러 가지 허증(虛症)을 치료하는 방법.

보허(補虛) : 허한 것을 보함.

복사(腹瀉) : 설사. 대변이 묽고 배변 횟수가 많음.

복창(腹脹) : 복부의 창만증. 배가 더부룩하면서 불러 올라 불편한 증후. 외부적으로 양기가 허하고, 내부적으로 음기가 쌓여서 생긴다. 얼굴과 수족에는 부종이 없다.

붕루(崩漏) : 월경기가 아닌 때 갑자기 대량의 자궁출혈이 멎지 않고 지속되는 병증. 출혈이 급작스럽고 양이 많아 물줄기와 같음.

빈뇨(頻尿) : 오줌을 지나치게 자주 누는 증상.

[ㅅ]

사교상(蛇咬傷) : 뱀에 물린 상처.

사지마목(四肢痲木) : 팔다리가 마비되는 증세.

사화(瀉火) : 허열을 내림. 화기를 없앰.

산기(疝氣) : 고환이나 음낭이 붓고 커지면서 아랫배가 켕기고 아픈 병증. 산기통(疝氣痛).

산제(散劑) : 약재를 가루 형태로 조제한 것.

서근(舒筋) : 굳어진 근육을 풀어주는 작용.

서체(暑滯) : 여름철 더위 먹은 증상.

석림(石淋) : 임질의 하나. 콩팥이나 방광에 돌처럼 굳은 것이 생겨서 소변 볼 때에 요도 통증이 심하며 돌이 섞여 나옴. 신·방광·요도 등에 생기는 결석.

소간(疏肝) : 간기(肝氣)가 울결(鬱結)된 것을 흩어지게 함.

소변불리(小便不利) : 소변 배출이 원활하지 않은 증세.

소비산결(消痞散結) : 결린 것을 낫게 하고 맺힌 것은 흩어지게 함.

소식(消食) : 소화를 돕고 식욕을 촉진시키는 작용.

소아감적(小兒疳積) : 감질(疳疾)에 음식 적체가 있는 병증. 아이의 얼굴이 누렇고 배가 부은 듯하며 몸이 여위는 병.

소아경풍(小兒驚風) : 어린아이들의 심한 경기.

소적(消積) : 적취를 없앰. 가슴과 배가 답답한 것을 없앰.

수렴(收斂) : 기를 거두어들이는 작용.

수종(水腫) : 체내 수습(水濕)이 정체되어 발생하는 부종.

습사(濕邪) : 습(濕)이 병을 일으키는 해로운 사기(邪氣)가 됨.

식적창만(食積脹滿) : 음식을 내리지 못하고 적체(積滯)가 되며 헛배가 부르는 증상.

식체(食滯) : 음식을 지나치게 많이 먹거나 차고 익지 않으며 변질된 음식을 먹고 비위(脾胃)가 상해 허약(虛弱)해진 병증임. 음식에 의해서 비위가 상한 병증. ＝식상(食傷).

신허요통(腎虛腰痛) : 신장의 기능이 허약해져서 나타나는 요통.

실음(失音) : 목이 쉬어 말을 하지 못하는 증세.

심계(心悸) : 가슴이 두근거리면서 불안해하는 증상.

심계항진(心悸亢進) : 가슴 두근거림이 멈추지 않고 계속됨.

[ㅇ]

아통(牙痛) : 치통.

악창(惡瘡) : 악성 화농성 종기.

양위(陽萎) : 양도가 위축되는 증상. 발기부전.

양혈(凉血) : 피를 차게 함. 혈분의 열사를 제거하는 청열법.

어혈(瘀血) : 혈액이 체내에서 어체(瘀滯)된 것. 경맥의 외부로 넘쳐 조직 사이에 쌓이거나 혈액 운행에 장애가 발생하여 경맥 내부 및 기관(器官) 내부에 정체되는 것을 포함함.

염좌(捻挫) : 삔 것.

오풍(惡風) : 풍사(風邪)를 싫어함. 바람이 없으면 아무렇지도 않고 바람을 싫어하며 바람을 쐬면 한기가 든다.

옹(癰) : 급성 화농성 질환의 총칭. 빨갛게 부어오르고 열과 아픔이 있으며 고름이 들어 있는 종기. 몸 바깥에 생기는 것을 외옹이라고 하고 장부에 생기는 것을 내옹이라 한다. 종기(瘡) 가운데 3㎝ 이상인 것을 옹이라 하거나 절(癤)이 악화된 것을 가리켜 옹이라고 하는 경우도 있다.

옹저(癰疽) : 피부화농증, 종기. 창(瘡)의 면적이 크고 얕은 것을 옹(癰)이라 하고, 창의 면적이 좁고 깊은 것을 저(疽)라 함.

옹저종독(癰疽腫毒) : 피부화농증, 즉 종기로 인한 독성.

옹종(癰腫) : 기혈의 순환이 순조롭지 않아 피부나 근육 내에 역행하면서 혈이 응체하여 국부에 발생하는 부스럼이나 종기. 피부에 난 화농성 종기. 종기[옹제가 부어오른 것.

완비(頑痺) : 피부에 감각이 없는 병증. 살갗과 살이 나무처럼 뻣뻣해져 아픔도, 가려움도 느끼지 못하며 손발이 시큰거리면서 아픈 증세.

완하(緩下) : 대변을 부드럽게 하여 잘 나가게 함.

외감풍한(外感風寒) : 감기. 외부에서 침입한 풍한사(風寒邪).

요슬마비(腰膝痲痺) : 허리와 무릎 마비 증상.

유옹(乳癰) : 가슴에 생기는 옹저. 급성 화농성 유선염.

유음(溜飮) : 수종(水腫)이 쌓여 흩어지지 못하는 증상. 비위의 양기가 허하여 수음이 오랫동안 머물러 있어서 야기됨.

유정(遺精) : 몸이 허약하여 성행위 없이 무의식중에 정액이 흘러나가는 병증.

윤폐(潤肺) : 폐를 촉촉하게 함. 폐의 기운을 원활하게 함.

이기(理氣) : 기를 잘 통하게 함.

이뇨(利尿) : 소변 배출을 원활하게 함.

이수(利水) : 수도를 이롭게 하고 습사를 잘 나가게 함.

이습(利濕) : 습사를 잘 배출시킴.

인후홍종(咽喉紅腫) : 목안이 벌겋게 붓는 증상.

임병(淋病) : 성전염병의 일종.

임신수종(姙娠水腫) : 임신 7~8개월의 임부에게 나타나는 임신중독증. 하지에 가벼운 부종이 생기다가 몸 전체가 붓거나 체중이 비정상적으로 증가함.

임신유종(姙娠乳腫) : 임신 중 유방이 붓고 아픈 증세. 임신 6~7개월에 간기(肝氣)가 소통되지 않아 기(氣)가 울체(鬱滯)되어 혈(血)이 맺혀서 경락(經絡)이 통하지 않고 유관(乳管)이 막히므로 유방이 단단하게 붓고 아프며 오한(惡寒)과 발열(發熱)이 나타남.

임탁(淋濁) : 임질. 소변이 자주 나오고 오줌이 탁하며 요도에서 고름처럼 탁한 것이 나오는 병증.

[ㅈ]

자한(自汗) : 양(陽)의 기운이 허하여 가만히 있어도 이유 없이 땀이 나는 증세.

장옹(腸癰) : 장 안에 옹(癰)이 생기면서 복부에 동통(疼痛)이 수반되는 병증. 장의 기가 통하지 않고 막혀서 생기는 응어리와 이로 인한 동통.

장풍하혈(腸風下血) : 치질의 하나. 대변을 볼 때 맑고 새빨간 피가 나오는 증상이 있는데 이는 풍사가 장위를 침범하여 생김. 장풍이라고도 함.

적백대하(赤白帶下) : 여성의 음도에서 흘러나오는 점액성 액체.

적백리(赤白痢) : 붉은색 또는 흰색의 곱이 나오는 이질.

적백하리(赤白下痢) : 곱과 피고름이 섞인 대변을 보는 이질. 끈끈하게 덩어리진 피고름이 나오는데 붉은색과 흰색이 서로 섞여 있는 것을 말함. 적리(赤痢), 백리(白痢), 하리(下痢)를 통틀어 일컫는 말.

적체(積滯) : 음식물이 소화되지 않고 위에 머물러 있는 병증.

적취(積聚) : 뱃속에 덩이가 생겨 아픈 증. 적은 5장에 생기고 취는 6부에 생기는데, 적은 음기이고 한 곳에 생기기 때문에 아픔도 일정한 곳에 나타나며 경계가 뚜렷하지만 취는 양기이고 한 곳에서 생기지 않고 왔다 갔다 하기 때문에 아픈 곳도 일정하지 않음.

전액(煎液) : 탕액(湯液)이나 약재의 액을 끓인 것.

정종(疔腫) : 정창과 옹종.

정창(疔瘡) : 형태가 작고 뿌리가 깊으며 몹시 딴딴한 부스럼.

조습(燥濕) : 습사를 다스림.

종독(腫毒) : 종기, 부스럼.

종창(腫脹) : 염증이나 종양 등으로 인해 피부가 부어오른 것을 가리킨다. 부기(浮氣), 팽만감 증상의 총칭.

종통(腫痛) : 붓고 아픈 증세.

좌상(挫傷) : 넘어지고, 부딪치거나 눌리거나 삐어서 연조직이 손상되는 것.

중초(中焦) : 삼초의 하나. 삼초의 중간부로서 주로 비위를 도와 음식물을 부숙(腐熟)하고 진액을 훈증하여 정미로운 기운으로 변화시키는 소화기능을 담당함.

진경(鎭痙) : 경기, 경련을 진정시킴.

진토(鎭吐) : 토하는 것을 가라앉힘.

진해(鎭咳) : 기침을 멎게 함.

질타내상(跌打內傷) : 넘어지거나 부딪쳐서 생긴 상처.

[ㅊ]

창독(瘡毒) : 부스럼의 독기.

창옹(瘡癰) : 부스럼과 악창.

창종(瘡腫) : 헌데나 부스럼.

천포습창(天疱濕瘡) : 물집이 생기는 종기. 창독 또는 매독.

청간(淸肝) : 간의 기를 깨끗하게 함.

청맹내장(靑盲內障) : 시력저하로부터 시작되어 점차 실명(失明)에 이르게 되는 내장질환.

청열(淸熱) : 열을 내리게 함.

청열사화(淸熱瀉火) : 열을 내리고 화기를 없앰.

청열해독(淸熱解毒) : 열을 내리고 독성을 풀어줌.

청폐(淸肺) : 열기에 의해 손상된 폐기를 맑게 식히는 효능.

청혈(淸血) : 혈액을 맑고 깨끗하게 함.

충창(蟲瘡) : 벌레로 인해서 생긴 부스럼.

치창(痔瘡) : 치핵, 치질.

[ㅋ]

코피 : 육혈(衄血).

[ㅌ]

타박종통(打撲腫痛) : 타박상에 의한 부종과 통증.

탁독(托毒) : 독성을 배출시킴.

탈항(脫肛) : 직장 탈출증. 항문 및 직장 점막 또는 전층이 항문 밖으로 빠져나오는 병증.

[ㅍ]

평천(平喘) : 천식을 다스림.

폐로해수(肺癆咳嗽) : 폐결핵으로 인한 기침.

폐옹(肺癰) : 폐농양. 폐에 농양이 생긴 병증으로 기침에 농혈을 섞어 토함.

표사(表邪) : 표피 아래에 머무는 차가운 사기, 표피 아래에 차가운 사기(邪氣)가 머무르는 증.

풍담(風痰) : 풍증을 일으키는 담병 또는 풍으로 생기는 담병.

풍담현운(風痰眩暈) : 풍사로 인하여 담이 결리고 어지럼증이 오는 증세.

풍사(風邪) : 육음의 하나. 바람으로 인한 해로운 사기(邪氣). 외감병을 야기하는 주요 원인으로 다른 사기
와 결합하여 여러 가지 병을 야기시킴.

풍습(風濕) : 풍사와 한습사(寒濕邪)가 겹쳐서 나타난 증상.

풍습마비(風濕痲痺) : 풍사(風邪)와 습사(濕邪)로 인한 마비 증상.

풍습비통(風濕痺痛) : 풍사와 습사로 인해 저리고 아픈 증상. 현대적으로는 통풍.

풍한습비(風寒濕痺) : 풍한습사, 즉 찬바람 등으로 인하여 결리고 아픈 증상.

피부소양증(皮膚瘙痒症) : 피부 가려움증.

피부자양(皮膚刺痒) : 침으로 찌르는 듯하며 가려운 피부병.

【ㅎ】

하리(下痢) : 설사와 이질.

한사(寒邪) : 추위나 찬 기운이 병을 일으키는 사기(邪氣)가 됨.

해수(咳嗽) : 폐의 호흡기능 실조에서 흔하게 나타나는 증상. 가래를 동반하는 심한 기침병.

해수토혈(咳嗽吐血) : 기침과 함께 피를 토하는 증상.

해역상기(咳逆上氣) : 기침과 구역으로 기가 위로 치솟는 증상.

해울(解鬱) : 기가 울체된 것을 풀어줌.

해혈(咳血) : 기침할 때 피가 나는 증상.

혈리(血痢) : 대변에 피가 섞여 나오는 이질. = 적리(赤痢).

혈림(血淋) : 소변에 피가 섞여 나오는 임증.

혈붕(血崩) : 월경 주기가 아닌데도 갑자기 음도(陰道)에서 대량의 출혈이 있는 증상.

화담(化痰) : 담(痰)을 삭아지게 함. 가래를 삭인다는 뜻.

후비종통(喉痺腫痛) : 목구멍이 붓고 아픈 증세. 목안이 벌겋게 붓고 아프며 막힌 감이 있는 인후염 등의 인
후병을 통틀어 이르는 말.

후종(喉腫) : 목구멍의 종기. 달이거나 볶거나 기름이 많은 음식을 먹거나 혹은 과음한 채로 성교를 해서 독
기가 흘러나가지 못하고 후근(喉根)에 뭉친 것으로 신속하게 치료하지 않으면 위험하다.

후통(喉痛) : 인후통.

찾아보기

| 참고문헌 |

· 강원의 버섯, 김양섭·석순자 외, 강원대학교출판부, 2002.
· 대한식물도감(상·하), 이창복, 향문사, 2014.
· 동의보감(전 6권), 허준(동의학연구소 역), 여강출판사, 1994.
· 의학사전, 김동일 외, 까치, 1990.
· 몸에 좋은 산야초, 장준근, 넥서스, 2002.
· 버섯대사전, 정구영·구재필, 아카데미북스, 2017.
· 본초학, 강병수 외(전국본초학교수 공편저), 영림사, 1998.
· 생활 속의 약용식물, 김재철 외 5인, (주)대창사, 2013.
· 식물분류학, 이창복·김윤식·김정석·이정석, 향문사, 1985.
· 신씨본초학 총론, 신길구, 수문사, 1988.
· 신증 방약합편, 황도연(신민교 편역), 영림사, 2002.
· 야생버섯도감, 석순자·김양섭·박영준, 가교출판, 2019.
· 약선본초학, 김길춘, 의성당, 2008.
· 약용식물의 이용과 신재배기술, 이정일·계봉명, 선진문화사, 1994.
· 약초재배의 기술(야생약초의 민간요법), 이원호, 장학출판사, 1990.
· 원색천연약물대사전(상·하), 김재길, 남산당, 1989.
· 원색한국식물도감, 이영노, 교학사, 1996.
· 임상 한방본초학, 서부일·최호영, 영림사, 2006.
· 임상배합본초학, 강병수·김영판, 영림사, 1996.
· 임상본초학, 신민교, 영림사, 1997.
· 조선약용식물지(Ⅰ·Ⅱ·Ⅲ), 임록재, 한국문화사, 1999.
· 중국본초도감(一~ 四), 동국대학교 한의과대학 본초학회(역), 여강출판사, 1994.
· 중약대사전(전 11권), 김창민 외(역), 정담, 1998.
· 한국수목도감, 조무연, 아카데미서적, 1996.
· 한국식물도감(개정증보판), 이영노, 교학사, 2002.
· 한국약용버섯도감, 박완희·이호득, 교학사, 1999.
· 한국의 약용식물, 배기환, 교학사, 2000.
· 한국의 자원식물, 김태정, 서울대학교출판부, 1997.
· 한방식품재료학, 이영은·홍승헌, 교문사, 2003.
· 한방임상을 위한 한약조제와 응용, 이정경, 영림사, 1991.
· 한약재표준품 개발 수집 및 활용방안 연구, 고병섭 외, 보건복지부, 2000.

660